南开大学“十四五”规划精品教材丛书

实验逻辑学

（第三版）

李娜 编著

南开大学出版社
NANKAI UNIVERSITY PRESS
天津

图书在版编目(CIP)数据

实验逻辑学 / 李娜编著. —3 版. —天津：南开大学出版社，2024. 12. —(南开大学“十四五”规划精品教材丛书). — ISBN 978-7-310-06628-5

Ⅰ. B81－06

中国国家版本馆 CIP 数据核字第 2024RX7495 号

实验逻辑学(第三版)

SHIYAN LUOJIXUE (DI-SAN BAN)

南开大学出版社出版发行

出版人:刘文华

地址:天津市南开区卫津路 94 号　　邮政编码:300071

营销部电话:(022)23508339　营销部传真:(022)23508542

https://nkup.nankai.edu.cn

天津创先河普业印刷有限公司印刷　全国各地新华书店经销

2024 年 12 月第 3 版　　2024 年 12 月第 1 次印刷

240×170 毫米　16 开本　20 印张　3 插页　348 千字

定价:68.00 元

前言（第三版）

本书是在我的《实验逻辑学（第二版）》（南开大学出版社，2021 年）的基础上，利用最新版的 LPL 软件（LPL 软件包含三个子程序：Tarski’s World 7.2、Fitch 3.7 和 Boole 4.2）修改完成的。本次修改的特点如下：

1. 第三版中的所有实验和操作使用的是由美国斯坦福大学的多位编程人员研究开发并经不断改进而成的一套专门用于数理逻辑（或者一阶逻辑）学习的最新版本的计算机程序软件完成的，该程序软件是与已故美国著名逻辑学家巴威斯（J. Barwise）和他的同事艾切门第（J. Etchemendy）合著的《语言、证明和逻辑》（*Language Proof and Logic*）一书配套发行并使用的程序软件包 LPL，它包含：Tarski’s World 7.2、Fitch 3.7 和 Boole 4.2，反映了国际学术前沿学术成果，满足了基础学科拔尖创新人才培养需要。

2. 第三版调整了第二版中第 8 章和第 9 章的顺序，使得教学内容衔接更加合理。

3. 结合逻辑学、哲学学科专业人才培养的要求，为突出重点，满足基础学科拔尖创新人才培养需要，第三版简化了一些证明过程，比第二版更精炼。此外，第三版还标出了选修的章节。

4. 引用党的二十大报告中的内容“党的领导是全面的、系统的、整体的”，用逻辑的符号（形式）语言分析和表示，并用最新软件 Boole 4.2 构造了它的真值表。

5. 第三版将各个证明规则放在相应的章节中进行介绍和讲解，而不是在书的最后给出一个规则一览表。

6. 第三版增加了作者自己的一些教学体会以及学生在学习中使用软件 LPL 的体会，如在使用 Fitch 证明逻辑系统的形式定理时，增加了判断一个公式是否为重言式、逻辑真或塔斯基世界真的方法，使原有的内容更加丰富和完善。

7. 修正了第二版中的一些错误，从而使第三版教材更加严谨。

由于本人水平所限，本书难免存在一些错误和不足，敬请读者批评指正。

李娜

2023 年 11 月

目录

第一编
LPL 软件简介

第二编 实验逻辑学

第一编

LPL 软件简介

第1章

Tarski's World 7.2 简介

LPL 软件是由美国斯坦福大学的多位编程人员研究开发并经不断改进而成的一套专门用于数理逻辑（或者一阶逻辑）学习的计算机程序软件。该程序软件是与已故美国逻辑学家约翰·巴威斯（Jon Barwise）和他在斯坦福大学语言与信息研究中心的同事约翰·艾切门第（John Etchemendy）合著的《语言、证明和逻辑》（*Language, Proof and Logic*）一书配套发行并使用的程序软件包。

LPL 软件是一个电脑程序文件库，它主要包括 Boole（布尔）、Fitch（费奇）和 Tarski's World（塔斯基的世界）三个子程序文件。其中，Boole 是一个构建真值表的应用程序，Fitch 用于构建自然演绎系统定理证明的一个证明环境，Tarski's World 主要研究模块世界中一阶语句语义的环境。这些子程序的最新版本是 Boole 4.2、Fitch 3.7、Tarski's World 7.2。这三个子程序文件都能在不同的计算机（如：iMac、PC 等）操作系统（如：macOS、Windows 等）下使用。LPL 的介绍和使用手册可以通过这些程序文件中的 Help 菜单下的 Help 命令在网上获取。

本编介绍《语言、证明和逻辑》（第二版）的 **LPL** 软件中 Boole 4.2、Fitch 3.7、Tarski's World 7.2 的一些常用命令及使用方法。

Tarski's World 自 1993 年问世至今已经发行了多个版本（比较新的有 6.3、6.4、6.5、7.0、7.2），并能在不同计算机操作系统（如：Windows、macOS 等）的环境下使用。它包含一系列练习，这些练习使用 Tarski's World 软件来教授一阶逻辑的语言和语义。Tarski's World 编写的一个前提思想是语言学习的最好方法是使用语言。借助 Tarski's World 和常用的计算机命令，可以使读者在 Tarski's World 中，用一阶语言解释和描绘放置在棋盘上的各种类型和大小不同的几何模块居住的简单三维世界，并评价一阶语句，看看它们在这些世界中的取值（真或假）；还可以通过做游戏，检验读者自己对语句真值的判断是否正确，从而认识到自己的错误。通过自行完成围绕 Tarski's World 精心设计的大量操作和练习，使读者能够轻松地理解各个逻辑联结词和量词的意义，快速熟悉它们的用法，从而掌握作为现代逻辑核心部分的一阶逻辑的语言和语义，实现学习目的。

本章我们从怎样启动 Tarski's World 7.2 的操作开始到怎样关闭 Tarski's World 7.2 的操作结束，其中还将解释屏幕的基本布局。

1.1 启动

启动该程序，即双击图标，立刻闪现图 1.1 所示页面。

图 1.1

打开该程序后，显示图 1.2 所示页面。

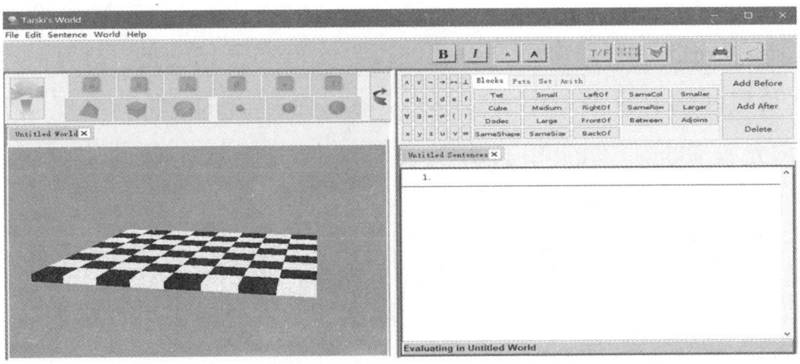

图 1.2

在 Windows 状态下，你可以很容易找到 Tarski's World 和 TW Exercise File（Tarski's World 练习文件）。在这里，你将找到本书提到的 Tarski's World 的练习文件。但在 macOS 状态下，Tarski's World 应用程序包含在一个叫作 Tarski's World Folde（Tarski's World 文件夹）的文件夹，并且这个文件夹里包含名为 TW Exercise File 的文件夹。在这里，你将找到本书提到的 Tarski's World 的所有练习文件。

当 Tarski's World 正在运行时，你将看到一个被划分为左右两部分的大窗口。左边的部分包含一个放置模块的棋盘，最初它叫 Untitled World（未命名世界）；还包含为了操作这个世界内容的一个工具栏，我们称它为"世界工具栏"。紧挨着这个世界的上方是一个包含世界名字的六种小标签。右边的部分包含一个书写语句的白色窗口，最初它叫 Untitled Sentence（未命名语句），并且它只包含数字"1"。这是输入和评价在世界窗口里的当前世界语句真或假的地方。紧挨着这个语句窗口的上方是一个语句工具栏，它包含语句集名字和各种逻辑符号的小标签等。

我们可以随意点击语句工具栏上的按钮输入一阶逻辑的语句。

打开程序后，屏幕上除了显示两个窗口和两个工具条外，还有五组命令菜单。五组命令菜单包括：File（文件）、Edit（编辑）、Sentence（语句）、World（世界）和 Help（帮助）。

在每个窗口内单击鼠标左键可激活该窗口。每个菜单下都有一些命令。将光标移至该菜单处，单击鼠标左键，显示该菜单的命令。将光标移至相应的（子）命令处，单击鼠标左键执行该命令。工具条上的一些命令是快捷方式，它们对应于某个菜单下的命令。

1.1.1 打开保存的文件

Tarski's World 中有许多事先保存的世界文件和语句文件。打开一个保存的文件，你可以使用 File 菜单中的命令 Open...打开。此时，将会出现一个文件对话框，它允许你选择你希望打开的文件。你需要从正确的文件夹——TW Exercise Files 中找到事先保存的文件。找到这个文件后，选择它，然后点击打开，或者简单地双击这个名字。现在，你随意打开一个你看到的文件，例如，“Abelard's Sentences”（阿贝拉尔语句），但是如果你对这个语句做了改动，就不要保存它。如图 1.3 和图 1.4 所示。

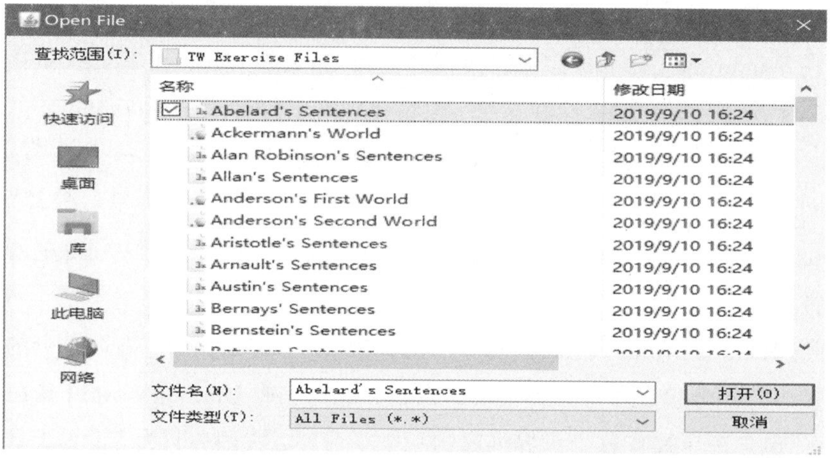

图 1.3

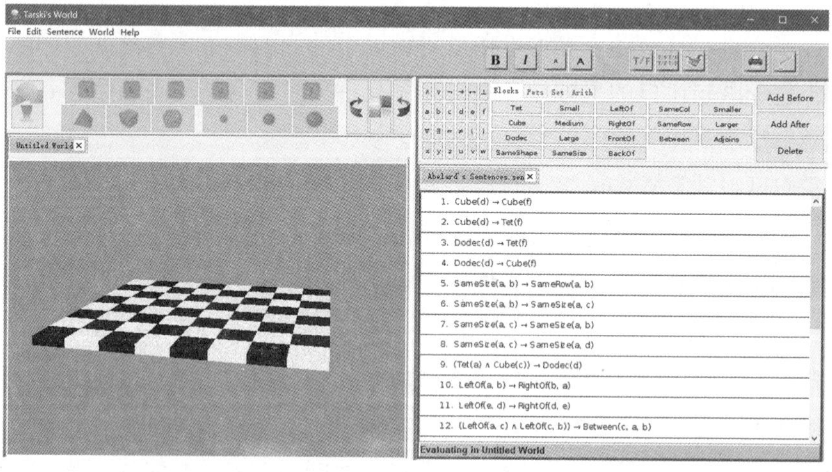

图 1.4

当你打开一个文件（Abelard's Sentences）时，新的语句"Abelard's Sentences"或者新的世界标签将出现在语句或世界窗口的上面。这个新的标签将包含你打开的文件名称。返回浏览其他语句或世界文件后，只要点击这个标签，它将再次出现。

1.1.2 建立新文件

如果你想建立一个新的世界文件或语句文件，从 File 菜单中选择 New（新的）。然后，在子菜单中点击你想要的 New World（新世界）和 New Sentences（新语句）命令，它们分别创建一个新的空世界或语句部分。这些新的空世界或语句部分标有新的标签（图 1.5 和图 1.6）。

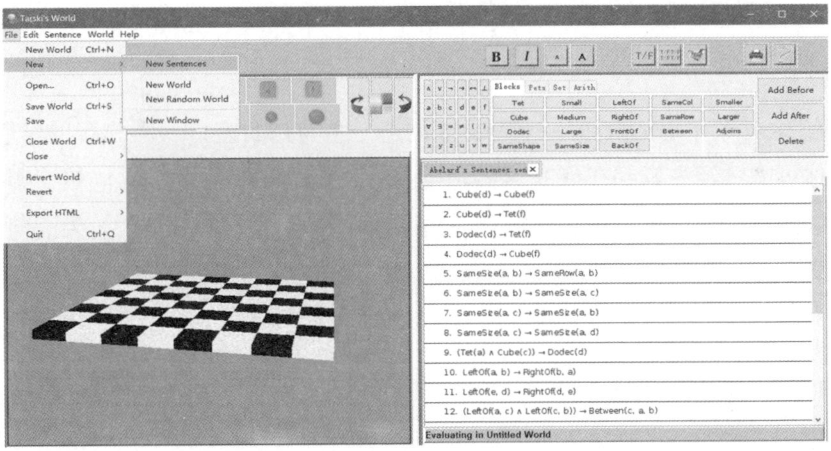

图 1.5

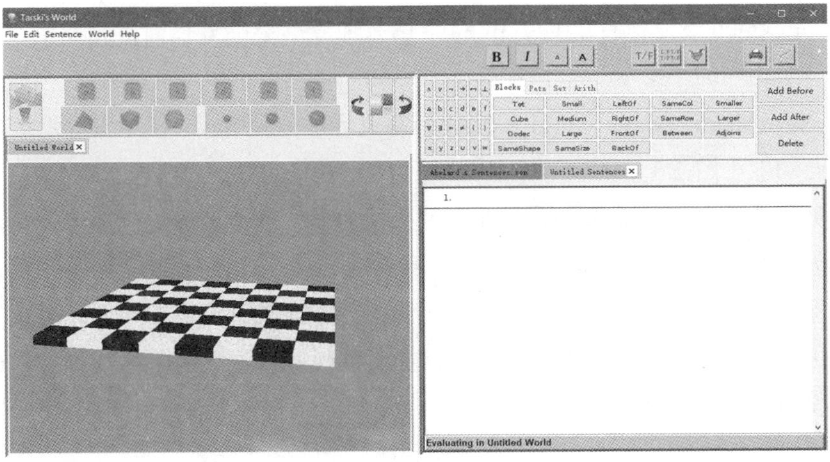

图 1.6

点击 New 菜单上的命令 New Random World（新的随机世界），将创建一个新的世界，并带有随机选择的模块（图 1.7）。

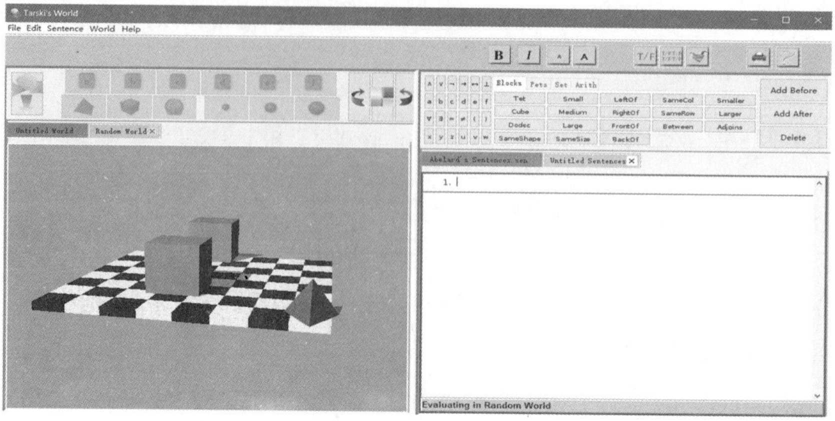

图 1.7

在 New 菜单上的命令 New World 创建一个与初始窗口一样的新世界窗口。

你可能已经注意到在 File 菜单中还有另一个 New 命令。它依赖于哪一个窗口被激活：如果世界窗口被激活，File 菜单显示 New World；如果语句窗口被激活，File 菜单显示 New Sentences。并且它们分别相当于 New 子菜单上的对应命令。这个命令还有一个快捷键 Ctrl+N。

1.1.3 保存一份文件

当你要保存一份文件，如果世界窗口被激活，在 File 菜单中有 Save World（保存世界）和 Save（保存）两条命令；如果语句窗口被激活，在 File 菜单中有 Save Sentences（保存语句）和 Save 两条命令。不论哪一种情况发生，Save 都有一个相同的子菜单。它包含 Save Sentences、Save Sentences As...（另存语句），Save World、Save World As...（另存世界）以及 Save All（保存所有的世界或语句）。（图 1.8）

如果这份文件以前从来没有保存过，就会出现一个对话框让你选择命名你将要创建的文件。如果你点击回车键，或单击 Save 按钮时，该文件将用默认的名称保存。你应该在点击返回键或单击 Save 键之前输入其他的名称。你还应该确保你保存的文件是你想要的。在保存的文件顶部检查它的名称。如果你要保存的文件不在你想放的文件夹中，点击这个文件的名称把它拖到正确的文件夹中。

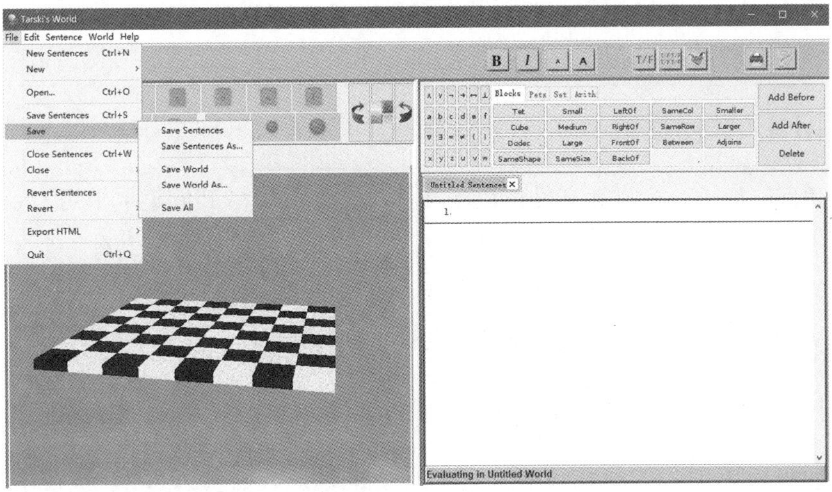

图 1.8

一旦一份文件被保存，这份文件的名字就会出现在相应的标签上。如果你正在一个已命名的文件上工作，则 Save 和 Save As...命令的行为不同。Save 在相同的文件名下将原来的文件保存成一个新的版本，旧版本将消失。Save World (Sentences) As...给你提供了一个用新名字创建一份新文件的机会，同时还保存了旧文件以及旧文件的名称。基于这个原因，Save World (Sentences) As...相对比较安全。

你还可以在相应的标签上点击右键获取保存命令（图 1.9）。

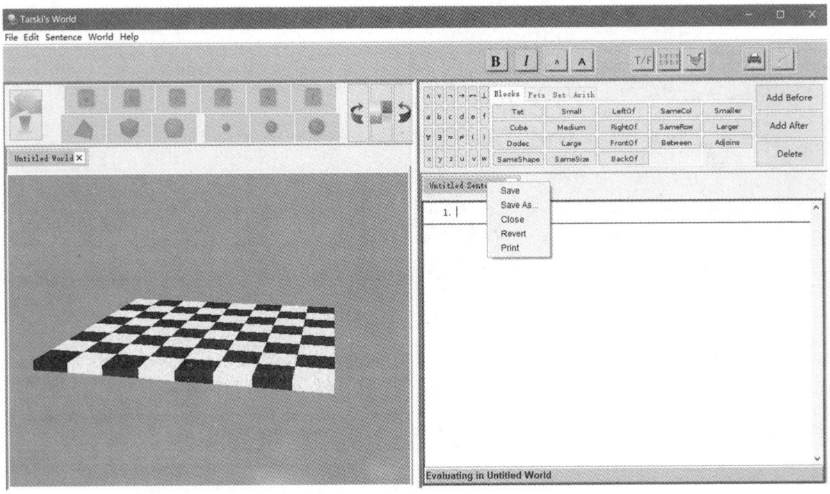

图 1.9

用 Tarski's World 创建的所有文件都可以在 macOS 应用版本或者 Windows 应用版本上运行。

1.1.4 关闭标签

当你完成了一个世界文件或语句文件时，你可以在 File 菜单中用 Close 命令关闭它。无论它是一个世界文件还是一个语句文件，通常都会有一个关闭活动标签的命令，并且有一个允许你关闭你所选择的标签的子菜单。关闭命令还可以从标签上获取，或者点击标签上关闭的图标。

1.1.5 恢复一份文件

如果你要重新下载其相应文件的一个标签，你可以在 File 菜单中使用 Revert（恢复）子菜单。当世界窗口被激活，在 File 菜单中有 Revert World（恢复世界）和 Revert 两条命令；当语句窗口被激活，在 File 菜单中有 Revert Sentences（恢复语句）和 Revert 两条命令。不论哪一种情况发生，Revert 都有一个相同的子菜单。它包含 Revert Sentences 和 Revert World 两条命令（图 1.10）。

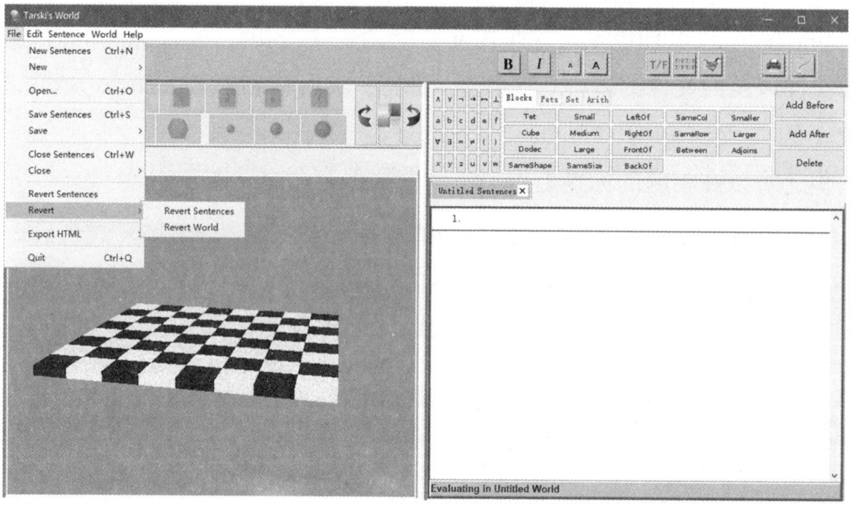

图 1.10

你首先被问是否需要保存你已经改变的文件，然后当前标签的内容将从这份文件中被替换。这个命令也可以在标签上点击右键获取。

1.1.6　导出文本

要导出你的语句或世界文件，可以从 File 菜单中，选择 Export HTML（输出超文本标记语言）。Export HTML 也有一个子菜单，选择 Export Sentences（输出语句），此时你的屏幕将会显示你的语句文件；选择 Export World（输出世界），此时你的屏幕将会显示你的世界文件。同样，在语句窗口的标签上选择 Print（打印）命令，此时你的屏幕将会显示你的语句文件；在世界窗口的标签上选择 Print 命令，此时你的屏幕将会显示你的世界文件。图 1.11 是文件 Alan Robinson Sencenses（艾伦·罗宾逊语句），图 1.12 是它的导出文本。

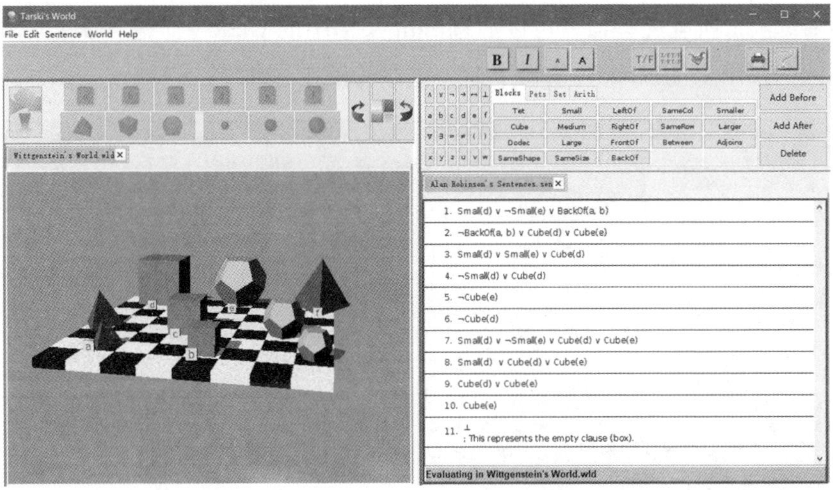
Tarski's World
File Edit Sentence World Help
Blocks Pets Set Arith
Tet Small LeftOf SameCol Smaller
Cube Medium RightOf SameRow Larger
Dodec Large FrontOf Between Adjoins
SameShape SameSize BackOf
Add Before
Add After
Delete
Wittgenstein's World.wld
Alan Robinson's Sentences.sen
1. Small(d) ∨ ¬Small(e) ∨ BackOf(a, b)
2. ¬BackOf(a, b) ∨ Cube(d) ∨ Cube(e)
3. Small(d) ∨ Small(e) ∨ Cube(d)
4. ¬Small(d) ∨ Cube(d)
5. ¬Cube(e)
6. ¬Cube(d)
7. Small(d) ∨ ¬Small(e) ∨ Cube(d) ∨ Cube(e)
8. Small(d) ∨ Cube(d) ∨ Cube(e)
9. Cube(d) ∨ Cube(e)
10. Cube(e)
11. ⊥
; This represents the empty clause (box).
Evaluating in Wittgenstein's World.wld

图 1.11

1. Small(d) ∨ ¬Small(e) ∨ BackOf(a,b)
2. ¬BackOf(a,b) ∨ Cube(d) ∨ Cube(e)
3. Small(d) ∨ Small(e) ∨ Cube(d)
4. ¬Small(d) ∨ Cube(d)
5. ¬Cube(e)
6. ¬Cube(d)
7. Small(d) ∨ ¬Small(e) ∨ Cube(d) ∨ Cube(e)
8. Small(d) ∨ Cube(d) ∨ Cube(e)
9. Cube(d) ∨ Cube(e)
10. Cube(e)
11. ⊥

图 1.12

1.1.7 退出 Tarski’s World

当你要退出 Tarski’s World 时，可以从 File 菜单中选择 Quit（退出）。如果你已经对这个文件做了改变但没有保存过，Tarski’s World 将给你一个机会保存它们。

1.2 世界控制板

在这一节里，我们将说明怎样创建、编辑和保存世界。世界可用许多不同的命令编辑。所有这些命令可以通过 Edit 菜单中的 Undo（撤销）命令撤销，并且用同一菜单上的 Redo（重做）命令重做（图 1.13）。

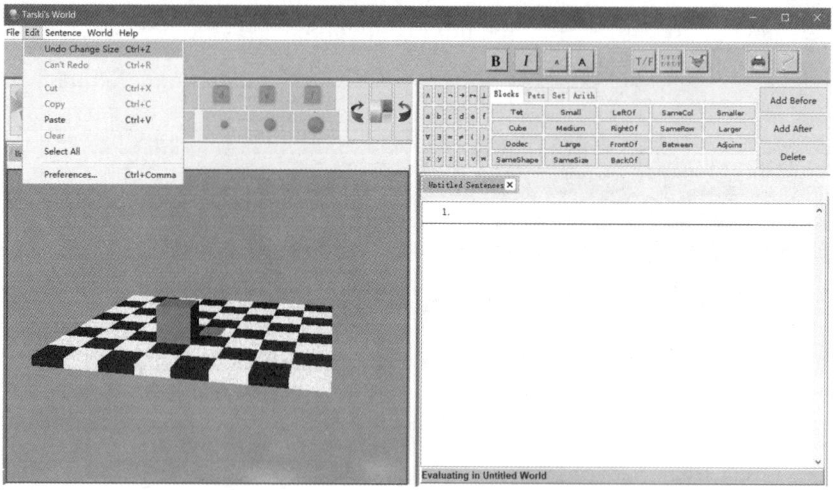

图 1.13

1.2.1 添加模块

在棋盘上放一个模块，点击工具栏上的 New 按钮。这个按钮在工具栏的最左边，看起来像带有模块的一个指向世界的箭头。被创建模块的大小和形状可以通过设置偏好来控制（参阅 1.6 节）。在默认的情况下，一个小的立方体将被创建。

1.2.2　选择模块

要选择一个模块，只要在它上面点击一下。模块改变颜色表明它被选中。要取消一个模块的选择，单击世界窗口的其他地方。

要选择多个模块，点击工具栏上的 New 按钮后单击要选择的模块。需要几个模块，就连续操作几次。如果你已选择了许多模块，并且要删除它们中的一个，只需将要删除的模块拖到棋盘的外面。

1.2.3　移动模块

要移动一个模块，用鼠标点击要移动的模块，然后用鼠标将它拖到你所希望的位置。如果选择了所有的模块（用 Edit 菜单中的 Select All 命令），那么它们将全部移动。但有一个例外：大模块太大了以至于它们与毗连的方格重叠。因此，不可能将一个模块移动到与一个大模块毗邻的方格上。

如果你将一个模块（或多个模块）移动得太靠近棋盘的边缘，它（或者它们）将跌落。

1.2.4　模块的大小和形状

要改变一个模块的形状，首先要点击它，然后在工具栏上点击你想要的形状按钮。工具栏上有一个锥体、一个立方体和一个十二面球体的按钮，并且还有将这些模块进行大、中、小改变的按钮。如果同时选择了多个模块，那么点击形状按钮之一后，所有的模块都将变为新的形状。

类似地，为了改变模块的大小，首先要点击它，然后点击工具栏上大、中、小圆圈按钮之一。如果同时选择了多个模块，那么点击大、中、小按钮之一后，所有的模块都将改变大小。这里也有一个例外的情况：大模块太大了以至于它们与毗连的方格重叠。因此，不可能将一个模块与它毗邻的模块都变大。

1.2.5　给模块命名

当一个模块被点击（选择）后，工具栏上的名字备选框被激活。为了给被选择的模块命名，点击适当的名字按钮，这个按钮看起来像一个上面带名字的立方体。如果这个名字已被选，此时，该名字将在名字备选框上变暗。

在一阶逻辑中，一个对象可以有多个名字，但两个对象不能有相同的名字。因此，Tarski's World 允许你给一个模块取多个名字，但是一个名字一旦被用，这个名字就不能再指派给其他模块。因此，如果一个模块已经被命名为 a，你想把一个不同的模块也命名为 a，那么你必须在给第二个模块命名之前撤销第一个模块的名字。

1.2.6　删除模块

要删除一个模块，只需将这个模块拖到棋盘外并扔掉它。另一种方法是，点击适当的模块并在 File 菜单中点击 Clear（删除）键。

1.2.7　剪切、复制和粘贴模块

如果你要从一个文件中复制一些模块到另一个文件上，可以应用剪切、复制和粘贴功能。

如果你选择了模块，然后从 Edit 菜单里选择 Cut（剪切）或 Copy（复制），模块将被保存在电脑的剪切板上。这两个命令之间的不同在于 Cut 删除了你选中的模块，而 Copy 把它们留在原来的地方。你看不到剪切板上的内容，但是模块将留在那里，直到你在剪切板上剪切或复制其他东西。

一旦剪切板上有模块，它们就可以被粘贴到不同的（或者相同的）世界中。这只需要选择相关的标签并从 Edit（编辑）菜单里选择 Paste（粘贴），剪切板上模块的复制品将被插入。

不论是在相同的世界中，还是在不同的世界中，你想粘贴几次，就可以粘贴几次。Tarski's World 将尝试像它们被剪切的那样，在相同的结构中粘贴模块，但是，如果在将要粘贴模块的那些位置上已经有模块的话，则需要移动它们。因为两个模块不能有相同的名字，所以被粘贴的模块将带着它们的名字移动。

1.2.8　隐藏标签

当你给一个模块命名时，Tarski's World 将用它的名字给模块贴上标签。在 Tarski's World 中的模块可以在没有显示标签的情况下拥有名字。为了隐藏标签，从 World 菜单中选择 Hide Labels（隐藏标签）。要想再次显示标签，从 World 菜单里选择 Show Labels（显示标签）。

这条命令可以切换在所有已打开的世界中显示的标签。

1.2.9　2-D 视图

标签不是可以隐藏的唯一东西。有时从视图中可以看到，一个小模块可以

被在它前面的另一个模块遮挡。为了获得世界的鸟瞰图，从 World 菜单中选择 2-D View（二维视图）。要想恢复通常的视图，可以从 World 菜单中选择 3-D View（三维视图）。这些命令也可以通过使用工具栏中看起来像小版本棋盘的按钮和来实现。

模块可以在 2-D View 与 3-D View 中用完全一样的方式进行移动、选择和改变，甚至可以在玩游戏（见 1.5 节）的中间改变成 2-D View。有时你将不得不为了挑拣一个合适的模块，看看 Tarski's World 指的是什么。

1.2.10　旋转世界

在两个方向上可以将世界旋转 90°，从 World 菜单选择 Rotate World Clockwise（顺时针方向旋转世界）或者 Rotate World Counterclockwise（逆时针方向旋转世界）。这样的旋转算作一个改变的世界，当你保存世界时，这个世界被保存。

你也可以使用工具栏里的箭头按钮旋转世界。

1.3　语句控制板

有两种方法可以将公式输入语句窗口中，即：用语句工具栏输入或用键盘输入。大多数人感觉用工具栏输入比用键盘输入容易。

从 Edit 菜单中选择 Undo（消除）和 Redo（重新做）命令，所有语句编辑都可以被消除和重做。

1.3.1　写公式

用 Tarski's World 编写一阶公式是一件非常轻松的事情。你可能已经注意到，用工具栏输入一个谓词，像 Tet 或者 BackOf，为了输入“参数”——变元(u,v,w,x,y,z)或者个体常元(a,b,c,d,e,f)，插入点会自动落在适当的位置上。

这意味着，一个语句，像 BackOf(a,b)，可以在工具栏上用鼠标点击 3 下将它输入语句栏中：首先点击 BackOf 按钮，然后点击 a 按钮，接着点击 b 按钮。但用键盘输入 BackOf(a,b)需要在键盘上敲击 11 下。

为了允许你写更多易读的公式，Tarski's World 用方括号（即：[　]）和大括号（即：{　}）来代替在分组时的小括号。例如，你可以写

[LeftOf(a,b)∧Large(a)]，Tarski’s World 将把这个语句读作(LeftOf(a,b)∧Large(a))。但是你不得不通过键盘输入方括号和大括号，而且你必须使用括号来表示原子语句中的参数。

1.3.2 评价你的语句

你可以用加分号（；）的方法对你的语句增加评论（在英文状态下）。如图 1.11 所示的语句文件 Alan Robinson Sencenses 中的第 11 条语句。在评价中，Tarski’s World 用绿色显示所有的评价，以表明它们的重要性。

1.3.3 创建语句一览表

为了创建一个完整的语句一览表，你首先要输入一个语句，然后从 Sentence（语句）菜单中选择 Add Sentence After（在后面添加语句）。这时你可以得到一个新的、带有编号的一行，然后你就可以输入一个新的语句。如果你点击 Return（返回）或者 Enter（回车）键，这将无法开始一个新的语句，但 Tarski’s World 将简单地把你的语句变成两行。因此，必须用 Add Sentence After！

代替在 Sentence 菜单里选择 Add Sentence After，你可以通过点击工具栏中的 Add After（在后面添加）按钮来完成，或者你可以直接在键盘上用快捷键 Ctrl+A 来完成。你可以输入 Shift+Return（即在按住 Shift 键的同时点击 Return 或者 Enter）。

要在当前语句之前插入一个新的语句，可以从 Sentence 菜单中选择 Add Sentence Before（在前面添加语句），或使用工具栏上的 Add Before（在前面添加）按钮。

1.3.4 语句之间的移动

在语句的一个一览表内，有时你的鼠标常常需要从一个语句移动到另一个语句。你可以用键盘上的上、下箭头键（↑，↓）来移动插入点或者用鼠标点击感兴趣的语句。在一个语句内左右移动时，用键盘上的左、右箭头键（←，→）或者用鼠标直接点击感兴趣的部分。

如果你按下 Alt（或者 Option）键，同时按下向上的箭头，这时光标出现在语句一览表的第一个语句；如果你再按下向下的箭头，这时光标出现在语句一览表的最后一个语句。而且在按下 Option 键时，同时按下左或者右键，光标将出现在当前语句的开始或者结尾。

1.3.5　删除语句

要删除一个完整的语句并给留下的语句重新标号，从 Sentence 菜单中选择 Delete Sentence（删除语句）。但要保证将光标放在你要删除的语句处。

需要注意的是，你不可能在计算机上突出显示两个不同语句然后将其删除。如果你想要删除一个语句，你必须使用 Sentence 菜单中的 Delete Sentence 命令。

1.3.6　从键盘中输入符号

语句可以在电脑键盘上以打字的方式输入语句窗口。当输入模块语言中的谓词时，你必须保证将它们拼写正确并且第一个字母必须大写（否则它们将被翻译成名字而不是谓词）。你还必须插入标点：在谓词之后用小括号，并且用逗号将多个“自变元”隔开（像 Between(a,x,z)）。为了获得逻辑符号，可以使用表 1.1 给出的键盘等价符号。

表 1.1　用键盘可输入的符号

符号	键	符号	键
¬	~	≠	#
∧	&	∨	|
→	$	↔	%
∀	@	∃	/
⊆	—	∈	\

在电脑键盘输入之前，要么激活语句窗口，要么激活世界窗口。如果你在键盘上输入，而语句窗口却什么也没有显示，这是因为目前世界窗口是激活的。要激活语句窗口，只要点击语句窗口的某个地方即可。

你可以用 Sentence 菜单上的子菜单 Text size（字体大小）来改变所显示的语句中字体的大小。

1.3.7　剪切、复制和粘贴

在一个语句表中，如果你想改变语句的顺序，或者是从一个文件中将一个语句复制到另一个文件中，可以使用剪切、复制和粘贴功能。

如果你要强调一串符号，那么你可以从 Edit 菜单中选择 Cut 或者 Copy 它们，这样一来，这些符号串就被储存在计算机的剪切板上。Cut 和 Copy 是不同的。Cut 把你强调的一串符号从它现在的位置上删除，而 Copy 仍将这些符号串留在原来的位置。你不可能看见剪切板上的内容，但这些符号串仍然留在那里，除非你在剪切板上又剪切或者复制了一些新的东西。

一旦剪切板上有一些东西，那么这些东西可以被粘贴到你想粘贴的任何一个地方。只需要把光标放在你希望的位置上并且从 Edit 菜单中选择 Paste（粘贴），剪切板上复制的一串符号将出现在你希望的地方。如果你需要，可以在不同的地方粘贴复制的东西。

你可以从 Tarski's World 中复制语句，并且把它们粘贴在 Fitch 或者 Boole 中；反之亦然。

1.4 验证语法和真值

在你的学习中，只有一些符号串是语法正确的，或者是形式正确的。正如我们在逻辑中描述的那样，这些表达式通常被称为合式公式，或者 wffs。但是这些合式公式中只有一部分，Tarski's World 能够做出真的断言。这些合式公式被称为语句。语句是不含自由变元的。在本课程中，你将学习这些概念。

看看你在语句窗口中写下的是不是一个语句，如果是，是否在当前显示的世界中是真的，点击工具栏中的 Verify（验证）按钮。这个按钮是工具栏里三个彩色按钮组中最左边的那个。或者你也可以在电脑键盘上操作 Command+Return（或在 Windows 上用 Ctrl+Enter）。如果你想验证一个语句表中所有语句的真值，可从 Sentence 菜单中选择 Verify All Sentences（验证所有的语句），或者点击工具栏里三个彩色按钮组中中间的那个按钮。

当你验证一个语句时，结果是在靠近语句标号的左边显示"T"或者"F"，它们表示在这个世界中该语句是真的或者是假的；如果是"＊"，它表示这个公式不是合式公式或者不是一个语句，而"+"表示这个公式是一个一阶逻辑的公式，但在当前世界中不可评价。当你输入的不是合式公式时，Tarski's World 将用红色显示表达错误的部分。如果你不能确定为什么一个语句不可评价，重新验证该语句后会出现一个对话框来说明原因。如图 1.14 所示。

当语句或世界改变了，评价也将跟着改变。

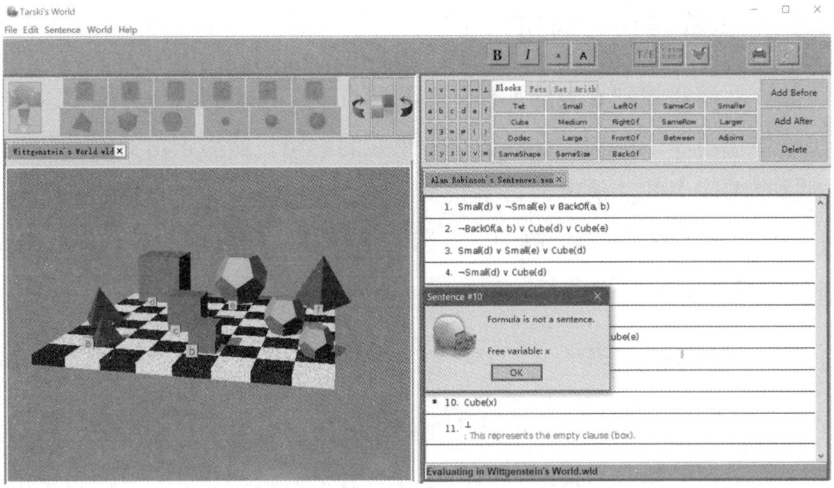

图 1.14

1.5　玩游戏

当你用一个复杂的语句来描述一个世界时，你不仅需要断言该语句的真值，还需要断言它的各个组成部分的真值。例如，如果你断言合取式 A∧B（读作"A 并且 B"）的值为真，那么你就断言了 A 的值为真并且 B 的值也为真。类似地，如果你要断言否定式¬A（读作"非 A"）的值为真，那么你也就断言了 A 的值为假。

这一简单的观察允许我们用玩游戏的方式将一个复杂的断言归约到更为基本的断言，而那些更基本的断言往往是更容易评价的。因此，游戏的规则是你将要学习的这本书的内容之一。现在，我们将解释在玩游戏中你可以做的各种事情。

为了玩游戏，你首先需要猜一下在当前的世界中当前语句的真值。这个猜测是你最初的断言。这个游戏的最大价值是当这个断言是错误的，在这种情况下你不能获胜。

点击工具栏里三个彩色按钮中最右边的 Game（游戏）按钮，游戏就会开始。Tarski's World 将开始要你标出你最初的断言。在这一点上，游戏如何进行将依赖于给定的语句形式和你最初的断言。

1.5.1 选择模块和语句

正如你从游戏规则看到的那样，在某些点上，Tarski's World 会要求你从语句一览表中选出一个语句。你只需点击想要的语句，然后点击 OK。

对这个游戏中的其他点，Tarski's World 会要求你选取一个模块满足某个公式。你只需把光标放到指定的模块上，选中它，然后点击 OK。如有必要，Tarski's World 会给被选定的模块指派一个名字，例如，n1，并标示它。

1.5.2 撤销和放弃

在玩游戏时，Tarski's World 从不出错。只要它有机会赢得游戏，它就会成功，如果你最初的断言是错的。然而你可能会犯错误，并且一旦你出现错误，你就会将本能获胜的游戏输掉。它需要的是你一直做出错误的选择。Tarski's World 会利用你。它不会告诉你，你走错了，直到它赢得游戏，并且告知你本该赢。这意味着，你有两条路可以输掉游戏：要么你在初始评价的时候错了，要么你在玩游戏的过程中做出了一个错误的选择。更明确地讲，如果你在跟电脑的博弈中赢得游戏，那么你会确信你对这个语句的初始评价是十分有把握的，以至于你在所有随后的选择都是正确的。

为了弥补电脑本身的不足，无论在这个游戏中你已经进行了多少步，Tarski's World 都允许你对已经做过的选择进行改正。因此，如果你认为你的初始判断是对的，但是你一路做出了错误的选择，你总是可以通过点击 Back（撤销）按钮重新选择。如果你的初始判断确实是对的，应用这种特性，你将最终获胜。如果不能，那么你最初的判断就是错的。

Back 按钮可以撤销游戏的最后一步，Reconsider（重新考虑）按钮可以撤销从你最后一次选择后的所有的动作。

如果游戏进行了一半，你意识到你的判断是错的，并且知道为什么，你可以通过点击 End Game（结束游戏）按钮停止游戏。这样不仅可以结束游戏，而且不用关闭 Tarski's World。如图 1.15 所示。

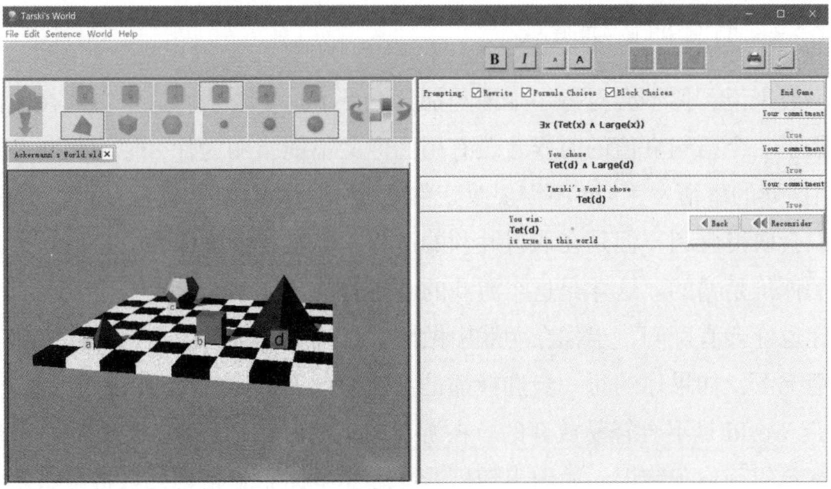

图 1.15

1.5.3　在游戏中控制互动

在图 1.15 中，有三个选择框可以用来控制所展示的游戏细节。一些工作可以完全自动实现，而不需要你点击确认按钮。我们建议把这些放在检查部分，直到你已经获得了一些游戏的经验。这些选择框的功能描述如下。

Rewrite（改写）：在游戏的某个时刻，一个公式可以被另一个等值的公式替换。这就是蕴涵句和双条件句的处理方法。由于此时无法做出选择，你可以通过等值公式的替换使游戏继续进行，而不需要通过切换选择框来完成互动。

Formula Choices（公式选择）：在游戏的某个时刻，Tarski's World 必须在一个选择的范围内选择一个公式。由于这个选择不在你的控制范围内，你可以通过这些选择使游戏继续进行，而不需要通过切换选择框来完成互动。当然，当要求你选择一个公式的时候，不管选择框的状态是什么，游戏都会问你要做什么。

Block Choices（模块选择）：在游戏的某个时刻，Tarski's World 需要你从给定的世界中选择一个模块。由于这个选择不在你的控制范围之内，你可以通过这些选择使游戏继续进行，而不需要通过切换选择框来完成互动。当然，当要求你选择一个模块时，不管选择框的状态是什么，游戏都会问你要做什么。

1.5.4 什么时候玩游戏

一般来说，你不会对每一个语句都尝试一下这个游戏。这个游戏在你错误地判断了一个语句真值的时候才最有用，但又不能指明为什么你的判断是错误的。当这样的事情发生时，不需要改变你的语句，你可以继续进行游戏。Tarski's World 会取得胜利，但是在取得胜利的过程中，它将会确保你清楚地知道为什么你的评价是错的。这才是这个游戏的真正价值。

你也许会有疑问，当你在游戏中做出了正确的评价时会出现什么情况。在这种情况下，如果你的每一步选择都是正确的，那么你就可以确保胜利。但是 Tarski's World 是不会轻易放弃的。在游戏的某些时刻，当它需要做出选择时，它会寄希望于你犯错误，而做出随机选择。如果你犯了错误，它将会抓住机会并且取得胜利。但是，正如我们所注意到的那样，你总是可以通过撤销来反悔。

1.6 偏好

Tarski's World 的某些行为可以用偏好对话框来控制，即选择应用菜单上的 Preferences…（偏好）命令（或 Windows 上的 Edit 菜单）来设定。偏好对话框如图 1.16 所示。

偏好设定的第一行是允许操作者在打开一个世界和创建一个新的世界之间进行选择的一些选择框。

你可以选择创建一个随机的世界而不是一个空的世界，这时一个新世界通过选择 Open with random world（打开随机世界）选择框而创建。你可以认为一个动画世界是由选择 Open with flythrough（打开飞行世界）选择框打开或创建的，并且你可以选择最后的选择框在二维视图中始终打开世界。

你可以控制动画的速度，或者用 Animation（动画）板打开或关掉所有的动画。动画的速度是由一个滑尺控制的。当滑块设置为滑尺的末端 Fast（快）时，动画将越来越少，这会导致花了更少时间有一个更不平稳的动画。当滑块设置为滑尺的另一端 Smooth（平稳）时，它是平稳的，但动画的时间较长。你可能喜欢用它来设置适合你的电脑效果。如果没有合适的效果，那么你可以关掉所有的动画。

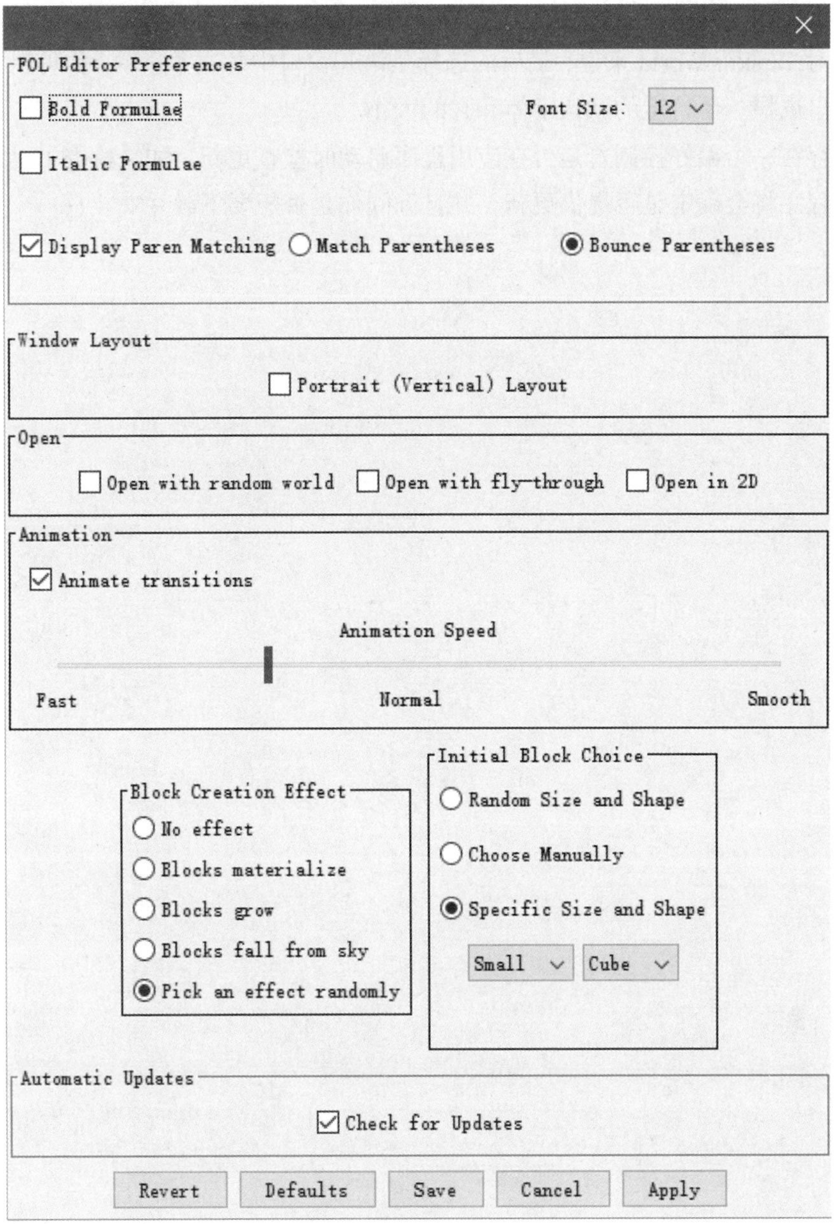

图 1.16

你可以为如何创建一个新模块选择不同的效果，既可以各种不同的方式从空中落下，又可以在某个地方像预期的那样发生或者生长。

最后的世界偏好确定了模块的大小和形状，这些模块是当 New Block（新模块）按钮被按下时就创建了的。你可以在介绍的对话框上进行选择，然而它总是创建同一种模块，还允许 Tarski's World 为你选择一个模块的大小和形状。

对 Tarski's World 来说，最后的选择是语句窗口中的文本显示。你可以为语句窗口选择一个特定的默认字体和它的大小。

存在一个偏好控制着是否在应用程序启动时检查更新。如果检查了，那么应用程序将会确定是否提供更新，并且询问你是否想要下载并安装它。

第 2 章

Fitch 3.7 简介

Fitch 3.7 是一个能够更容易地构造一阶逻辑中自然推理系统 $\mathcal{F}$ 的形式证明的应用程序。我们从怎样启动 Fitch 3.7 的操作开始到怎样退出 Fitch 3.7 的操作结束，其中还将解释屏幕上的一些基本设置。

2.1　启动

启动该程序，即双击图标 **F**，立刻闪示图 2.1 所示页面。

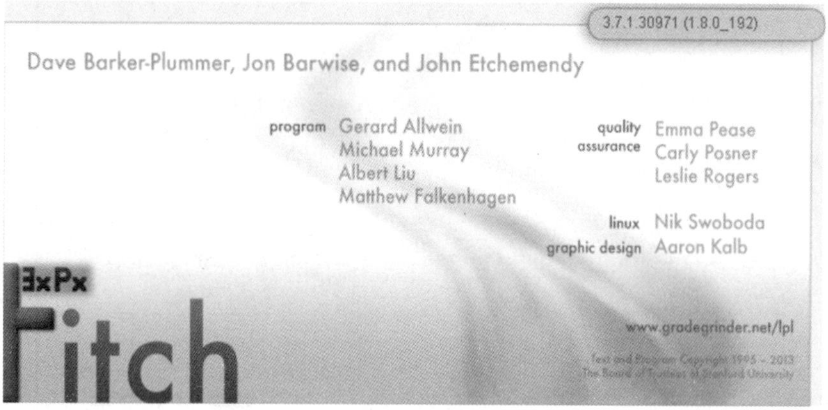

图 2.1

打开该程序后，显示图 2.2 所示的页面。

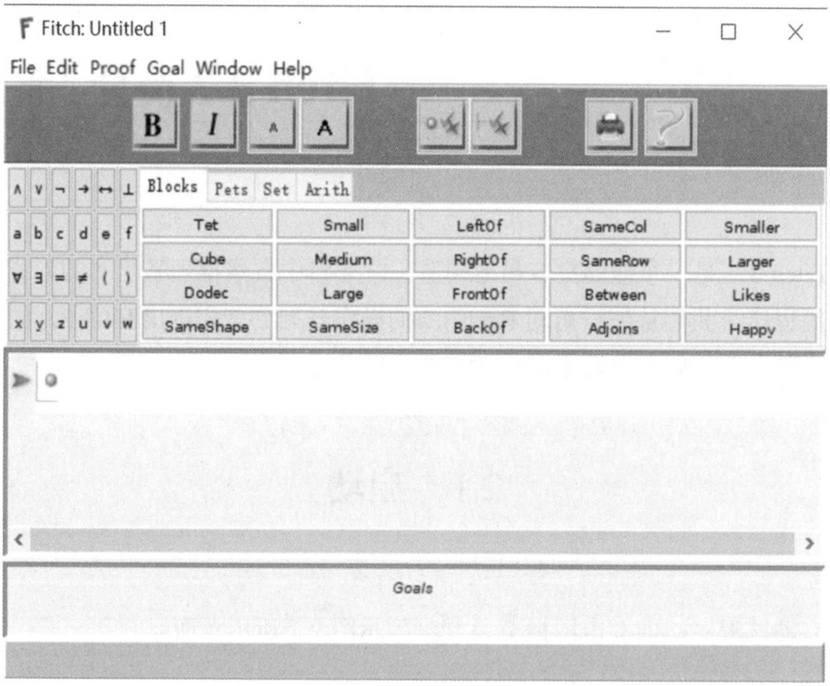

图 2.2

在 Windows 状态下，你可以很容易地找到 Fitch 和 Fitch Exercise File（Fitch 练习文件）。在这里，你将找到本书提到的名为 Fitch 的练习文件。但在 macOS 状态下，Fitch 的应用程序包含在 Fitch Folder（Fitch 文件夹）中。在这个文件夹中有一个子文件夹名为 Fitch Exercise Files（Fitch 练习文件夹），在这个文件夹中你可以找到本书提到的 Fitch 练习文件。

当 Fitch 正在运行时，你将会（从上到下）看到一个在 Tarski's World 和 Boole 中都有的菜单条、一个狭窄的工具条和一个较宽的灰色的语句工具条。还有一个大的、几乎是空白的窗口，这个窗口叫作“证明窗口”，在它的底下还有一个 Goals（目标）的区域。目标区域用来存放要证明的结果。目标区域的底部还有一个灰色地带，它是用来显示错误信息的。如图 2.3 所示。

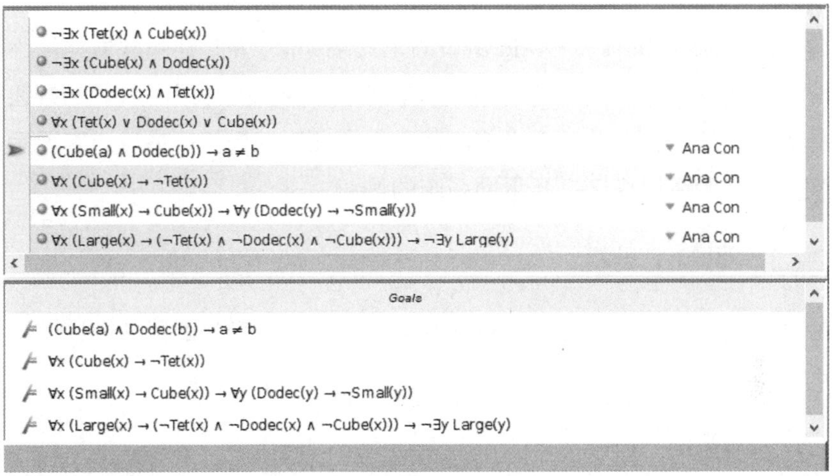
¬∃x (Tet(x) ∧ Cube(x))
¬∃x (Cube(x) ∧ Dodec(x))
¬∃x (Dodec(x) ∧ Tet(x))
∀x (Tet(x) ∨ Dodec(x) ∨ Cube(x))
(Cube(a) ∧ Dodec(b)) → a ≠ b
Ana Con
∀x (Cube(x) → ¬Tet(x))
Ana Con
∀x (Small(x) → Cube(x)) → ∀y (Dodec(y) → ¬Small(y))
Ana Con
∀x (Large(x) → (¬Tet(x) ∧ ¬Dodec(x) ∧ ¬Cube(x))) → ¬∃y Large(y)
Ana Con
Goals
(Cube(a) ∧ Dodec(b)) → a ≠ b
∀x (Cube(x) → ¬Tet(x))
∀x (Small(x) → Cube(x)) → ∀y (Dodec(y) → ¬Small(y))
∀x (Large(x) → (¬Tet(x) ∧ ¬Dodec(x) ∧ ¬Cube(x))) → ¬∃y Large(y)

图 2.3

2.1.1　菜单

Fitch 有以下菜单。

File（文件）：这个菜单可以让你打开一个新的证明窗口，打开练习文件夹，保存证明和展示证明等。

Edit（编辑）：这是通常的编辑菜单，它允许你在证明中对语句进行剪切、复制和粘贴等。

Proof（证明）：这个菜单中的命令分别允许你证明增加步骤、开始或结束子证明、压缩和扩展子证明、检查证明的正确性以及显示证明的步数等。

Goal（目标）：这个菜单中的命令允许你的教师设定证明目标中的问题，并允许你查看是否有任何特殊的限制适用于该目标等。

Window（窗口）：该菜单允许你访问已打开的各种 Fitch 文件，并允许你更改字体，更改你所打开窗口的外观等。

Help（帮助）：这个菜单允许你获得关于使用这个应用程序的帮助，并且也可以检验是否有可供更新的程序等。

2.1.2 证明工具条

在窗口顶端的比较窄的工具条叫作“证明工具条”。如图 2.4 所示。

图 2.4

这个工具条与 Tarski's World 窗口的工具条类似，并且还包含着允许你控制证明显示的按钮。这些按钮包括在证明中将字体变为黑体或者斜体的按钮、控制字体大小的按钮，以及检查当前步骤和整个证明的按钮。最后，有展示证明的按钮，以及为应用程序打开帮助系统的按钮。

2.1.3 语句工具栏

在证明窗口的上端，有一个包含逻辑符号、谓词符号的区域，该区域叫作“语句工具栏”。如图 2.5 所示。

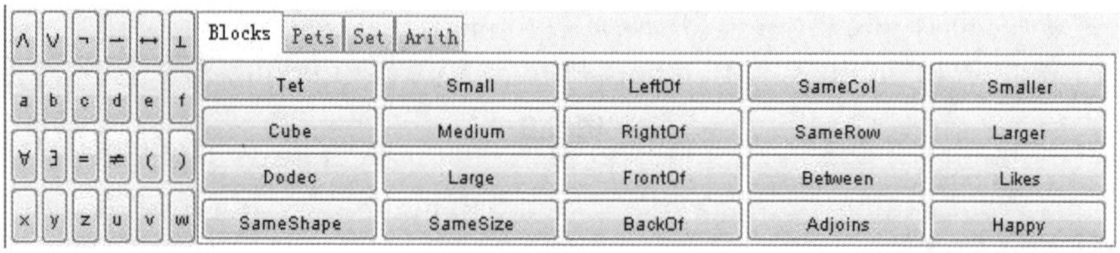

图 2.5

它与 Tarski's World 中的语句工具栏一样，是用来在证明窗口中编写公式和编辑证明的。当你将光标移动到工具栏中的一项上，它就变成一个（有蓝色背景的）按钮。点击这个按钮，出现在证明中的是逻辑符号或谓词。注意：还有一个包含 Block、Pets 等四类谓词的工具条，图 2.5 是在 Blocks 下显示的谓词。图 2.6 是在 Pets 下显示的谓词。

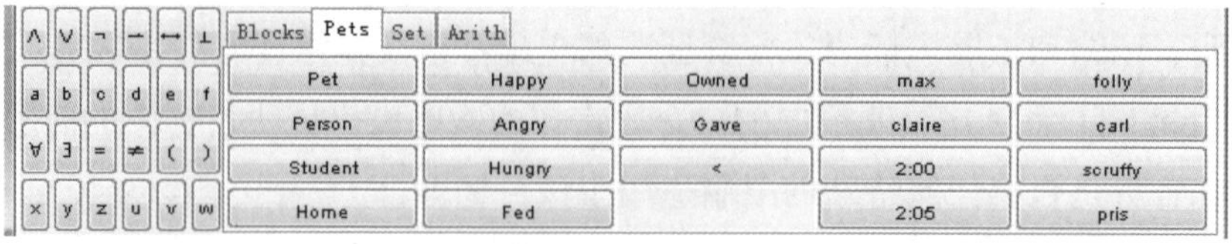

图 2.6

试着点击一下，你就可以看到可以用什么。有许多谓词和常项符号不能一次都看到。

2.1.4　证明窗口

证明窗口本身被划分为两个区域。上面较大的区域是构造证明的地方。例如，当你为证明添加步骤或构造子证明时，这就是它们将要显示的地方。当你为一个证明增加了一步，“Rule? ”就会出现在它的右边。点击“Rule? ”，就会弹出一个菜单，让你选择在这一步你要使用的规则。

证明窗口的底部是放置证明目标的地方，也就是放置被证明语句的地方。如果看不见目标区域，从 Goal 菜单中选择 Show Goal Strip（显示目标栏）。为了隐藏它，并且在证明区域中给自己更多的空间，你可以从 Goal 菜单中选择 Hide Goal Strip（隐藏目标栏）。

在证明窗口的最下面，即在目标栏下，是一个提示错误信息的 Status Line（状态行）。这个状态行是一个灰色的长条，在那里你有时能够看见滚动条。它最初是空白的，但是它能用来展示很多有用的信息，尤其是当证明步骤没有通过检查时。你也可以集中检查证明步骤，只要简单地点击状态行即可。

2.2　创建和编辑证明

一个证明的过程出现在窗口的正中间最大的区域中，它夹在工具栏和目标区域中。这一节，我们将说明如何创建、修改和浏览一个证明。在此之前，我们介绍一些图标，这些图标在构造证明的过程中将会用到。

├ **Proof line and Fitch Bar**（证明线和 Fitch 杠）证明和子证明都有一条垂直的灰色的线标明。其中的水平线叫作 Fitch 杠。Fitch 杠将证明的假设从那些由假设产生的证明步骤分离开。

▸ **Focus Slider**（焦点滑块）这个滑块只出现在证明的左边并指向当前关注的步骤。如果目标区域里有目标，那么焦点滑块可能也指向目标之一。在窗口中任何时候都只有一个滑块。

● **Step Bullet**（步骤标号）这个圆形图标指证明中当前的一步。你可以在这一步骤增加一个新的句子，如果不存在，你可以编辑一个现有的句子。如果要显示步骤编号，可以从 Proof 菜单中选择 Show Step Numbers（显示步骤编号），那么步骤标号就会被步数代替。如图 2.3 和图 2.7 所示。

Goal Bullet（目标标示）这个标示在目标栏中每个目标语句的前面（如果点击这个标示所在目标栏，目标标示将由焦点滑块代替）。

Constant Box（常项框）常项框出现在一个子证明的顶部，这里的“a”是一个最新被引入的常项。它右边向下的箭头是一个菜单，点击这个菜单可以从中增加或删除常项。

Rule? Rule menu icon（规则菜单图标）这是一个弹出的菜单，在你证明中的每一步都会弹出这个菜单，你可以从中选择一个规则作为你这一步证明的根据。

2.2.1 步数

通常，Fitch 并不显示证明的步数，只是简单地用步骤标号表示。从 Proof 菜单中选择 Show Step Numbers（显示步数序号）将由数字代替步骤标号。当显示步数时，支持步骤由数字表示在该规则名字的旁边，如图 2.7 所示。

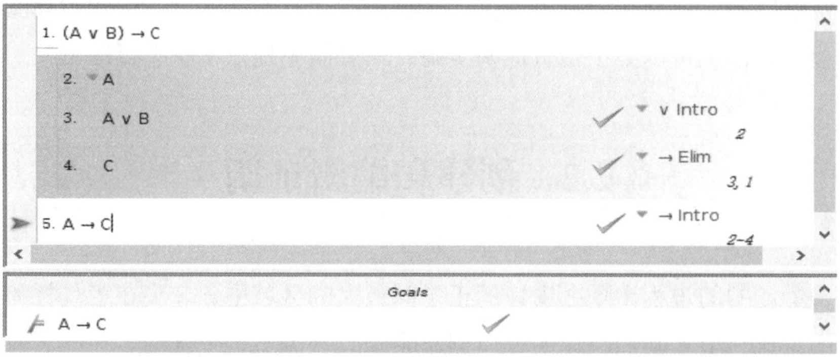

图 2.7

2.2.2 当前的焦点

在你做一个证明的过程中，总有一步是“焦点”。这一步的最左端有一个红色的三角标示，它叫作 Focus Slider（焦点滑块）。当你执行任何编辑功能时，焦点的这一步都会受到影响。它也是当你点击 Check This Step（验证这一步）按钮或者点击证明窗口最下端状态行时被验证的那个步骤。

2.2.3 移动焦点

有三种方法可以把焦点从一步移到另一步：你可以上下拖拽焦点滑块，还可以点击你想要焦点的那一步骤边上的焦点滑动区域，也可以使用键盘上的方向键上下移动焦点。

点击一步而这一步不是当前焦点所在，焦点滑块不移动，除非你点击左边的焦点滑动区域。

2.2.4　增加新步骤

从 Proof 菜单中选择 Add Step After（在之后添加一步）或 Add Step Before（在之前添加一步），可以为一个证明增加一个新的步骤。这些命令将立刻在你重点关注的步骤前或后增加一个新的证明步骤，除非你之前关注前提，在这种情况下新步骤会成为前提下的第一个步骤。如果重点关注证明的最后一步，选择 Add Step After 在证明末尾增加一步。如果你是反推一个证明，你通常会在重点关注的步骤之前增加一步，此时选择 Add Step Before。也可以通过移动焦点并选择适当的增加步骤的命令将步骤插入在一个证明中。

在子证明中新增加的步骤会出现在相同的子证明中（为证明增加前提的说明在 2.6.1 节）。开始或结束子证明需要不同的命令（可在 2.2.13 节中找到相关的描述）。通常，由于练习文件已经包含前提，你不需要再给证明增加前提，除非你自创的证明。

2.2.5　在步骤中输入语句

当你为一个证明增加一个新的步骤后，步骤标号就会出现。这时你就可以输入语句。输入语句可以通过使用语句工具栏或者直接用键盘打出来（用键盘打出的逻辑符号可以参考 1.3.6 节中的表 1.1）。这与在 Tarski's World 和 Boole 中的情况相同。

一般情况下，用语句工具栏中的符号输入语句更快。由于工具栏中可能没有谓词、名称或语句的字母，因此有些语句必须用键盘输入。例如，因为 P、Q 和 R 没有出现在语句工具栏里，因而你不得不用键盘输入语句 P→(Q∨R)中的部分内容。

2.2.6　删除步骤

要删除证明中的一行，首先将移动到你要删除的那一行，并从 Proof 菜单中选择 Delete Step（删除步骤）。如果你删除了一个子证明中的假设步骤（Fitch 杠上的步骤），那么包含那个步骤的整个子证明都将被删除。在删除假设步骤时要小心，因为你可能会丢失大量的工作。如果你只是想改变假设，只要重新编辑那个语句即可。

2.2.7 指定一步的规则

当你增加了新的一步时，“Rule？”就会出现在这个步骤的右边。要为这个步骤指定一个规则，点击“Rule？”，就会弹出一个菜单。这个菜单有五个子菜单，还有一个 Reit（重复）规则。如图 2.8 所示。

这些子菜单是 Intro（引入）、Elim（消去）、Con（推论）、Lemma（引理）和 Induction（归纳）。在这些子菜单上移动光标将会出现一系列供进一步选择的第二层子菜单。为了指定规则，比如，否定引入规则，首先将光标移动到 Intro。然后，当第二个菜单出现时，将光标移动到¬（或者“not”）并点击它。类似地，为了指定 Taut Con（重言推论）规则，首先将光标移动到 Con 上，然后从第二层菜单中选择 Taut。

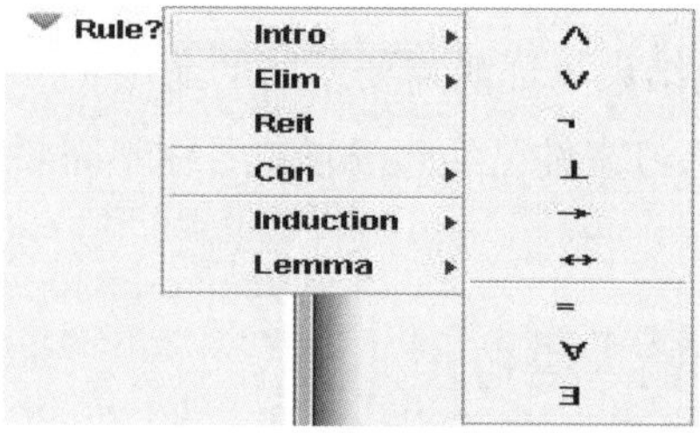

图 2.8

2.2.8 改变一个步骤的规则

要想改变一个存在步骤的规则，你首先必须把光标移动到那一步。然后点击菜单上的新规则。

2.2.9 指定一个步骤的支持步骤

大多数规则都要求你引证其他的步骤作为理由或者“支持”。要为某一步指定支持，可将光标移动到那一步上并点击作为引证的步骤。这时，你点击的步骤在计算机上就会以红色突显出来。如果你的支持是一个子证明，点击子证明的任意地方，整个子证明都会以红色突显出来。如果你点击已经被引证的一步或者子证明，这时引证将被取消。

要查看某一步的支持，只要点击正在考虑的这一步。这时，支持步骤将会以红色突显出来。要改变某一步的支持，从这一步的支持中点击那个你想增加或者删除的步骤。

如果在一个证明中，显示了证明的步数，那么支持步骤就不会以红色显示，而是在规则名称的右边显示步骤编号。带有显示的步数，可以使你的证明看起来更规范。

2.2.10　检查步骤并且验证证明

要检查一个步骤是否正确，应该把注意力集中在这一步上并且点击工具栏里的 Check This Step（检查这个步骤）或者点击窗口底部的状态行。通过点击工具栏中的 Verify Proof（验证证明）或者在 Proof 菜单上选择 Verify Proof，可以检查你证明中的所有步骤和目标。

在你检查一步后，下面的四个符号之一将会出现在你选择的规则名称的左边。

✓ **Check mark**（对号）这个符号表明该步骤是正确的。

✗ **X**（×）这个符号表明该步骤是逻辑错误的。

✱ **Asterisk**（星号）这个符号表明这一步中的语句在语法上不是合式公式。

? **Question mark**（问号）当 Con 规则不能决定你的步骤的有效性时，这个符号将会出现。

如果在你的步骤之一中没有获得对号，就应该把注意力集中在这一步上并且查看状态行上的信息。幸运的话，它会给你提供为什么你的步骤没有通过检查的一些有用的信息。

2.2.11　默认规则

在构造一个证明时，许多规则都已默认，这样可以节约你考虑的时间。例如，如果你选择→Elim（→消去规则），引证了两个形式为 P→Q 和 P 的语句，然后检查证明步骤，Fitch 将自动把语句 Q 填进这一步。为了使 Fitch 为一个步骤提供一个默认语句，这个语句行必须是空白的，即：在那个步骤中不能有任何内容。当检查这一步时，如果这个语句是空的，Fitch 将会试着为那一步提供一个默认的语句。

Taut Con、FO Con 和 Ana Con 规则程序没有默认。

2.2.12　增加支持步骤

许多规则允许你用 Add Support Steps（增加支持步骤）命令自动地插入适当的支持步骤，并在插入的支持步骤中需要运用那个规则推导出一个特殊的公式。为了使用这个特点，在这一步中要选中一个步骤并插入被推导的公式。然后选择一个推导规则。最后从 Proof 菜单选择 Add Support Steps 命令。如果这不能实现，那么这个规则不支持这个选择（或者你没有选择一条规则或者输入一个公式），否则用这个命令就可以把需要的步骤插入这个证明中。

2.2.13　开始和结束子证明

一个子证明是从 Proof 菜单中选择 New Subproof（新的子证明）开始的。当你开始一个新的子证明时，你可以在第一步中输入一个语句（或者常项框中的常项）。一旦在一个子证明中操作，你添加的任何新步骤都将是这个子证明的一部分。要在子证明之后加一步，你需要知道怎样结束子证明。为了结束子证明，用光标点击子证明中的任一步，然后在 Proof 菜单中选择 End Subproof（结束子证明）。这样将结束子证明并且在那个子证明之后给出一个新的步骤。

如果当你在结束一个子证明时，子证明的最后一步是空的，那么那一步仅仅是从子证明中移除的。这意味着你可以通过选择两次 End Subproof 来结束两个被嵌入的子证明。第一次，你将结束最里面的子证明并且得到在这个子证明外层的一个新步骤。第二次，新的一步将同样地从外层的子证明中移出。

2.2.14　子证明中的常项框

当你开始一个子证明时，一个倒三角形出现在步骤标号旁边，这个三角形是一个可弹出的菜单。如果你点击这个三角形，菜单将会出现。在这种情况下，菜单呈现给你一个包含所有在 Fitch 程序中可使用的常项名称表。从中选择一个名称并将它作为一个常项框添加进去——除非它已经是框，在这种情况下它已经从框中移除。常项框被用在∀Intro 和∃Elim 中。如图 2.9 所示。

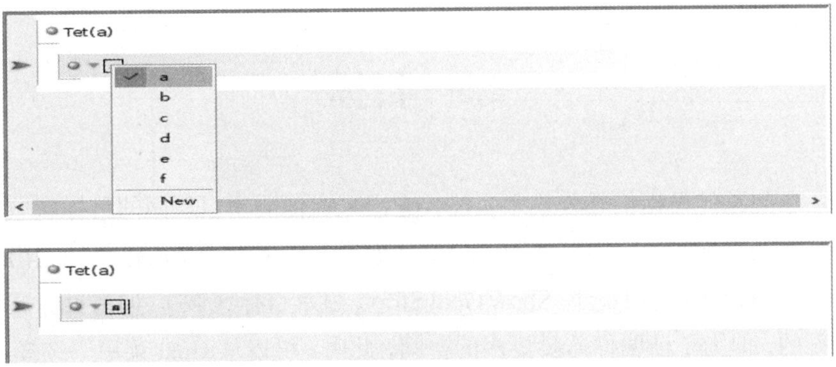
Tet(a)
a
b
c
d
e
f
New
Tet(a)
a

图 2.9

2.2.15　折叠的子证明

当你完成一个子证明时，你可以把它“折叠”起来，这样你就不需要再考虑它了。如果子证明很长，你希望在证明的不同部分避免来回移动滚动条时，尤其是这样。你可以用光标点击子证明中的任何步骤，用 Proof 菜单中的 Collapsing Subproof（折叠子证明）命令来实现这一想法。当你关注包含在被折叠的证明中的步骤时，选择 Proof 菜单中的 Expand Subproof（展开子证明）再打开这个证明。如图 2.10 所示。

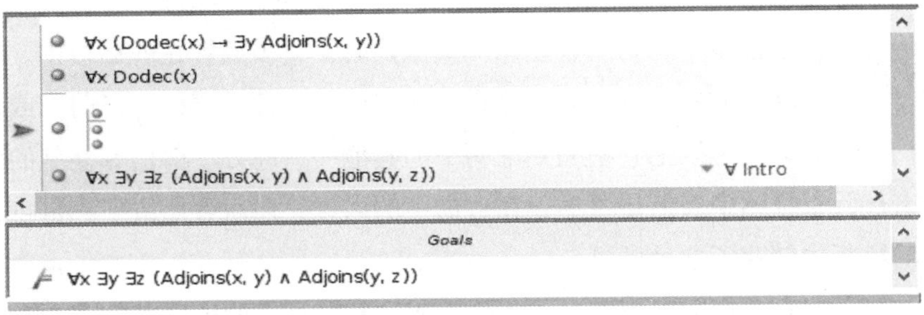
∀x (Dodec(x) → ∃y Adjoins(x, y))
∀x Dodec(x)
∀x ∃y ∃z (Adjoins(x, y) ∧ Adjoins(y, z))
∀ Intro
Goals
∀x ∃y ∃z (Adjoins(x, y) ∧ Adjoins(y, z))

图 2.10

2.2.16　删除子证明

为了删除一个子证明，用鼠标点击子证明的假设然后选择 Proof 菜单中的 Delete Step（删除步骤）命令，这将删除整个子证明，所以一定要谨慎。如果你只是想改变假设步骤，可以编辑这个语句，不要删除这一步。

2.3 目标

一个问题的目标依靠公式来表述，它出现在证明窗口下面的目标区域中。这些公式是在你的证明中要证明的公式。如果目标条看不见而你想让它出现，从 Goal（目标）菜单中选择 Show Goal Strip（显示目标区域）。如果目标区域是看得见的，但为了证明你需要更多的空间，此时，可以从 Goal 菜单中选择 Hide Goal Strip（隐藏目标区域）。

当你正在解决某个问题并且认为你已经满足了一个或更多的目标时，从 Proof 菜单中选择 Verify Proof。在每个目标的右边或者出现一个"√"或者出现一个"×"。如果"×"出现，点击这个目标，并阅读出现在状态栏中错误的信息。

2.4 复制和粘贴

Fitch 允许你剪切、复制和粘贴一个证明的各个部分。掌握这些操作会使证明的构造更容易。

当你从一个证明中剪切或者复制一些东西时，它被放置在剪贴板中。剪贴板是计算机存储器的一部分，你不能看到它，但是它存储着你已经剪切或者复制的内容，你以后可以把它粘贴到证明中的其他一些地方。剪切和复制的区别是前者删除了证明中当前位置上正在考虑中的内容，而后者保留了它自身，并且在剪贴板中储存了这个条目。

一旦一些东西在剪贴板中，你就可以将它粘贴到证明中，粘贴多少次都可以。直到其他东西被剪切或者复制，否则它将一直留在剪贴板上。当新的内容被剪切或复制时，此时新的条目代替曾经在剪贴板上的内容。

2.4.1 复制和粘贴语句

为了剪切、复制一个语句，或者一个语句的一部分，你必须首先选中包含该语句的那一步。然后复制你需要的那些内容。最后从 Edit 菜单中选择 Copy 或者 Cut。

如果你要从一个步骤中复制一个完整的语句，你只需点击该步骤，然后从

Edit 菜单中选择 Copy，不需要复制整个语句。因为当你点击该步骤后，这一步骤上的整个语句已经被放置在剪贴板中，并准备好粘贴在这个证明（或者另一个证明）的任何地方。如果当程序编写模式关闭时，你想复制一个假设，这一捷径是特别有用的，因为在那种情况下，假设将会被锁住，你将不能选择它。

一旦语句在剪贴板上，你就可以把光标移动到准备粘贴的那个地方，并从 Edit 菜单中选择 Paste，把剪切板上的语句粘贴到上面。

2.4.2　复制和粘贴目标语句

你可以在目标栏中点击一个目标语句，然后从 Edit 菜单中选择 Copy 来复制一个目标语句。这是获取想要的语句并把它粘贴到你的证明中的一个简单方法。

2.4.3　复制和粘贴一串步骤

Fitch 允许你剪切和复制一系列步骤然后把它们粘贴到同一个证明的另一个地方或者另外的证明中。如果你的证明需要几个相同的子证明，每一个都包含一些相似的步骤，这是特别有用的。

为了剪切或者复制一串步骤，你首先必须点击需要剪切或者复制的这一串步骤中开始的那一步，然后按住 Shift 键，最后点击要剪切或复制这一串步骤中结束的那一步。这种方法不适用于一串步骤中只有一步的情况。

被选中的步骤将呈现灰色。如果这个灰色的矩形中不包含你要的步骤，点击这个证明的任何一个地方，这个灰色的矩形将消失。然后，你就可以再尝试选择其他步骤。注意，Fitch 不允许被选中的灰色矩形将一个子证明分成两半，你必须在一个子证明里选择意义完整的步骤或者将这个子证明作为一个整体进行选择。当这个灰色的矩形恰好包含你想要的步骤时，从 Edit 菜单中选择 Cut 或者 Copy。这两个命令都会将这些步骤放在剪贴板上；Cut 还会从证明中删除已选择的步骤。

一旦剪贴板中包含所选的一系列步骤，选择 Paste 会将剪切板中的那些步骤插在你所需要的地方。如果你的光标正处在一个空的步骤上，那么粘贴后的步骤将会取代空的步骤。如果你的光标正处在一个不是空的步骤上，那么粘贴后的步骤将插入在这一步骤之后。

如果你想在子证明之后直接将一些步骤粘贴到你的证明中，而不是把它作为子证明的一部分插入，你需要在粘贴之前结束那个子证明。这将使你在那个子证明之外获得一个空的步骤，并且 Paste 会用剪贴板上的步骤代替这个空的步骤。

当你把一些步骤粘贴到一个证明中时，对那些步骤 Fitch 还保持着原来所提供的适当的支持。不过有时，为被粘贴过来的步骤所提供的这些支持在新的地方将不再是“合理的”。例如，如果你将一个步骤粘贴在这个证明里，而粘贴的地方出现在证明中支持步骤之前，在这种情况下，Fitch 将从它的支持步骤表中移走不合理的支持。

注意，这种方法也为你提供了一个简便的方式来删除大量的步骤。与其重复地从 Proof 菜单中选择 Delete Step，不如只选择你想删除的所有步骤，并且从 Edit 菜单中选择 Clear。只点击删除键也能够删除选中的那些步骤。

2.5 导出文本

从 File 菜单中选择 Export HTML（导出文本）。当你这么做时，图 2.7 将会出现图 2.11 所示的界面。

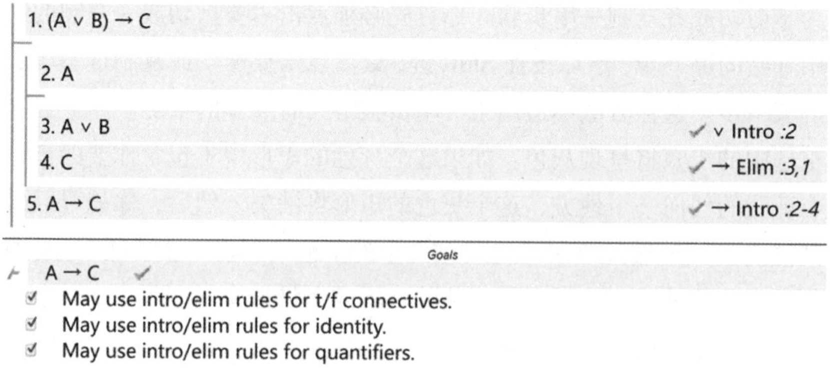
1. (A ∨ B) → C
2. A
3. A ∨ B
∨ Intro :2
4. C
→ Elim :3,1
5. A → C
→ Intro :2-4
Goals
A → C
May use intro/elim rules for t/f connectives.
May use intro/elim rules for identity.
May use intro/elim rules for quantifiers.

图 2.11

在导出的文本中，Fitch 为所有的步骤加上编号，并且用这些编号表示每一步骤的支持，从而使证明看起来像教科书上的证明。

2.6　建立练习

Fitch 的练习文件总是在作者模式（Author Mode）下打开。这种模式允许你构造证明，在解 Fitch 自带的练习中，不能改变证明的前提和目标。

作者模式可以用来创建新的练习，并允许我们在证明中输入前提，增加证明的目标和明确规定应用于目标上的限制条件。

2.6.1　添加和删除前提

为了增加前提，我们可以从 Proof 菜单中选择 Add Premise（增加前提）。如果你正处在一个前提的步骤中，新的前提会立刻出现在这一步之后。如果你正处在一个证明的步骤中，那么新的前提将出现在前提表的最后。

要删除一个前提，用光标点击要删除的前提并从 Proof 菜单中选择 Delete Step（删除步骤）。

2.6.2　增加和删除目标

对一个问题增加一个目标，从 Goal 菜单中选择 New Goal（新目标）然后输入你要的目标语句。从问题中删除一个现有的目标，需要点击目标条区域中要删除的目标，然后从 Goal 菜单中选择 Delete Goal（删除目标）。

你可以从 Goal 菜单中选择 Check Goal Forms（检查目标形式）命令检查目标中的符号串是不是合式公式。不是合式公式的目标，Fitch 将用星号标出。

如果你要修改目标的限制条件，从 Goal 菜单中选择 Edit Goal Constraints（编辑约束目标）。当你最初增加了一个目标时，Fitch 假设这个目标只需要通过引入或消去已有的规则就能证明。如果你需要允许 Con 规则的使用，或是要取消任何标准规则的使用，就必须修改目标附属的约束条件。每个目标都有约束的条件，因而对不同的目标，一个问题可以有不同的约束条件。

2.6.3　保存新问题

保存一个新的创造出的文档——作为一个已被解决的练习，从 File 菜单中选择 Save As Problem...（另存问题）。这样既保存了新创造的文件，而且也保留了 Fitch Exercises File 中原有的文件。

2.7 参数设置

Fitch行为的一些方面可以用参数设置对话框来控制，从应用菜单(Windows 中的 Edit 菜单）中选择 Preference…命令进入这个对话框。参数设置对话框如图 2.12 所示。

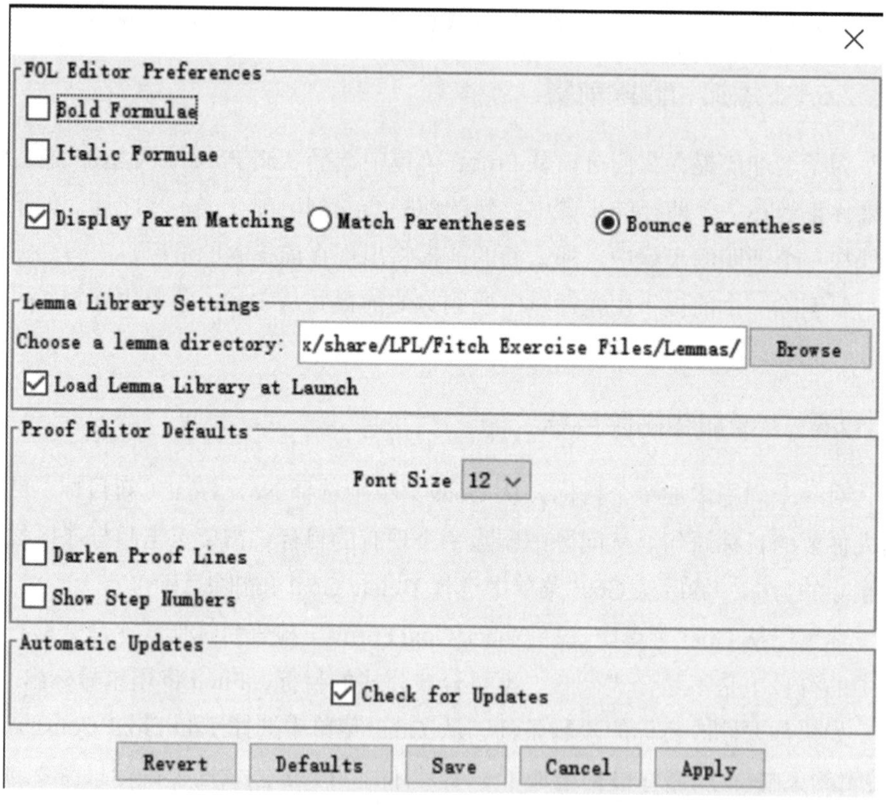

图 2.12

你可以根据自己的喜爱设定参数，从而控制文本的风格。你还可以指定字体的大小并决定 Fitch 用斜体还是黑体书写公式。

最后，从 Help 菜单中点击 check for updates…（检查更新），Fitch 会弹出一个对话框，显示你当前使用的 Fitch 版本，以及可更新的 Fitch 版本等。

第 3 章

Boole 4.2 简介

Boole 是一个能够使构造真值表更加容易的应用程序。我们首先介绍怎样启动和停止 Boole，然后说明 Boole 屏幕的基本布局。

3.1 启动

启动该程序，即双击图标，立刻闪示图 3.1 所示页面。

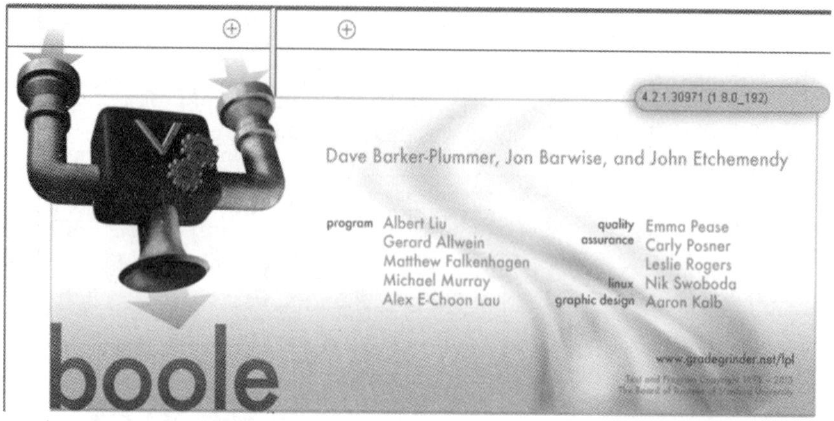

图 3.1

Boole 应用程序包含在 Boole Folder（Boole 文件夹）里。打开该程序后，显示图 3.2 所示的页面。

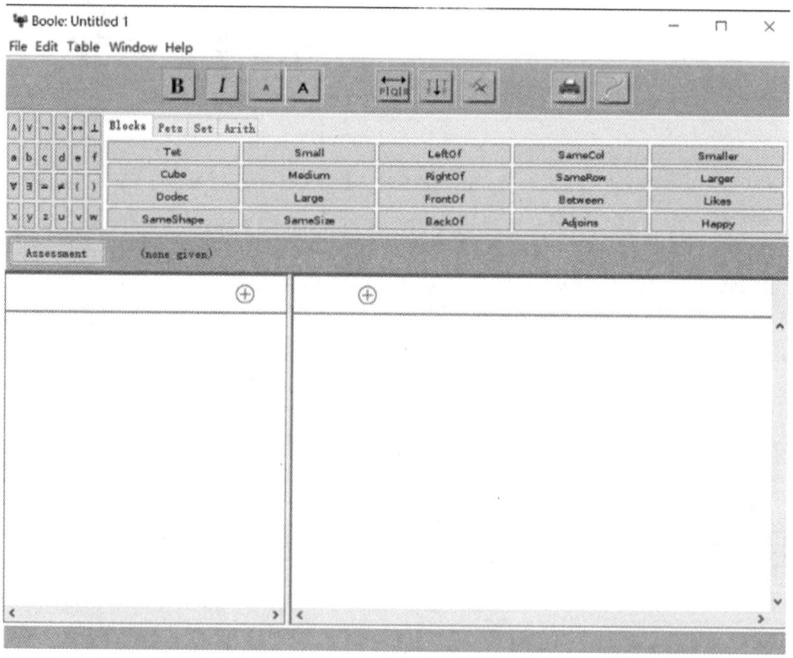

图 3.2

此时，你将（从上到下）看到菜单条、“工具条”、“语句工具条”、一个狭窄的“评价条”。最后是一个大的、几乎是空白的区域，它用于构建真值表，称为“表窗格”。这个区域被划分为左、右两大区域，左、右区域又被分别分为上、下两部分。如图 3.3 所示。

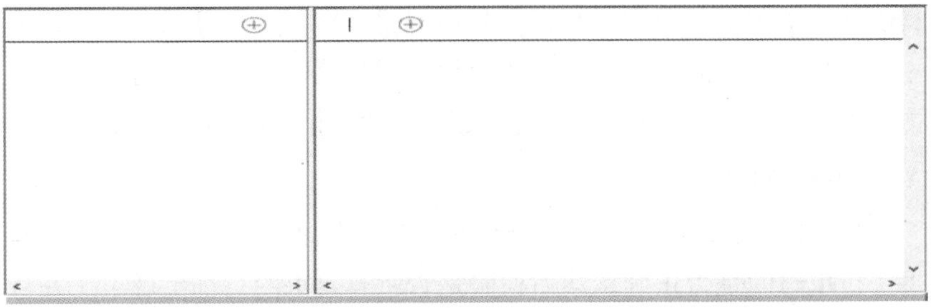

图 3.3

以下是操作 Boole 需要掌握的一些基本事实。

3.1.1　菜单条

Boole 有如下的菜单。

File（文件）：这个菜单允许你新建一个新的真值表，打开已有的真值表，保存和展示真值表等。

Edit（编辑）：这是常用的编辑菜单，它允许你在真值表中进行剪切、复制和粘贴等内容。

Table（表）：这个菜单包含添加新列、验证表和自动生成参考列等命令。

Window（窗口）：这个菜单允许你访问已打开的各种 Boole 文件。

Help（帮助）：这个菜单可以使你在使用 Boole 时获得帮助，还可以检查 Boole 是否有更新。

3.1.2　工具条

在窗口的最顶端是这个表的工具条，它非常像 Fitch 和 Tarski's World 中的对应部位的那些内容。这些键可以改变展现在真值表中语句字体的大小和形式，还有三个键是用来编辑和检查真值表的。

1. （建立参考列）：这个键显示了一个双箭头和一组列。当你在表的右边键入了一个或者多个目标语句之后可以点击这个键，Boole 就会自动为你的表创建所需要的所有参考列。Boole 的这个特点只有你通过练习可以独立列出参考列之后才能使用。学习怎样创建参考列是学习建立真值表时必须掌握的一部分。你也可以通过 Table 菜单的 Build Reference Columns（建立参考列）命令进行操作。

2. （填写参考列）：这个键会为你填写参考列下面的真值，该键显示了

一组真值和一个向下的箭头。与上面介绍的键一样，这个键只有你通过练习可以独立填出参考列中的真值之后才能使用，因为填写参考列是另一个掌握建立真值表的重要技能。你也可以通过 Table 菜单的 Fill Reference Columns（填写参考列）命令进行操作。

3. （验证）：最后一个键验证你创建的真值表的正确性。它首先检查表中的每一行填写的是否正确，然后检验是否所有要求的行都出现了（并且没有多余的行），最后检查你的评价是否正确。你也可以通过 Table 菜单的 Verify 命令进行检查。

在这个工具条下面的是语句工具条，它包含逻辑符号和谓词，与 Fitch 和 Tarski's World 中的语句工具条一样。如果光标位于一个表的顶端的语句区之一，点击语句工具条其中的一个键，那么对应的符号或谓词就会出现在光标处。

3.1.3 评价条

评价条类似于 Fitch 中的目标框。在这里你可以检查你构造的真值表是否正确。它包含一个 Assessment（评价）键。点击 Assessment 键，Boole 会弹出一个让你对你所构造的真值表进行评价的一个对话框。例如，问你构造的真值表所对应的那个语句是否为重言式，你可以在相应的对话框中选择是或者不是。还可能会要求你确定一个语句是否为其他语句的重言后承，你可以在相应的对话框中选择是或者不是。

3.1.4 表窗口

最大的空白区域是用来构建真值表的。一条细的水平线将标题和真值分开，一条粗的垂直线将参考列与整个表分开。当光标在标题区时，你可以在“⊕”的右边输入目标语句或者在“⊕”左边输入参考语句。Table 菜单中的 Add Column After（在后面增加一列）或者 Add Column Before（在前面增加一列）命令是用来增加新的语句的。一旦输入了一个语句，在这个语句下方适当的地方就可以输入真值了。

3.1.5 调整表窗格

真值表的窗口分为两部分：左边是参考列，右边是目标列。它们被一条垂直线分开。通常当你打开或者构造一个真值表时，你可能看不到一侧或者另一侧中所有的列。但你可以用通常的方法调整你整个窗口的尺寸，也可以将光标放在分割线上然后左右拖动。

3.2　编写真值表

创建一个新的真值表有三个步骤：指定目标语句，建立参考列，填入真值。一旦表完成，就可以评价目标语句的逻辑性质。

3.2.1　输入目标语句

要输入一个目标语句，必须将光标放在表的右上区域中。如果不在，则点击右上区域。然后使用工具条或者键盘输入你的目标语句。用键盘输入逻辑符号时，可以参考第 1 章的表 1.1。注意：在你输入语句时，如果语句不是合式的，语句的一部分呈红色；如果是合式的，语句呈黑色。

如果你构造一个由两个或者更多的语句毗连起来的真值表，你就需要从 Table 菜单中选择 Add Column After 或者 Add Column Before，抑或点击符号“⊕”，给你的表增加一个新的目标语句栏。

输入语句的另一种方法是从 Tarski’s World 或者 Fitch 里复制语句，并将它们粘贴在 Boole 适当的位置上。

3.2.2　创建参考列

创建参考列有两种方法，即你可以用手完成或者让 Boole 帮你完成。在大多数情况下，你应自己做，除非你的老师允许你使用 Boole 来建立参考列。

要输入一个参考语句，只要点击加粗分割线左边的第一列的顶部。然后输入需要的原子语句。（Boole 允许用户在参考列中输入任何一个语句。如果语句不是合式的，语句就会变红。）当增加参考语句时，从 Table 菜单中选择 Add Column After 或者 Add Column Before 或者点击符号⊕，然后输入语句。

如果你要 Boole 为你建立参考列，点击工具条上的键。左边将产生当前目标语句必需的参考列。如果 Boole 生成了参考列，参考列上有一层阴影；如果你手动建立参考列，则参考列上没有阴影。

3.2.3　填写真值

在你的真值表中填写真值，首先要点击想要输入真值的列，然后输入 T 或

F。输入字母后，光标会自动移动到同一列的下一行。如果你正在为表右边的一列填入真值，Boole 会加亮当前计算的真值所依赖的真值。

如果你愿意的话，Boole 也可以自动在表的参考列里输入真值。只有在练习或者教师允许的情况下才可以使用自动填入。想要自动填入，在 Table 菜单中选择 Fill Reference Columns（填参考列）或者点击键。

在系统默认的模式下，Boole 会一列一列有顺序地填入真值。也就是说，当你输入一个 T 或 F 的时候，为了让你填写同一列的下一行的真值，光标会自动移动到下一行。如果你喜欢一行一行有序地填入真值，只要在 Edit 菜单中选择 By Row（用行）命令即可。在行的模式下，Boole 在你键入一个真值后光标会移到下一列。

3.3 指定评价

通常，系统还会要求你用已完成的真值表来确定这个语句是不是重言式，两个语句是不是重言等值，或者一个语句是不是其他语句的重言后承。因此，在你构造完真值表后，你需要去完成指定评价一个语句或者完成表格中的所有语句。你只要在 Boole 的评价条中点击 Assessment 键，就会打开一个窗口允许你指定评价。

3.4 验证表

要验证你构造的真值表是否正确，在 Boole 中只有一个命令。这个命令既可以在 Table 菜单中执行，又可以点击工具条中的键。验证一个表包含两个步骤，具体如下。

第一步，检验表的每一行。如果所有的参考列都正确并且在目标语句下填入的所有真值也是正确的，那么检验图标✓将会出现在表的目标区域中真值的左边。

第二步，Boole 需要检验你的评价是否正确。在这之前，你必须点击 Assessment 键，指定评价。然后点击键，检测的结果会出现在表的评价区域中。

3.5　保存或展示表

要保存一张已经完成的真值表，可以从 File 菜单中选择 Save 或者 Save As…。

要展示一张已经完成的真值表，从 File 菜单中选择 Export HTML。这时会出现一个对话框，从中显示你构造的真值表，以及它的完全性、正确性和评价结果。

3.6　选择参数

Boole 某些方面的行为可以通过选择对话框中的参数进行控制。从应用菜单中选择 Preferences…（偏好）命令可以执行（Windows 系统中是 Edit 菜单）。偏好选择的对话框如图 3.4 所示。

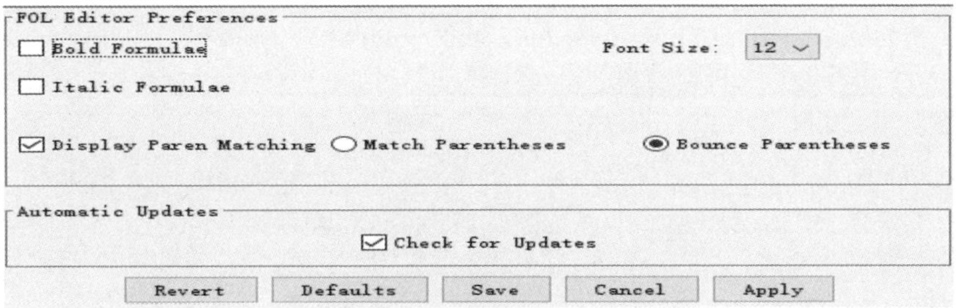

图 3.4

Preferences 可以使你为语句选择你喜欢的文本格式。可以指定字体大小，使 Boole 用斜体或者是黑体来显示公式。

还有一个整体的偏好，它可以控制所有的应用程序在启动时是否升级。如果你的电脑检测到有升级的版本，那么这个应用程序将会决定升级后的版本是否可用，如果可用，它会询问你是否下载和安装它。

第二编

实验逻辑学

第 4 章

原子语句

本编共分 13 章，即第 4 章至第 16 章，介绍数理逻辑各部分的操作和练习。通过这些操作和练习，可以使读者正确地理解数理逻辑中的思想，熟练地掌握数理逻辑中的方法，从而掌握数理逻辑乃至整个现代逻辑的核心和精髓。

因此，本编将介绍如何使用 Tarski's World、Fitch 和 Boole 三个逻辑学习软件对原子语句和原子语句的逻辑、布尔联结词和布尔联结词的逻辑、布尔逻辑的证明方法、蕴涵和蕴涵的逻辑、量词和量词的逻辑、多重量词、量词的证明方法等内容，进行实验并最终给出相关正确的结果。

4.1 原子语句

【操作一】

1. 你将在 Tarski's World 中逐渐熟悉模块语言对原子语句的解释。在这之前，你需要参看本书的第 1 章，学会如何运行 Tarski's World 并执行一些基本的操作。

2. 在 Tarski's World 中，你可以在 TW Exercises 文件夹中找到文件 Wittgenstein's World（维特根斯坦世界）和 Wittgenstein's Sentences（维特根斯坦语句）。打开这两个文件后，你可以看到一个模块世界和一系列原子语句。（对某些语句我们增加了注释，注释以分号“；”开始，它告诉 Tarski's World 忽略该行的其余部分。）

3. 使用你的键盘上的箭头键在语句之间进行移动，目的主要是评价给定世界中的每个语句的真值。用 Verify 按钮来验证你的评价。[因为这些语句都是原子语句，所以 Game 按钮没有什么用。]如果你对评价的结果感到惊讶，试着思考一下你对该谓词的解释与正确的解释有什么不同。

4. 用不同的方式改变 Wittgenstein's World，看看各种语句的真值发生了什么变化。这主要是帮助你思考 Tarski's World 如何解释各种谓词。例如，BackOf(b,c)是什么意思？两事物中的一个在另一个的后面，这两事物必须在同一列吗？

5. 根据你的需要，尽可能地操作，直至你确信能理解这个文件中原子语句的意义。例如，在最初的世界中，原子语句中没有一个使用谓词 Adjoins（毗连）其结果是真的。你应该去尝试修改这个世界使有些原子语句可以为真。如果这样做了，你会注意到大的模块不能毗连其他模块。

6. 在做这个练习的过程中，毫无疑问你会注意到谓词 Between 与英语中 between 的意义并不一致。这是因为在这里，Tarski's World 已将 Between 解释为一个确定的谓词。为简单起见，我们要求按顺序 b 在 c 和 d 之间，且三者必须在同一行、列或对角线上。

7. 当你完成这些操作后，请关闭文件，但不要保存你对原有文件改变后的文件。

【练习】

练习 1 现在你需要利用 Tarski's World 逐渐熟悉模块语言对原子语句的解释。在这之前，你需要参看本书的第 1 章，学会如何运行 Tarski's World 并执行一些基本的操作。

练习 2（复制一些原子语句）下面是模块语言中的一些原子语句。在 Tarski's World 中，建立一个新的语句文件并将它们复制进去。在你写入每个公式之后，用 Tarski's World 验证它，看其是否一个语句。如果有错，在继续输入之前重新编辑。在两个语句之间加一行，用 Add Sentence Before 命令而不是回车键。如果写得正确，那么列出的语句将被编号并由水平线分隔开。

1. Tet(a)　　2. Medium(a)

3. Dodec(b)　　4. Cube(c)

5. FrontOf(a,b)　　6. Between(a,b,c)

7. a=d　　8. Larger(a,b)

9. Smaller(a,c)　　10. LeftOf(b,c)

【参考答案】

见图 4.1。

练习 3（建立一个世界）建立一个世界，使练习 2 中的所有语句都为真。

【参考答案】

见图 4.1。

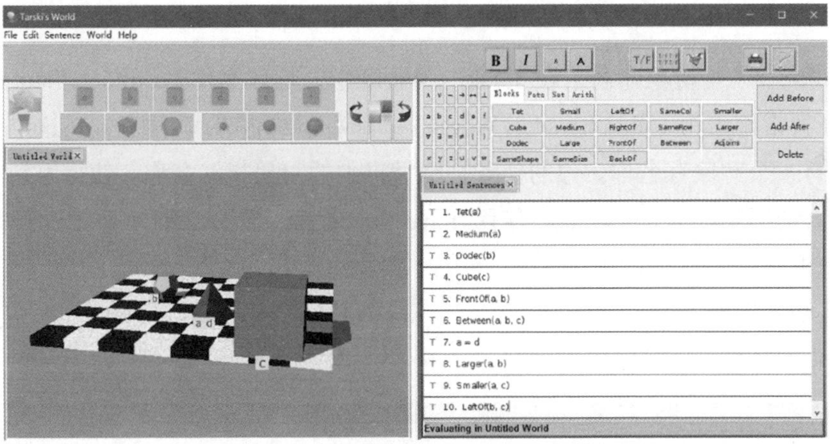

图 4.1

练习 4（翻译原子语句）下面有一些简单的英语语句。在 Tarski's World 中建立一个新的语句文件并将这些英语语句翻译为一阶（模块）语言。

1. **a** is a cube.　　2. **b** is smaller than **a**.

3. **c** is between **a** and **d**.　　4. **d** is large.

5. **e** is larger than **a**.　　6. **b** is a tetrahedron.

7. **e** is a dodecahedron.　　8. **e** is right of **b**.

9. **a** is smaller than **e**.　　10. **d** is in back of **a**.

11. **b** is in the same row as **d**.　　12. **b** is the same size as **c**.

在完成这些语句的翻译之后，建立一个世界使你所翻译的语句均为真。

【参考答案】

见图 4.2。

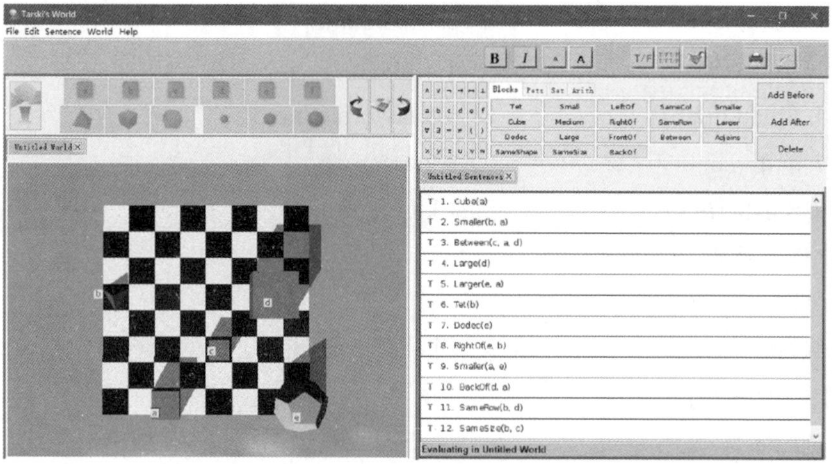

图 4.2

练习 5（给对象命名）在 Tarski’s World 中，打开文件 Lestrade’s Sentences（莱斯特雷德语句）和 Lestrade’s World（莱斯特雷德世界）。注意，在这个世界中没有一个对象有名称。你的任务是给世界中的对象指派名称，使得语句文件中所有的语句都为真。注意：使用 Save World As...命令，而不是 Save World 命令。

【参考答案】

见图 4.3。

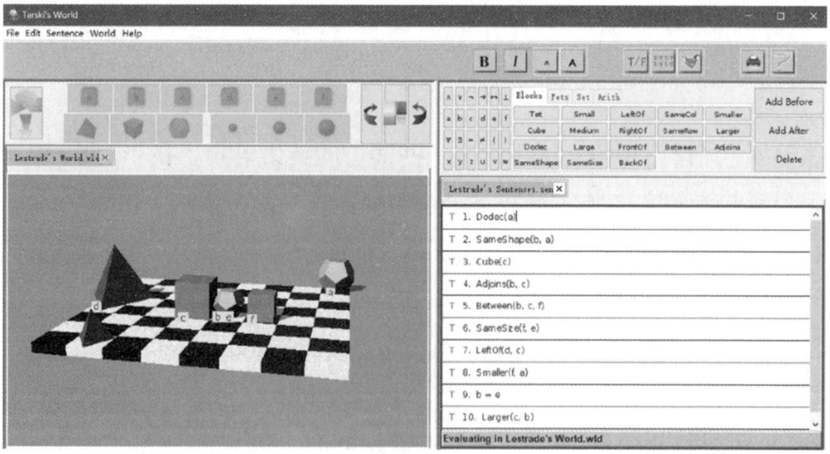

图 4.3

练习 6（继续给对象命名）在练习 5 中，你可以给对象指派不同的名称并使语句为真。尽可能多地改变对象名称，同时使所有的语句为真。

【参考答案】

略。

练习 7（谓词的语境制约）在一阶语言中，每一个谓词都能被解释为一个确定的关系。然而在像英语这样的自然语言中却不能。确切地说，尽管有些事物看起来相当确定，但通常仍存在一些语境制约着它。实际上，我们用一部分这样的谓词建立了 Tarski's World。例如，考虑谓词 Larger（……比……大）和 BackOf（……在……的后面）二者之间的区别。立方体 a 比立方体 b 大是否为一个确定的事实，任何个体也不能根据你对这个世界的看法而改变。a 是否在 b 的后面也是一个确定的事实，但在这种情况下依靠你对这个世界的观察才能得出结果。如果你将这个世界旋转 90°，答案可能又会改变。

打开 Austin's Sentences（奥斯汀语句）和 Wittgenstein's World（维特根斯坦世界）。评价这个文件中的语句并用产生的真值结果完成表 4.1。表 4.1 已经有了第一列的结果，它显示了在初始世界中语句的真值。顺时针旋转该世界 90° 并再次评价这些语句，将结果填入表中，重复这种操作直至初始世界旋转一圈。

表 4.1

序号	初始世界	旋转 90°	旋转 180°	旋转 270°
1	假			
2	假			
3	真			
4	假			
5	真			
6	假			

你应该考虑在 Tarski's World 模块语言中能够产生下面真值的原子语句：

真　假　真　假

将得到的上面模式的语句作为语句 7 增加到 Austin's Sentences 中。

在 Tarski's World 模块语言中有没有能够产生下面真值的原子语句呢？

假　真　假　假

如果有，把这个语句作为语句 8 增加到 Austin's Sentences 中。如果没有，则语句 8 为空白行。

有没有能在表的一行中至少产生三个真值的原子语句？如果有，把这个语句作为语句 9 增加到 Austin's Sentences 中。如果没有，则语句 9 为空白行。

【参考答案】

见图 4.4 和表 4.2。

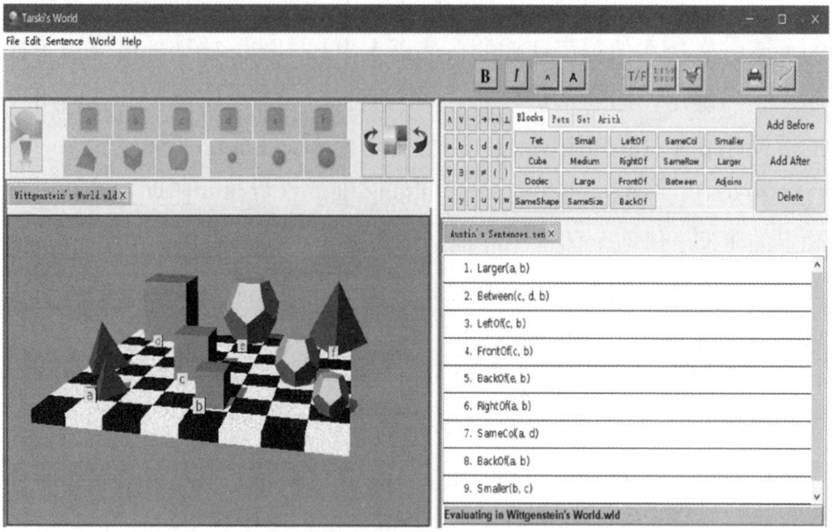

图 4.4

表 4.2

序号	初始世界	旋转 90°	旋转 180°	旋转 270°
1	假	假	假	假
2	假	假	假	假
3	真	假	假	真
4	假	假	真	真
5	真	假	假	假
6	假	假	真	假
7	真	假	真	假
8	假	真	假	假
9	真	真	真	真

4.2 广义的一阶语言

【练习】

练习 8 现在我们给出一些练习，这些练习使用了表 4.3 和表 4.4 中解释的符号。

表 4.3　对于一种语言的名称

英语	一阶语言	注释
Max	Max	
Claire	Claire	
Folly	Folly	一只狗的名字
Carl	Carl	另一只狗的名字
Scruffy	Scruffy	一只猫的名字
Pris	Pris	另一只猫的名字
2 pm,Jan 2,2001	2:00	一时间的名称
2:01 pm,Jan 2,2001	2:01	一分钟之后
……	……	对其他时间类似

表 4.4　对于一种语言的谓词

英语	一阶语言	注释
x is a pet	Pet(x)	
x is a person	Person(x)	
x is a student	Student(x)	
t is earlier than t′	t<t′	比现在时间早
x was hungry at time t	Hungry(x,t)	
x was angry at time t	Angry(x,t)	
x owned y at t	Owned(x,y,t)	
x gave y to z at t	Gave(x,y,z,t)	
x fed y at time t	Fed(x,y,t)	

在 Tarski's World 中建立一个新的语句文件并且使用表中所列出的名称和谓词将下列各句翻译成一阶语言。(你需要手动将这些名称和谓词录入，确保如表中所显示的那样录入，如使用 2:00，而不是 2:00 pm 或 2 pm。) 所有涉及的时间均假定是在 2001 年 1 月 2 日。

1. Claire owned Folly at 2 pm.
2. Claire gave Pris to Max at 2:05 pm.
3. Max is a student.
4. Claire fed Carl at 2 pm.
5. Folly belonged to Max at 3:05 pm.
6. 2:00 pm is earlier than 2:05 pm.

【参考答案】

见图 4.5。

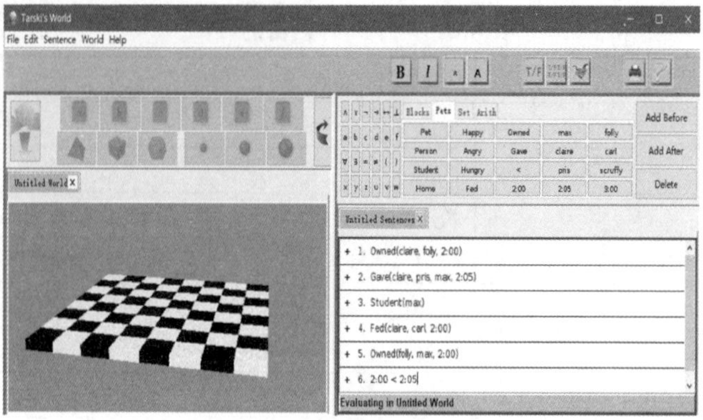

图 4.5

4.3　集合论的一阶语言

【练习】

练习 9 下面用集合论的一阶语言表示的原子语句，哪些为真？哪些为假？名称 a 为 2，b 为{2,4,6}，c 为 6，d 为{2,7,{2,4,6}}。并用大写字母 T 或 F 表示你的评定。

1. a∈c　　2. a∈d　　3. b∈c

4. b∈d　　5. c∈d　　6. c∈b

为回答这个问题，提交一个 Tarski's World 语句文件，在文件中使每一个语句的后面用大写字母 T 或 F 表示你的评定。

【参考答案】

见图 4.6。

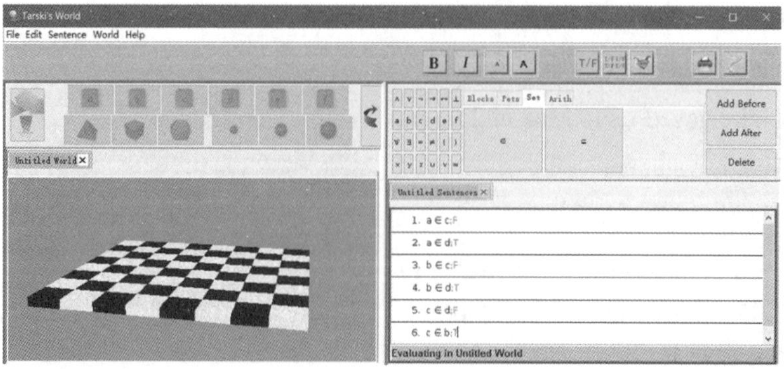

图 4.6

第 5 章

原子语句的逻辑

5.1 有效和可靠的定义

定义 1（推理） 一个推理就是一系列陈述，其中一个被称为结论，意味着它是其他被称为前提的陈述的一个后承。

定义 2（有效性） 如果在任意的情况下，前提是真的结论必须是真的，那么我们说这个推理就是有效的。我们说一个逻辑有效推理的结论是它的前提的一个逻辑后承。

定义 3（可靠性） 如果一个推理是有效的并且前提都是真的，那么这个推理就是可靠的。

【练习】

练习 1 在 Tarski's World（简记作 TW）中，打开文件 Socrates' Sentence（苏格拉底语句）。该文件包含了被虚线分开的八个带有前提和结论的推理，每一个前提和结论都被分别标示出。

1. 在表 5.1 的第二列中，每一个推理都被区分为有效或无效。为了对这些推理做出评价，你可以用 Fitch 中的结论规则（Ana、FO 和 Taut）进行验证（表 5.2）。显然，Taut（重言）有效的推理一定是 FO（逻辑）有效的，FO 有效的也是 Ana（或 TW）有效的，反之不然，并将你的评价填在表的第二列。（记住只有有效的推理才是可靠的；无效的推理自然是不可靠的。）

表 5.1

推理	是否有效	在 Socrates' World 中是否可靠	在 Wittgenstein's World 中是否可靠	在 Tarski's World 中有无反例
推理 1				
推理 2				
推理 3				
推理 4				
推理 5				
推理 6				
推理 7				
推理 8				

2. 打开文件 Socrates' World，评价每个语句并完成表的第三列。

3. 打开文件 Wittgenstein's World 并且完成表的第四列。

4. 对于每一个你在表格中所标记的无效推理，构造一个世界，在这个世界中，使推理的前提真但结论假。

表 5.2

推理	是否有效	在 Socrates' World 中是否可靠	在 Wittgenstein's World 中是否可靠	在 Tarski's World 中有无反例
推理 1	TW 有效			
推理 2	FO 有效			
推理 3	TW 有效			
推理 4	TW 有效			
推理 5	无效			
推理 6	TW 有效			
推理 7	无效			
推理 8	无效			

【参考答案】

1. 推理 1 是 TW 有效的（图 5.1 和图 5.2）。同理可证：推理 3、推理 4 和推理 6 也是 TW 有效的，验证略。

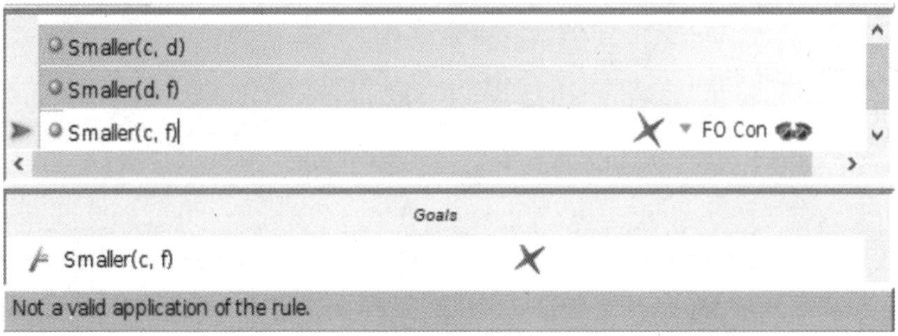

图 5.1

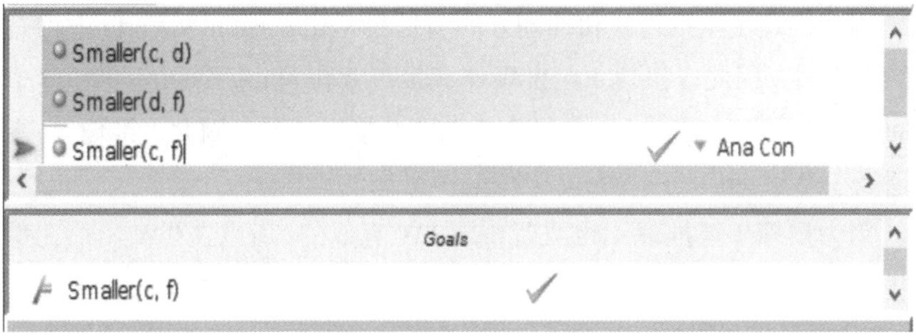

图 5.2

推理 2 是 FO 有效的（图 5.3）。

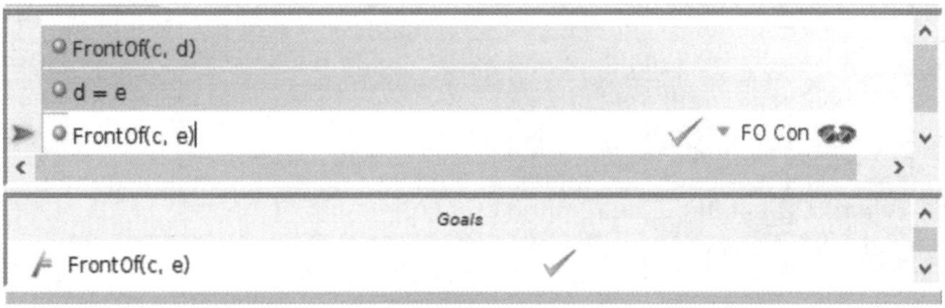

图 5.3

推理 5 是无效的（图 5.4）。同理，推理 7 和推理 8 也是无效的，验证略。

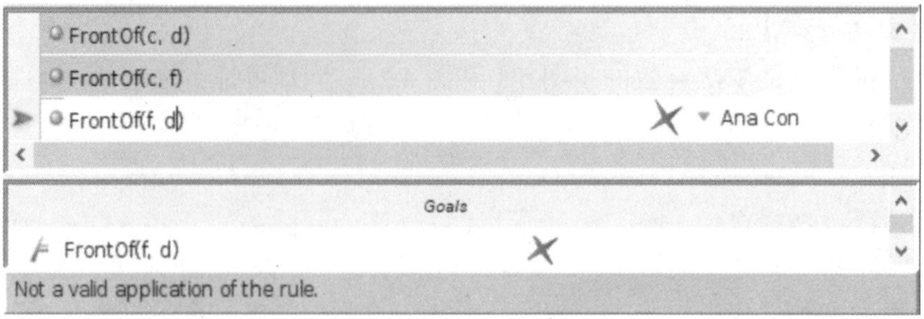

图 5.4

2. 因为推理 1 至推理 4 和推理 6 是有效的，并且这些推理的前提在 Socrates' World 中的值均为真（请读者验证）。因此，推理 1 至推理 4 和推理 6 在 Socrates' World 中是可靠的。由 1 可知：推理 5、推理 7 和推理 8 是无效的，因此，推理 5、推理 7 和推理 8 在 Socrates' World 中是不可靠的。

3. 因为推理 1 至推理 4 和推理 6 的前提在 Wittgenstein's World 中均有一个公式的值为假。因此，推理 1 至推理 4 和推理 6 在 Wittgenstein's World 中是不可靠的。由 1 可知：推理 5、推理 7 和推理 8 是无效的，因此，推理 5、推理 7 和推理 8 在 Wittgenstein's World 中也是不可靠的。

4. 因为推理 1 至推理 4 和推理 6 是 TW 有效的，所以在 TW 不存在世界使得这些推理的前提真结论假；推理 5 是无效的，它在 TW 中的反例如图 5.5。

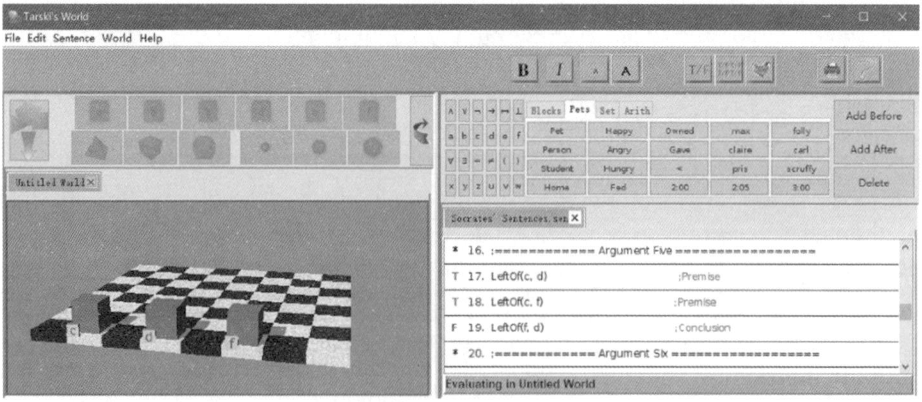

图 5.5

推理 7 是无效的，它在 TW 中的反例如图 5.6。

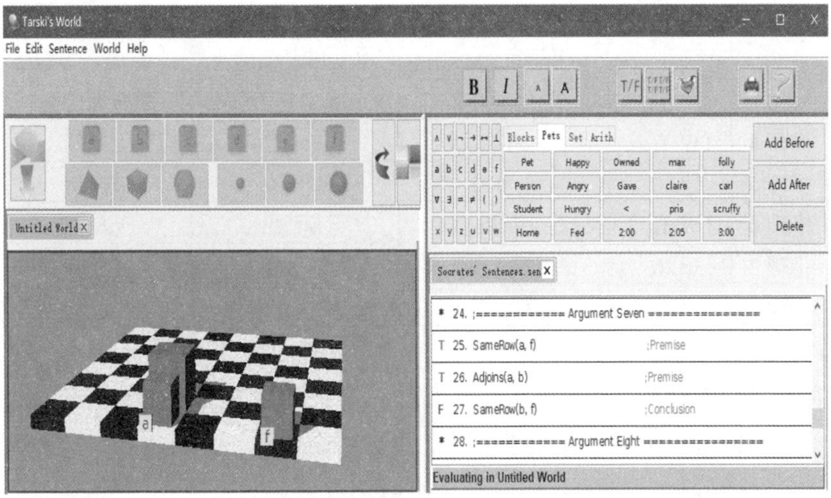

图 5.6

推理 8 是无效的，它在 TW 中的反例如图 5.7。

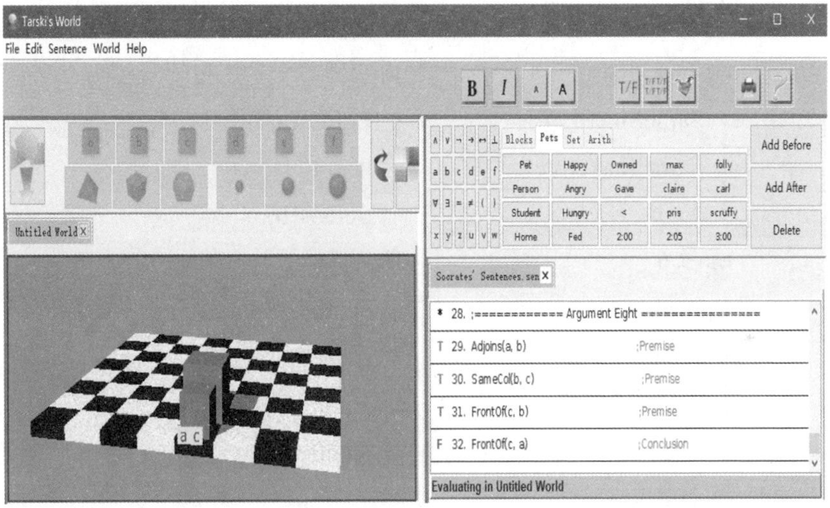

图 5.7

最后的结果，反映在表 5.5 中。

表 5.5

推理	是否有效	在 Socrates' World 中是否可靠	在 Wittgenstein's World 中是否可靠	在 Tarski's World 中有无反例
推理 1	TW 有效	可靠	不可靠	无反例
推理 2	FO 有效	可靠	不可靠	无反例
推理 3	TW 有效	可靠	不可靠	无反例

续表

推理	是否有效	在 Socrates' World 中是否可靠	在 Wittgenstein's World 中是否可靠	在 Tarski's World 中有无反例
推理 4	TW 有效	可靠	不可靠	无反例
推理 5	无效	不可靠	不可靠	有反例
推理 6	TW 有效	可靠	不可靠	无反例
推理 7	无效	不可靠	不可靠	有反例
推理 8	无效	不可靠	不可靠	有反例

在下面的推理中，如果推理是有效的，请用 Fitch 验证；如果结论不是前提的后承，请构造一个世界使得推理的前提真结论假。

练习 2

Large(a)
Larger(a,c)
———
Small(c)

练习 3

LeftOf(a,b)
a=c
———
RightOf(c,b)

练习 4

SameSize(b,c)
SameShape(b,c)
———
b=c

练习 5

LeftOf(a,b)
RightOf(c,a)
———
LeftOf(b,c)

练习 6

BackOf(a,b)
FrontOf(a,c)
———
FrontOf(b,c)

练习 7

SameSized(a,b)
Larger(a,c)
Smaller(d,c)
———
Smaller(d,b)

练习 8

Between(b,a,c)
LeftOf(a,c)
———
RightOf(a,b)

【参考答案】

练习 2 中的推理无效，验证略，反例略。

练习 3 中的推理无效，验证略，反例如图 5.8。

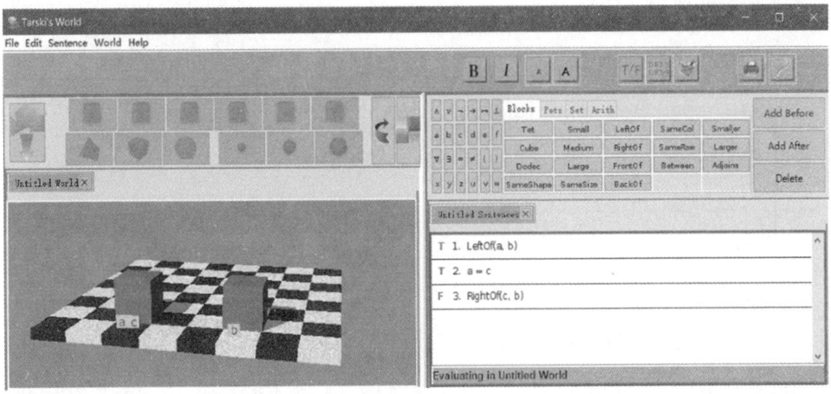

图 5.8

练习 4 中的推理无效，验证和反例略。

练习 5 中的推理无效，验证略，反例如图 5.9。

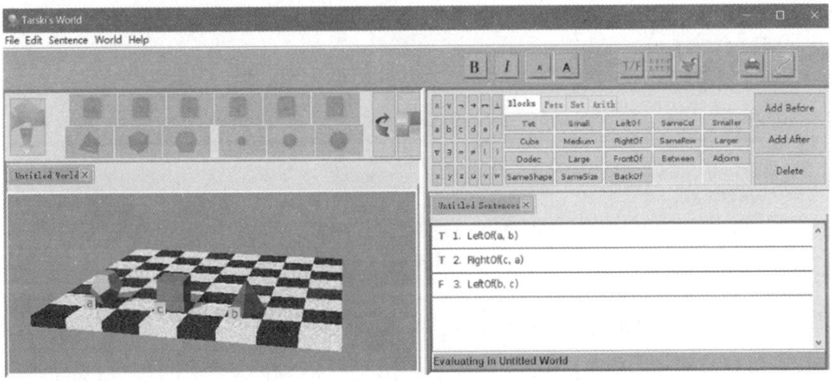

图 5.9

练习 6 和练习 7 中的推理仅是 TW 有效，验证略，因此不存在反例。

练习 8 中的推理无效，验证和反例略。

5.2 在 Fitch 中构造证明

我们首先给出 Fitch 中的两条等词证明规则：等词引入规则（=Intro）和等词消去规则（=Elim）。

等词引入规则（=Intro）：

▷ | n=n

等词消去规则（=Elim）：

| P(n)
| ⋮
| n=m
| ⋮
▹ | P(m)

【操作二】

1. 用 Fitch 构造形式证明：如果 SameRow(a,a)（a 和 a 在同一行）并且 b=a，那么 SameRow(b,a)。现在打开 Fitch 并且打开文件 Identity 1，这里有该证明的初始部分，前提出现在 Fitch 杠上面。如图 5.10。因为在 Fitch 中每一步的前面都不需要序号，其原因我们不久就可以看出来（如果你愿意标明每一步的序号，你可以从 Proof 菜单中选择 Show Step Numbers，但现在不要尝试）。

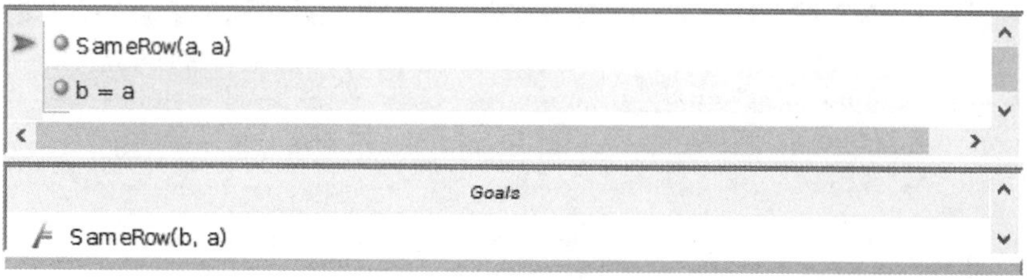

图 5.10

2. 在我们开始构造证明之前，注意在证明窗口的下面有一个被称为“Goals（目标）”的单独区域，含有证明的目标，在这个例子中目标是证明语句 SameRow(b,a)。如果我们成功地满足了这个目标，我们将可以使 Fitch 在该目标的右边放置一个检验标记“√”。

3. 我们现在开始构造这个证明。我们需要做的就是填入用来完成该证明的每一步。通过 Proof 菜单选择 Add Step After 在证明中增加一步，在新的一步中输入语句 a=b，用键盘打字输入或使用证明窗口顶部的工具栏输入都可以。我们将首先使用这一步来得到我们的结论，然后返回并证明这一步。如图 5.11。

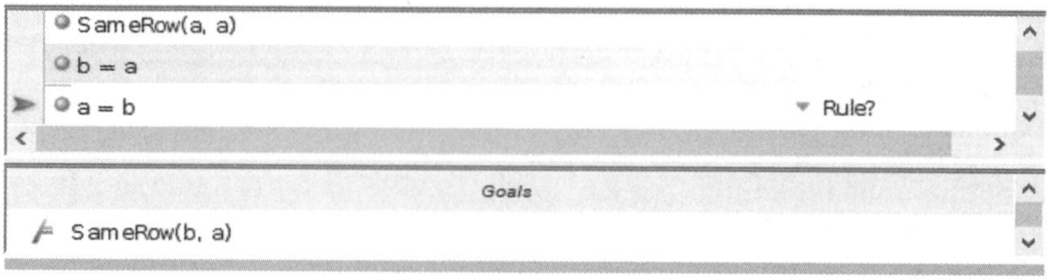

图 5.11

4. 输入了 a=b 之后，在这一步的下方增加另外一步并输入目标语句 SameRow(b,a)。如图 5.12。用鼠标点击 SameRow(b,a)右边的“Rule？”，在弹出的菜单中找到“Elimination Rules”（消去规则）并选择“=”，如果你操作得正确，这个规则的名称应该是=Elim，如果不是，再试一次。

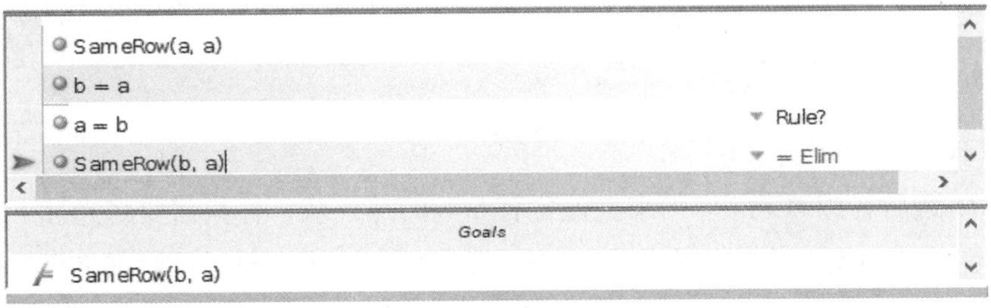

图 5.12

5. 接下来引用第一个前提和你最先输入的中间语句，你可以在 Fitch 中不分先后次序地通过点击这两个语句来做到这一点，如果你点击了错误的语句，再点击一次它就不会被选中。选中了正确的语句之后，从 Proof 菜单中选择 Verify Proof，最后一步将会通过检验（图 5.13）。因为它是=Elim 的一个有效示例，含有 a=b 的那一步没有通过检验，因为我们还没有指出它是如何得到的，目标也不能通过检验，因为我们还没有给 SameRow(b,a)一个完整的证明。

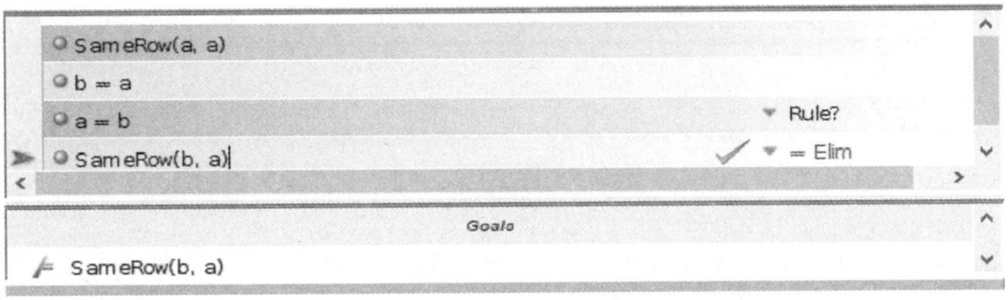

图 5.13

6. 现在在第一个引入的步骤（含有 a=b 的那一个）的前面增加一步，并输入语句 b=b，这可以通过将光标（在左边的三角形）上移到含有 a=b 的那一步并在 Proof 菜单中选择 Add step Before 来实现（如果新的一步出现在错误的位置，在 Proof 菜单中选择 Delete Step）。输入语句 b=b，并使用规则=Intro 来验证它，检验这一步（图 5.14）。

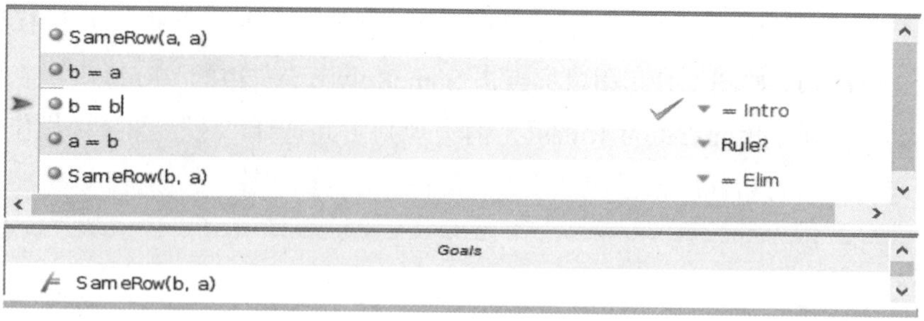

图 5.14

7. 最后，用=Elim 规则来验证含有 a=b 的那一步。你只需要将光标下移到该步，并选中第二个前提和语句 b=b。现在整个证明，包括目标都将会通过检验。要看是不是这样，只要从 Proof 菜单中选择 Verify Proof，或者直接点击右上方的 Verify Proof 按钮。现在试着从 Proof 菜单中选择 Show Step Numbers，这时证明栏中的每个步骤前面的●和目标栏中的➤将会消失，并出现数字。如图 5.15 所示。

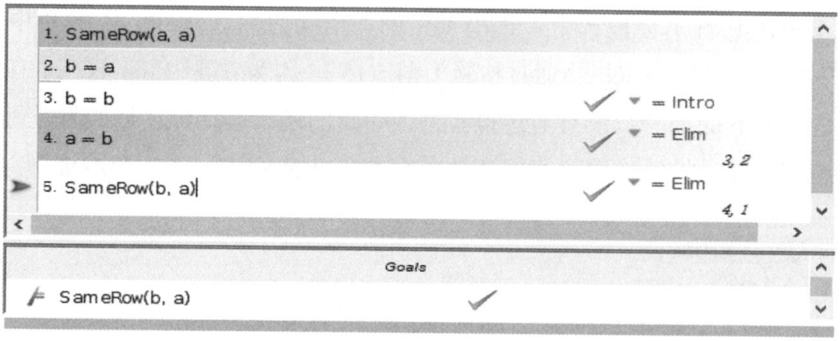

图 5.15

8. 我们之前提到 Fitch 允许你用一些捷径，如果我们严格地使用 $\mathcal{F}$ 系统这可能需要若干步，这个证明就是一个例子。我们已经在 $\mathcal{F}$ 下构造了一个证明，但是 Fitch 事实上已经把恒等的对称性植入到了=Elim 中，因而我们可以只使用一次=Elim 就可以从这两个前提直接证明结论，在图 5.16 中我们将实现这一点。

9. 在你证明的最后再增加一步。有一个你将会觉得便利的诀窍：在窗口的最底部点击目标语句，这样就使光标指向了目标语句，从 Edit 菜单中选择 Copy，然后点击你的证明末尾的空白步骤，从 Edit 菜单中选择 Paste，目标语句将会被输入到这一步，这一次用=Elim 规则并且只引用两个前提来验证这个新的步骤，你会看到该步骤通过了检验。

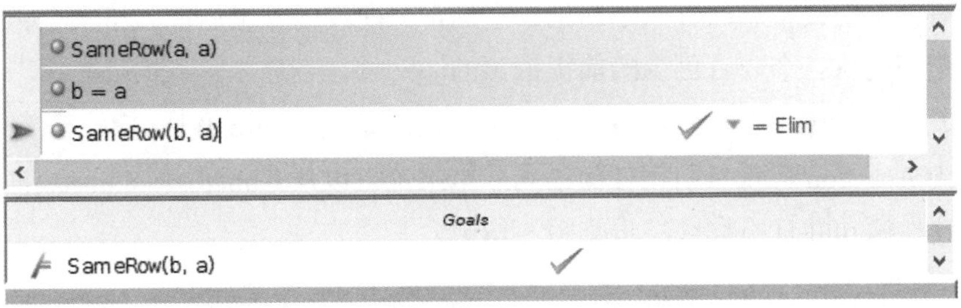

图 5.16

10. 把你的证明保存为 Proof Identity 1。

【练习】

练习 9 用 Fitch 证明下面的推理。

| b=c
| a=b
|—
| a=c

【参考答案】

见图 5.17。

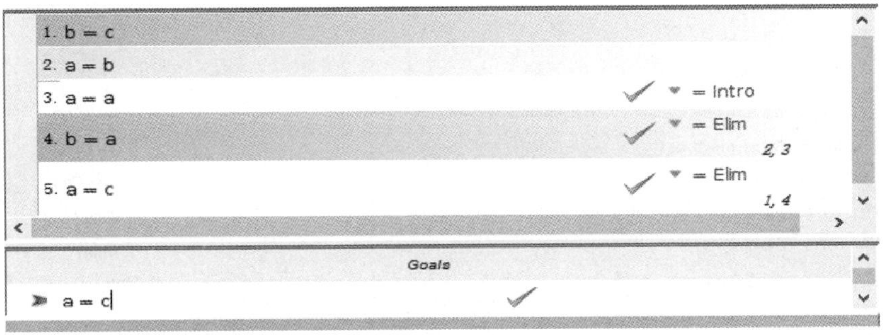

图 5.17

除恒等之外，Fitch 还有一种机制，它允许你检验含有模块语言中谓词的一些原子语句的后承，这是一种我们称为 Analytic Consequence（简写为 Ana Con）的规则。Ana Con 不仅限于原子语句，但现在我们仅仅讨论该规则对原子语句的应用。假设给定了在 Tarski's World 中使用的谓词的意义，如果任意使所引用的语句为真也使结论的断言为真，该规则就允许你引用这些语句来支持这个断言。下面我们用一些例子体验一下 Ana Con。

【操作三】

1. 在 Fitch 中，打开文件 Ana Con 1（分析后承规则）。在这个文件中你会发现有九个前提，后面有六个结论，它们都是前提的逻辑后承。事实上，每一个结论都是从三个或者更少的前提推出的。

2. 将光标移至 Fitch 杠下的第一个结论 SameShape(c,b)上，我们已经使用了规则 Ana Con 但没有引用任何语句。本结论可以从 Cube(b)和 Cube(c)推出。引用这些语句并且检查这一步（图 5.18）。

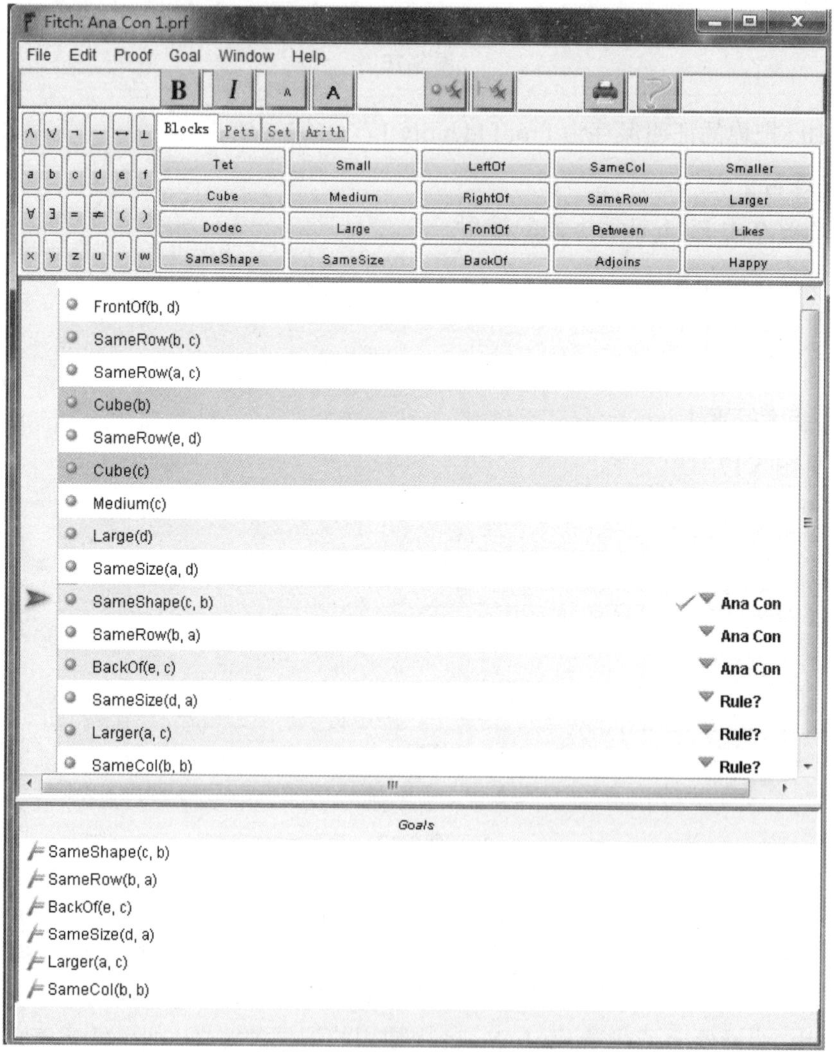

图 5.18

3. 现在将光标移到 SameRow(b,a)上。因为该关系在相同的行上是对称和传递的，可以从 SameRow(b,c)和 SameRow(a,c)推出。引用这两个语句并且检查这一步（图 5.19）。

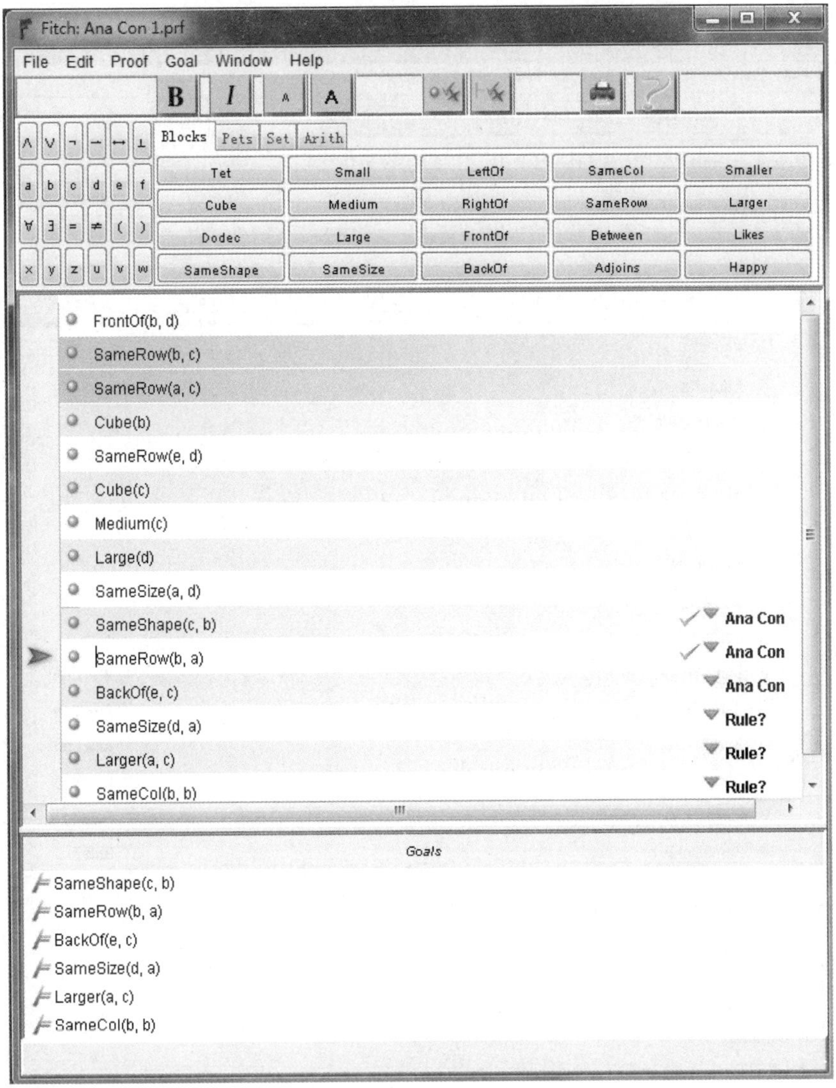

图 5.19

4. 第三个结论 BackOf(e,c)是从三个前提推出的。如果你能够发现它们是哪些前提，就引用它们。如果你不能够发现，当你试图检验它们的时候，Fitch 将给你一个“×”（图 5.20）。

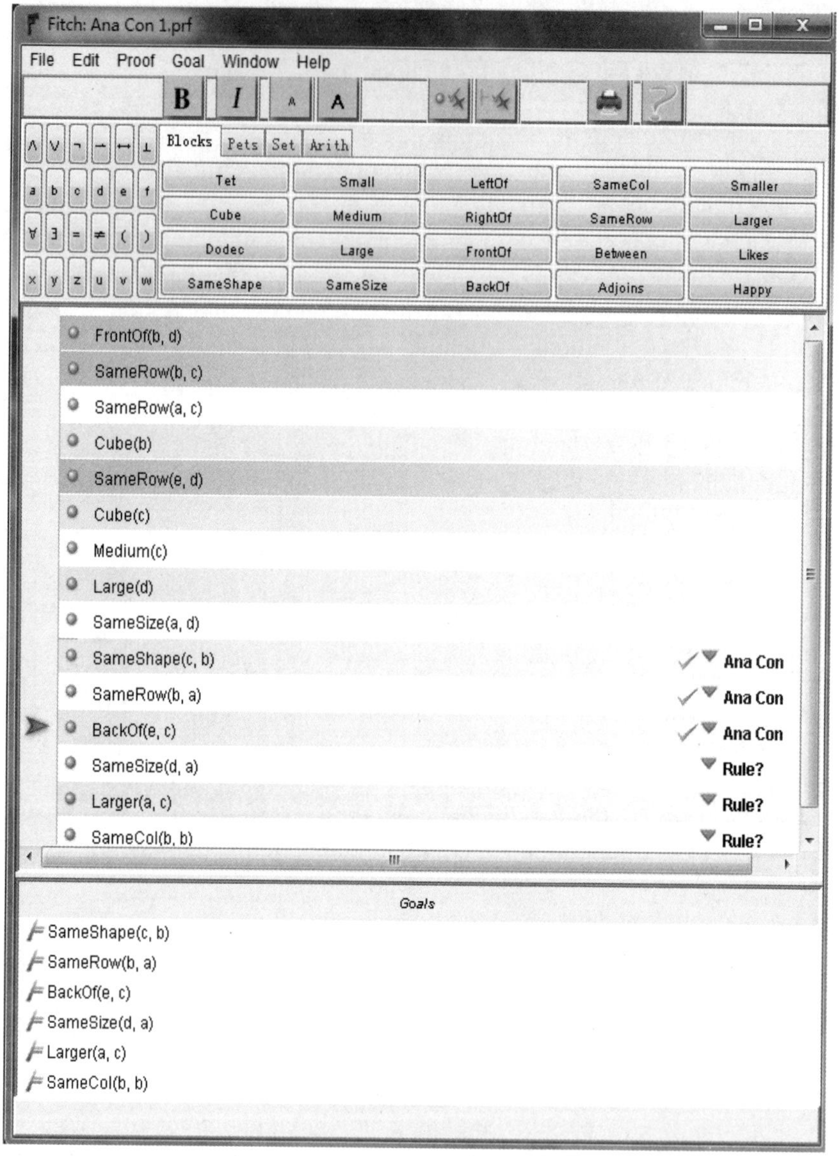

图 5.20

5. 现在引用一些语句使它们可以推出第四个和第五个结论。为此，你不得不使用 Ana Con 规则（图 5.21）。

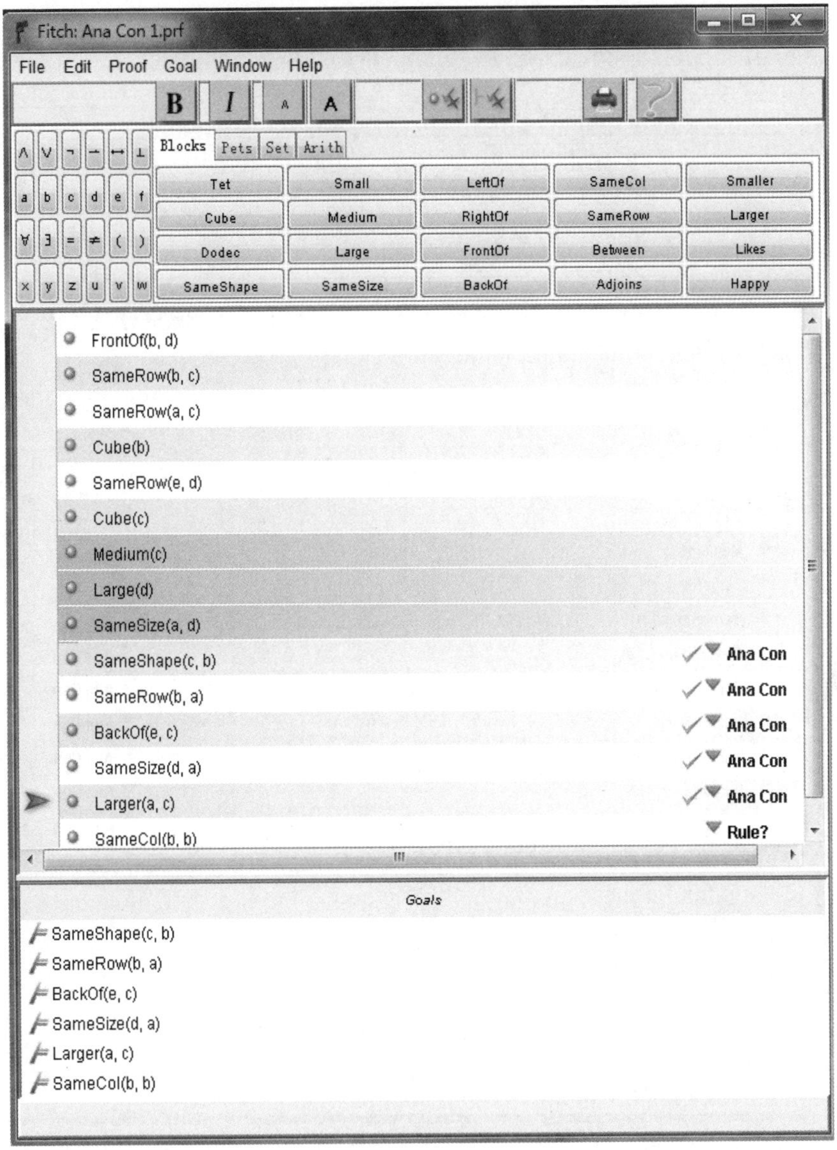

图 5.21

6. 最后的结论 SameCol(b,b)，不需要引用任何前提就可以得出。它是一个简单的真语句，也就是说，它的真是由它的意义决定的。指出这个规则并且检查这一步（图 5.22）。

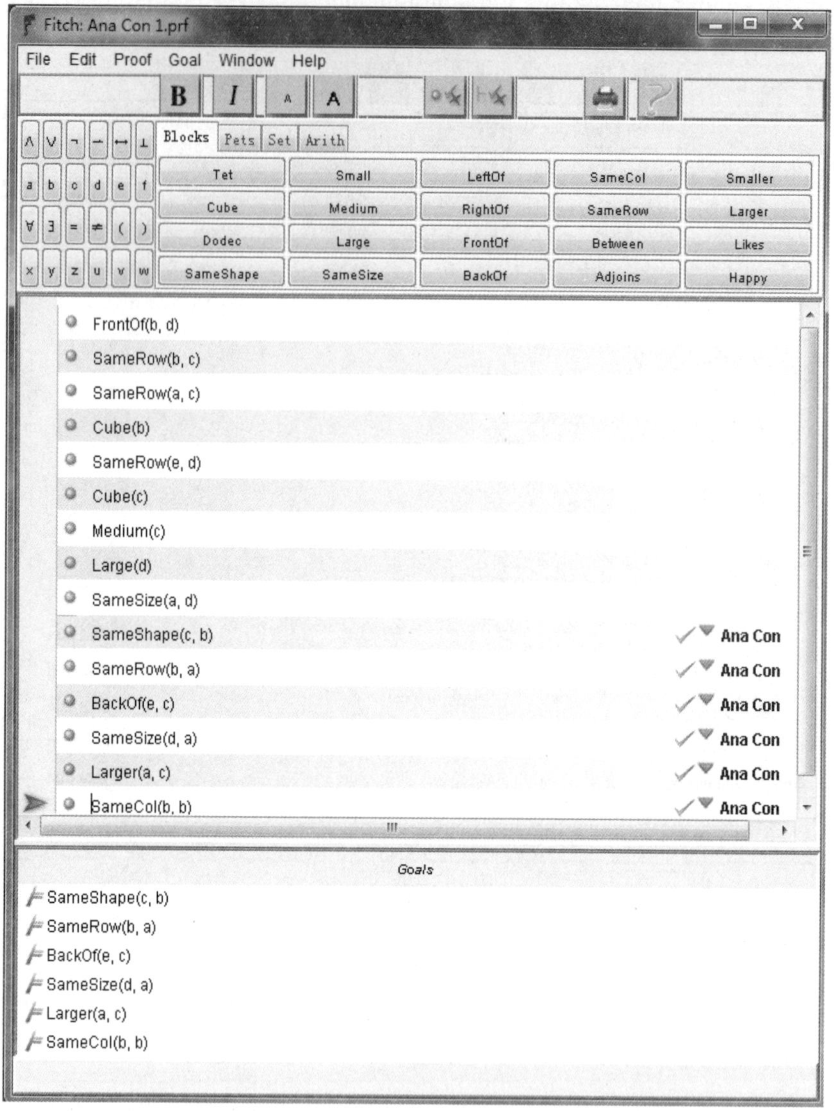

图 5.22

7. 点击 Verify Proof 后，显示检验后目标窗口中的所有结果（图 5.23）。

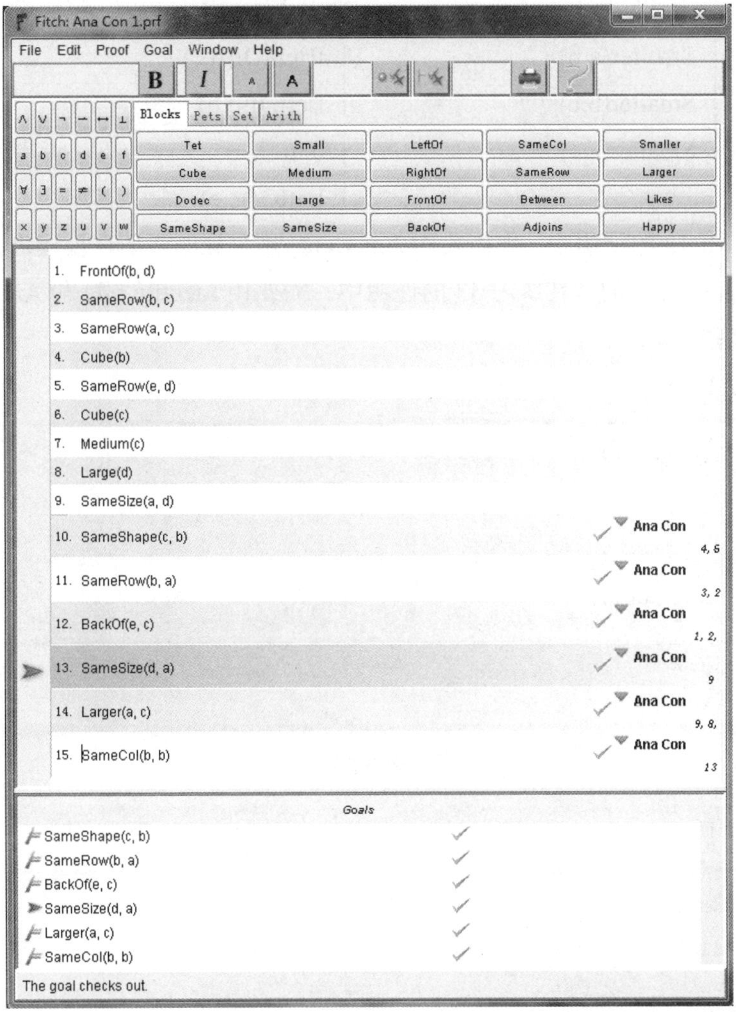
Fitch: Ana Con 1.prf
File Edit Proof Goal Window Help
Blocks Pets Set Arith
Tet Small LeftOf SameCol Smaller
Cube Medium RightOf SameRow Larger
Dodec Large FrontOf Between Likes
SameShape SameSize BackOf Adjoins Happy
1. FrontOf(b, d)
2. SameRow(b, c)
3. SameRow(a, c)
4. Cube(b)
5. SameRow(e, d)
6. Cube(c)
7. Medium(c)
8. Large(d)
9. SameSize(a, d)
10. SameShape(c, b) Ana Con 4, 6
11. SameRow(b, a) Ana Con 3, 2
12. BackOf(e, c) Ana Con 1, 2,
13. SameSize(d, a) Ana Con 9
14. Larger(a, c) Ana Con 9, 8,
15. SameCol(b, b) Ana Con 13
Goals
SameShape(c, b)
SameRow(b, a)
BackOf(e, c)
SameSize(d, a)
Larger(a, c)
SameCol(b, b)
The goal checks out.

图 5.23

【练习】

在下面的练习中，用 Fitch 构造一个形式化的证明使得结论是前提的逻辑后承，并保存你的结果。

练习 10

| SameCol(a,b)
| b=c
| c=d
|—
| SameCol(a,d)

练习 11

| Between(a,d,b)
| a=c
| e=b
|—
| Between(c,d,e)

练习 12

Smaller(a,b)
Smaller(b,c)
———
Smaller(a,c)

练习 13

RightOf(b,c)
LeftOf(d,e)
b=d
———
LeftOf(c,e)

在练习 12 的证明中，你需要用 Ana Con。这个证明表明在模块语言中，谓词 Smaller 是传递的。在练习 13 的证明中，需要用 Identity rule 和 Ana Con。

【参考答案】

练习 10 见图 5.24。

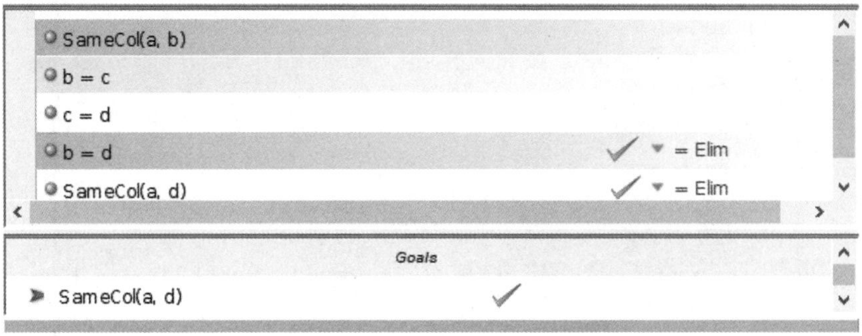

图 5.24

练习 11 见图 5.25。

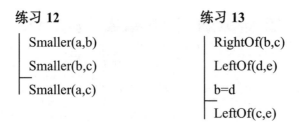

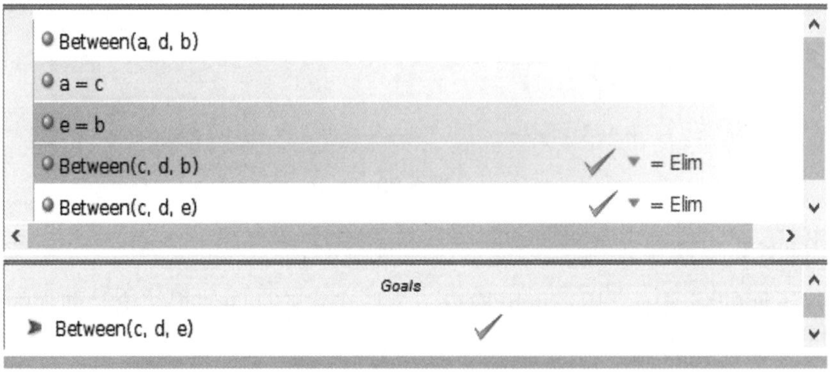

图 5.25

练习 12 见图 5.26。

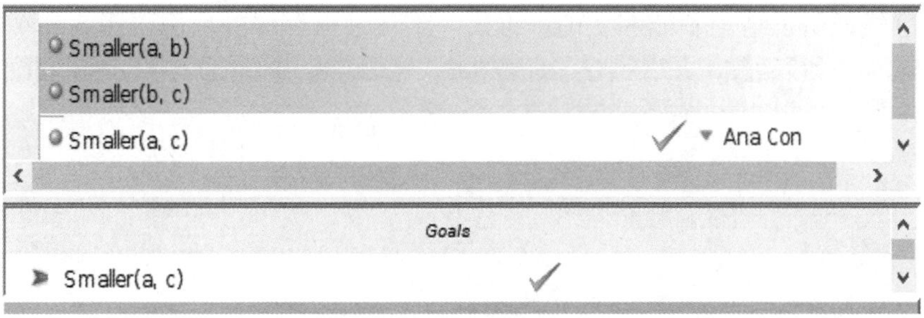

图 5.26

练习 13 见图 5.27。

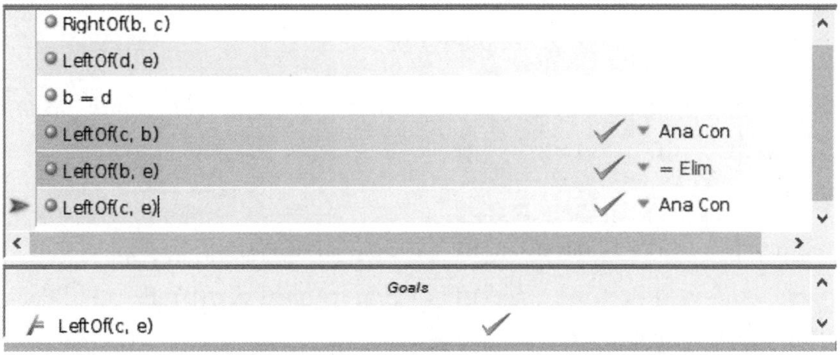

图 5.27

5.3　非后承的证明

【操作四】

1. 在 Tarski's World 中，打开文件 Bill's Argument（比尔论点）。结论 Between(b,a,d)是从三个前提 Between(b,c,d)，Between(a,b,d)和 LeftOf(a,c)推出的吗？

2. 打开一个新的世界并在网格中的同一行放四个模块，分别标记为 a、b、c 和 d。

3. 调整这些模块使得结论为假。检查前提，如果它们中有一个为假，那么调整这些模块，直到所有的前提都为真。结论仍然是假的吗？如果不是，试着调整，使它为假。

4. 如果你有困难，试着将它们的顺序调整为 d、a、b、c，这时你会发现，所有的前提都是真的，但结论是假的。这个世界就是该推理的一个反例。这样我们已经证明了结论不能够从前提推出。最后，保存你的反例（图 5.28）。

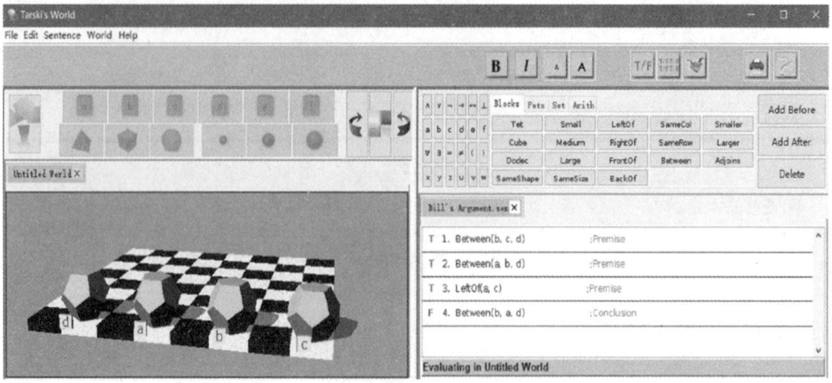

图 5.28

由完全性定理可得：

$$\alpha\vdash\beta \quad \text{iff} \quad \alpha\vDash\beta \quad \text{iff} \quad \forall\sigma,\ \sigma\vDash\alpha \Rightarrow \sigma\vDash\beta$$

由此可得：

$$\alpha\nvdash\beta \quad \text{iff} \quad \alpha\nvDash\beta \quad \text{iff} \quad \exists\sigma,\ \sigma\vDash\alpha \wedge \sigma\nvDash\beta$$

$$\text{iff} \quad \exists\sigma,\ \sigma(\alpha)=T \wedge \sigma(\beta)=F$$

因此，如果想说明$\alpha\nvdash\beta$，只需找到一个赋值σ，使得$\sigma(\alpha)=T\wedge\sigma(\beta)=F$。即：在 Tarski's World 中，构造一个世界，使得在这个世界中，该推理的前提真结论假。

【练习】

以下每个练习都以模块语言呈现一个形式推理。如果推理是有效的，请使用 Fitch 提交一个证明。重要提示：如果你在证明中使用 Ana Con，请在每个应用程序中引用最多两个语句。如果推理是无效的，请使用 Tarski's World 提交一个反例世界。

练习 14

| Larger(b,c)
| Smaller(b,d)
| SameSize(d,e)
|—
| Larger(e,c)

练习 15

| FrontOf(a,b)
| FrontOf(a,c)
| SameCol(a,b)
|—
| FrontOf(c,b)

练习 16

| SameRow(b,c)
| SameRow(a,d)
| SameSize(e,c)
| FrontOf(a,b)
|—
| LeftOf(f,c)

练习 17

| SameRow(b,c)
| SameRow(a,d)
| SameRow(d,f)
| FrontOf(a,b)
|—
| FrontOf(f,c)

练习 18

| FrontOf(a,b)
| LeftOf(a,c)
| SameCol(a,b)
|—
| FrontOf(c,b)

【参考答案】

练习 14 是 Tarski's World 有效的，证明如图 5.29。

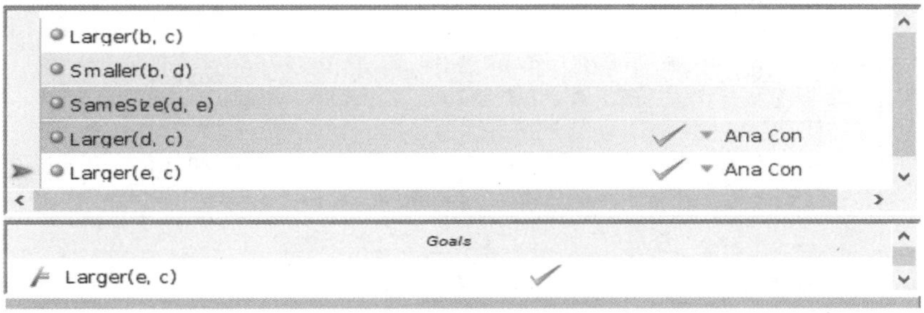

图 5.29

练习 15 是 Tarski's World 无效，反例如图 5.30。

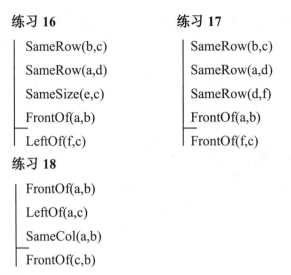

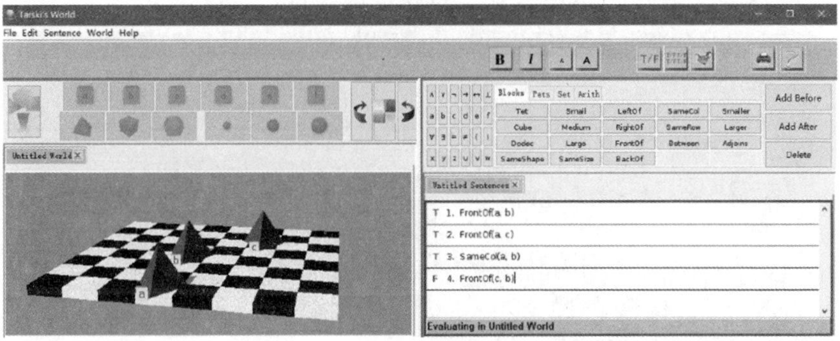

图 5.30

练习 16 是 Tarski's World 无效，反例如图 5.31。

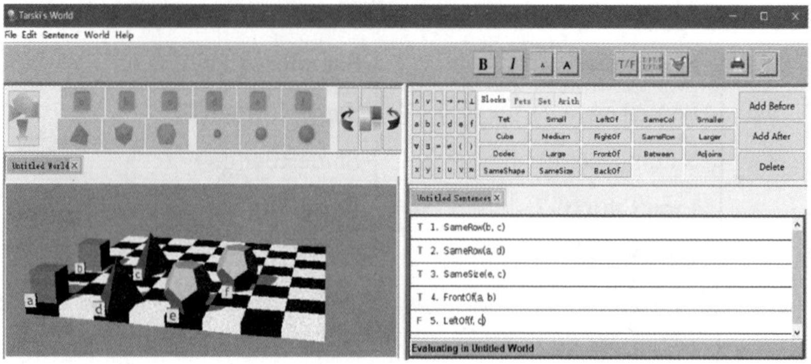

图 5.31

练习 17 是 Tarski's World 有效的，证明如图 5.32。

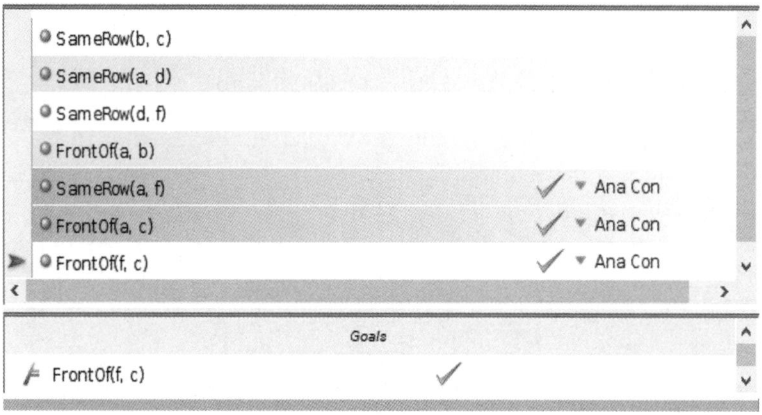

图 5.32

练习 18 是 Tarski's World 无效，反例如图 5.33。

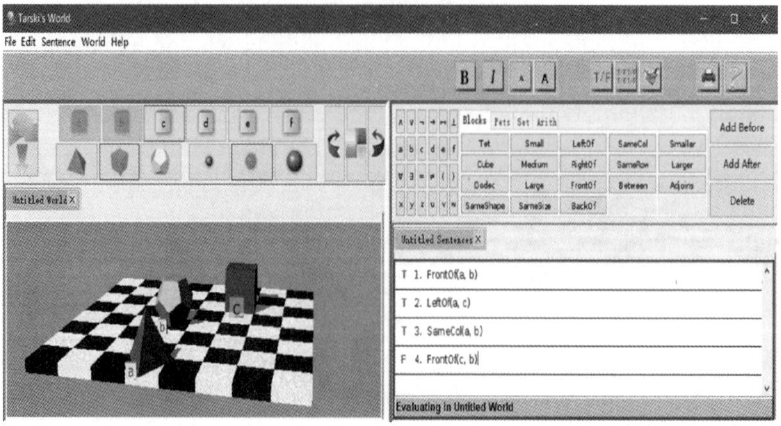

图 5.33

第 6 章

布尔联结词

6.1 否定符号¬

【操作五】

1. 在 Tarski's World 中，打开文件 Wittgenstein's World，在语句窗口中写入语句¬¬¬¬¬¬Between(e,d,f)。

2. 点击 Verify 按钮检测这一语句的真值（图 6.1）。

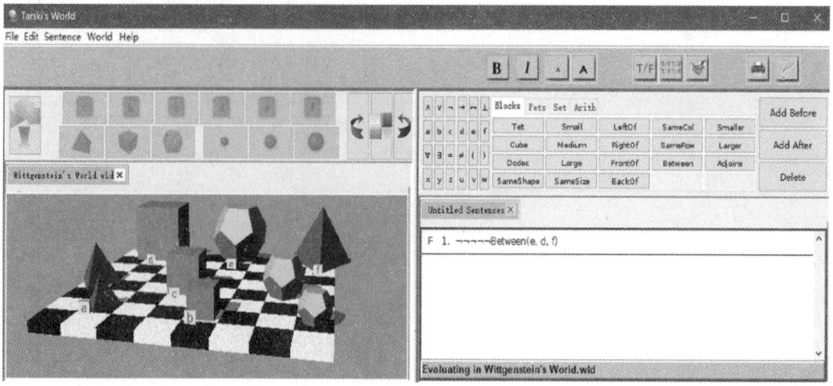

图 6.1

3. 现在开始做游戏，任选一个你对这一语句真值的承诺。在游戏进程中否定号的数量有什么变化？你对这一语句真值的承诺又有什么变化？

在游戏进程中否定号的个数逐渐减少。由真-假-真-假-真-假变化（见图 6.2 至图 6.9）。

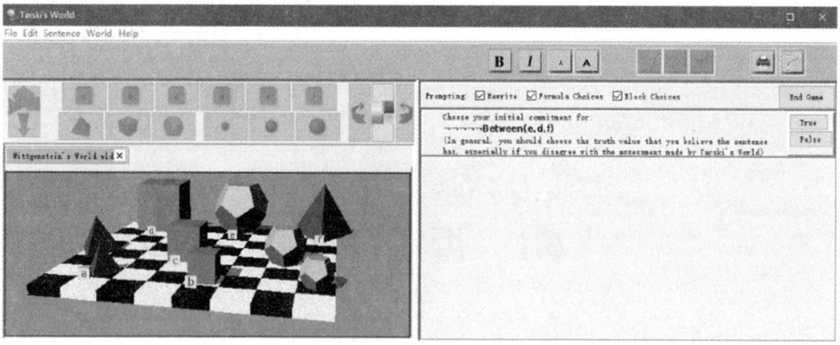

图 6.2

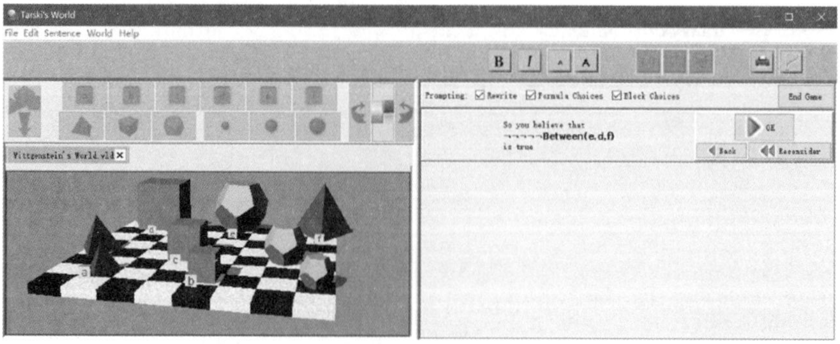

图 6.3

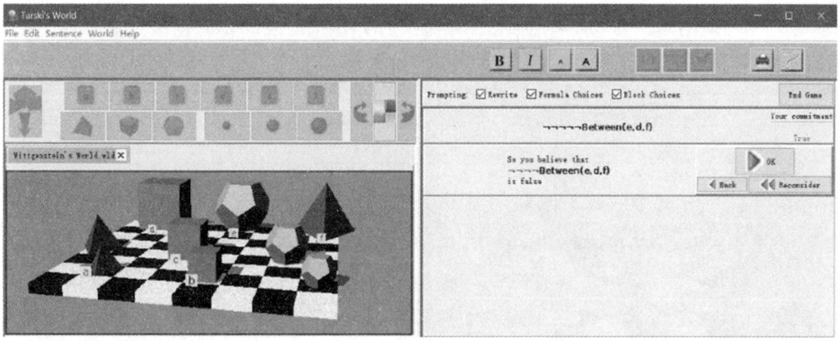
Tarski's World
File Edit Sentence World Help
Prompting: Rewrite Formula Choices Block Choices
End Game
Wittgenstein's World.wld
¬¬¬¬¬Between(e,d,f)
Your commitment
True
So you believe that
¬¬¬¬Between(e,d,f)
is false
OK
Back
Reconsider

图 6.4

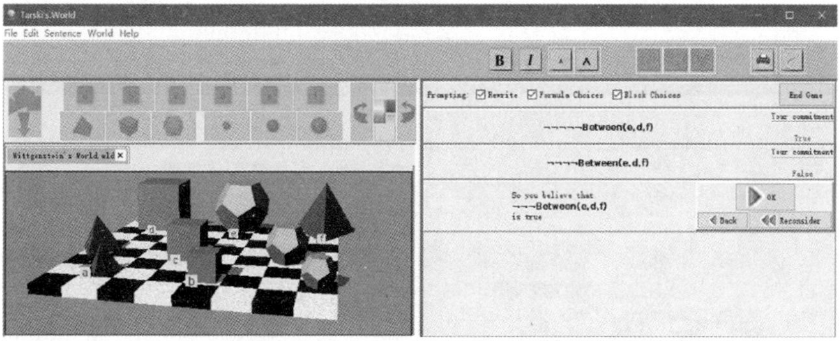
Tarski's World
File Edit Sentence World Help
Prompting: Rewrite Formula Choices Block Choices
End Game
Wittgenstein's World.wld
¬¬¬¬¬Between(e,d,f)
Your commitment
True
¬¬¬¬Between(e,d,f)
Your commitment
False
So you believe that
¬¬¬Between(e,d,f)
is true
OK
Back
Reconsider

图 6.5

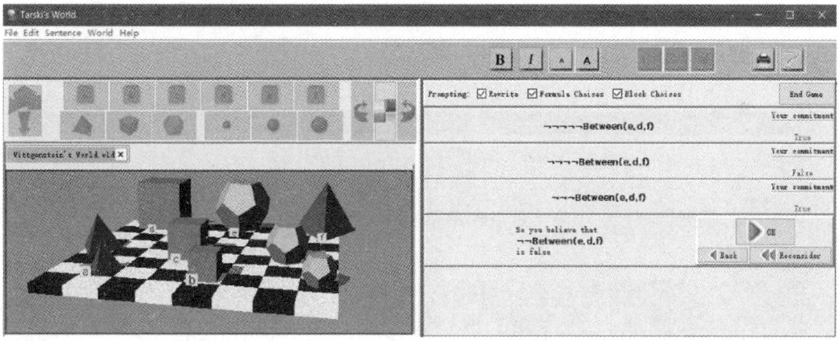
Tarski's World
File Edit Sentence World Help
Prompting: Rewrite Formula Choices Block Choices
End Game
Wittgenstein's World.wld
¬¬¬¬¬Between(e,d,f)
Your commitment
True
¬¬¬¬Between(e,d,f)
Your commitment
False
¬¬¬Between(e,d,f)
Your commitment
True
So you believe that
¬¬Between(e,d,f)
is false
OK
Back
Reconsider

图 6.6

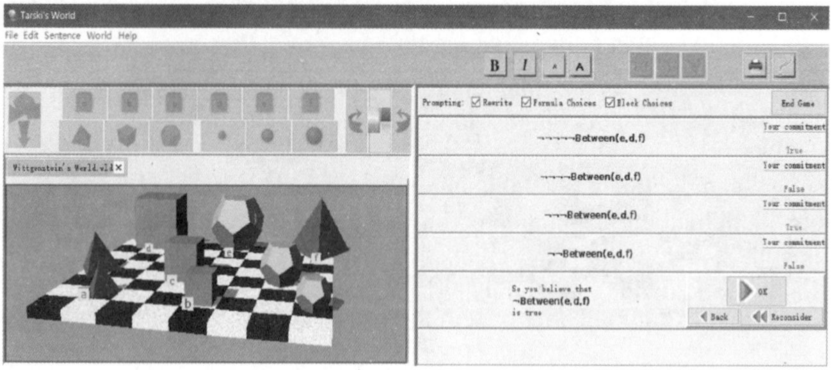

图 6.7

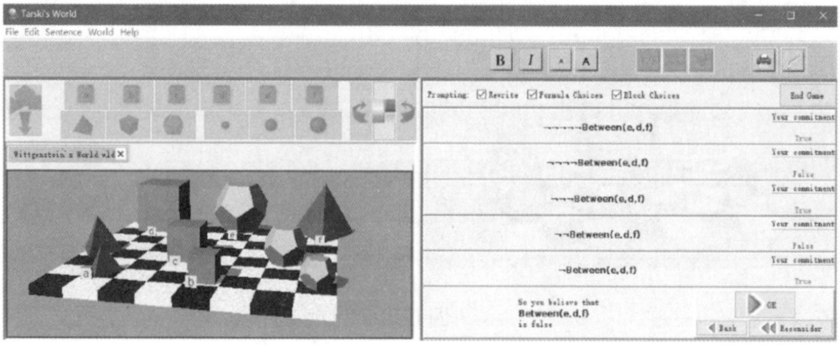

图 6.8

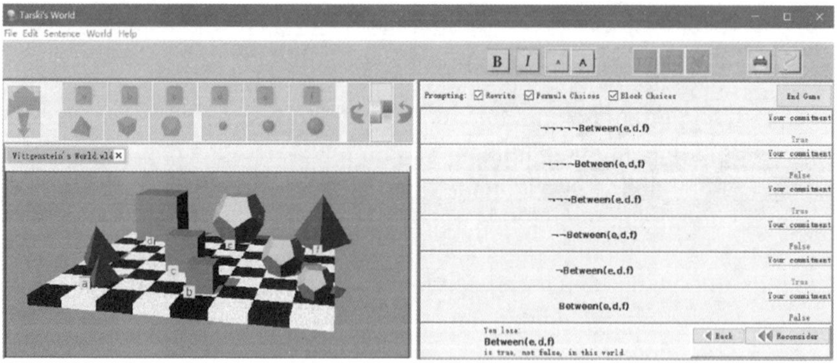

图 6.9

4. 现在请继续做游戏，对这一语句做出与刚才不同的真值承诺。如果上一次你赢了，这次你将会输。反之，上一次你输了，这一次你就会赢。

5. 当你按照上面的步骤完成之后，保存这一文件。

【练习】

练习 1 在 Tarski's World 中，打开文件 Boole's World（布尔世界）和 Brouwer's Sentences（布劳维尔语句）。在这个语句文件中，你会发现这些语句都是由原子语句和否定符号构成的。请认真阅读每一条语句，并估计它们的真值。在此之后验证你的估计。如果一个语句为假，就添加或者删除一个否定符号使其变为真。最后保存它。

【参考答案】

见图 6.10、图 6.11。

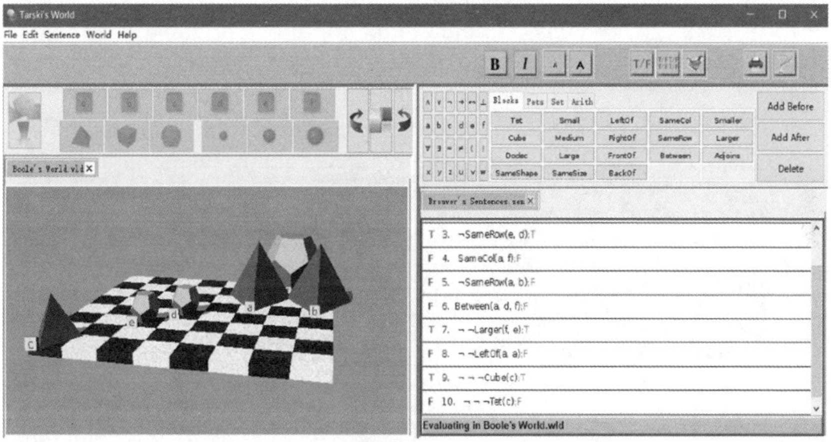

图 6.10

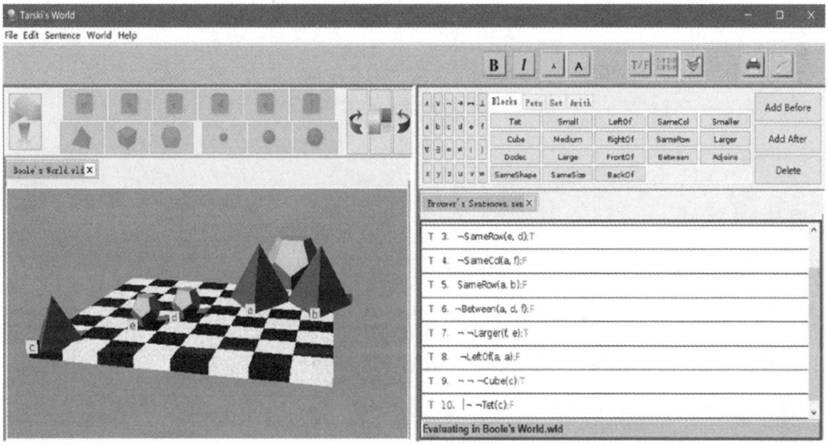

图 6.11

练习 2 在 Tarski's World 中，建立一个新的语句文件。在这个文件中输入下面的语句：

1. ¬Tet(f)　　2. ¬SameCol(c,a)

3. ¬SameCol(c,b)　　4. ¬Dodec(f)

5. c≠d　　6. ¬(d≠e)

7. ¬SameShape(f,c)　　8. ¬SameShape(d,c)

9. ¬Cube(e)　　10. ¬Tet(e)

现在构造一个世界，使得在这个世界中上面所有语句的值都为真。

【参考答案】

见图 6.12。

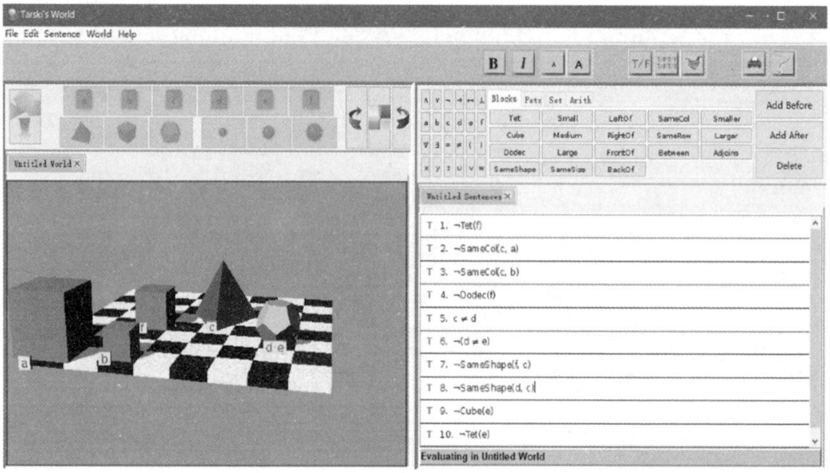

图 6.12

6.2　合取符号∧

【操作六】

1. 在 Tarski's World 中，打开文件 Claire's World（克莱尔世界）。建立一个新的语句文件并输入语句¬Cube(a)∧¬Cube(b)∧¬Cube(c)。

2. 注意上面的语句在 Claire's World 中为假，因为 c 是一个立方体。我们先承诺这个语句为真来玩游戏。你将会看到，Tarski's World 将立刻找到为假的合取支。你对这一语句真值的承诺，将会导致你输掉这一局游戏（图 6.13、图 6.14）。

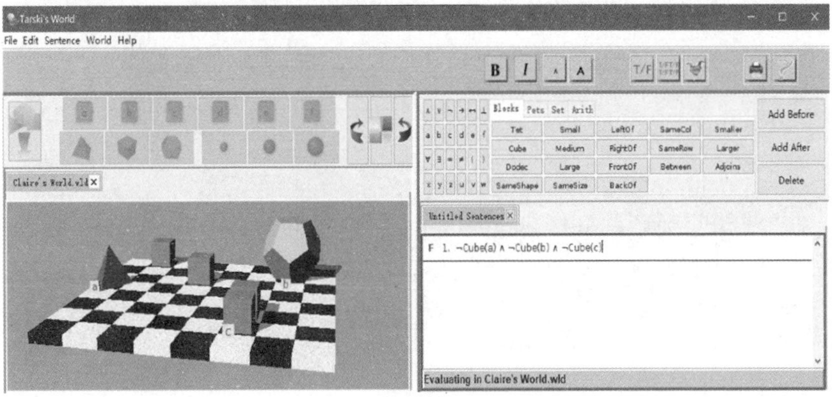

图 6.13

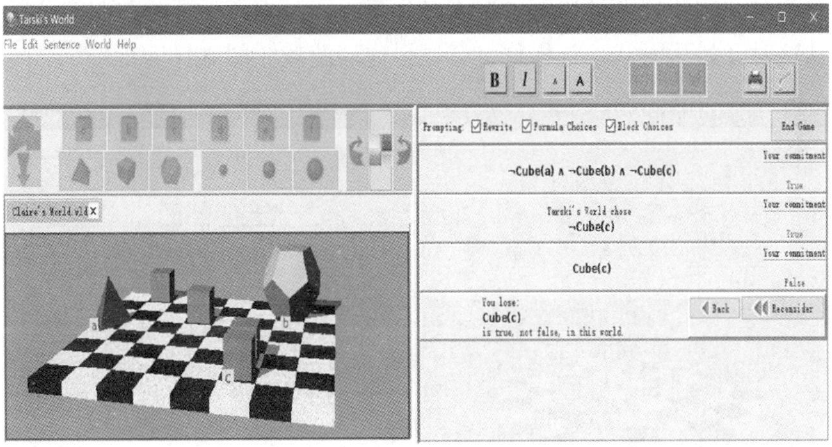

图 6.14

3. 接下来，我们承诺这个语句为假来玩游戏。在这一局中，当 Tarski's World 让你选择一个假的合取支时，你选择第一个合取支。但第一个合取支不为假，看看选择它之后会发生什么（图 6.15）。

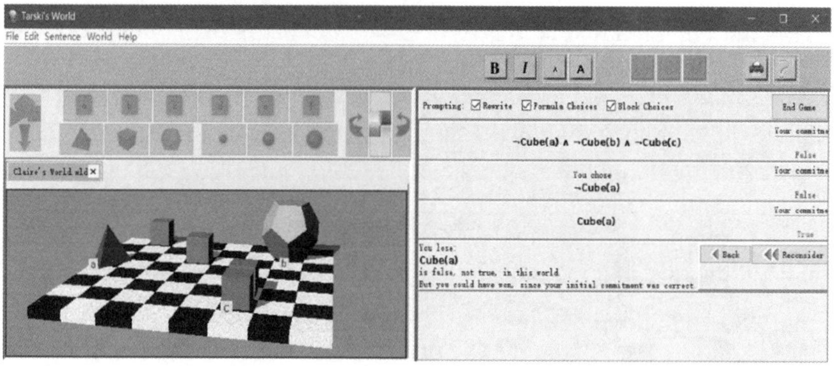
Tarski's World
File Edit Sentence World Help
Prompting: Rewrite Formula Choices Block Choices
End Game
¬Cube(a) ∧ ¬Cube(b) ∧ ¬Cube(c)
You chose
¬Cube(a)
Cube(a)
You lose:
Cube(a)
is false, not true, in this world
But you could have won, since your initial commitment was correct
Back
Reconsider

图 6.15

4. 继续玩这局游戏直到 Tarski's World 告诉你已经输掉。然后连续点击 Back 键直到游戏回到让你选择假的合取支时。这一次，你选择那个为假的合取支，并且从这时开始玩游戏，这样你将会赢得这局游戏（图 6.16）。

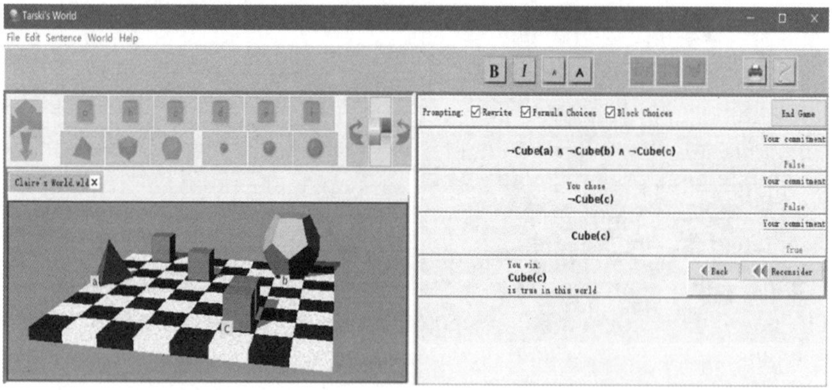
Tarski's World
File Edit Sentence World Help
Prompting: Rewrite Formula Choices Block Choices
End Game
¬Cube(a) ∧ ¬Cube(b) ∧ ¬Cube(c)
You chose
¬Cube(c)
Cube(c)
You win:
Cube(c)
is true in this world
Back
Reconsider

图 6.16

5. 注意：即使你最初的判断是正确的，如果你做出错误的选择，你也有可能输掉游戏。但是 Tarski's World 将允许你反悔并做出新的选择。如果你做出正确的选择，那么就存在一种可能即你赢得游戏。如果你没有赢，那么你最初的选择一定是错误的。

【练习】

练习 3 在 Tarski's World 中，打开文件 Wittgenstein's World。建立一个新的语句文件并输入下面的语句。

1. Tet(f)∧Small(f)　　2. Tet(f)∧Large(f)

3. Tet(f)∧¬Small(f)　　4. Tet(f)∧¬Large(f)

5. ¬Tet(f)∧¬Small(f)　　6. ¬Tet(f)∧¬Large(f)

7. ¬(Tet(f)∧Small(f))　　8. ¬(Tet(f)∧Large(f))

9. ¬(¬Tet(f)∧¬Small(f))　　10. ¬(¬Tet(f)∧¬Large(f))

①输入完这些语句后，对它们做出判断。记录下你对它们真值的承诺。然后通过 Tarski's World 来验证你的判断。当你判断错误时，开始做游戏，检查你到底错在哪里。

②如果你不存在判断失误，做游戏就没有意义了。但作为一种娱乐，建议你玩两次游戏，特别是做一做语句 9。这条语句在 Tarski's World 中为真，你假定它为假来玩这场游戏。确保你能理解游戏进程中的每一步。

③接下来，改变模块 f 的大小或形状。请你预测一下这是否能够影响十个语句的真值。在一个单独的世界中，这些语句为真的最大数目是多少，并且构造这样的一个世界。保存你的语句文件和世界文件。

【参考答案】

①略。②改变模块 f 的大小后的结果（图 6.17）。

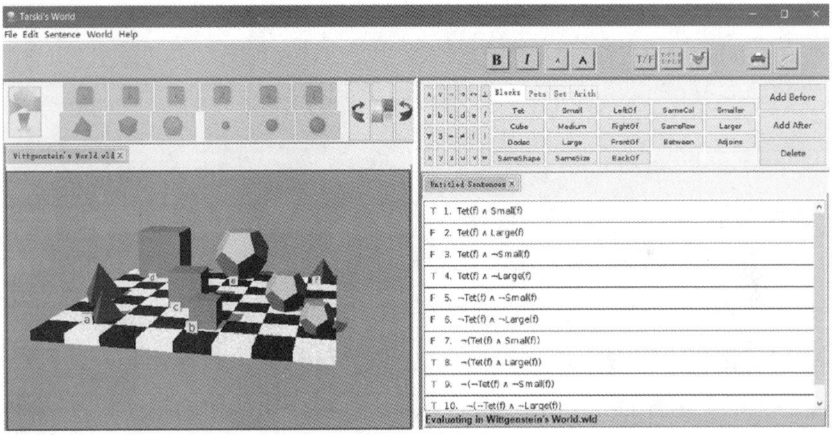

图 6.17

③在一个单独的世界中，10 个语句取值与图 6.17 相同。

练习 4（建立一个世界）在 Tarski's World 中，打开文件 Max's Sentences（麦克斯语句）。构造一个世界使得这一语句文件中的所有语句在你构造的世界中都为真。在这个世界中你应该构造六个模块，并依次改变它们，使所有语句都为真。

【参考答案】

见图 6.18。

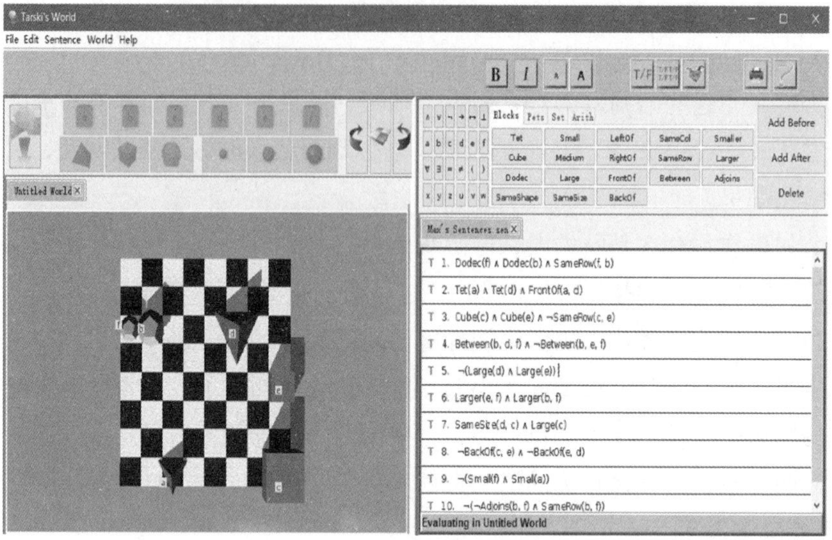
Tarski's World
File Edit Sentence World Help
Blocks Pets Set Arith
Tet Small LeftOf SameCol Smaller
Cube Medium RightOf SameRow Larger
Dodec Large FrontOf Between Adjoins
SameShape SameSize BackOf
Add Before
Add After
Delete
Untitled World
T 1. Dodec(f) ∧ Dodec(b) ∧ SameRow(f, b)
T 2. Tet(a) ∧ Tet(d) ∧ FrontOf(a, d)
T 3. Cube(c) ∧ Cube(e) ∧ ¬SameRow(c, e)
T 4. Between(b, d, f) ∧ ¬Between(b, e, f)
T 5. ¬(Large(d) ∧ Large(e))
T 6. Larger(e, f) ∧ Larger(b, f)
T 7. SameSize(d, c) ∧ Large(c)
T 8. ¬BackOf(c, e) ∧ ¬BackOf(e, d)
T 9. ¬(Small(f) ∧ Small(a))
T 10. ¬(¬Adjoins(b, f) ∧ SameRow(b, f))
Evaluating in Untitled World

图 6.18

6.3　析取符号∨

【操作七】

1. 在 Tarski's World 中，打开文件 Ackermann's World（阿克曼世界），建立一个新的语句文件并输入语句 Cube(c)∨¬(Cube(a)∨Cube(b))。

2. 假设这个语句为真并开始玩游戏。因为这是一个析取语句并且已经假设它为真，所以要求你选出一个为真的析取支。由于第一个析取支显然为假，所以选择第二个析取支。

3. 当你发现假设的那个为真的析取支实际上为假时，Tarski's World 将会指出你承诺了 Cube(b)为假，显然你错了，因为 b 确实是一个立方体。继续玩这个游戏直到 Tarski's World 指出你失败。

4. 再一次玩这个游戏，并假设这个游戏为假，这次你能赢吗？

【练习】

练习 5 在 Tarski's World 中，打开文件 Wittgenstein's World 和练习 3 的语句文件。将所有语句中的“∧”都替换为“∨”，并保存这个编辑后的语句文件。一旦你修改了这些语句，再次判断它们的真假。然后利用 Tarski's World 来验证你的判断。当你的判断出现错误时，玩游戏找出你错在哪里。如果你没有出现错误，再玩两次游戏。正如在练习 3 的中那样，通过改变模块 f 的大小或形状，来得到最大数目真的语句。

【参考答案】

将练习 3 所有语句中的∧替换为∨后的结果（图 6.19）。

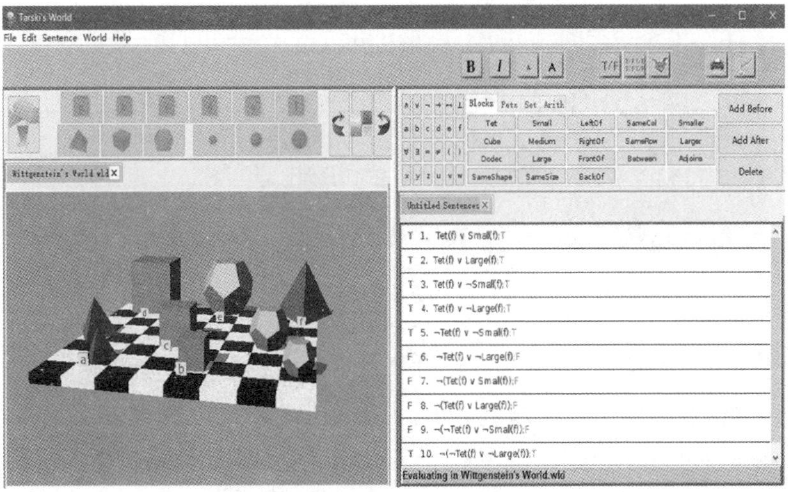

图 6.19

将 f 变小后的结果（图 6.20）。

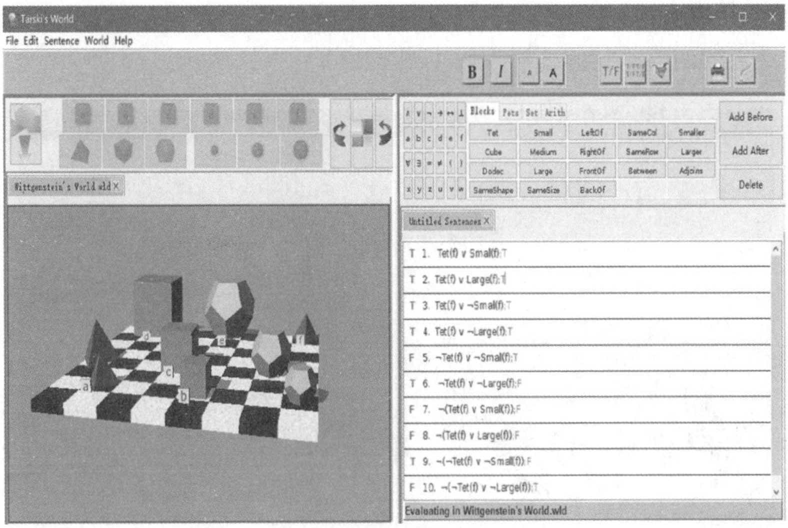

图 6.20

第
6
章

将 f 变成十二面球体后的结果（图 6.21）。

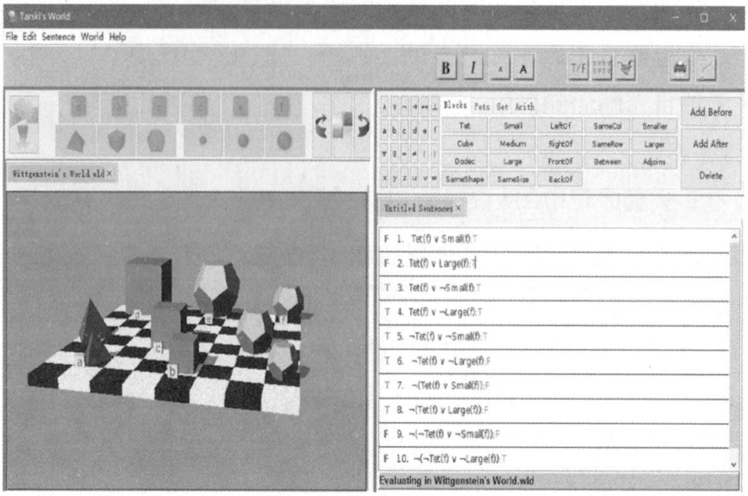

图 6.21

练习 6 在 Tarski's World 中，打开文件 Ramsey's World（拉姆齐世界），建立一个语句文件并输入下面四条语句：

1. Between(a,b,c)∨Between(b,a,c)　　2. FrontOf(a,b)∨FrontOf(c,b)

3. ¬SameRow(b,c)∨LeftOf(b,a)　　4. RightOf(b,a)∨Tet(a)

在 Ramsey's World 中估计每条语句的真值并验证你的判断。再对这个世界做一些改动使这四条语句都取值为假。

【参考答案】

改动后的四条语句的真值为假（图 6.22）。

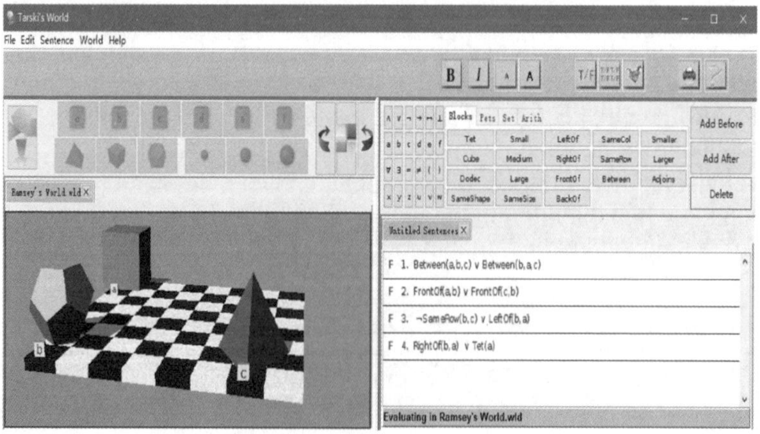

图 6.22

练习 7 在 Tarski's World 中，打开文件 Kleene's World（克林世界）和 Kleene's Sentences（克林语句）。你可以发现：有一些对象隐藏在另一些对象的后面，使得我们不能估计出某些语句的真值。用 a、b、c、d、e 和 f 六个名字来命名对象。现在，尽管你不能看到所有的对象，但表中的某些语句的真值还是能够判断出的。在三维视图下，尝试判断每一条语句的真值。然后开始做游戏，如果你最初的判断是正确的，但是你最后输掉了游戏，返回再做这个游戏。为每一条语句添加解释，解释你为什么对它的真值做出如此的判断，正如我们对第一条语句所做的那样。最后返回到二维视图下，验证你的工作。

【参考答案】

在二维视图下，所有语句的取值见图 6.23。

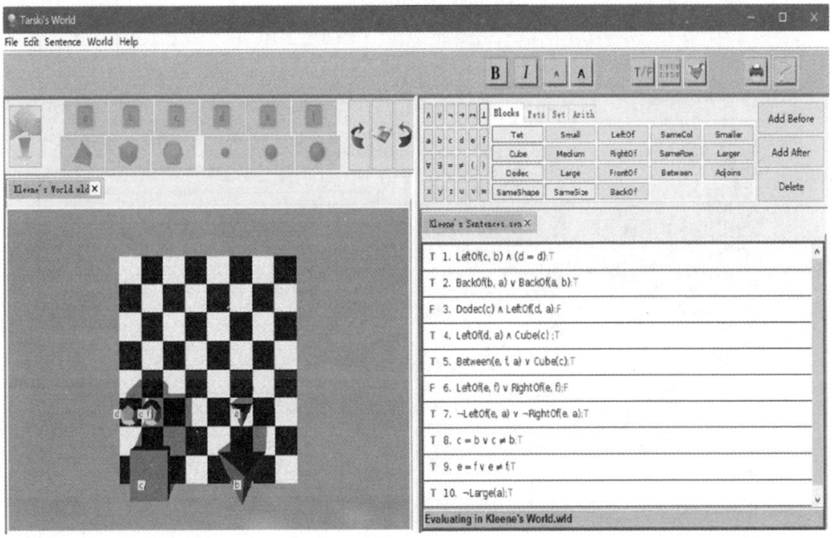
Tarski's World
File Edit Sentence World Help
Blocks
Tet
Small
LeftOf
SameCol
Smaller
Cube
Medium
RightOf
SameRow
Larger
Dodec
Large
FrontOf
Between
Adjoins
SameShape
SameSize
BackOf
Add Before
Add After
Delete
Kleene's World.wld
Kleene's Sentences.sen
T 1. LeftOf(c, b) ∧ (d = d):T
T 2. BackOf(b, a) ∨ BackOf(a, b):T
F 3. Dodec(c) ∧ LeftOf(d, a):F
T 4. LeftOf(d, a) ∧ Cube(c) ;T
T 5. Between(e, f, a) ∨ Cube(c):T
F 6. LeftOf(e, f) ∨ RightOf(e, f):F
T 7. ¬LeftOf(e, a) ∨ ¬RightOf(e, a):T
T 8. c = b ∨ c ≠ b:T
T 9. e = f ∨ e ≠ f:T
T 10. ¬Large(a):T
Evaluating in Kleene's World.wld

图 6.23

6.4　圆括号

【操作八】

1. 让我们尝试对由¬、∨、∧构造的复合语句赋值。在 Tarski's World 中，打开文件 Boole's Sentences 和 Wittgenstein's World，如果在练习 3 和练习 5 中你改变了模块 f 的大小和形状，现在请你把它调整为一个大的锥体。

2. 对每一条语句的真值进行评价并检测你的判断。如果你的判断有错误，请做游戏来检查你错在哪里，直到你弄清楚了一条语句的真值是如何得到的，再转向下一条语句。

3. 你看到括号的重要性了吗？在你理解了所有的语句之后，看哪些假语句可以通过增加、删除，或移动括号，但不要使其他部分改变，使它变为真，然后保存这个文件。

【参考答案】

只有第 1、第 4、第 14 和第 20 个语句可以通过增加、删除，或移动括号（不改变其他部分）使它们变为真（图 6.24、图 6.25）。

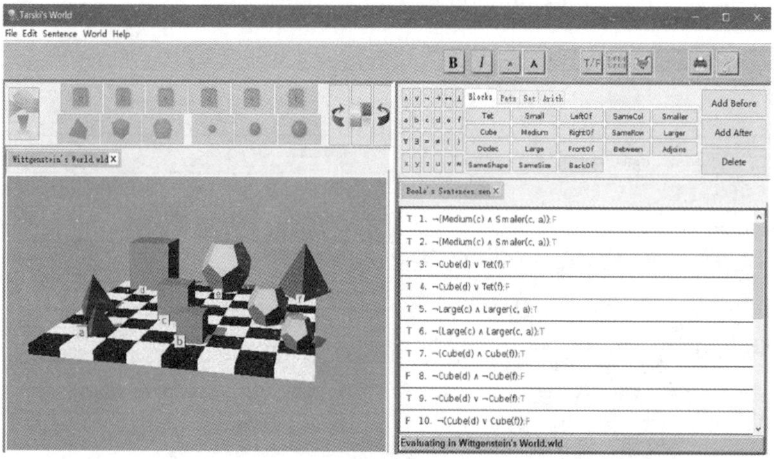
Tarski's World
File Edit Sentence World Help
Wittgenstein's World.wld
Boole's Sentences.sen
Add Before
Add After
Delete
T 1. ¬(Medium(c) ∧ Smaler(c, a)):F
T 2. ¬(Medium(c) ∧ Smaler(c, a)):T
T 3. ¬Cube(d) ∨ Tet(f):T
T 4. ¬Cube(d) ∨ Tet(f):F
T 5. ¬Large(c) ∧ Larger(c, a):T
T 6. ¬(Large(c) ∧ Larger(c, a)):T
T 7. ¬(Cube(d) ∧ Cube(f)):T
F 8. ¬Cube(d) ∧ ¬Cube(f):F
T 9. ¬Cube(d) ∨ ¬Cube(f):T
F 10. ¬(Cube(d) ∨ Cube(f)):F
Evaluating in Wittgenstein's World.wld

图 6.24

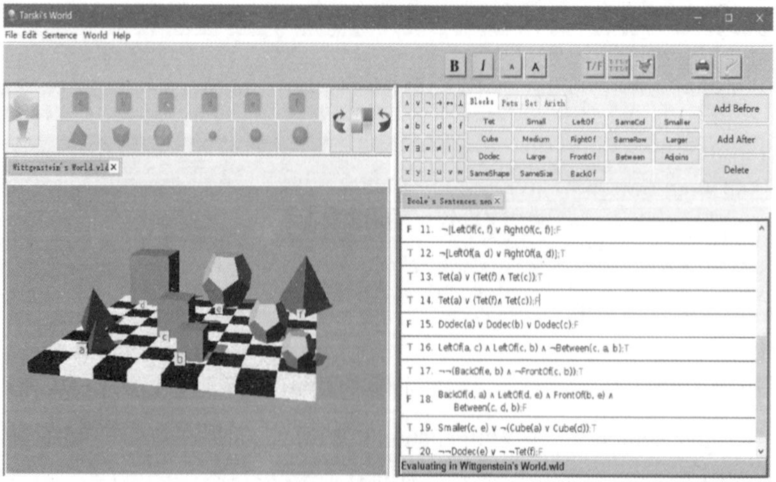
Tarski's World
File Edit Sentence World Help
Wittgenstein's World.wld
Boole's Sentences.sen
Add Before
Add After
Delete
F 11. ¬[LeftOf(c, f) ∨ RightOf(c, f)]:F
T 12. ¬[LeftOf(a, d) ∨ RightOf(a, d)]:T
T 13. Tet(a) ∨ (Tet(f) ∧ Tet(c)):T
T 14. Tet(a) ∨ (Tet(f)∧ Tet(c));F
F 15. Dodec(a) ∨ Dodec(b) ∨ Dodec(c):F
T 16. LeftOf(a, c) ∧ LeftOf(c, b) ∧ ¬Between(c, a, b):T
T 17. ¬¬(BackOf(e, b) ∧ ¬FrontOf(c, b)):T
F 18. BackOf(d, a) ∧ LeftOf(d, e) ∧ FrontOf(b, e) ∧ Between(c, d, b):F
T 19. Smaller(c, e) ∨ ¬(Cube(a) ∨ Cube(d)):T
T 20. ¬¬Dodec(e) ∨ ¬ ¬Tet(f):F
Evaluating in Wittgenstein's World.wld

图 6.25

【练习】

练习 8（建立一个世界）在 Tarski's World 中，打开文件 Schröder's Sentences（施罗德语句），建立一个世界使这个语句文件中的所有语句在这个世界中都为真。在完成这一任务的过程中，你会发现自己在不断地修改世界中的对象。当你在世界文件中做出某些修改后，请注意这时不要使语句文件中在修改之前为真的语句变为假。在你完成这一任务后，检验所有的语句，并保存你的文件。

【参考答案】

见图 6.26。

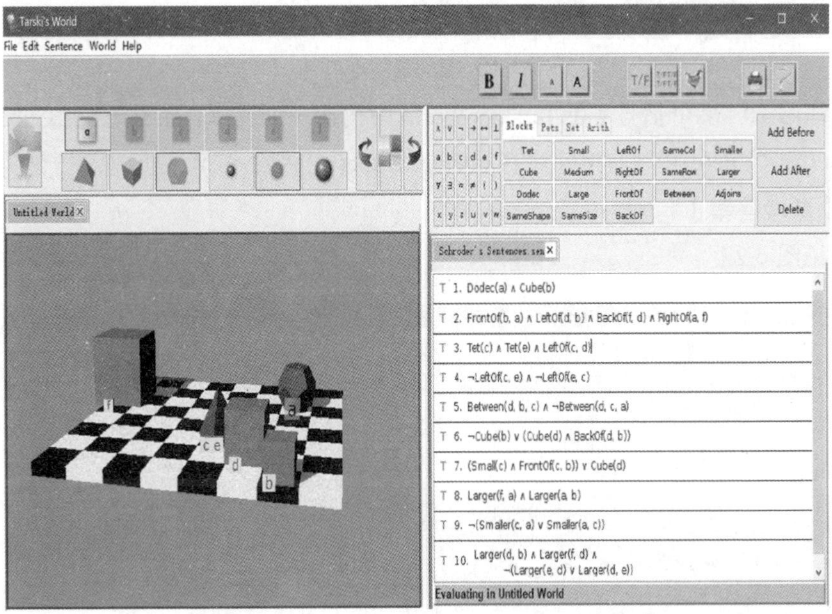
Tarski's World
File Edit Sentence World Help
Blocks Pets Set Arith
Tet Small LeftOf SameCol Smaller
Cube Medium RightOf SameRow Larger
Dodec Large FrontOf Between Adjoins
SameShape SameSize BackOf
Add Before
Add After
Delete
Untitled World
Schroder's Sentences
T 1. Dodec(a) ∧ Cube(b)
T 2. FrontOf(b, a) ∧ LeftOf(d, b) ∧ BackOf(f, d) ∧ RightOf(a, f)
T 3. Tet(c) ∧ Tet(e) ∧ LeftOf(c, d)
T 4. ¬LeftOf(c, e) ∧ ¬LeftOf(e, c)
T 5. Between(d, b, c) ∧ ¬Between(d, c, a)
T 6. ¬Cube(b) ∨ (Cube(d) ∧ BackOf(d, b))
T 7. (Small(c) ∧ FrontOf(c, b)) ∨ Cube(d)
T 8. Larger(f, a) ∧ Larger(a, b)
T 9. ¬(Smaller(c, a) ∨ Smaller(a, c))
T 10. Larger(d, b) ∧ Larger(f, d) ∧ ¬(Larger(e, d) ∨ Larger(d, e))
Evaluating in Untitled World

图 6.26

练习 9（括号）在 Tarski's World 中构造一个反例，证明语句"¬(Small(a)∨Small(b))"不是语句"¬Small(a)∨Small(b)"的后承。在这个反例中使第一个语句为假第二个语句为真即可。

【参考答案】

见图 6.27。

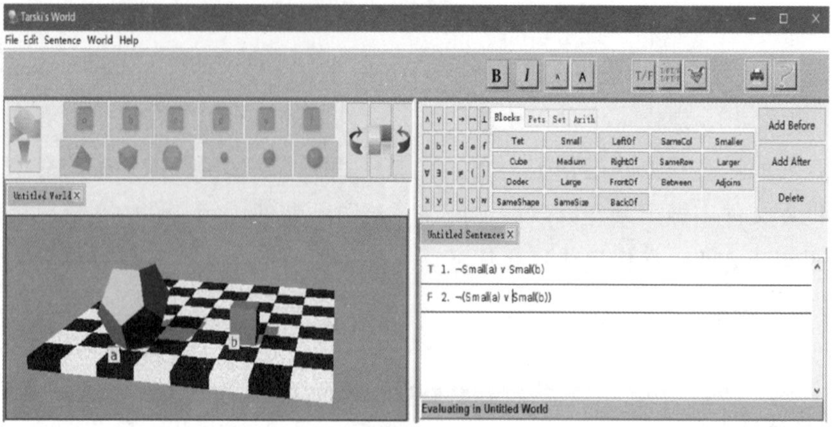

图 6.27

练习 10（多个括号）在 Tarski's World 中构造一个反例，证明语句“Cube(a)∧(Cube(b)∨Cube(c))”不是语句“(Cube(a)∧Cube(b))∨Cube(c)”的后承。方法同上。

【参考答案】

见图 6.28。

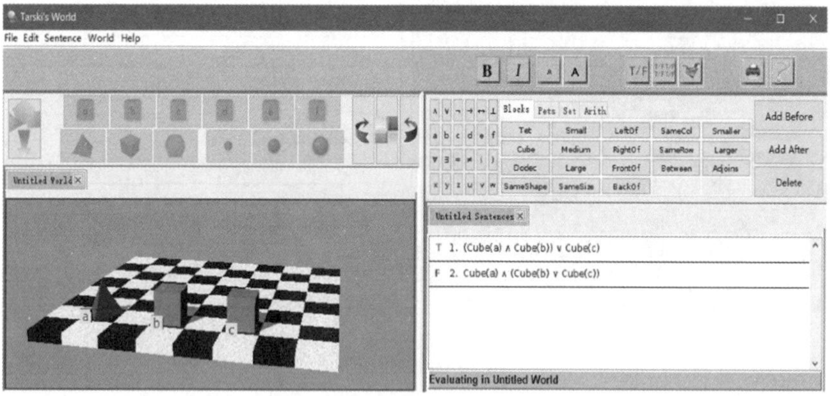

图 6.28

练习 11（德摩根等值）在 Tarski's World 中，开打文件 DeMorgan's Sentences（德摩根语句），构造一个世界，使得 DeMorgan's Sentences 的所有奇数行语句都为真。注意：无论你如何修改世界文件，偶数行语句都为真，并保存这个世界文件。接下来再构造一个世界文件，使得所有的奇数行语句都为假，注意无论你如何修改世界文件，偶数行语句都为假。

【参考答案】

在下面的世界中，DeMorgan's Sentences 中所有奇数行语句都为真（图 6.29）。

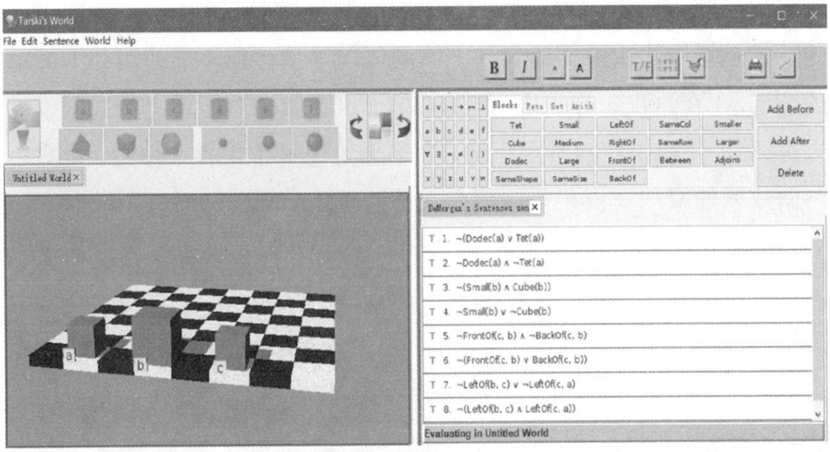
Tarski's World
File Edit Sentence World Help
Untitled World
DeMorgan's Sentences.sen
T 1. ¬(Dodec(a) ∨ Tet(a))
T 2. ¬Dodec(a) ∧ ¬Tet(a)
T 3. ¬(Small(b) ∧ Cube(b))
T 4. ¬Small(b) ∨ ¬Cube(b)
T 5. ¬FrontOf(c, b) ∧ ¬BackOf(c, b)
T 6. ¬(FrontOf(c, b) ∨ BackOf(c, b))
T 7. ¬LeftOf(b, c) ∨ ¬LeftOf(c, a)
T 8. ¬(LeftOf(b, c) ∧ LeftOf(c, a))
Evaluating in Untitled World

图 6.29

在下面的世界中，DeMorgan's Sentences 的所有奇数行语句都为假（图 6.30）。

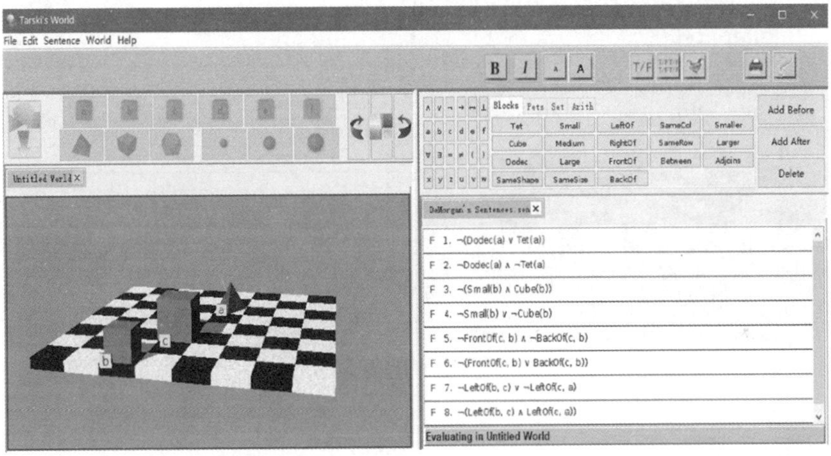
Tarski's World
File Edit Sentence World Help
Untitled World
DeMorgan's Sentences.sen
F 1. ¬(Dodec(a) ∨ Tet(a))
F 2. ¬Dodec(a) ∧ ¬Tet(a)
F 3. ¬(Small(b) ∧ Cube(b))
F 4. ¬Small(b) ∨ ¬Cube(b)
F 5. ¬FrontOf(c, b) ∧ ¬BackOf(c, b)
F 6. ¬(FrontOf(c, b) ∨ BackOf(c, b))
F 7. ¬LeftOf(b, c) ∨ ¬LeftOf(c, a)
F 8. ¬(LeftOf(b, c) ∧ LeftOf(c, a))
Evaluating in Untitled World

图 6.30

6.5　等值式

【练习】

练习 12 在 Tarski's World 中使用的模块语言，存在着一些等值的谓词表达方式。打开文件 Bernay's Sentences（贝奈斯语句），你会发现这一语句文件中的所有语句都是原子语句，并且每一个语句的下面都有一个空行。现在请你在每个语句下的空行中写出一个语句与上面的语句等值，但不能使用与上面语句中相同的谓词。（在这里，你可以对 Tarski's World 做一个假设，例如假设模块的形状只有三种。）如果你的答案正确，那么无论在哪个世界文件中，奇数行的语句都与偶数行的语句真值相等。请在文件 Ackermann's World、Bolzano's World（波尔查诺世界）、Boole's World 和 Leibniz's World（莱布尼茨世界）中进行检测。

【参考答案】

在 Ackermann's World 中的结果如图 6.31 所示。其余略。

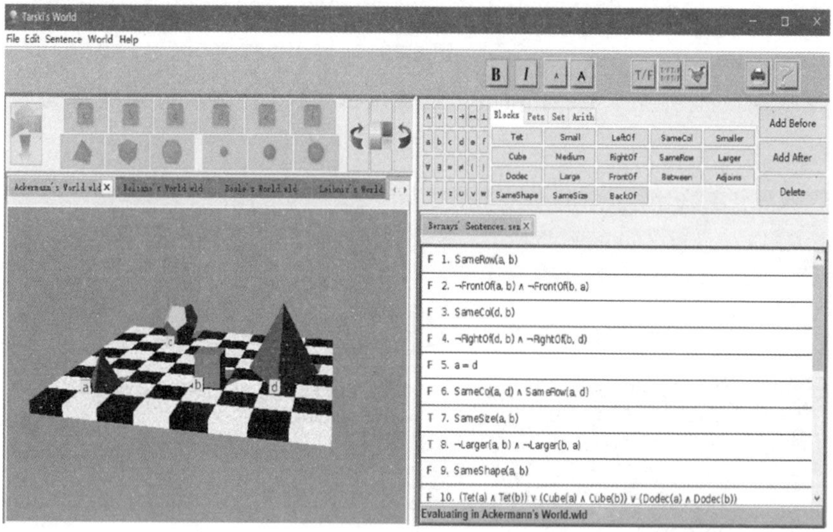
Tarski's World
File Edit Sentence World Help
Blocks Pets Set Arith
Tet Small LeftOf SameCol Smaller
Cube Medium RightOf SameRow Larger
Dodec Large FrontOf Between Adjoins
SameShape SameSize BackOf
Add Before
Add After
Delete
F 1. SameRow(a, b)
F 2. ¬FrontOf(a, b) ∧ ¬FrontOf(b, a)
F 3. SameCol(d, b)
F 4. ¬RightOf(d, b) ∧ ¬RightOf(b, d)
F 5. a = d
F 6. SameCol(a, d) ∧ SameRow(a, d)
T 7. SameSize(a, b)
T 8. ¬Larger(a, b) ∧ ¬Larger(b, a)
F 9. SameShape(a, b)
F 10. (Tet(a) ∧ Tet(b)) ∨ (Cube(a) ∧ Cube(b)) ∨ (Dodec(a) ∧ Dodec(b))
Evaluating in Ackermann's World.wld

图 6.31

6.6 翻译

【练习】

练习 13（描述一个简单的世界）在 Tarski's World 中，打开文件 Boole's World。建立一个语句文件，描述这个世界的一些特征，并检验你的每条语句在这个世界中是否为真。

1. 注意 f（后面那个大的十二面球体）并不在 a 的前面。用第一条语句说明这一特征。

2. 注意 f 在 a 的右边 b 的左边。用第 2 条语句说明这一特征。
3. 第 3 条语句说明 f 或者在 a 的后面或者比 a 小。
4. 第 4 条语句表示 e 和 d 在 c 和 a 的中间。
5. 注意 e 和 d 都不比 c 大，用你的第 5 条语句说明这一点。
6. 注意 e 既不比 d 大也不比 d 小，用第 6 条语句说明这一点。
7. 注意 c 比 a 小但比 e 大，说明这一事实。
8. 注意 c 在 f 的前面；此外 c 比 f 小。用第 8 条语句说明这一点。
9. 注意 b 和 a 在同一行但和 f 不在同一列。用第 9 条语句表明这一事实。
10. 注意 e 和 c 或 d 不在同一列。用第 10 条语句说明这一点。

现在让我们改变这一世界使上面第 1 至第 10 条语句都不成立。我们可以按如下步骤进行修改。首先，将 f 移动至前右端（注意不要将 f 拖出边界，你可能会发现在二维视图下进行这一移动更为简单。如果你碰巧将它拖出边界，只需再一次打开 Boole's World）。然后，将 e 移至后左端并使它变大，将 d 移置最左端。现在上面的 10 条特征都不满足了。如果你所输入的语句符合本题，那么它们现在都应该为假，因而你应该检验它们。如果它们中仍然有为真的语句，你是否能够说出你错在哪里？

【参考答案】

使语句 1 至语句 10 在 Boole's World 为真略。改变世界后的结果如图 6.32 所示。

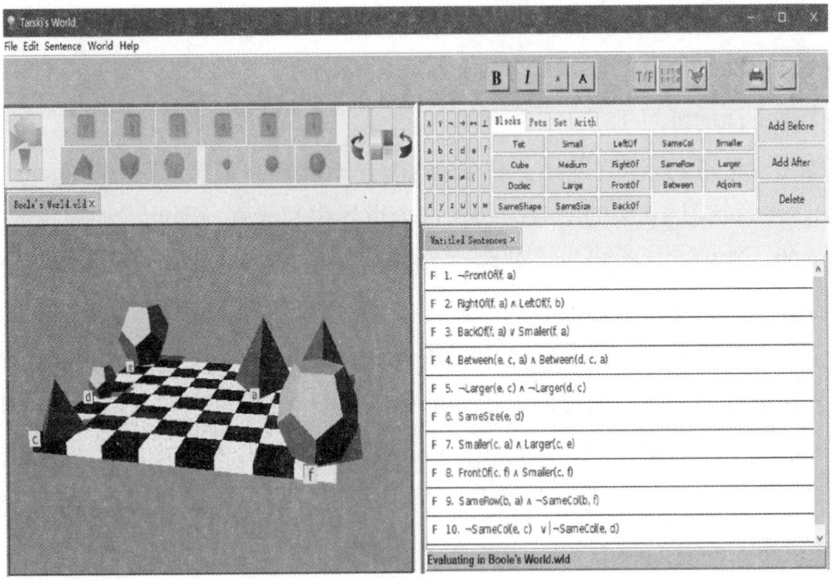
Tarski's World
File Edit Sentence World Help
Boole's World.wld
Add Before
Add After
Delete
Untitled Sentences
F 1. ¬FrontOf(f, a)
F 2. RightOf(f, a) ∧ LeftOf(f, b)
F 3. BackOf(f, a) ∨ Smaller(f, a)
F 4. Between(e, c, a) ∧ Between(d, c, a)
F 5. ¬Larger(e, c) ∧ ¬Larger(d, c)
F 6. SameSize(e, d)
F 7. Smaller(c, a) ∧ Larger(c, e)
F 8. FrontOf(c, f) ∧ Smaller(c, f)
F 9. SameRow(b, a) ∧ ¬SameCol(b, f)
F 10. ¬SameCol(e, c) ∨ ¬SameCol(e, d)
Evaluating in Boole's World.wld

图 6.32

练习 14（一些翻译）Tarski's World 为你提供了对一个给定英语语句你的翻译是否正确的一种检测方法。如果它是正确的，那么它将与那个英语语句有着相同的真值（不论它处在哪个世界中）。因此当你对你的翻译之一有所怀疑时，简单地建立一些世界使得这个英语语句在其中为真，其他的语句在其中为假，并请检查你的翻译在这些世界中正确的真值。在所有翻译的练习中你可以采用这种技术。

建立一个新的语句文件，你只能使用联结词¬、∧和∨，将下面的英语语句翻译成模块语言的语句。

1. a 是小的或 c 和 d 是大的。
2. d 和 e 都在 b 的后面。
3. d 和 e 都在 b 的后面，并且都比 b 大。
4. d 和 c 都是立方体，然而它们都不是小的。
5. e 和 a 都不在 c 的右边和 b 的左边。
6. e 或者不是大的或者在 a 的后面。
7. c 不在 a 和 b 之间，也不在它们任何一个的前面。
8. 或者 a 和 e 都是锥体，或者 a 和 f 都是锥体。
9. d 和 c 都不在 c 或 b 的前面。
10. c 或者在 d 和 f 之间，或者比它们都小。
11. 不存在 b 和 c 在同一行的情况。
12. b 和 e 在同一列，而 e 和 d 在同一行，d 和 a 在同一列。

【参考答案】

参见下面的练习 15。

练习 15（检查你的翻译）在 Tarski's World 中，打开文件 Wittgenstein's World。注意练习 14 中的所有语句在这个世界中都为真。因此，如果你的翻译是正确的，它们在这个世界中就应该为真，请检验它们是否如此。如果你的翻译中存在错误，返回去修改它们。但正如我们前面谈到的那样，即使你翻译的一个语句在 Wittgenstein's World 中碰巧为真，这也并不意味着你的翻译就一定正确。所谓翻译正确，是说原始语句和你翻译的语句在每一个特殊的世界中都有相同的真值。如果你的翻译是正确的，那么在每一个世界中它都与原始语句有相同的真值。因此，为了检验你的翻译是否正确，可以在多个世界中检验它们。

现在，让我们开始对 Wittgenstein's World 进行修改。令大的或中等的对象变小，令小的对象变大。改变之后，语句 1、语句 3、语句 4 和语句 10 将变为假，而其他语句仍然为真。检验你所翻译的语句是否具有相同的真值。如果不具有相同真值，请改正你的翻译。接下来，考察顺时针方向旋转 90°后修改过的 Wittgenstein's World，现在，只有语句 5、语句 6、语句 8、语句 9 和语句 11 保持真。

现在在另一个世界中检验你的翻译。打开文件 Boole's World。在这个世界中，为真的语句只有语句 6 和语句 11。检验你的翻译，除了语句 6 和语句 11 之外，其他语句都应该为假，如果不是这样的话，请修改你的翻译。

现在通过交换 b 和 c 的位置修改 Boole's World，修改之后，英语语句 2、语句 5、语句 6、语句 7 和语句 11 变为真，而其他的为假。检验你的翻译是否具有相同的真值。

【参考答案】

在 Wittgenstein's World 中的结果（图 6.33）。

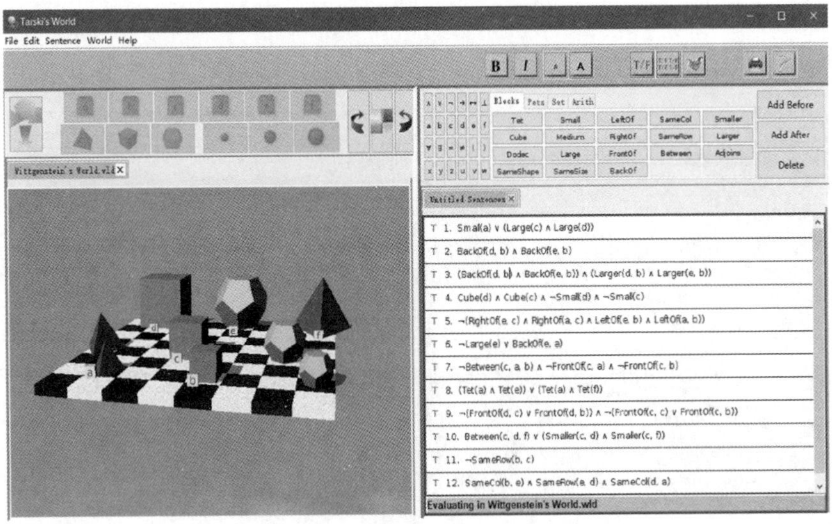
Tarski's World
File Edit Sentence World Help
Add Before
Add After
Delete
Tet
Small
LeftOf
SameCol
Smaller
Cube
Medium
RightOf
SameRow
Larger
Dodec
Large
FrontOf
Between
Adjoins
SameShape
SameSize
BackOf
T 1. Small(a) ∨ (Large(c) ∧ Large(d))
T 2. BackOf(d, b) ∧ BackOf(e, b)
T 3. (BackOf(d, b) ∧ BackOf(e, b)) ∧ (Larger(d, b) ∧ Larger(e, b))
T 4. Cube(d) ∧ Cube(c) ∧ ¬Small(d) ∧ ¬Small(c)
T 5. ¬(RightOf(e, c) ∧ RightOf(a, c) ∧ LeftOf(e, b) ∧ LeftOf(a, b))
T 6. ¬Large(e) ∨ BackOf(e, a)
T 7. ¬Between(c, a, b) ∧ ¬FrontOf(c, a) ∧ ¬FrontOf(c, b)
T 8. (Tet(a) ∧ Tet(e)) ∨ (Tet(a) ∧ Tet(f))
T 9. ¬(FrontOf(d, c) ∨ FrontOf(d, b)) ∧ ¬(FrontOf(c, c) ∨ FrontOf(c, b))
T 10. Between(c, d, f) ∨ (Smaller(c, d) ∧ Smaller(c, f))
T 11. ¬SameRow(b, c)
T 12. SameCol(b, e) ∧ SameRow(e, d) ∧ SameCol(d, a)
Evaluating in Wittgenstein's World.wld

图 6.33

对 Wittgenstein's World 修改后的结果如图 6.34。

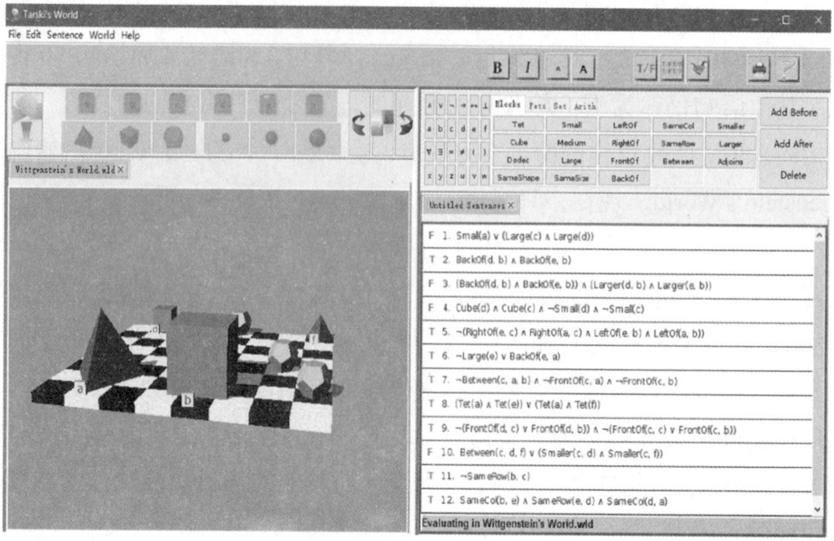
Tarski's World
File Edit Sentence World Help
Wittgenstein's World.wld
Blocks Pets Set Arith
Tet Small LeftOf SameCol Smaller
Cube Medium RightOf SameRow Larger
Dodec Large FrontOf Between Adjoins
SameShape SameSize BackOf
Add Before
Add After
Delete
Untitled Sentences
F 1. Small(a) ∨ (Large(c) ∧ Large(d))
T 2. BackOf(d, b) ∧ BackOf(e, b)
F 3. (BackOf(d, b) ∧ BackOf(e, b)) ∧ (Larger(d, b) ∧ Larger(e, b))
F 4. Cube(d) ∧ Cube(c) ∧ ¬Small(d) ∧ ¬Small(c)
T 5. ¬(RightOf(e, c) ∧ RightOf(a, c) ∧ LeftOf(e, b) ∧ LeftOf(a, b))
T 6. ¬Large(e) ∨ BackOf(e, a)
T 7. ¬Between(c, a, b) ∧ ¬FrontOf(c, a) ∧ ¬FrontOf(c, b)
T 8. (Tet(a) ∧ Tet(e)) ∨ (Tet(a) ∧ Tet(f))
T 9. ¬(FrontOf(d, c) ∨ FrontOf(d, b)) ∧ ¬(FrontOf(c, c) ∨ FrontOf(c, b))
F 10. Between(c, d, f) ∨ (Smaller(c, d) ∧ Smaller(c, f))
T 11. ¬SameRow(b, c)
T 12. SameCol(b, e) ∧ SameRow(e, d) ∧ SameCol(d, a)
Evaluating in Wittgenstein's World.wld

图 6.34

将修改过的 Wittgenstein’s World 顺时针方向旋转 90°后的结果如图 6.35 所示，其余略。

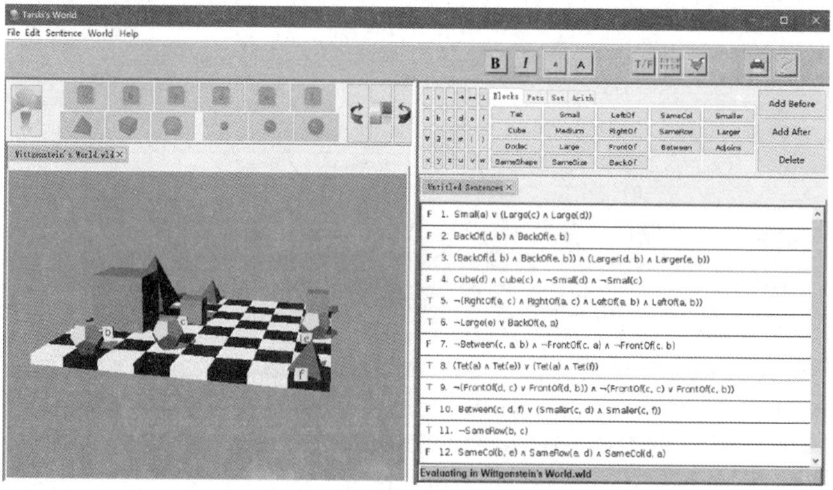
Tarski's World
File Edit Sentence World Help
Wittgenstein's World.wld
Blocks Pets Set Arith
Tet Small LeftOf SameCol Smaller
Cube Medium RightOf SameRow Larger
Dodec Large FrontOf Between Adjoins
SameShape SameSize BackOf
Add Before
Add After
Delete
Untitled Sentences
F 1. Small(a) ∨ (Large(c) ∧ Large(d))
F 2. BackOf(d, b) ∧ BackOf(e, b)
F 3. (BackOf(d, b) ∧ BackOf(e, b)) ∧ (Larger(d, b) ∧ Larger(e, b))
F 4. Cube(d) ∧ Cube(c) ∧ ¬Small(d) ∧ ¬Small(c)
T 5. ¬(RightOf(e, c) ∧ RightOf(a, c) ∧ LeftOf(e, b) ∧ LeftOf(a, b))
T 6. ¬Large(e) ∨ BackOf(e, a)
F 7. ¬Between(c, a, b) ∧ ¬FrontOf(c, a) ∧ ¬FrontOf(c, b)
T 8. (Tet(a) ∧ Tet(e)) ∨ (Tet(a) ∧ Tet(f))
T 9. ¬(FrontOf(d, c) ∨ FrontOf(d, b)) ∧ ¬(FrontOf(c, c) ∨ FrontOf(c, b))
F 10. Between(c, d, f) ∨ (Smaller(c, d) ∧ Smaller(c, f))
T 11. ¬SameRow(b, c)
F 12. SameCol(b, e) ∧ SameRow(e, d) ∧ SameCol(d, a)
Evaluating in Wittgenstein's World.wld

图 6.35

第 7 章

布尔联结词的逻辑

7.1 重言式和逻辑真

【操作九】

构建真值表

首先构建语句 Cube(a)∨¬Cube(a)的真值表。因为这个语句是从一个原子语句中产生的，因此它的真值表将包括两行，一行是 Cube(a)为真的情况，另一行是它为假的情况。

在一个真值表中，原子语句下面的列称作参考列，一旦参考列填完，我们才能填写表的剩余部分。为此我们在目标语句 S 的每个联结词下面构造需要填 T 和 F 的列，这些列要使用各种联结词的真值表来逐一填写。我们开始填写时，只填写连接原子语句的联结词下面的一列。一旦完成这一步，我们再接着填写连接这些语句的联结词下面的列。继续这个过程，直到填好 S 的主联结词下面的一列。这一列表明 S 的真值怎样依赖于它的原子部分的真值。

填写这个真值表的第一步就是要计算最里面联结词下面那一列的真值，在本例中就是¬，用参考列 Cube(a)下的真值，根据¬的定义就可以确定¬Cube(a)的真值。

填好这一列后，我们参考 Cube(a)和¬下面的真值就能确定∨下面的真值，因为 Cube(a)和¬下面的真值对应于∨的两个析取支的真值。既然每一行至少存在一个 T，那么真值表最后一列的真值如图 7.1 所示。

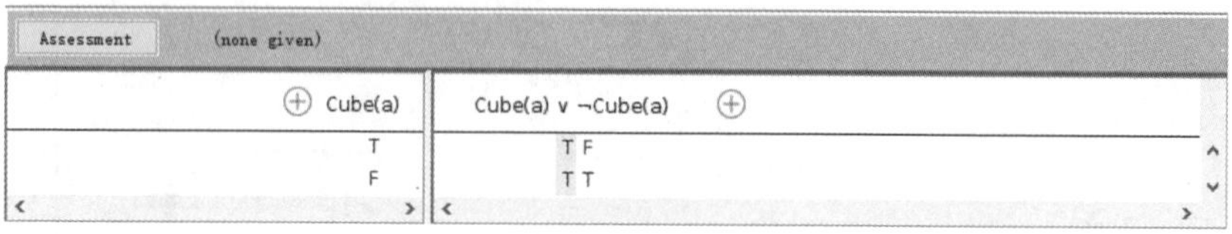

Cube(a)	Cube(a) ∨ ¬Cube(a)
T	T F
F	T T

图 7.1

上面的真值表告诉我们，语句 Cube(a)∨¬Cube(a)的值不能为假，它就是我们称作重言式的语句，这是一类特别简单的逻辑真。

实际上，我们的例子是逻辑规律 P∨¬P 的一个实例，这条规律我们称作排中律，这条规律的每个实例都是一个重言式。

接下来，构建(Cube(a)∧Cube(b))∨¬Cube(c)的真值表。

为了使我们的真值表更容易看，我们将用 A、B、C 作为上面语句中原子语句的缩写。因为在(Cube(a)∧Cube(b))∨¬Cube(c)中有三个原子语句，真值表将有 $2^3=8$ 行。下面是我们对 T 和 F 的安排，并且你要确信每 1 行表达了一种可能的赋值。

既然目标语句中有两个联结词连结原子语句，并且原子语句的真值已经在参考列中给出，我们运用∧和¬的真值表就能填写这两个联结词下面的列。

现在，只剩下一个联结词，即语句的主联结词。我们参考刚完成的两列，用∨的真值表填写主联结词下面的列。结果如图 7.2 所示。

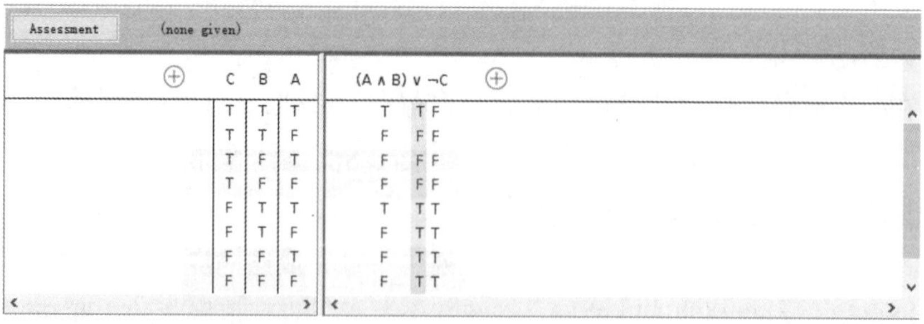

C	B	A	(A ∧ B) ∨ ¬C
T	T	T	T　T F
T	T	F	F　F F
T	F	T	F　F F
T	F	F	F　F F
F	T	T	T　T T
F	T	F	F　T T
F	F	T	F　T T
F	F	F	F　T T

图 7.2

当我们查看本表最后一列时，即主联结词下面的列，我们发现，在 Cube(c)真并且 Cube(a)和 Cube(b)有一个为假的任一种情况下，目标语句是假的，这个真值表证明了我们的语句不是重言式。进一步说，既然存在 c 是立方体，并且 a 或 b 不是立方体的模块世界，因而我们的原始语句所做的断言就不是逻辑必然的。

再看语句¬(A∧(¬A∨(B∧C)))∨B。这个语句虽然也是由三个原子语句组成，但是它比前面的语句要复杂得多。我们先填写两个直接连接原子语句的联结词下面的列，从而开始这个真值表的计算。

现在我们参考刚填写的那两列，填写连接¬A 和(B∧C)的符号∨下面的列。在填写这一列时，当且仅当∨的两个组成部分都为 F 时，才填 F。

现在我们填写∧下面的那一列，此时我们需要参考 A 下面的参考列和刚才完成的那一列。最好的方式是两个手指按住相应的两列，并且在你的两个手指都指向 T 的这些行中，在∧下面的这一列的同一行中填上 T。

现在参考刚完成的那一列来填写¬下面的那一列，简单地说，¬使 T 变成 F，使 F 变成 T。

最后我们填写该语句主联结词下面的那一列。为此我们同样用两个手指的方法：用我们的手指按住 B 的参考列和刚才完成的那一列，无论何时只要我们至少有一个手指指向一个 T，我们就在主联结词下面的同一行中写上 T。真值表如图 7.3 所示。

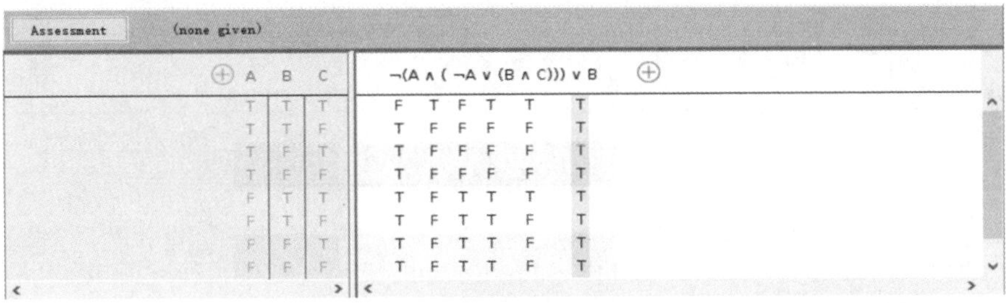

图 7.3

我们说，一个语句是一个重言式就是在它的真值表中，它的主联结词下面那一列的值只有 T。这样，从上面真值表的最后一列可看出：形如¬(A∧(¬A∨(B∧C)))∨B 的任意的语句都是一个重言式。

【操作十】

1. 打开 Boole 程序，我们将使用 Boole 程序重新构造刚才讨论的真值表。首先要做的是在表的右上方输入语句¬(A∧(¬A∨(B∧C)))∨B。为此使用工具栏输入逻辑符号并且使用键盘输入 A、B、C。如果你的语句是一个合式公式，那么该语句将呈现黑色。

2. 为建参考列，点击该表的左上方，从而把你的插入点移到第一个参考列的顶端，在本列中输入 C，然后从 Table 菜单中选择 Add Column Before，或者点击 C 旁边的符号⊕并且输入 B，重复这个过程，并在增加的一列上标上 A。为填参考列，依次点击 A、B、C 下面的每列，输入期望的 T 和 F 的组合情况。

3. 点击目标语句中各个联结词下面的任意位置，你会看到，在有些列中会出现青绿色的方块，你点击的这一列（即该列对应的联结词）的值就依赖于出现青绿色方块的这些列的值。选择一列，确信与该列真值有关的闪光列都已填好，然后就在所选列上填上合适的真值。继续这个过程，直到你完成此真值表。在你做完后，点击 Verify Table，看看所有的赋值是否正确以及你的真值表是否已完成。

一旦你有了一个正确的和完整的真值表，点击工具栏下的 Assessment 按钮，它将让你回答此语句是否为一个重言式，回答它是重言式（既然它是），并点击 Verify Assess 来检验你对该语句性质所做的判断。最后，保存你所做的真值表（图 7.4）。

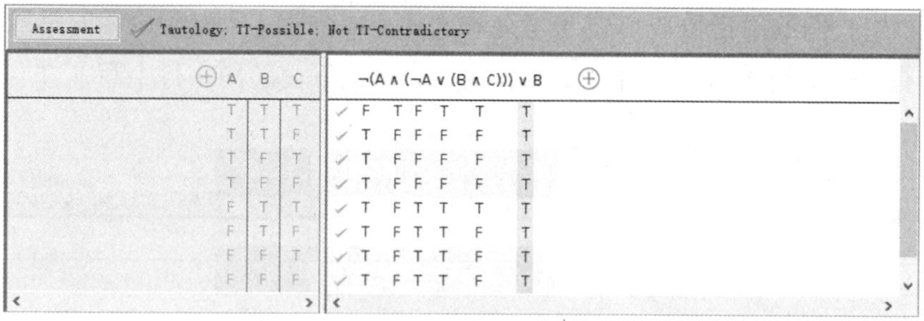

图 7.4

请看下面两个语句：

1. “党的领导是全面的、系统的、整体的”

这是习近平总书记在中国共产党第二十次全国代表大会上的报告中的一句话。现在用逻辑的符号语言表示它。令 a 表示“党”，f(x)表示“x 的领导”，P(x)表示“x 是全面的领导”，Q(x)表示“x 是系统的领导”，R(x)表示“x 是整体的领导”，那么

$$P(f(a))、Q(f(a))和 R(f(a))$$

分别表示“党的领导是全面的领导”和“党的领导是系统的领导”以及“党的

领导是整体的领导”。因此，

$$P_1(f(a))\wedge P_2(f(a))\wedge P_3(f(a))$$

表示“党的领导是全面的、系统的、整体的”。由于在现实世界中，“党的领导是全面的领导”和“党的领导是系统的领导”以及“党的领导是整体的领导”是真命题，因而“党的领导是全面的、系统的、整体的”是真命题。根据符合论的观点，P(f(a))、Q(f(a))和 R(f(a))的取值都为真。根据逻辑联结词∧的定义，

$$P(f(a))\wedge Q(f(a))\wedge R(f(a))$$

的取值也为真。用 Boole 4.2，可以构造如图 7.5 的真值表。

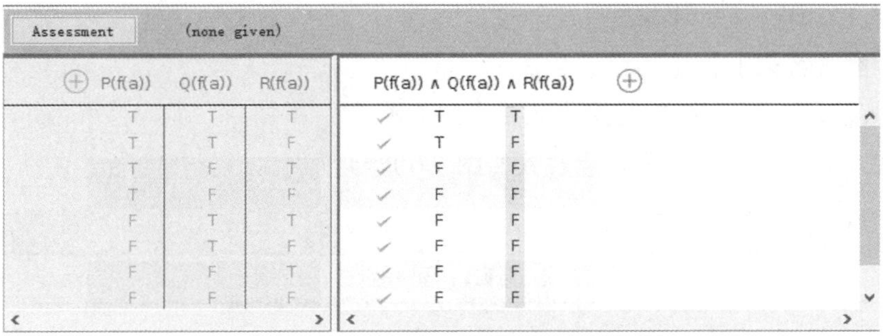

Assessment (none given)

P(f(a))	Q(f(a))	R(f(a))		P(f(a)) ∧ Q(f(a)) ∧ R(f(a))	
T	T	T	✓	T	T
T	T	F	✓	T	F
T	F	T	✓	F	F
T	F	F	✓	F	F
F	T	T	✓	F	F
F	T	F	✓	F	F
F	F	T	✓	F	F
F	F	F	✓	F	F

图 7.5

2. “严密的组织体系是党的优势所在、力量所在”

这是习近平总书记在中国共产党第二十次全国代表大会上的报告中的一句话。现在用逻辑的符号语言表示它。令 a 表示“严密的组织体系”，b 表示“党”，P(x,y)表示“x 是 y 的优势所在”，Q(x,y)表示“x 是 y 的力量所在”，那么

P(a,b)和 Q(a,b)

分别表示“严密的组织体系是党的优势所在”和“严密的组织体系是党的力量所在”。因此，

$$P(a,b)\wedge Q(a,b)$$

表示“严密的组织体系是党的优势所在、力量所在”。由于在现实世界中，“严密的组织体系是党的优势所在”和“严密的组织体系是党的力量所在”是真命题，因而“严密的组织体系是党的优势所在、力量所在”是真命题。根据逻辑联结词∧的定义，

$$P(a,b)\wedge Q(a,b)$$

的取值也为真。用 Boole 4.2，也可以构造它的真值表，这项工作留给读者完成。

在下面的工作中，你将经常使用 Boole 来构建真值表，尽管它具有帮助你

建立和填写参考列的功能，请不要使用这个功能。为了理解真值表，你需要自己去做。只有在你学会了自己构建真值表之后，才允许你使用 Boole 的这两个功能。

练习 1 假设 A、B、C 是原子语句，用 Boole 构建并保存下面语句的真值表，并且以你的真值表为依据说明哪些语句是重言式。

1. (A∧B)∨(¬A∨¬B)
2. (A∧B)∨(A∨¬B)
3. ¬(A∧B)∨C
4. (A∨B)∨¬(A∨(B∧C))

【参考答案】

1. (A∧B)∨(¬A∨¬B)是重言式，真值表略。
2. (A∧B)∨(A∨¬B)不是重言式（图 7.6）。

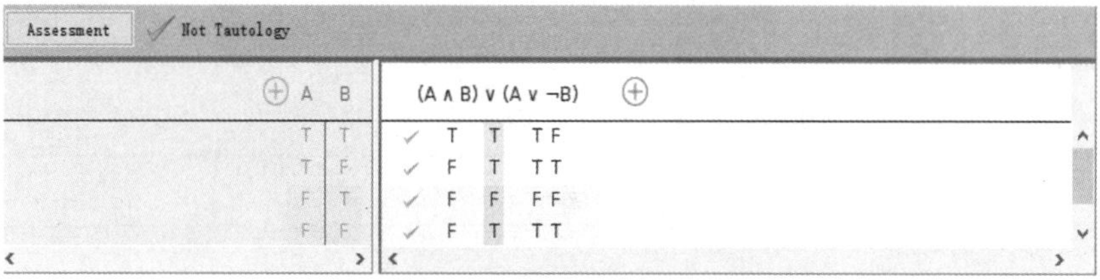

图 7.6

3. ¬(A∧B)∨C 不是重言式，真值表略。
4. (A∨B)∨¬(A∨(B∧C))是重言式，真值表略。

练习 2 在上面的练习 1 中，你应该发现四个语句中两个是重言式，因此它们也是逻辑真语句。

1. 假设你被告知，原子语句 A 实际上是逻辑真语句（比如 a=a），你能确定语句 1 至语句 4 题中更多的建立在此信息基础上的逻辑必然性的语句吗？

2. 假如你被告知 A 实际上是一个假语句（比如 a≠a），你能确定语句 1 至语句 4 题中还有更多的建立在此信息基础上的逻辑真语句吗？

【参考答案】

1. 在语句 1 至语句 4 题中，当原子语句 A 是逻辑真语句（比如 a=a）时，用 Boole 判断，仍然不能得到更多的建立在此信息基础上的逻辑必然性的语句。但实际上，2 也是重言式，因为 a=a 是逻辑真的，不可能取假值。当 a=a 取真值时，(a=a∧B)∨(a=a∨¬B)的值均为真，因此，它也是逻辑必然性语句；但

¬(a=a∧B)∨C 的值不全为真，因此，它不是逻辑必然性语句（图 7.7 和图 7.8）。

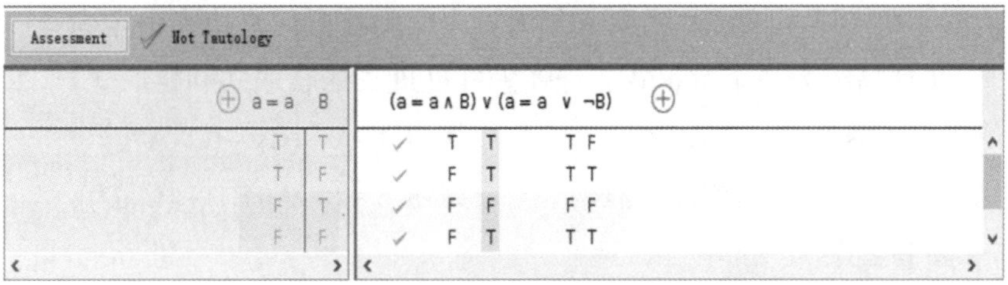

图 7.7

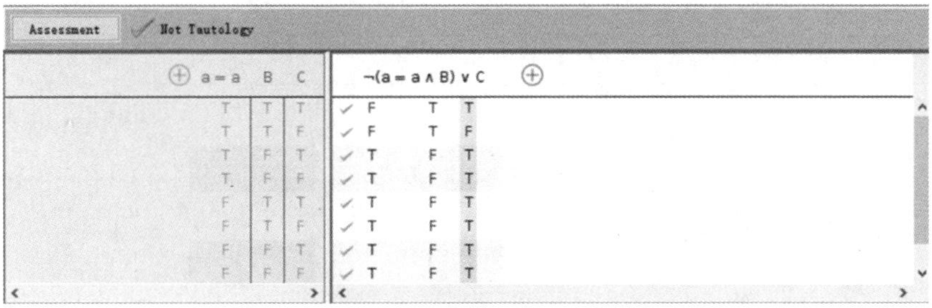

图 7.8

2. 在语句 1 至语句 4 题中，当 A 是一个假语句（比如 a≠a）时，用 Boole 判断，仍然不能得到更多的建立在此信息基础上的逻辑必然性的语句。但实际上，语句 3 也是一个逻辑真语句。如图 7.9 和图 7.10。

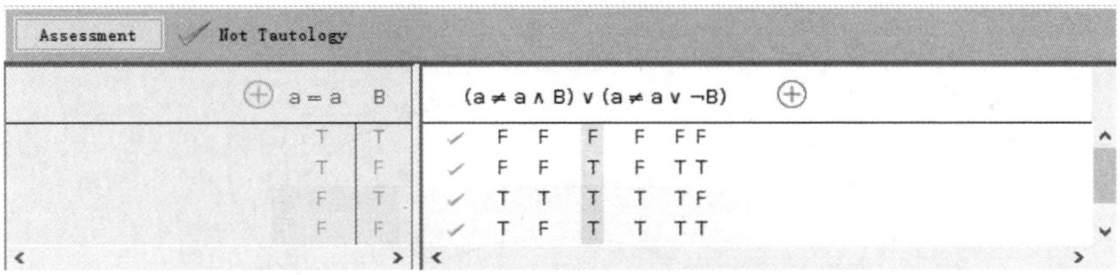

图 7.9

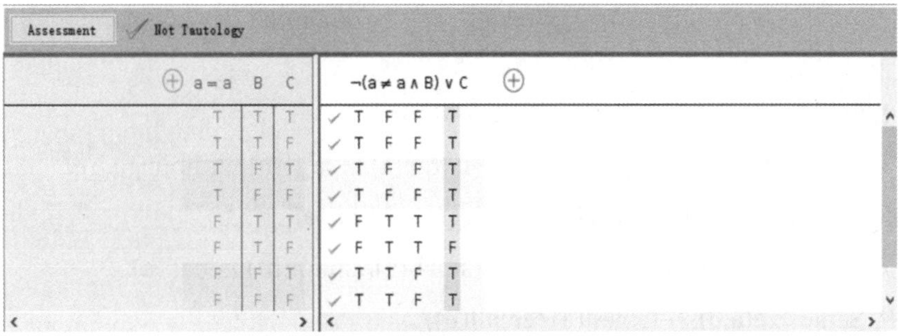

图 7.10

在下面的四个问题中，用 Boole 构建真值表，并指出每个语句是否为真值表可能的（即：TT 可能的，亦即：如果一个语句在它的真值表中至少有一行是真的），并且是否为一个重言式，记住怎样处理长的合取式和析取式。

练习 3 ¬(B∧¬C∧¬B)　　　　**练习 4** A∨¬(B∨¬(C∧A))

练习 5 ¬(¬A∨¬(B∧C)∨(A∧B))　　　　**练习 6** ¬((¬A∨B)∧¬(C∧D))

【参考答案】

练习 3 中的公式是重言式也是 TT 可能的（图 7.11）。

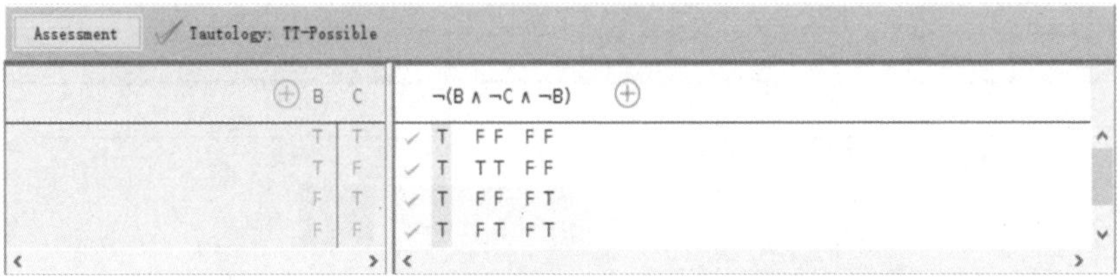

图 7.11

练习 4 中的公式不是重言式但是 TT 可能的，真值表略。

练习 5 中的公式既不是重言式也不是 TT 可能的，真值表略。

练习 6 中的公式不是重言式但是 TT 可能的，真值表略。

练习 7 图 7.12 是 Eluer（欧拉）圈图，把下列语句序号填在适当的区域。

图 7.12

1. a=b　　　　2. a=b∨b=b

3. a=b∧b=b　　　　4. ¬(Large(a)∧Large(b)∧Adjoins(a,b))

5. Larger(a,b)∨¬Larger(a,b)　　　　6. Larger(a,b)∨smaller(a,b)

7. ¬Tet(a)∨¬Cube(b)∨a≠b　　　　8. ¬(small(a)∧small(b))∨small(a)

9. Samesize(a,b)∨¬(small(a)∧small(b))

10. ¬(SameCol(a,b)∧SameRow(a,b))

【参考答案】

1. a=b 不是 TW 必然真的，验证略，反例如图 7.13。

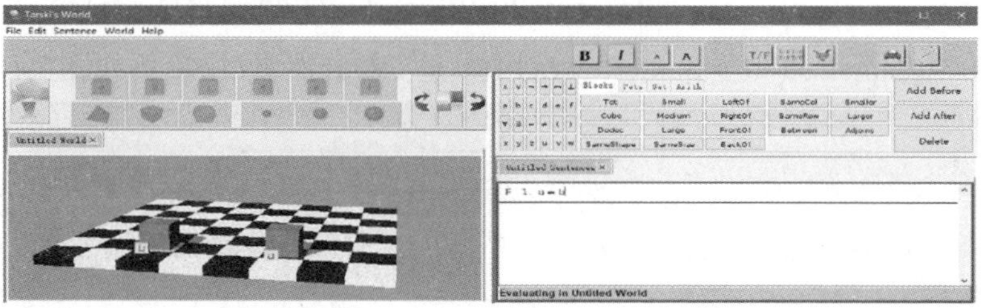

图 7.13

2. a=b∨b=b 不是重言式，但是逻辑真公式，验证略。

3. a=b∧b=b 不是 TW 必然真语句，验证略，反例如图 7.14。

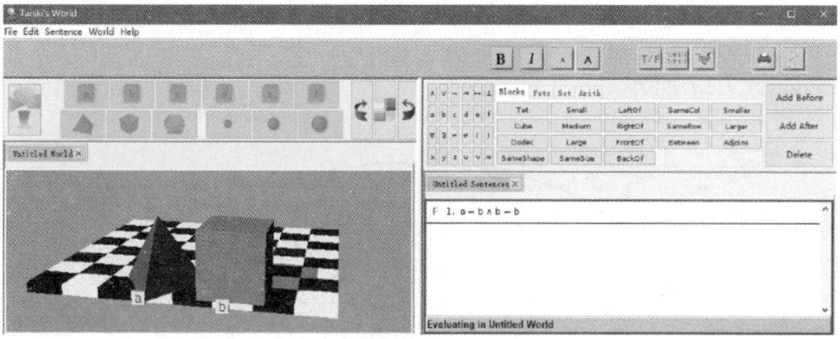

图 7.14

4. ¬(Large(a)∧Large(b)∧Adjoins(a,b))仅是 TW 必然真语句（尽管 Fitch 不能判断，验证略）。因为在 TW 中，两个大的模块是不能毗连的，所以它的否定是 TW 必然真语句。

5. Larger(a,b)∨¬Larger(a,b)是一个重言式，验证略。

6. Larger(a,b)∨smaller(a,b)不是 TW 必然真的，验证略。反例如图 7.15。

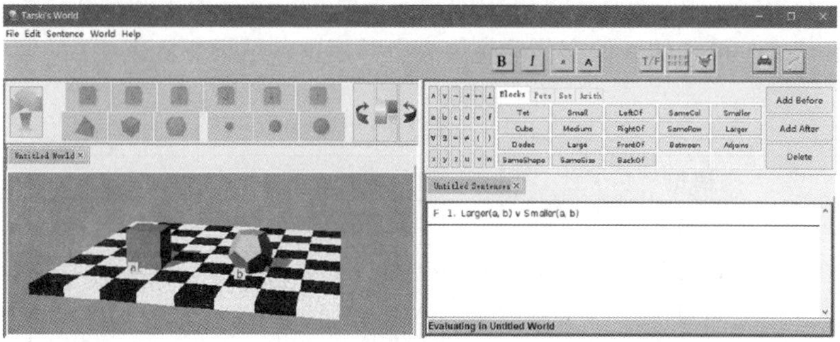

图 7.15

7. ¬Tet(a)∨¬Cube(b)∨a≠b 仅是 TW 必然真的，验证略。

8. ¬(small(a)∧small(b))∨small(a)是一个重言式，验证略。

9. Samesize(a,b)∨¬(small(a)∧small(b))仅是 TW 必然真的，验证略。

10. ¬(SameCol(a,b)∧SameRow(a,b))不是 TW 必然真的，反例如图 7.16 所示。

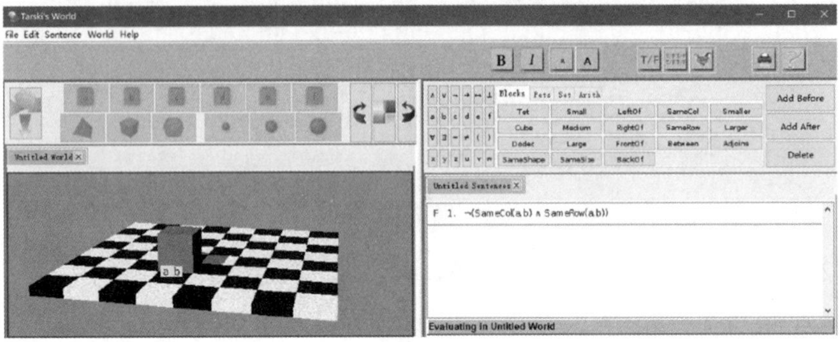

图 7.16

结论如图 7.17 所示。

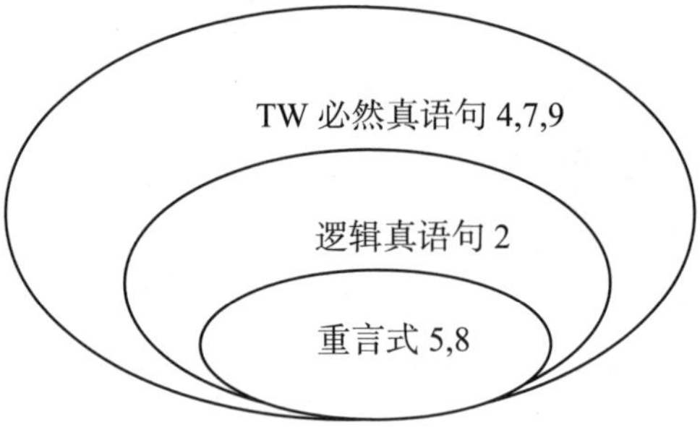

图 7.17

练习 8 在 Tarski's World 中，打开文件 Weiner's Sentence（韦纳语句）。

1. 在 Boole 中，对这个文件中的每一个语句构造真值表并判断该语句是否 TT（真值表）可能的。保存你的真值表，并用这些结果完成表 7.1 的第二列。

表 7.1

语句	TT—可能	TW—可能
语句 1		
语句 2		
语句 3		
……		

2. 在表的第三列中，如果你认为这个语句是 TW 可能的，填 Yes，也就是说在 Tarski's World 中，构造一个世界使该语句为真是可能的；否则，填 No。对每一个你标记 TW 可能的语句来说，在 Tarski's World 里构造一个世界使它为真，并保存你的世界文件。

3. 存在是 TT 可能的而不是 TW 可能的语句吗？解释存在的原因。存在是 TW 可能的而不是 TT 可能的语句吗？解释没有的原因。

【参考答案】

文件 Weiner's Sentence 如图 7.18 所示。

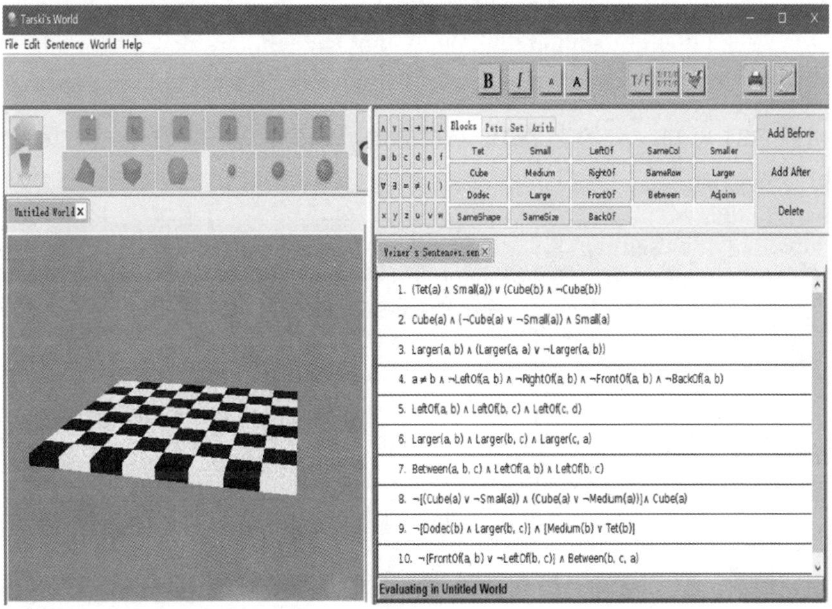
Tarski's World
File Edit Sentence World Help
Blocks Pets Set Arith
Tet Small LeftOf SameCol Smaller
Cube Medium RightOf SameRow Larger
Dodec Large FrontOf Between Adjoins
SameShape SameSize BackOf
Add Before
Add After
Delete
Untitled World
Weiner's Sentences.sen
1. (Tet(a) ∧ Small(a)) ∨ (Cube(b) ∧ ¬Cube(b))
2. Cube(a) ∧ (¬Cube(a) ∨ ¬Small(a)) ∧ Small(a)
3. Larger(a, b) ∧ (Larger(a, a) ∨ ¬Larger(a, b))
4. a ≠ b ∧ ¬LeftOf(a, b) ∧ ¬RightOf(a, b) ∧ ¬FrontOf(a, b) ∧ ¬BackOf(a, b)
5. LeftOf(a, b) ∧ LeftOf(b, c) ∧ LeftOf(c, d)
6. Larger(a, b) ∧ Larger(b, c) ∧ Larger(c, a)
7. Between(a, b, c) ∧ LeftOf(a, b) ∧ LeftOf(b, c)
8. ¬[(Cube(a) ∨ ¬Small(a)) ∧ (Cube(a) ∨ ¬Medium(a))] ∧ Cube(a)
9. ¬[Dodec(b) ∧ Larger(b, c)] ∧ [Medium(b) ∨ Tet(b)]
10. ¬[FrontOf(a, b) ∨ ¬LeftOf(b, c)] ∧ Between(b, c, a)
Evaluating in Untitled World

图 7.18

由图 7.19 和 7.20 可知，语句 1 是 TT 可能的和 TW 可能的。

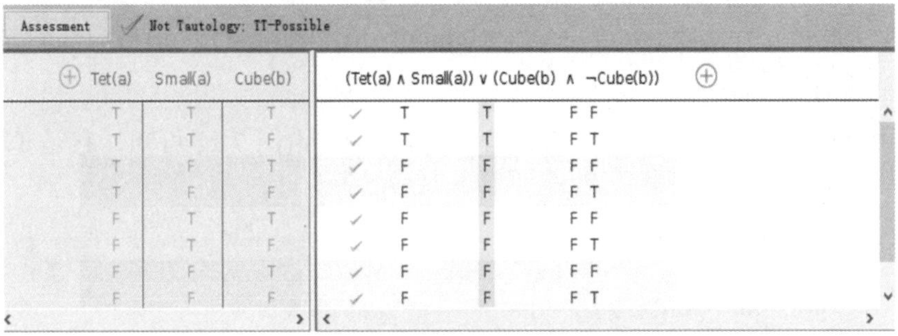
Assessment
Not Tautology; TT-Possible
Tet(a) Small(a) Cube(b)
(Tet(a) ∧ Small(a)) ∨ (Cube(b) ∧ ¬Cube(b))
T T T T T F F
T T F T T F T
T F T F F F F
T F F F F F T
F T T F F F F
F T F F F F T
F F T F F F F
F F F F F F T

图 7.19

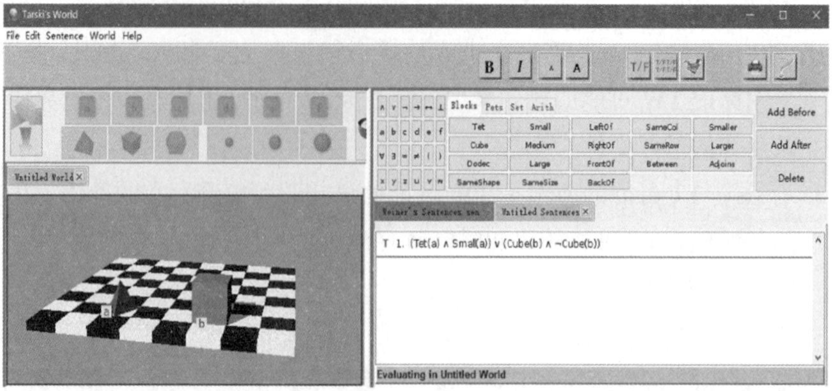

图 7.20

由图 7.21 可知，语句 2 是 TT 不可能的。因为它是一个矛盾式，因此，它是 TW 不可能的。

Assessment		✓ TT-Contradictory					
⊕ Cube(a)	Small(a)		Cube(a) ∧ (¬Cube(a) ∨ ¬Small(a)) ∧ Small(a)			⊕	
T	T	✓	F F	F F	F		
T	F	✓	T F	T T	F		
F	T	✓	F T	T F	F		
F	F	✓	F T	T T	F		

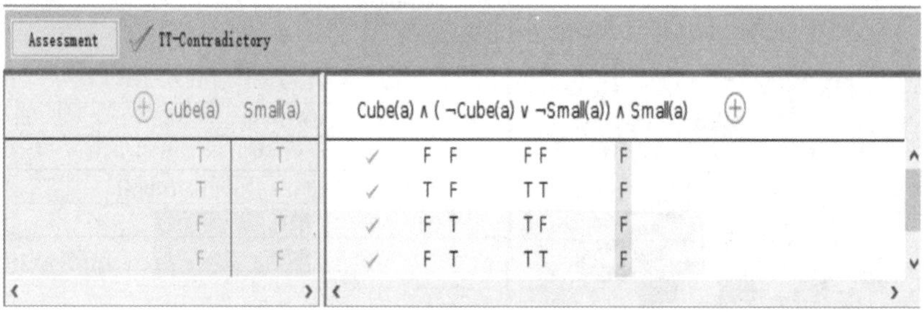

图 7.21

由真值表（略）可知，语句 3 是 TT 可能的。因为 Larger(a,b) ∧ (Larger(a,a) ∨¬Larger(a, b)) 等值于 Larger(a,b)∧Larger(a,a) 和 Larger(a,b)∧¬Larger(a,b) 的析取。但是，在 TW 中 Larger(a,a) 总是假的，因此，它是 TW 不可能的。

由真值表（略）可知，语句 4 是 TT 可能的，但不是 TW 可能的。因为在 TW 中，当 a≠b 时，¬LeftOf(a,b)，¬RightOf(a,b)，¬FrontOf(a,b)和¬BackOf(a,b) 不可能同时成立。

由真值表（略）可知，语句 5 是 TT 可能的；由图 7.22 可知，它是 TW 可能的。

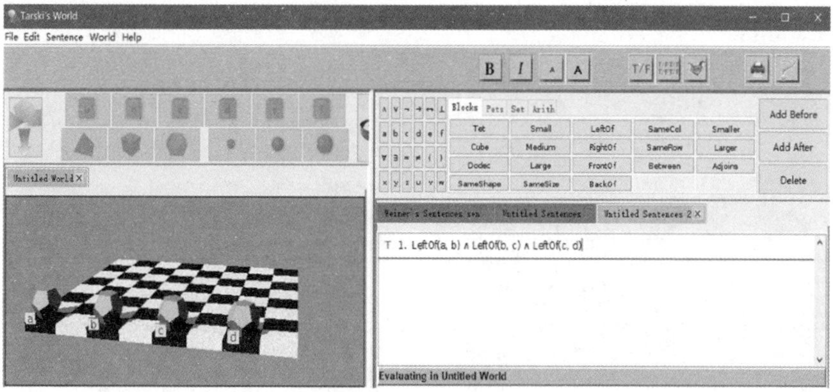

图 7.22

由真值表（略）可知，语句 6 是 TT 可能的，但不是 TW 可能的。因为在 TW 中，谓词 Larger 具有传递性，因此，Larger(a,c)为真，larger(c,a)只能为假。

由真值表（略）可知，语句 7 是 TT 可能的，但不是 TW 可能的。因为在 TW 中，根据对谓词 Between 和 LoftOf 的规定，不存在使 Between(a,b,c)∧LeftOf(a,b)∧LeftOf(b,c)为真的世界。

由真值表（略）可知，语句 8 不是 TT 可能的，因为它是一个矛盾式，因此，也不是 TW 可能的。

由真值表（略）可知，语句 9 是 TT 可能的，也是 TW 可能的（图 7.23）。

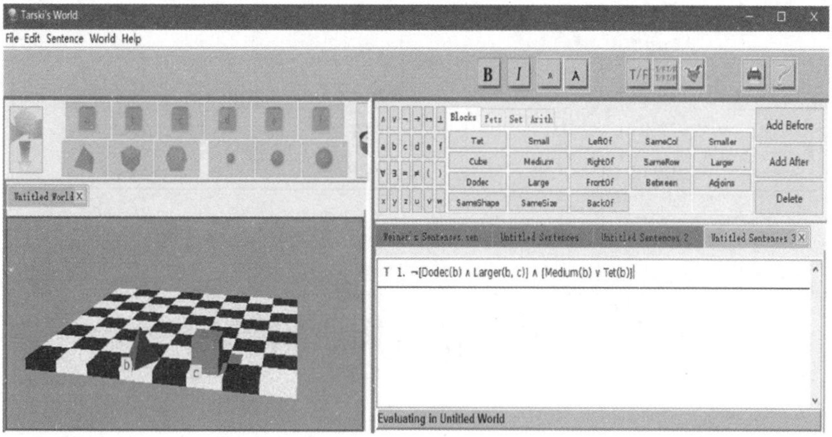

图 7.23

由真值表（略）可知，语句 10 是 TT 可能的和 TW 可能的（图 7.24）。

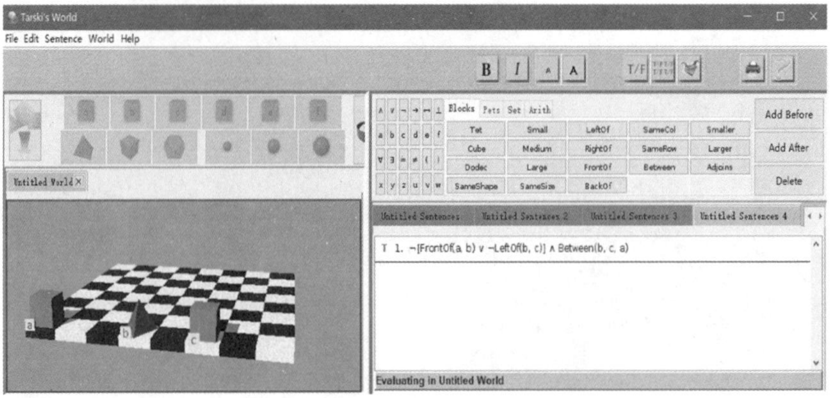

图 7.24

结论见表 7.2 所示。

表 7.2

语句	TT 可能	TW 可能
语句 1	TT	Yes
语句 2	Not—TT	No
语句 3	TT	No
语句 4	TT	No
语句 5	TT	Yes
语句 6	TT	No
语句 7	TT	No
语句 8	Not—TT	No
语句 9	TT	Yes
语句 10	TT	Yes

7.2 重言等值和逻辑等值

【操作十一】

看下面的例子。用 A 和 B 代表任意的原子语句，我们来检验一个重言等值的德摩根律。为此我们构建共享真值表（图 7.25）。

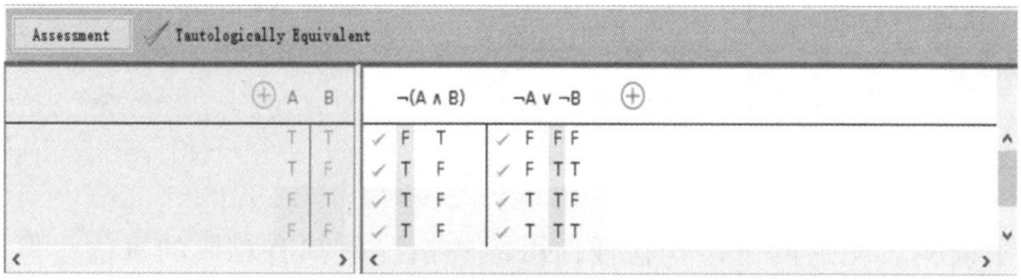

图 7.25

在这个表中，两个公式的主联结词下的真值相同。既然这两个列的真值相同，那么这两个语句一定有相同的真值赋值，不管它们的原子语句的真值赋值如何，仅根据这两个语句的结构和布尔联结词的意义，就可以断定这两个语句是重言等值的。

再看第二个例子，看看语句¬((A∨B)∧¬C)和(¬A∧¬B)∨C 是否为一个重言等值式。因为在这个语句中存在 3 个原子语句，为了构造这个语句的一个真值表，我们将需要 8 行。它们的共享真值表如图 7.26 所示。

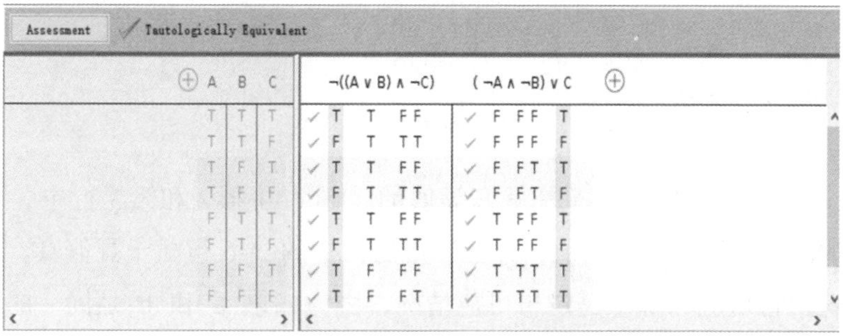

图 7.26

我们再一次检查最后填写的两个语句的主联结词下面的列，结果表明这两个语句是重言等值的，因此也是逻辑等值的。

所有的重言等值语句是逻辑等值的，但反之不然。实际上这些概念之间的关系与重言式及逻辑真之间的关系相同。重言等值是逻辑等值的一个严格形式，这个形式不能用于某些逻辑等值语句。考虑下面的一对语句：

$$a=b\wedge Cube(a) \qquad a=b\wedge Cube(b)$$

这些语句是逻辑等值的，这一点可用下面的形式证明（图 7.27、图 7.28）得到说明。

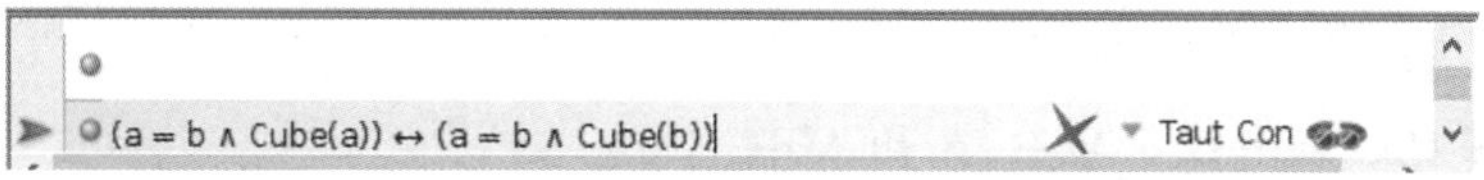

图 7.27

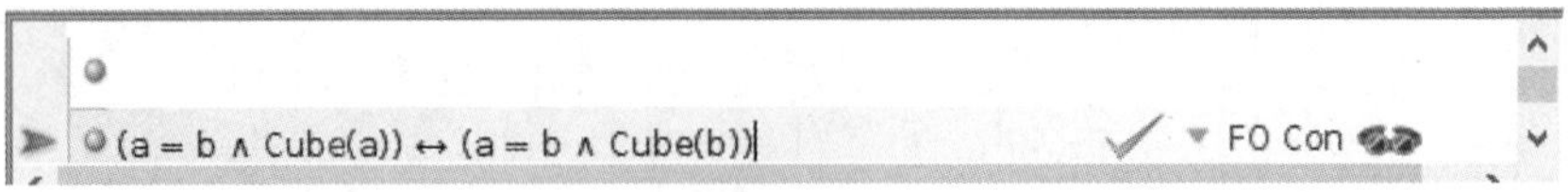

图 7.28

这个证明表明这两个语句在任何可能的情况下都有相同的真值。但是考虑一下，如果我们构造这两个语句的共享真值表会发生什么情况呢？这一对语句有三个原子语句，因此共享真值表如图 7.29 所示。（注意：对这两个语句中的每一个单独构建真值表，一般只有 4 行，但共享真值表有 8 行，知道为什么吗？）

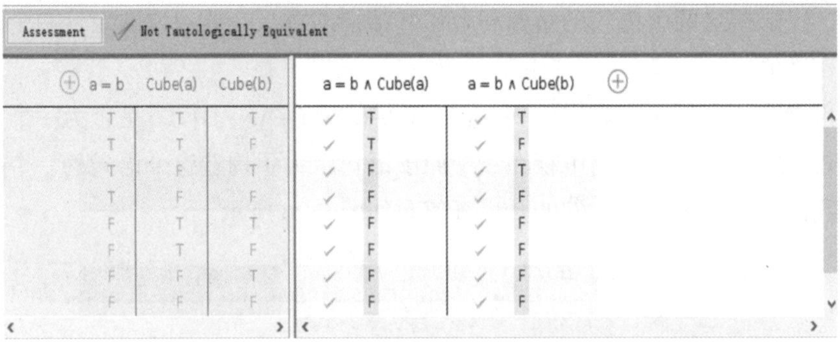

Assessment ✓ Not Tautologically Equivalent						
⊕ a = b	Cube(a)	Cube(b)	a = b ∧ Cube(a)		a = b ∧ Cube(b)	⊕
T	T	T	✓ T		✓ T	
T	T	F	✓ T		✓ F	
T	F	T	✓ F		✓ T	
T	F	F	✓ F		✓ F	
F	T	T	✓ F		✓ F	
F	T	F	✓ F		✓ F	
F	F	T	✓ F		✓ F	
F	F	F	✓ F		✓ F	

图 7.29

这个表表明两个语句不是重言等值的，因为在第 2 和第 3 行中，它赋予 Cube(a) 和 Cube(b) 不同的真值，并且在这两行中的 a=b 被赋予真值真。当然我们知道这两行对应的都不是逻辑可能情况，因为如果 a 和 b 是同一的，那么 Cube(a) 和 Cube(b) 的真值必须相同。但是真值表方法看不到这一点，因为它仅仅是遵从真值函项联结词的意义工作。

【练习】

在练习 9 至练习 15 中，用 Boole 构造共享真值表，表明语句是逻辑（实际上，重言）等值的。为了增加一个语句到你的共享真值表，从 Table 菜单中选择 Add Column After 命令，不要忘记详细说明你的评价，并且记住你应该自己构造和填写参考列。

练习 9（德摩根律）¬(A∨B) 和 ¬A∧¬B

练习 10（结合律）(A∧B)∧C 和 A∧(B∧C)

练习 11（结合律）(A∨B)∨C 和 A∨(B∨C)

练习 12（幂等律）A∧B∧A 和 A∧B

练习 13（幂等律）A∨B∨A 和 A∨B

练习 14（分配律）A∧(B∨C) 和 (A∧B)∨(A∧C)

练习 15（分配律）A∨(B∧C)和(A∨B)∧(A∨C)

【参考答案】

略。

7.3　重言后承和逻辑后承

【操作十二】

请检查下面真值表（图 7.30）中的两个前提 A∨B 和¬A 下面的列，我们看到只有 1 行，也就是在第 3 行中两个前提都是真的，并且此行结论 B 也是真的。因此 B 实际上是这两个前提的一个重言（因而也是逻辑）后承。

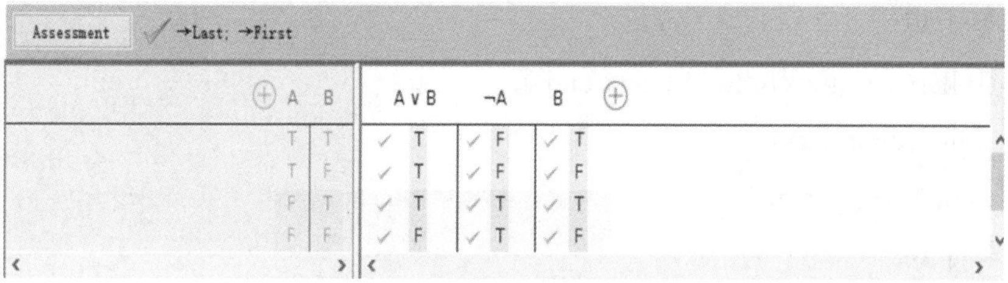

A	B	A∨B	¬A	B
T	T	T	F	T
T	F	T	F	F
F	T	T	T	T
F	F	F	T	F

图 7.30

至此，在我们看到的这个例子中，前提都是真的只有 1 行，这很容易验证该推理的有效性。但是，在下面的例子中，事情就不那么简单了。例如，我们使用真值表方法去验证 A∨C 是否为 A∨¬B 和 B∨C 的一个后承，这三个语句的共享真值表如图 7.31 所示。

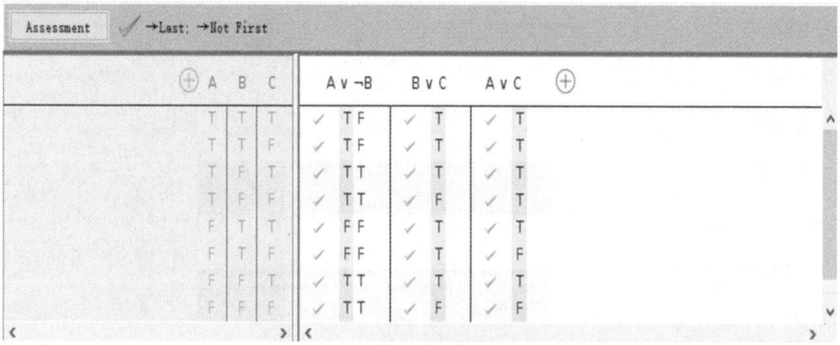

A	B	C	A∨¬B	B∨C	A∨C
T	T	T	T F	T	T
T	T	F	T F	T	T
T	F	T	T T	T	T
T	F	F	T T	F	T
F	T	T	F F	T	T
F	T	F	F F	T	F
F	F	T	T T	T	T
F	F	F	T T	F	F

图 7.31

这里，前提 A∨¬B 和 B∨C 都是真的有 4 行：第 1、2、3 和 7 行。在每行

中结论 $A\vee C$ 也是这样，结论中还有其他两行为真，但是那些不是我们关心的。这个从 $A\vee\neg B$ 和 $B\vee C$ 到 $A\vee C$ 的推理是逻辑有效的。

我们应该看一个反例，即运用真值表揭示结论不是前提的一个重言后承。事实上，最后一个真值表可达到这一目的。因为这个真值表也表明语句 $A\vee\neg B$ 不是 $B\vee C$ 和 $A\vee C$ 的一个重言后承。你能找出证明此断言的一行吗？（提示：看第 1、2、3、5 和 7 行，因为 $B\vee C$ 和 $A\vee C$ 在这些行中都为真。）

【练习】

对下面的每个推理，用真值表方法确定结论是否前提的一个重言后承。

练习 16

| (Tet(a)∧Small(a))∨Small(b)
|—
| Small(a)∨Small(b)

练习 17

| Taller(clair,max)∨Taller(max,clair)
| Taller(clair,max)
|—
| ¬Taller(max,clair)

练习 18

| Large(a)
| Cube(a)∨Dodec(a)
|—
| (Cube(a)∧Large(a))∨(Dodec(a)∧Large(a))

练习 19

| A∨¬B
| B∨C
| C∨D
|—
| A∨¬D

练习 20

| ¬A∨B∨C
| ¬C∨D
| ¬(B∧¬E)
|—
| D∨¬A∨E

【参考答案】

练习 16 结论是前提的一个重言后承，真值表略。

练习 17 因为 Boole 不能理解 Taller 的意思，因此用 Larger 代替 Taller。结

论不是前提的一个重言后承，真值表略。

练习 18 结论是前提的一个重言后承，真值表略。

练习 19 结论不是前提的一个重言后承，真值表略。

练习 20 结论是前提的一个重言后承，真值表略。

7.4　在 Fitch 中的重言后承

【操作十三】

1. 打开 Fitch 并且打开文件 Taut Con 1（重言后承 1）。在这个文件中，有一个推理（忽略两个目标语句的内容），它与练习 19 的推理有相同的形式。将光标移动到该证明的最后一步，在规则 Rule 菜单中下移光标至子菜单 Con，选择 Taut Con。

2. 现在选中这三个前提作为该语句的支持者，并且验证这一步。这一步没有通过验证，因为这个语句不是前提的一个重言后承。

3. 在三个前提之后，增加一步：Home(max)∨Home(carl)。这个语句是两个前提的一个重言后承。注意是两个前提，并且只选中两个。如果你的选择正确，检验后也正确，你可以试一试。

4. 在证明中再增加一步，输入语句 Home(Carl)∨(Home(Max)∧Home(pris))，使用 Taut Con 看这个语句是否能从三个前提中重言地推出。从 Proof 菜单中选择 Verify Proof，你将发现，尽管那一步验证了，但是目标语句并未通过验证。这是因为在这个问题中，我们对使用 Taut Con 规则设置了一个特殊的限制。

5. 从 Goal 菜单中选择 View Goal Constrains，你将发现在这个证明中，你需要使用 Taut Con。但当你使用它时，只能选择两个及两个以下的语句作为支持语句。关闭目标窗口，回到证明。

6. 你所输入的语句还可以从该语句上面的语句加上三个前提之一推出。不选中三个前提，只选中两个支持语句，看看能否使那一步通过检验。一旦你成功了，检验这个证明，并保存它（图 7.32）。

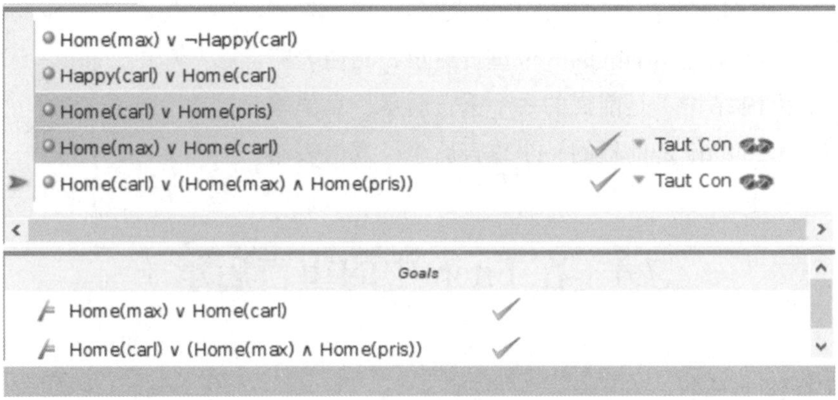

图 7.32

你可能对 Ana Con 和 Taut Con 之间的关系产生好奇，并且因此也会对 Con 菜单下的另一个神秘的词条 FO Con（一阶后承或者逻辑后承）产生好奇。实际上，这是 Fitch 用来验证逻辑后承的三个逐渐增强的方法。Taut Con 是最弱的，它检验：根据真值函项联结词的意义，当下步骤是否能从选中的语句中推出。它忽视了出现在语句中的任一谓词的意义，并且当我们把量词引入语言时，它也忽视了量词的意义。

FO Con 代表一阶后承。当它检验后承关系时，它关注真值函项联结词、量词和等词。能够被 Taut Con 识别出的任何有效的后承也一定能被 FO Con 识别出，从这个意义上说，FO Con 比 Taut Con 的作用力强。但是，FO Con 需要花更长时间，因为等词和量词必须运用一个更复杂的程序。在接触到量词后，我们将介绍更多关于它们的应用程序。

这三个规则中最强的一个是 Ana Con，它试图识别由真值函项联结词、量词、等词和大多数模块语言谓词引起的后承语句（仅由于实用的原因，Ana Con 忽视了 Between 和 Adjoins）。任何使用 FO Con 和 Taut Con 可以验证的推理原则上也可以使用 Ana Con 验证。但是，在使用前两个规则可以通过的场合使用 Ana Con，也许会使证明陷入困境。

正如我们之前所说，当练习中已说明了运用哪个程序解题时，你应该只使用 Con 菜单中的那个程序。另外，当某练习要求你使用 Taut Con 时，就不要使用 Ana Con 和 FO Con（尽管这些规则更强，似乎也能发挥同样的作用）。如果你不能确定使用哪些规则，从 Goal 菜单中选择 View Goal Constrains。

【操作十四】

1. 打开文件 Taut Con 2，你将发现一个包含 10 步的证明，每步的规则没有指明。

2. 把光标依次对准证明的每一步，你将发现支持步骤已被选中。相信光标所在的这一步是从选中的语句中推出的。它是选中语句的一个重言后承吗？如果你认为是的话，使用 Taut Con 规则看看是否正确。如果不正确，换成 Ana Con 规则，看看该结论是否得到验证。（如果 Taut Con 可以，你就使用它，不要使用更强的 Ana Con。）

3. 当使用 Taut Con 或 Ana Con 验证了所有的步骤后，返回寻找验证规则可由 Ana Con 换成较弱的 FO Con 这样的一步。

4. 当尽可能使用最弱的 Con 规则验证了每一步后，保存你的证明（图 7.33）。

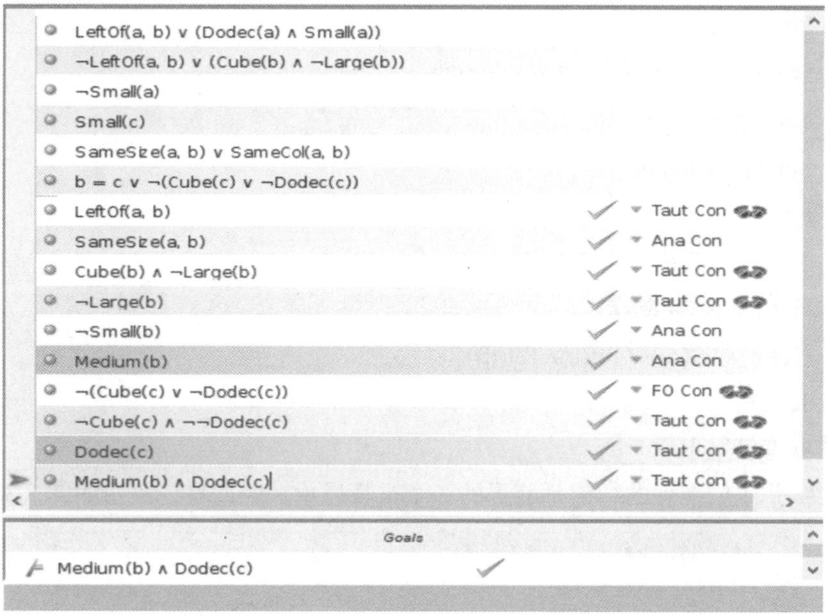

图 7.33

【练习】

对于下面的每一个推理，断定结论是否为前提的一个重言后承。如果是，运用一次或多次 Taut Con 规则完成该结论的证明。如果不是，举一个反例，表明该推论无效。

练习 21

Cube(a)∨Cube(b)

Dodec(c)∨Dodec(d)

¬Cube(a)∨¬Dodec(c)

Cube(b)∨Dodec(d)

练习 22

Large(a)∨Large(b)

Large(a)∨Large(c)

Large(a)∧(Large(b)∨Large(c))

练习 23

Small(a)∨Small(b)

Small(b)∨Small(c)

Small(c)∨Small(d)

Small(d)∨Small(e)

¬Small(c)

Small(a)∨Small(e)

练习 24

Tet(a)∨¬(Tet(b)∧Tet(c))

¬(¬Tet(b)∨¬Tet(d))

(Tet(e)∧Tet(c))∨(Tet(c)∧Tet(d))

Tet(a)

【参考答案】

练习 21 中推理的结论是前提的一个重言后承。验证略，证明如图 7.34。

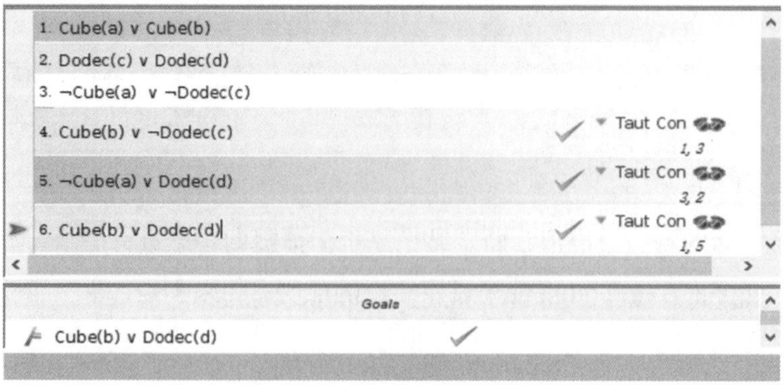

图 7.34

练习 22 中推理的结论不是前提的一个重言后承，验证略，证明如图 7.35。

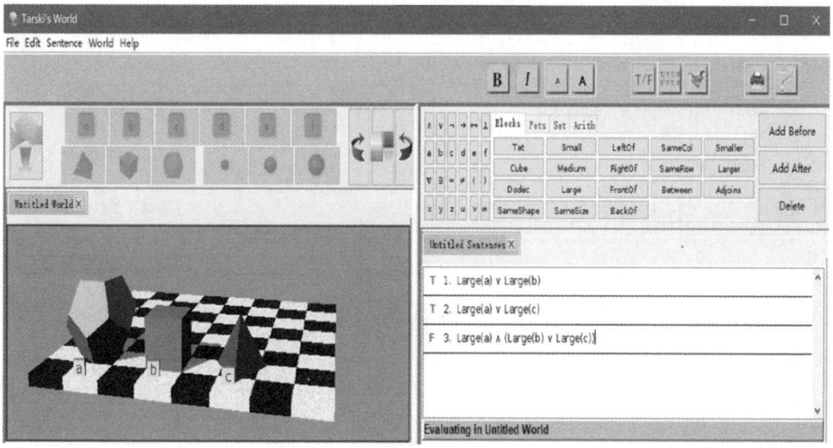

图 7.35

练习 23 中推理的结论不是前提的一个重言后承，验证略，反例如图 7.36。

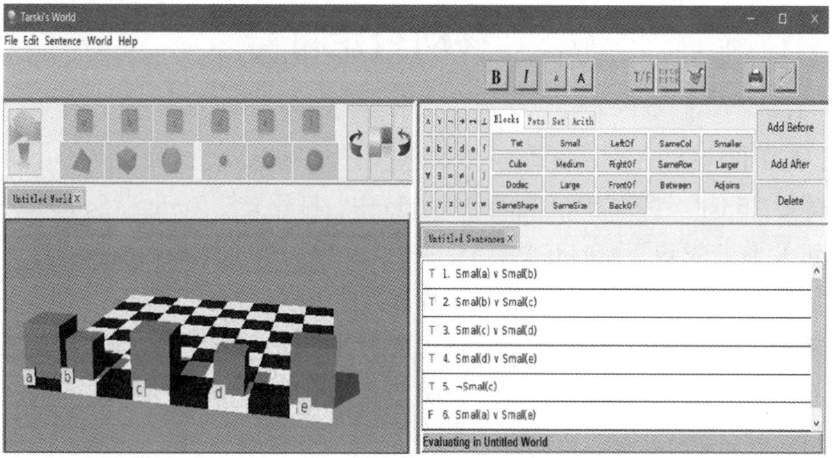

图 7.36

练习 24 中推理的结论是前提的一个重言后承。验证略，证明如图 7.37。

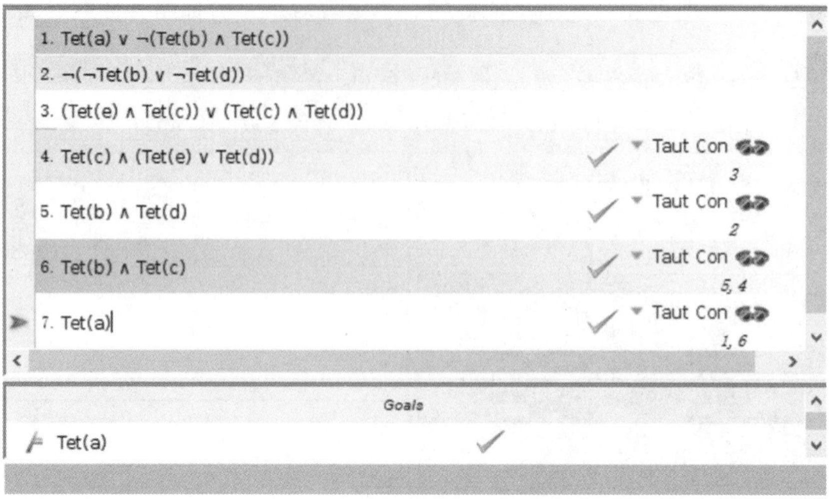

图 7.37

7.5　移动否定符号

【练习】

练习 25（否定范式）在 Tarski's World 中，打开文件 Turing's Sentences（图灵语句），你将发现下面的五个句子，并且每个句子下面有空行。在空行上，写上它们的否定范式形式，然后构造任意世界使上述每个名字都得到使用。如果你正确地写出了否定范式，那么在你构造的世界里，每个偶数句与它上面的奇数句有相同的真值，在你的世界里证明它成立。

1. ¬(Cube(a)∧Larger(a,b))

3. ¬(Cube(a)∨¬Larger(b,a))

5. ¬(Cube(a)∨¬Larger(a,b)∨a≠b)

7. ¬(Tet(a)∨(Large(c)∧¬Smaller(d,e)))

9. Dodec(f)∨¬(Tet(b)∨¬Tet(f)∨¬Dodec(f))

【参考答案】

见图 7.38。

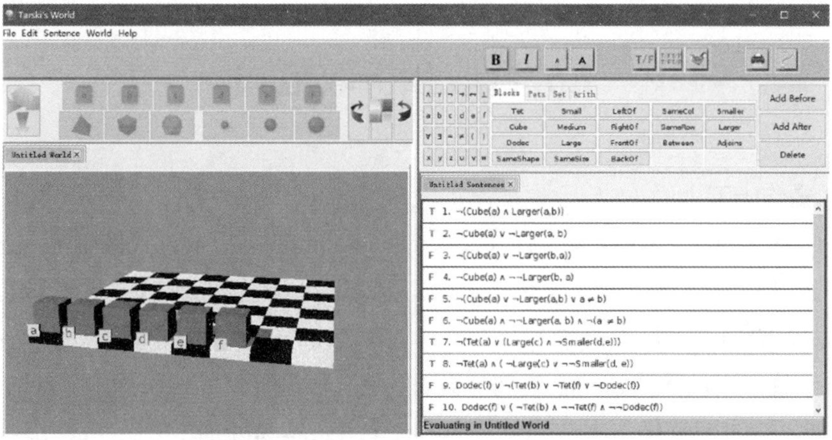

图 7.38

练习 26 在 Tarski's World 中，打开文件 Sextus' Sentences（塞克斯图斯语句），你将在奇数行发现下面三个语句。用双重否定和德摩根律，在每个语句下面的位置将该语句转换成否定范式形式。

1. ¬(Home(carl)∧¬Home(claire))

3. ¬(Happy(max)∧(¬Likes(carl,claire)∨¬Likes(claire,carl)))

5. ¬¬¬((Home(max)∨Home(carl))∧(Happy(max)∨Happy(carl)))

【参考答案】

见图 7.39。

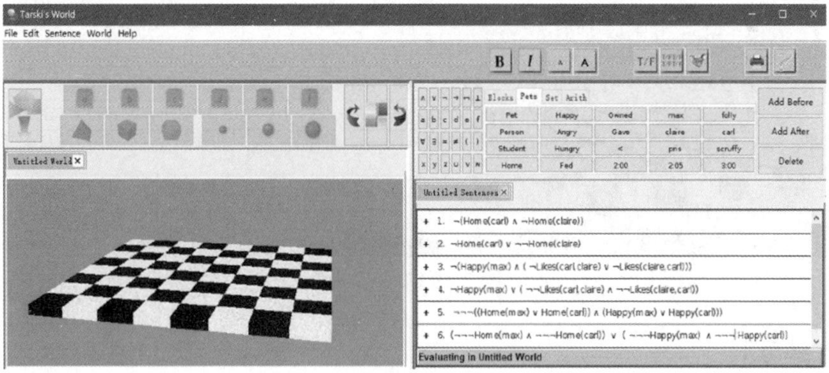

图 7.39

7.6 合取和析取范式

【操作十五】

1. 在 Tarski's World 中，打开文件 DNF Example（析取范式例子）。在这个文件里，你会看到两个语句。第二个语句把第一个语句转换成了一个析取范式，因此两个语句是逻辑等值的。

2. 建一个世界使这两个语句为真。既然它们是等值的，那么你可以试图使其中之一为真，这样一来，你将发现第二个就很容易处理了。

3. 和每个语句做游戏，并承认自己真，两次你都会赢，数数你赢该游戏用了几步。

4. 一般说来，很容易判断一个析取范式的真值。析取范式的真值在游戏中至多通过三步就能显示出来，每步依次对应∧、∨和¬的性质。

5. 保存你创造的世界（图 7.40）。

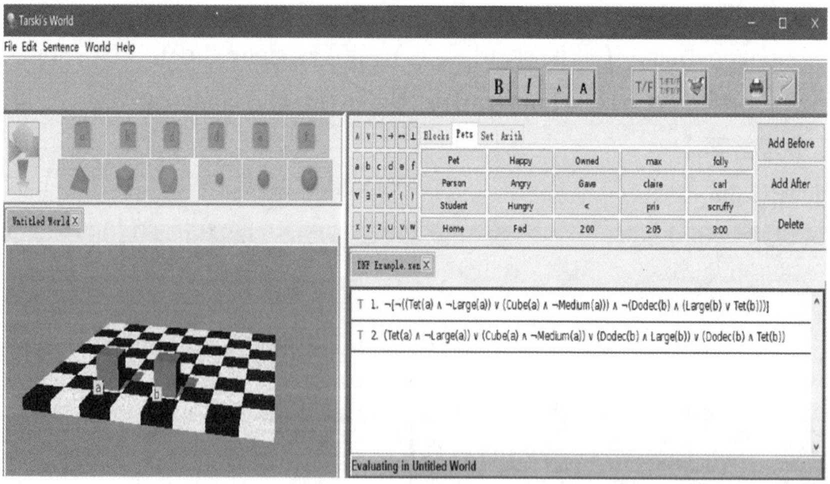
Tarski's World
File Edit Sentence World Help
Add Before
Add After
Delete
Untitled World
DNF Example.sen
T 1. ¬[¬((Tet(a) ∧ ¬Large(a)) ∨ (Cube(a) ∧ ¬Medium(a))) ∧ ¬(Dodec(b) ∧ (Large(b) ∨ Tet(b)))]
T 2. (Tet(a) ∧ ¬Large(a)) ∨ (Cube(a) ∧ ¬Medium(a)) ∨ (Dodec(b) ∧ Large(b)) ∨ (Dodec(b) ∧ Tet(b))
Evaluating in Untitled World

图 7.40

【练习】

练习 27 Tarski's World 中，打开文件 CNF sentences（合取范式语句）。在这个文件里，你将会发现下列合取范式在奇数位置上。但是你将看到偶数位置是空白的。在偶数位置，你应当填写一个与它上面的语句逻辑等值的析取范式。打开几个世界检验一下你的工作，看看你所填写的每个语句是否与它上面的语句有相同的真值。

1. (LeftOf(a,b)∨BackOf(a,b))∧Cube(a)

3. Larger(a,b)∧(Cube(a)∨Tet(a)∨a=b)

5. (Between(a,b,c)∨Tet(a)∨¬Tet(b))∧Dodec(c)

7. Cube(a)∧Cube(b)∧(¬Small(a)∨¬Small(b))

9. (Small(a)∨Medium(a))∧(Cube(a)∨¬Dodec(a))

【参考答案】

在 Ackermann’s World 中的情况如图 7.41 所示。

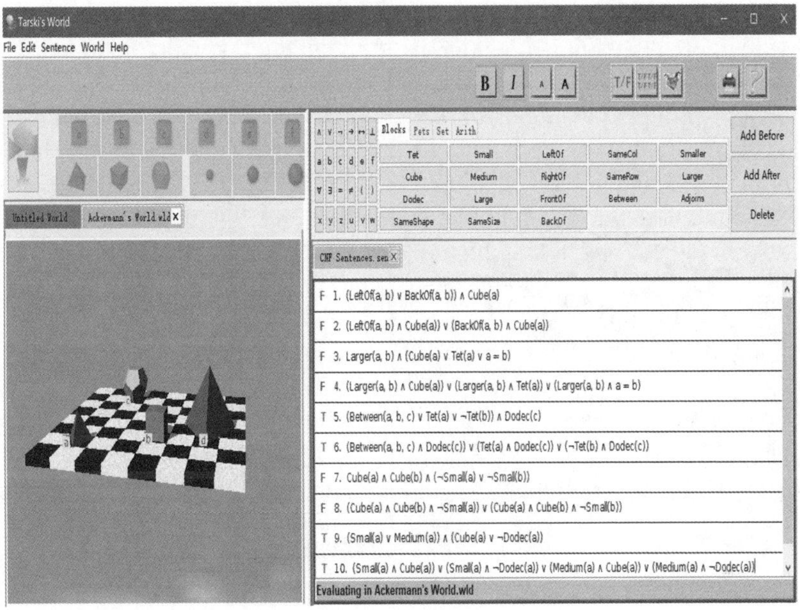
Tarski's World
File Edit Sentence World Help
Blocks Pets Set Arith
Tet
Small
LeftOf
SameCol
Smaller
Cube
Medium
RightOf
SameRow
Larger
Dodec
Large
FrontOf
Between
Adjoins
SameShape
SameSize
BackOf
Add Before
Add After
Delete
Untitled World
Ackermann's World.wld
CNF Sentences.sen
F 1. (LeftOf(a, b) ∨ BackOf(a, b)) ∧ Cube(a)
F 2. (LeftOf(a, b) ∧ Cube(a)) ∨ (BackOf(a, b) ∧ Cube(a))
F 3. Larger(a, b) ∧ (Cube(a) ∨ Tet(a) ∨ a = b)
F 4. (Larger(a, b) ∧ Cube(a)) ∨ (Larger(a, b) ∧ Tet(a)) ∨ (Larger(a, b) ∧ a = b)
T 5. (Between(a, b, c) ∨ Tet(a) ∨ ¬Tet(b)) ∧ Dodec(c)
T 6. (Between(a, b, c) ∧ Dodec(c)) ∨ (Tet(a) ∧ Dodec(c)) ∨ (¬Tet(b) ∧ Dodec(c))
F 7. Cube(a) ∧ Cube(b) ∧ (¬Small(a) ∨ ¬Small(b))
F 8. (Cube(a) ∧ Cube(b) ∧ ¬Small(a)) ∨ (Cube(a) ∧ Cube(b) ∧ ¬Small(b))
T 9. (Small(a) ∨ Medium(a)) ∧ (Cube(a) ∨ ¬Dodec(a))
T 10. (Small(a) ∧ Cube(a)) ∨ (Small(a) ∧ ¬Dodec(a)) ∨ (Medium(a) ∧ Cube(a)) ∨ (Medium(a) ∧ ¬Dodec(a))
Evaluating in Ackermann's World.wld

图 7.41

练习 28 在 Tarski’s World 中，打开文件 More CNF Sentences（更多的合取范式语句）。在这个文件中你将发现下面的语句在间隔两行上。每个语句下面的两行空白位置留给你。首先将该语句转换成否定范式的形式，然后将否定范式转换成合取范式。再次打开几个世界检查你的工作，看看你所转换的每个语句与原始语句是否真值相同。

1. ¬((Cube(a)∧¬Small(a))∨(¬Cube(a)∧Small(a)))

4. ¬((Cube(a)∨¬Small(a))∧(¬Cube(a)∨Small(a)))

7. ¬(Cube(a)∧Larger(a,b))∧Dodec(b)

10. ¬(¬Cube(a)∧Tet(b))

13.¬¬Cube(a)∨Tet(b)

【参考答案】

语句在 Ackermann's World 中的情况如图 7.42 所示。

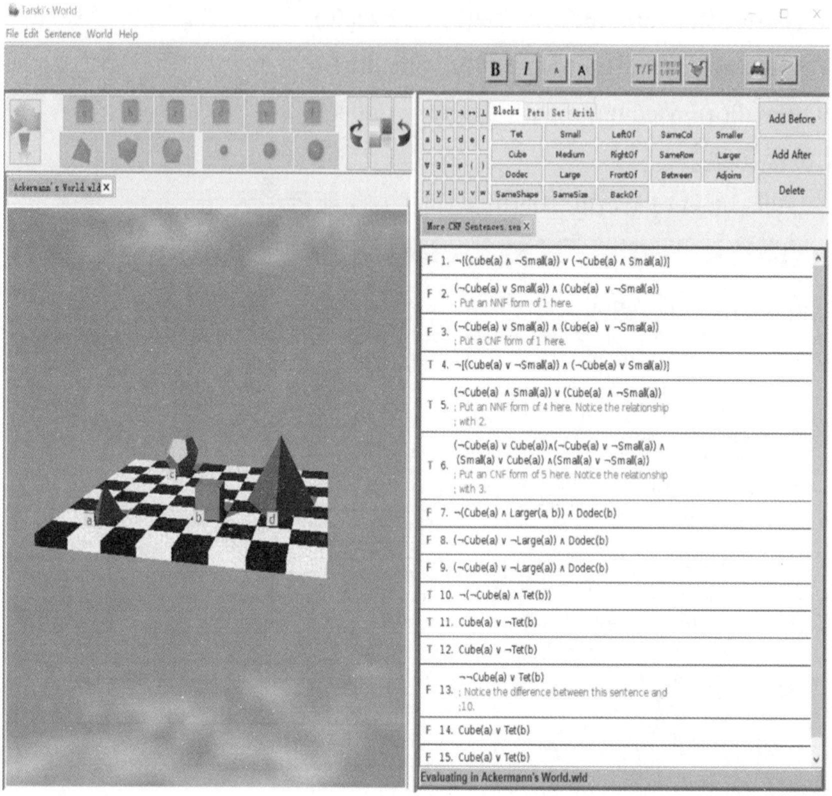
Tarski's World
File Edit Sentence World Help
Blocks Pets Set Arith
Tet Small LeftOf SameCol Smaller
Cube Medium RightOf SameRow Larger
Dodec Large FrontOf Between Adjoins
SameShape SameSize BackOf
Add Before
Add After
Delete
Ackermann's World.wld
More CNF Sentences.sen
F 1. ¬[(Cube(a) ∧ ¬Small(a)) ∨ (¬Cube(a) ∧ Small(a))]
F 2. (¬Cube(a) ∨ Small(a)) ∧ (Cube(a) ∨ ¬Small(a))
; Put an NNF form of 1 here.
F 3. (¬Cube(a) ∨ Small(a)) ∧ (Cube(a) ∨ ¬Small(a))
; Put a CNF form of 1 here.
T 4. ¬[(Cube(a) ∨ ¬Small(a)) ∧ (¬Cube(a) ∨ Small(a))]
T 5. (¬Cube(a) ∧ Small(a)) ∨ (Cube(a) ∧ ¬Small(a))
; Put an NNF form of 4 here. Notice the relationship
; with 2.
T 6. (¬Cube(a) ∨ Cube(a))∧(¬Cube(a) ∨ ¬Small(a)) ∧
(Small(a) ∨ Cube(a)) ∧(Small(a) ∨ ¬Small(a))
; Put an CNF form of 5 here. Notice the relationship
; with 3.
F 7. ¬(Cube(a) ∧ Larger(a, b)) ∧ Dodec(b)
F 8. (¬Cube(a) ∨ ¬Large(a)) ∧ Dodec(b)
F 9. (¬Cube(a) ∨ ¬Large(a)) ∧ Dodec(b)
T 10. ¬(¬Cube(a) ∧ Tet(b))
T 11. Cube(a) ∨ ¬Tet(b)
T 12. Cube(a) ∨ ¬Tet(b)
F 13. ¬¬Cube(a) ∨ Tet(b)
; Notice the difference between this sentence and
;10.
F 14. Cube(a) ∨ Tet(b)
F 15. Cube(a) ∨ Tet(b)
Evaluating in Ackermann's World.wld

图 7.42

08

第 8 章

布尔逻辑的证明方法（一）

8.1 合取规则

合取引入规则（∧Intro）：

$$
\begin{array}{l|l}
 & P_1 \\
 & \vdots \\
 & P_n \\
 & \vdots \\
\triangleright & P_1 \wedge \ldots \wedge P_n
\end{array}
$$

合取消去规则（∧Elim）：

$$
\begin{array}{l|l}
 & P_1 \wedge \ldots \wedge P_i \wedge \ldots \wedge P_n \\
 & \quad \vdots \\
\triangleright & P_i
\end{array}
$$

【操作十六】

1. 在 Fitch 中，打开文件 Conjunction 1（合取 1）。有三个需要你证明的语句。同往常一样，显示在证明窗口下面的目标窗口中。

2. 你要证明的第一个语句是 Tet(a)。首先在该证明中增加一个新步骤，并写出语句 Tet(a)。

3. 接下来跳转到弹出规则（Rule?）的菜单，并在消去规则下选择∧。

4. 如果你尝试验证这一步，你会发现它是错误的，因为你还没有引用支持这一步的任何语句。在该例中，你需要引用提供支持的一个前提。操作并验证这一步。

5. 类似地，由∧Elim的一个应用，你能够证明其余语句中的每一个。当你已经证明了这些语句，验证你的目标并保存这个文件（图8.1）。

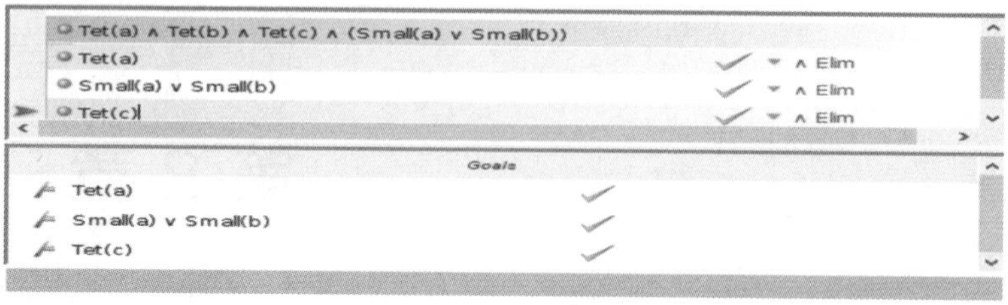
Tet(a) ∧ Tet(b) ∧ Tet(c) ∧ (Small(a) ∨ Small(b))
Tet(a)
∧ Elim
Small(a) ∨ Small(b)
∧ Elim
Tet(c)
∧ Elim
Goals
Tet(a)
Small(a) ∨ Small(b)
Tet(c)

图 8.1

【操作十七】

1. 在Fitch中，打开文件Conjunction 2（合取2）。我们将帮助你证明目标中要证明的两个语句。在每一情况中你需要使用两次合取规则。

2. 第一个目标语句是 Medium(d)∧¬Large(c)。增加一个新步骤并输入这条语句。（注意，你可以由目标栏复制该语句并粘贴到新步骤中。）

3. 完成这一步后，在该步上面增加两步，分别输入每一个合取支。如果能够证明这两个合取支，那么由∧Intro规则就可得出结论。

4. 现在你需要做的是证明每一个合取支。在每一步中运用∧Elim很容易证明。引用适当的支持语句并验证该证明。第一个目标得以证明。

5. 用同样的方法证明第二个目标，两个目标都被验证之后，保存该证明（图8.2）。

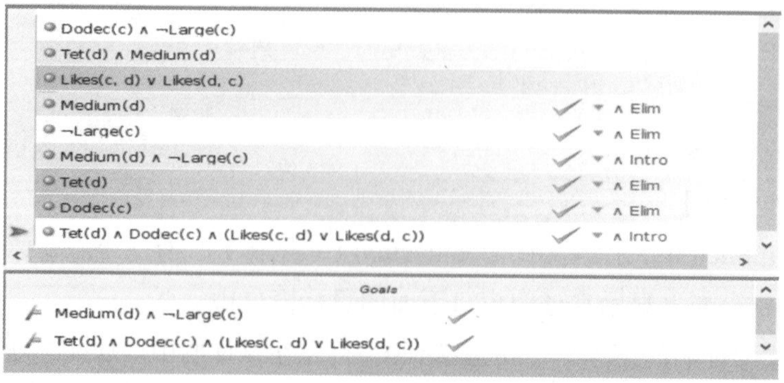
Dodec(c) ∧ ¬Large(c)
Tet(d) ∧ Medium(d)
Likes(c, d) ∨ Likes(d, c)
Medium(d)
∧ Elim
¬Large(c)
∧ Elim
Medium(d) ∧ ¬Large(c)
∧ Intro
Tet(d)
∧ Elim
Dodec(c)
∧ Elim
Tet(d) ∧ Dodec(c) ∧ (Likes(c, d) ∨ Likes(d, c))
∧ Intro
Goals
Medium(d) ∧ ¬Large(c)
Tet(d) ∧ Dodec(c) ∧ (Likes(c, d) ∨ Likes(d, c))

图 8.2

【操作十八】

1. 在 Fitch 中，打开文件 Conjunction 3（合取 3）。注意有两个目标。第一个目标要求你由前提证明 Tet(c)∧Tet(a)。严格地讲，这需要使用两次∧Elim 规则，然后是一次∧Intro 规则。但是 Fitch 只允许你使用一次∧Elim 规则就能证明。尝试并验证这一步。

2. 验证第二个目标语句，同样使用一次 Fitch 的∧Elim 规则。当证明了这些语句之后，验证你的目标并保存你的证明（图 8.3）。

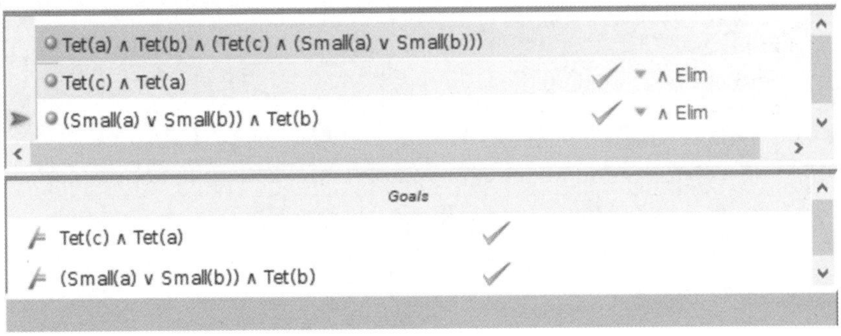
Tet(a) ∧ Tet(b) ∧ (Tet(c) ∧ (Small(a) ∨ Small(b)))
Tet(c) ∧ Tet(a)
∧ Elim
(Small(a) ∨ Small(b)) ∧ Tet(b)
∧ Elim
Goals
Tet(c) ∧ Tet(a)
(Small(a) ∨ Small(b)) ∧ Tet(b)

图 8.3

3. 接下来，试验其余语句，观察它们是否可以根据∧Elim 规则由给定的语句推出。例如，能推出 Tet(c)∧Small(a)吗？应该推出吗？

4. 当你对∧Elim 规则的理解已经满意了，就关闭文件，但不要保存你在第 3 步所做的改变。

同样，在 Fitch 中，∧Intro 规则在使用时的限制也比较少。首先，Fitch 不关心你所引用的支持语句的次序。其次，如果你引用一个语句，那么该语句作为结论语句中的合取支可以不止一次地出现。例如，只要你需要，你也可以使用该规则由语句 Cube(a)得到 Cube(a)∧Cube(a)。

两个合取规则都有缺省用法。如果在一个新的步骤中，你引用了一个合取式并且指定规则为∧Elim，那么当你验证该步（或者选择验证证明）时，Fitch 会将引用语句中最左边的合取支填写在该空白步骤上。如果你引用了几个语句并且使用∧Intro 规则，Fitch 将填写这些步骤的合取式，合取式的顺序与引用的顺序相同。

【操作十九】

1. 在 Fitch 中，打开文件 Conjunction 4（合取 4）。

2. 将你的注意力移到第一个空白步骤处。注意，这一步有一个指定的规则以及一个引用的支持语句。检验该步骤，观察在缺省的情况下 Fitch 将产生什么结果。

3. 然后，将你的注意力集中在每一个后继步骤上，试着预测缺省的结果并验证该步骤。（最后两步给出了不同的结果，因为我们输入的支持语句步骤的顺序不同。）

4. 当验证完所有步骤后，保存你的工作（图 8.4）。

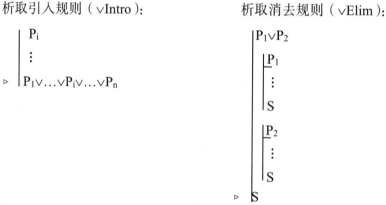

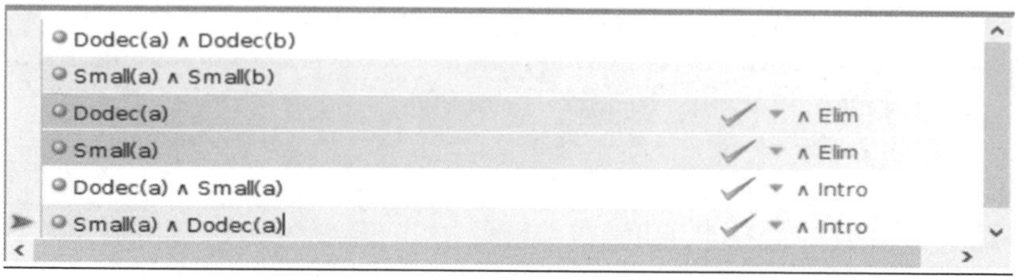

图 8.4

8.2 析取规则

析取引入规则（∨Intro）：

$$
\begin{array}{l|l}
 & P_i \\
 & \vdots \\
\triangleright & P_1 \vee \ldots \vee P_i \vee \ldots \vee P_n
\end{array}
$$

析取消去规则（∨Elim）：

$$
\begin{array}{l|l}
 & P_1 \vee P_2 \\
 & \quad \underline{P_1} \\
 & \quad \vdots \\
 & \quad S \\
 & \quad \underline{P_2} \\
 & \quad \vdots \\
 & \quad S \\
\triangleright & S
\end{array}
$$

【操作二十】

1. 在 Fitch 中，打开文件 Disjunction 1（析取 1）。你需要从语句(Cube(c)∧Large(c))∨Medium(c)证明 Medium(c)∨Large(c)。下面将一步步地构造这个证明。

1. (Cube(c)∧Large(c))∨Medium(c)	
2. Cube(c)∧Large(c)	
3. Large(c)	∧Elim:2
4. Medium(c)∨Large(c)	∨Intro:3
5. Medium(c)	
6. Medium(c)∨Large(c)	∨Intro:5
7. Medium(c)∨Large(c)	∨Elim:1,2-4,5-6

2. 在这个例子中，要使用∨Elim 规则，我们需要有两个子证明，它们分别是前提中的每一个析取支。为此，我们首先建立两个子证明。要建立一个子证明，只需从 Proof 菜单中点击 New Subproof。此时，Fitch 给出一个由证明线和 Fitch 杠组成的锯齿形标示，它表明子证明开始，并且可以在这个锯齿形标示上输入子证明的前提。现在可以输入前提中的第一个析取支 Cube(c)∧Large(c)作为这个子证明的假设。

3. 现在不要对这个子证明做任何操作，要做的是建立第二个子证明。此时，只需要结束第一个子证明并在它的后面开始第二个子证明。即：从 Proof 菜单中选择 End Subproof 结束当前的子证明。这样 Fitch 会在当前的子证明之外再给出一个新的步骤。只要在 Proof 菜单中点击 New Subproof，就会出现第二个子证明的标示。输入前提的另外一个析取支，Medium(c)即可。

4. 现在我们需要考虑两种情况下的假设。我们的目标是证明在两个子证明中都能得出相同的结论。

5. 返回到第一个子证明，并在假定下面添加一步。（将滑块移动到子证明的假设步，选择 Proof 菜单下的 Add Step After。）在这一步使用∧Elim 规则得到 Large(c)。然后在该子证明中再添加一步证明的目标语句 Medium(c)∨Large(c)，然后选择使用∨Intro 规则。

6. 当你完成了第一个子证明并且验证了所有步骤后，将滑块移动到第二个子证明的假设上并添加一个新的步骤。使用∨Intro 规则添加证明的目标语句，同上。

7. 现在我们得到了两个子证明的目标语句，因此要添加证明的最后一步。将滑块移动至第二个子证明的最后一步，选择 Proof 菜单下的 End Subproof，然后输入目标语句。

8. 指定最后一步的规则为∨Elim。为了支持结论，选定两个子证明和前提，验证你完成的证明。如果不能证明，仔细与上面列出的证明进行比较。看看你是否不小心将子证明包含在另一个子证明之内。如果有，将滑块移动到该子证明的前提步并选择 Proof 菜单下的 Delete Step，删除错误的子证明。然后重新做。

9. 最后，点击 Verify Proof 验证整个证明（图 8.5）。

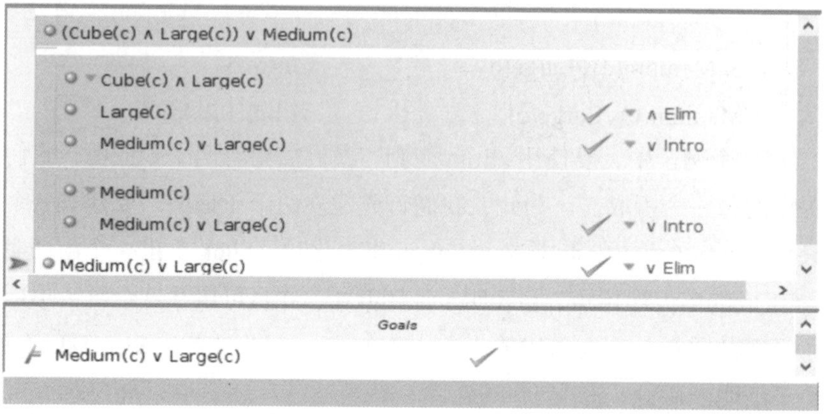
(Cube(c) ∧ Large(c)) ∨ Medium(c)
Cube(c) ∧ Large(c)
Large(c)
∧ Elim
Medium(c) ∨ Large(c)
∨ Intro
Medium(c)
Medium(c) ∨ Large(c)
∨ Intro
Medium(c) ∨ Large(c)
∨ Elim
Goals
Medium(c) ∨ Large(c)

图 8.5

【操作二十一】

1. 在 Fitch 中，打开文件 Disjunction 2（析取 2）。目标是证明语句(Cube(b)∧Small(b))∨(Cube(b)∧Large(b))。但要做的证明几乎已经完成。

2. 依次将滑块移动到每个没有语句的空行，点击 Check Step，Fitch 将自动填充缺省的语句。在第二个空语句中，你还需要输入目标语句的第二个析取支，即 Cube(b)∧Large(b)来完成该语句。

3. 完成后点击 Verify Proof，验证这个证明（图 8.6）。

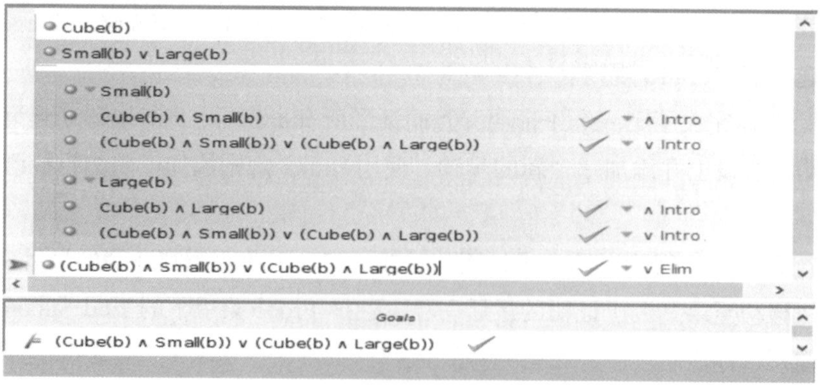
Cube(b)
Small(b) ∨ Large(b)
Small(b)
Cube(b) ∧ Small(b)
∧ Intro
(Cube(b) ∧ Small(b)) ∨ (Cube(b) ∧ Large(b))
∨ Intro
Large(b)
Cube(b) ∧ Large(b)
∧ Intro
(Cube(b) ∧ Small(b)) ∨ (Cube(b) ∧ Large(b))
∨ Intro
(Cube(b) ∧ Small(b)) ∨ (Cube(b) ∧ Large(b))
∨ Elim
Goals
(Cube(b) ∧ Small(b)) ∨ (Cube(b) ∧ Large(b))

图 8.6

【练习】

练习 1 在 Fitch 中，打开文件 Exercise 6.2，其中包括一个未完成的形式证明。根据实际情况，任一个步骤都没有验证，或者是因为没有指定规则，或者是因为没有引用支持语句，又或者是因为没有输入语句。补上缺少的部分并保存你的文件。

【参考答案】

见图 8.7。

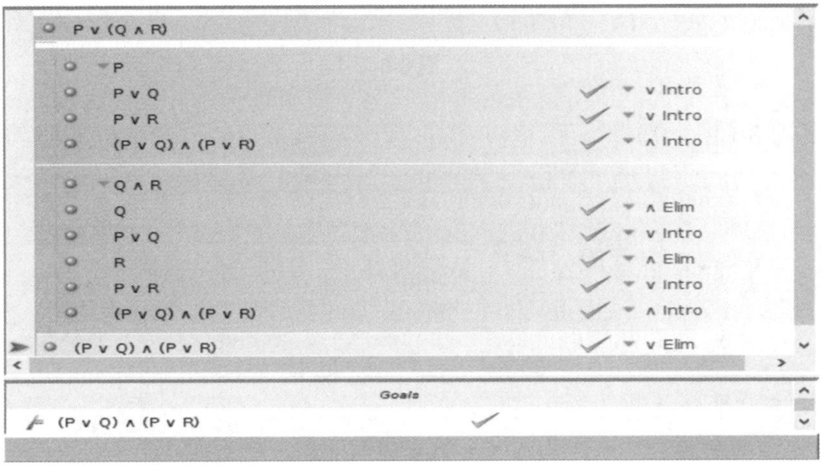
P ∨ (Q ∧ R)
P
P ∨ Q　∨ Intro
P ∨ R　∨ Intro
(P ∨ Q) ∧ (P ∨ R)　∧ Intro
Q ∧ R
Q　∧ Elim
P ∨ Q　∨ Intro
R　∧ Elim
P ∨ R　∨ Intro
(P ∨ Q) ∧ (P ∨ R)　∧ Intro
(P ∨ Q) ∧ (P ∨ R)　∨ Elim
Goals
(P ∨ Q) ∧ (P ∨ R)

图 8.7

用 Fitch 构造下面推理的形式证明。你可以在 Fitch Exercise Files 里找到每一个推理的练习文件，完成后保存你的答案。

练习 2

| a=b∧b=c∧c=d
|—
| a=c∧b=d

练习 3

| (A∧B)∨C
|—
| C∨B

练习 4

| A∧(B∨C)
|—
| (A∧B)∨(A∧C)

练习 5

| (A∧B)∨(A∧C)
|—
| A∧(B∨C)

【参考答案】

练习 2（图 8.8）。

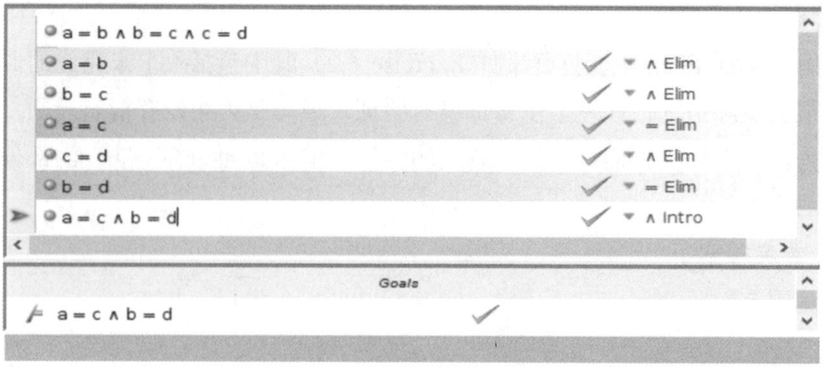
a = b ∧ b = c ∧ c = d
a = b ∧ Elim
b = c ∧ Elim
a = c = Elim
c = d ∧ Elim
b = d = Elim
a = c ∧ b = d ∧ Intro
Goals
a = c ∧ b = d

图 8.8

练习 3（图 8.9）。

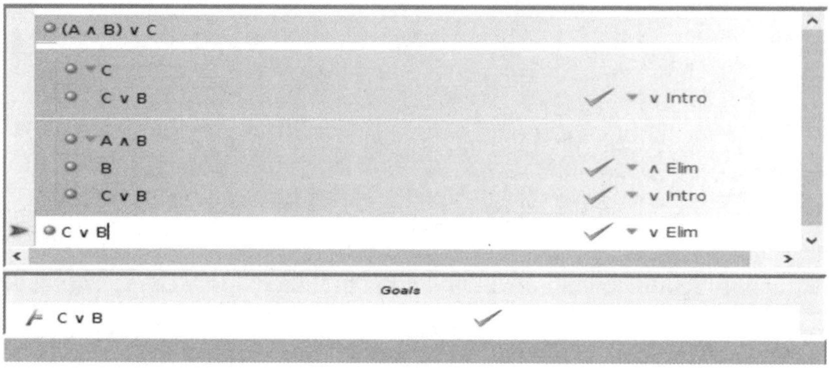
(A ∧ B) ∨ C
C
C ∨ B ∨ Intro
A ∧ B
B ∧ Elim
C ∨ B ∨ Intro
C ∨ B ∨ Elim
Goals
C ∨ B

图 8.9

练习 4（图 8.10）。

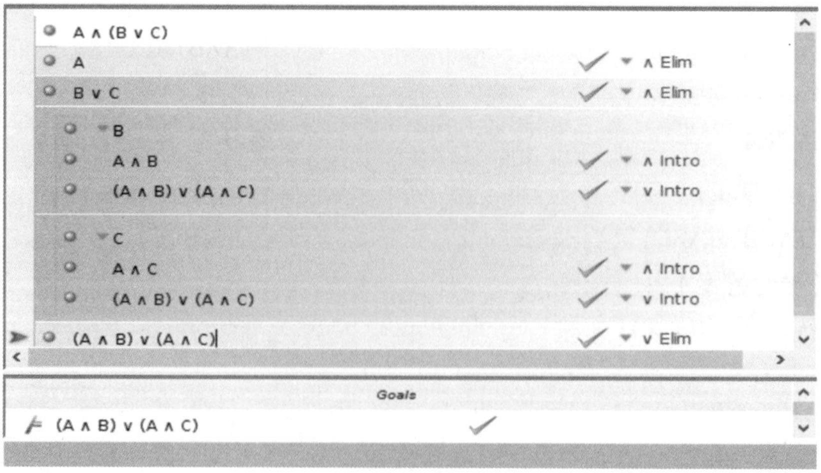
A ∧ (B ∨ C)
A ∧ Elim
B ∨ C ∧ Elim
B
A ∧ B ∧ Intro
(A ∧ B) ∨ (A ∧ C) ∨ Intro
C
A ∧ C ∧ Intro
(A ∧ B) ∨ (A ∧ C) ∨ Intro
(A ∧ B) ∨ (A ∧ C) ∨ Elim
Goals
(A ∧ B) ∨ (A ∧ C)

图 8.10

练习 5（图 8.11）。

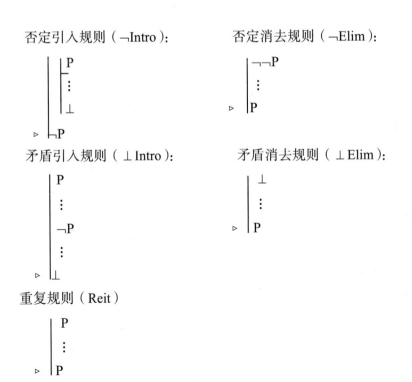

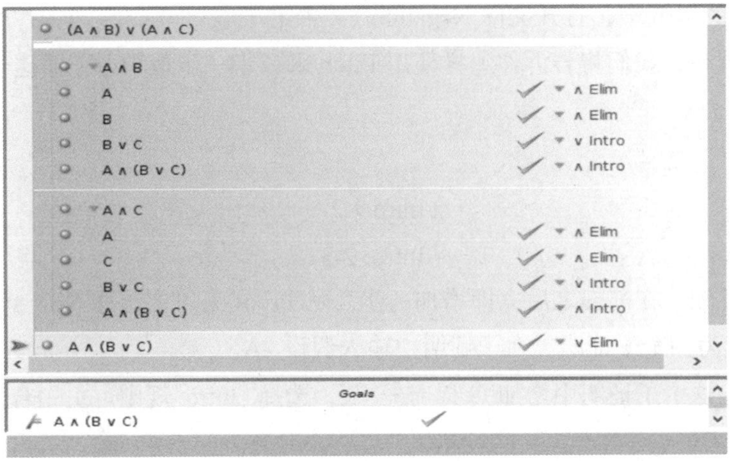

图 8.11

8.3　否定规则和矛盾规则

否定引入规则（¬Intro）：

| | P
| | ⋮
| | ⊥
▹ | ¬P

否定消去规则（¬Elim）：

| ¬¬P
| ⋮
▹ | P

矛盾引入规则（⊥Intro）：

| P
| ⋮
| ¬P
| ⋮
▹ | ⊥

矛盾消去规则（⊥Elim）：

| ⊥
| ⋮
▹ | P

重复规则（Reit）

| P
| ⋮
▹ | P

【操作二十二】

1. 在 Fitch 中，打开文件 Negation 1（否定 1）。

2. 现在，我们将告诉你怎样使用 Fitch 来一步一步地构造下面这个证明。

1.A	
2. ¬A	
3. ⊥	⊥Intro:1,2
4. ¬¬A	¬Intro: 2-3

3. 首先，在前提之后立即增加一步。从 Proof 菜单中选择 New subproof，将其转化为一个子证明。在子证明中输入假设¬A。

4. 在这个子证明中增加一步，输入⊥，选择⊥Intro 规则。引用合适的步骤并验证该步。

5. 现在结束该子证明并在子证明之后输入最后的语句¬¬A。指定规则为¬Intro 规则，引用前面的子证明并验证该步。整个证明现在应该能验证了（图 8.12）。

6. 注意在证明的第三行引用了子证明之外的一步，即前提。这是合法的，但引出了一个重要的问题，也就是在一个证明中的已知点上，什么步骤能被引用？作为猜测，你可能认为我们可以引用任何前面的步骤。但这是不正确的。正确的答案是什么？在证明的某个位置上什么步骤可以被引用？请读者思考。

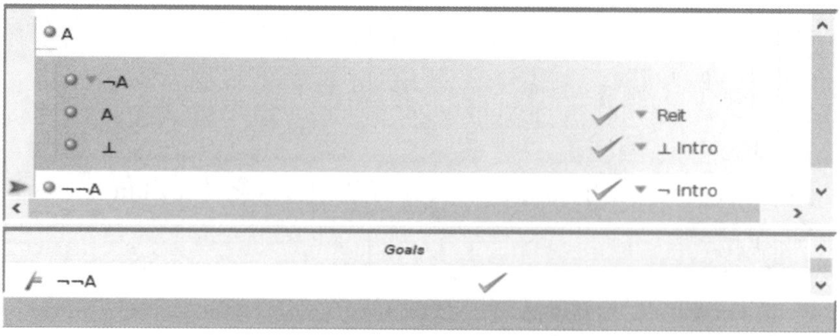

图 8.12

【操作二十三】

1. 在 Fitch 中，打开 Negation 2（否定 2）。在这个文件中，你会发现有一个不完整的证明。作为前提，已经列出了一些语句，其中有些是矛盾的。

2. 将滑块移到含有⊥符号的每一步。你会看到支持该⊥的每一个前提集。这些步骤中只有一个是使用了⊥Intro 规则的。是哪一个呢？为这一步指定的规则为⊥Intro，请验证。

3. 在其余的步骤中，你会找出一个构成了 TT 矛盾的语句组合的前提集。是哪一个呢？在这一步选择 Taut Con 规则并验证。只要通过证明，你可以使用布尔联结词从这些同样的前提中推出⊥。

4. 在剩下的步骤中，根据等号“=”的意义，两个支持语句是矛盾的。是哪一步呢？在那些步骤中选择 FO Con 并验证。要从这些前提得出⊥，你需要使用恒等规则（一种情况是=Elim，另一种是=Intro）。

5. 验证剩下的不能被⊥Intro、Taut con 或 FO Con 规则验证的步骤。在这些步上选择 Ana Con 并检验（图 8.13）。

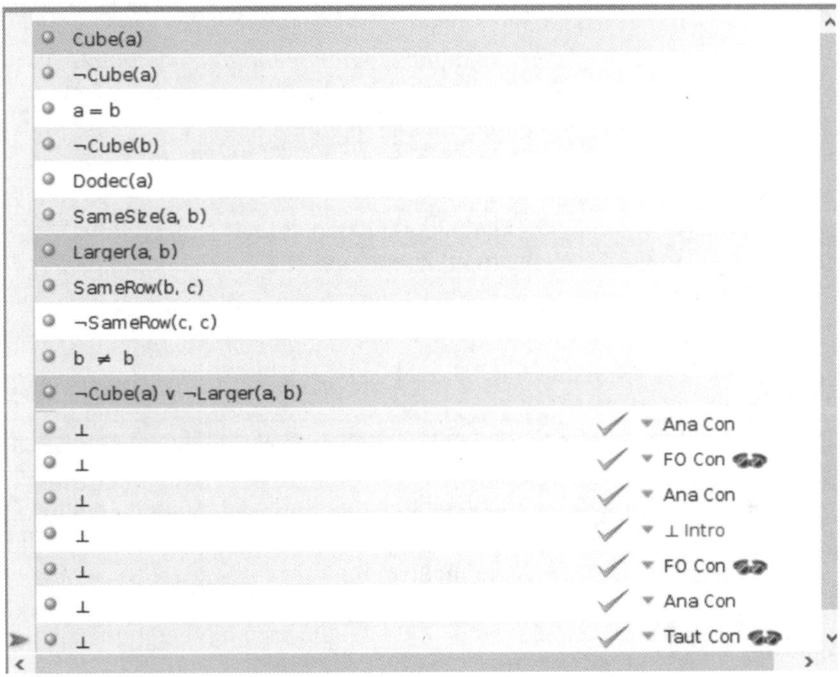

图 8.13

【操作二十四】

1. 通常，在已知证明中使用∨Elim 规则是想要消去一个或更多的析取符号，因为它们与其他假设相矛盾。尽管∨Elim 规则的形式不允许这样，下面在我们构造的证明中将表明如何克服这种困难。

2. 在 Fitch 中，打开文件 Negation 3（否定 3）。我们使用∨Elim 规则和两个⊥规则从前提 P∨Q 和¬Q 证明 P。

3. 建立两个子证明，第一个前提为 P ，第二个前提为 Q。我们的目标是在两个子证明中确立 P。

4. 在第一个子证明中，我们只需要使用重述规则重复前提 P。

5. 在第二个子证明中，我们如何确立 P 呢？在一个非形式证明中，我们将简单地消去这种情况，因为假设与前提之一矛盾。但是，在一个形式证明中，我们必须在两个子证明中建立我们的目标语句 P，并且在这里，⊥Elim 规则是有用的。首先，使用⊥Intro 规则证明这种情况是矛盾的。你将引用假设语句 Q 和第二个前提¬Q。只要你用⊥作为这个子证明的第二步，使用⊥Elim 规则就能在这个子证明中确立 P。

6. 因为在两个子证明中都有 P，运用∨Elim 规则就能完成整个证明（图 8.14）。

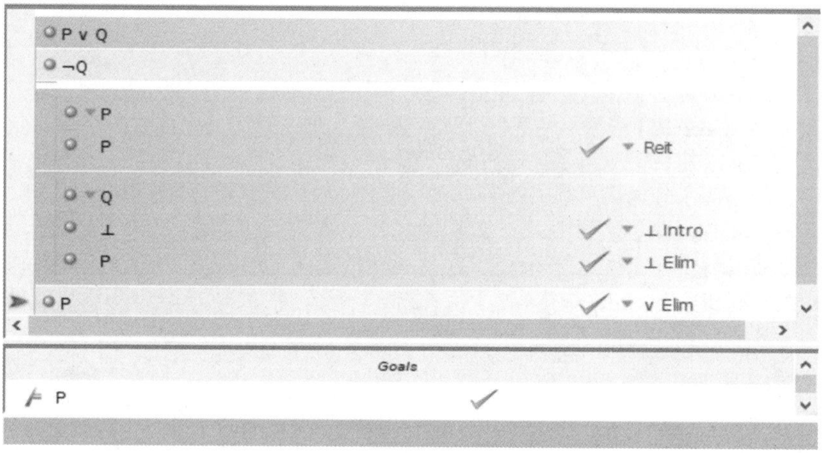

图 8.14

【操作二十五】

打开文件 Negation 4（否定 4）。首先看我们要证明的目标语句是什么。然后依次移动到每一步并验证它。在移到下一步之前，确定你理解这一步是如何检验的，更重要的是我们为什么这样做，在那一步我们做了什么。在一个空白步骤中，在你验证它之前，试着预测哪一个语句 Fitch 将提供一个缺省（图 8.15）。

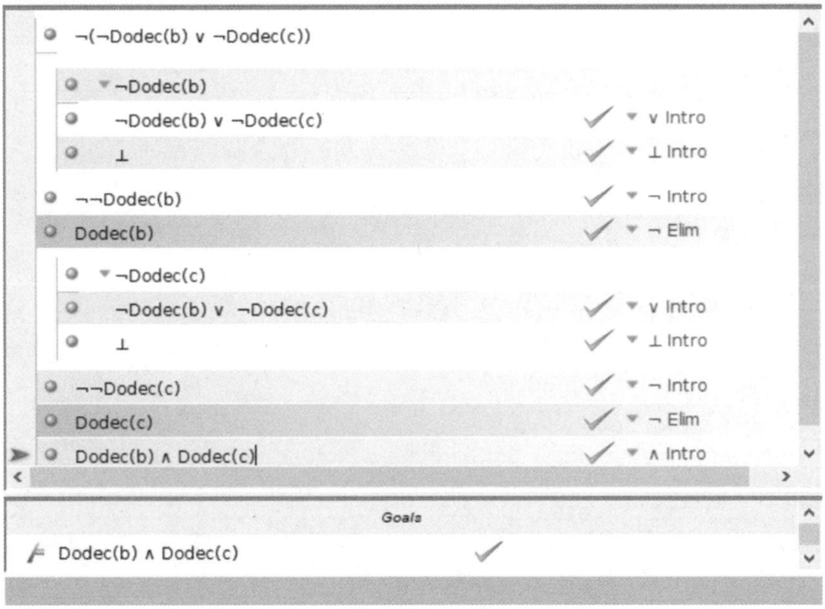

图 8.15

【练习】

练习 6（代入）在非形式证明中，允许将一个语句用与它逻辑等值的另一个语句进行替换。下面是从双重否定的两种用法中推出的结论，每一次都应用到整个语句的一部分。

$P \land (Q \lor \neg\neg R)$

$\neg\neg P \land (Q \lor R)$

我们将怎样用 Fitch 证明它，Fitch 没有替换规则吗？打开文件 Exercise 6.8，它是一个不完整的形式证明。因为没有规则或支持的步骤被引证，所以没有一个证明步骤被检验。请补充缺失的验证并完成证明。

【参考答案】

见图 8.16。

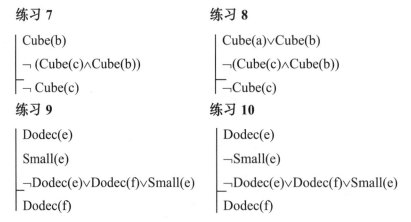

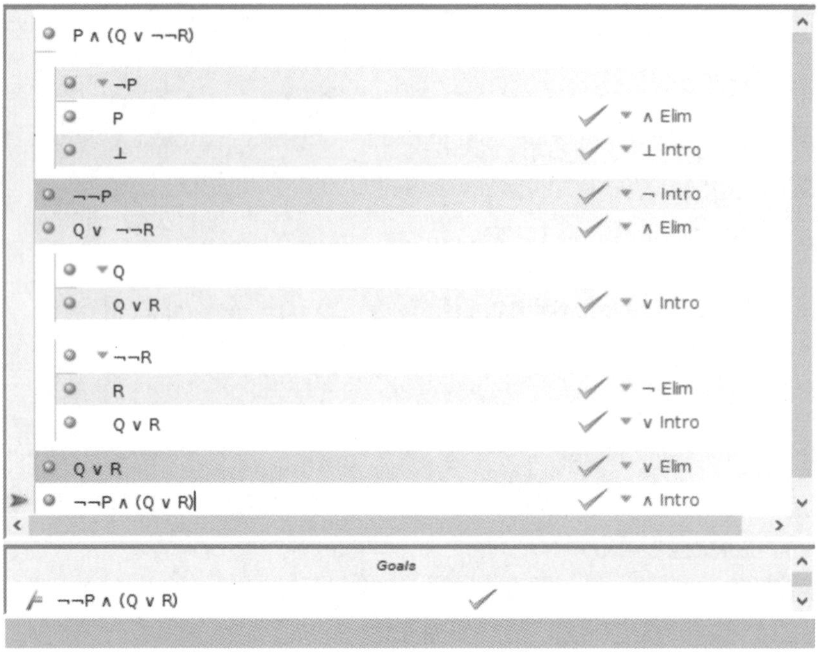

图 8.16

评价下面每一个推理。如果推理是有效的，在 Fitch 中利用你已经学习的推理规则给出一个形式证明。如果推理不是有效的，在 Tarski's World 中构造一个反例。在最后两个证明中，需要使用 Ana Con 来证明某个原子语句与另一个原子语句矛盾以引入⊥。

练习 7

| Cube(b)

| ¬ (Cube(c)∧Cube(b))

|— ¬ Cube(c)

练习 8

| Cube(a)∨Cube(b)

| ¬(Cube(c)∧Cube(b))

|— ¬Cube(c)

练习 9

| Dodec(e)

| Small(e)

| ¬Dodec(e)∨Dodec(f)∨Small(e)

|— Dodec(f)

练习 10

| Dodec(e)

| ¬Small(e)

| ¬Dodec(e)∨Dodec(f)∨Small(e)

|— Dodec(f)

练习 11

Dodec(e)

Large(e)

¬Dodec(e)∨Dodec(f)∨Small(e)

Dodec(f)

练习 12

SameRow(b,f)∨SameRow(c,f)∨SameRow(d,f)

SameRow(d,f)

FrontOf(b,f)

¬(SameRow(d,f)∧Cube(f))

Dodec(f)

【参考答案】

练习 7 中的推理是重言有效的，证明如图 8.17。

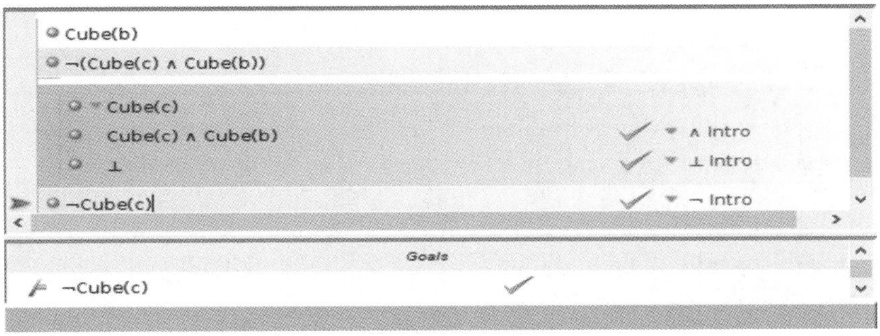

图 8.17

练习 8 中的推理不是 TW 有效的，验证略，反例如图 8.18。

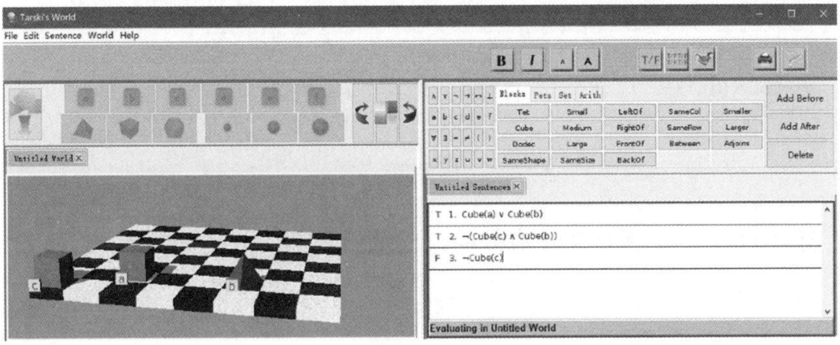

图 8.18

练习 9 中的推理不是 TW 有效的，验证略，反例如图 8.19。

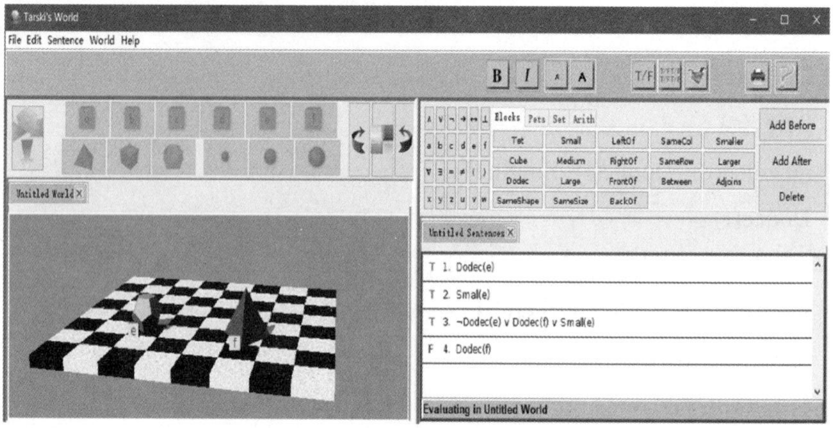

图 8.19

练习 10 中的推理是重言有效的，验证略，证明如图 8.20。

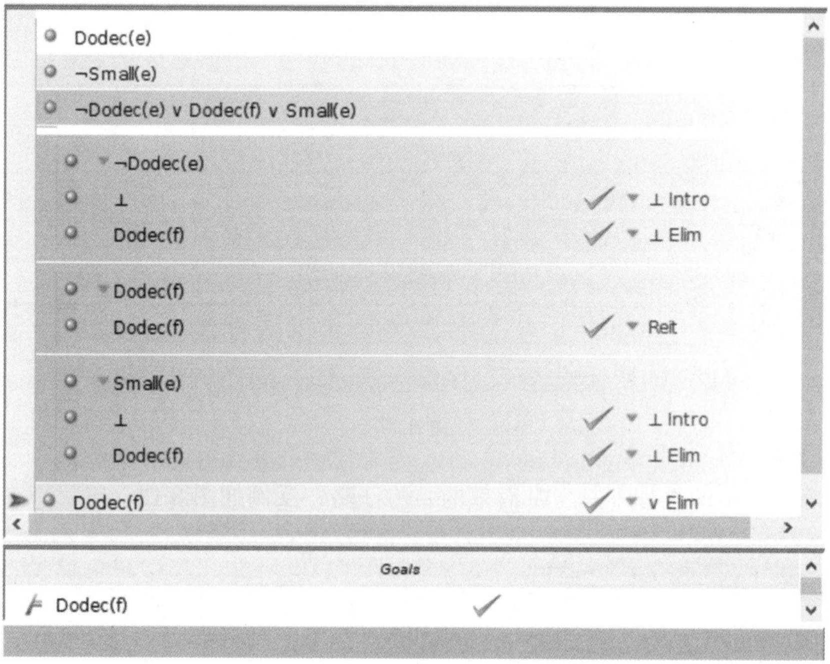

图 8.20

练习 11 中的推理是 TW 有效的，验证略，证明如图 8.21。

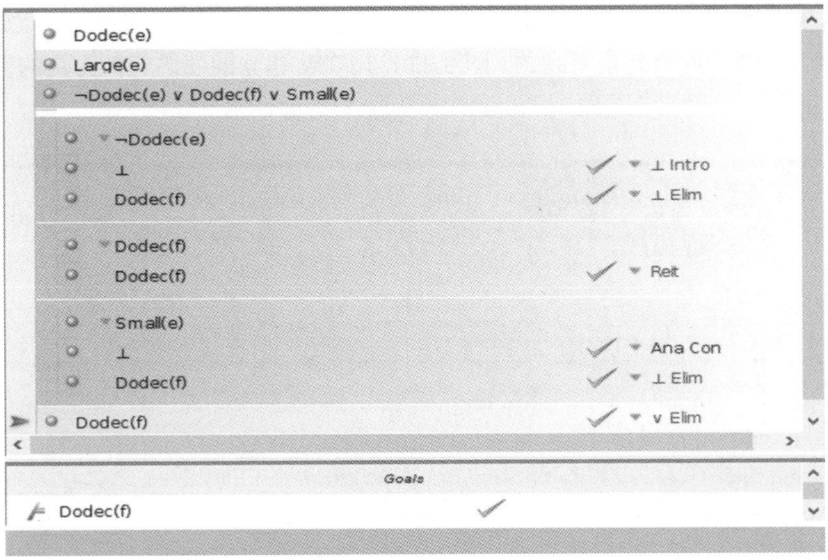

图 8.21

练习 12 中的推理是 TW 无效的，验证略，反例如图 8.22。

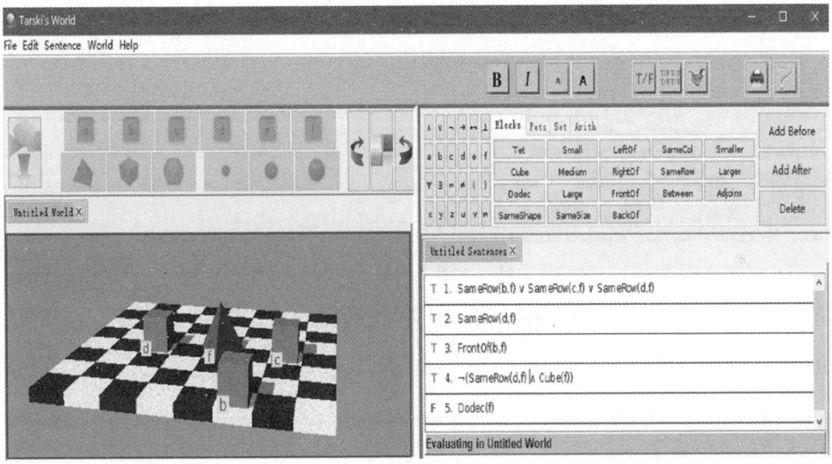

图 8.22

确定练习 13 和练习 14 中的语句是否一致。如果语句是一致的，用 Tarski's World 建立一个使语句都为真的世界。如果语句是不一致的，用 Fitch 给出一个使语句不一致的证明（也就是从语句中推出⊥）。在证明中可以使用 Ana Con，但只能运用到原子语句或原子语句的否定上。

练习 13　¬(Larger(a,b)∧Larger(b,a))和¬SameSize(a,b)

练习 14　Smaller(a,b)∨Smaller(b,a)和 SameSize(a,b)

【参考答案】

练习 13 中的语句是一致的（图 8.23），用 TW 建立的使语句都为真的世界，如图 8.24。

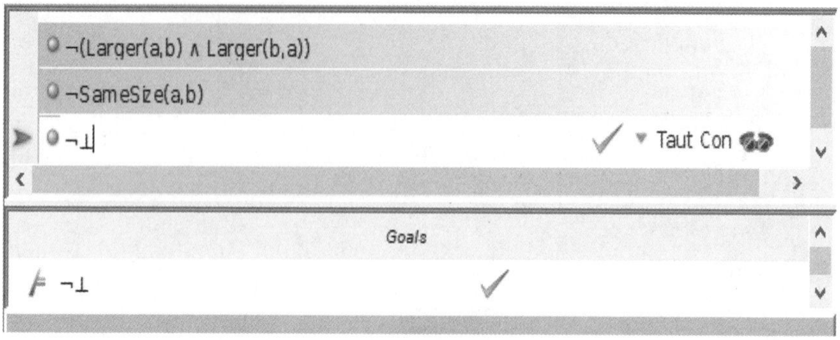

图 8.23

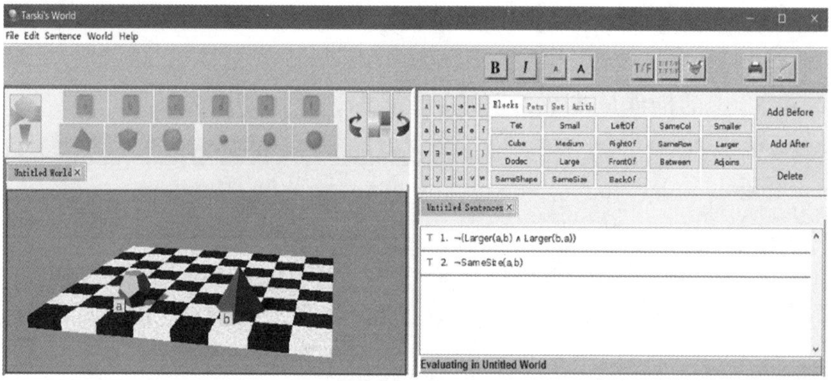

图 8.24

练习 14 中的语句是 Tarski's World 不一致的（图 8.25），用 Fitch 给出不一致的证明，如图 8.26。

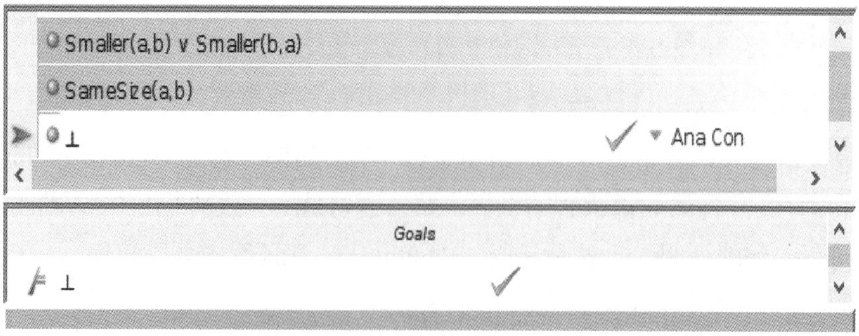

图 8.25

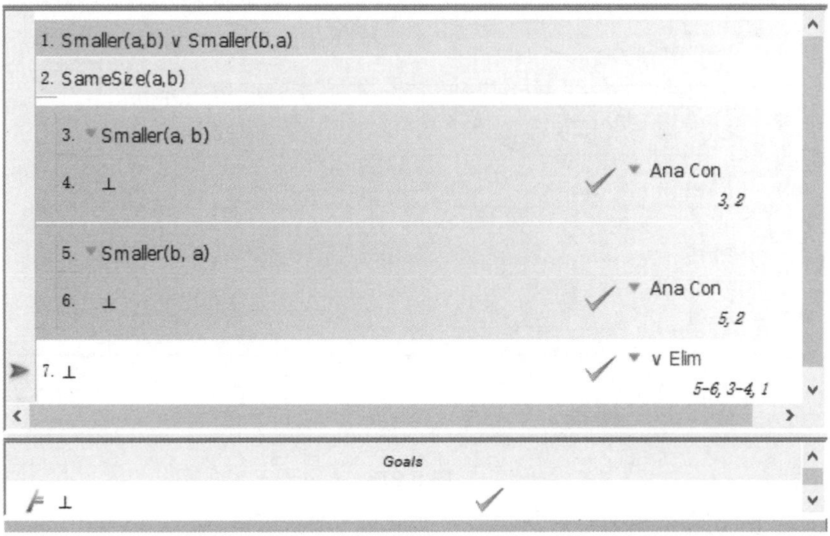

图 8.26

8.4　子证明的正确使用

【练习】

用 Fitch 给出下面推理的形式证明。你需要运用子证明中的子证明。

练习 15

| A∨B
|—
| A∨¬¬B

练习 16

| A∨B
| ¬B∨C
|—
| A∨C

练习 17

| A∨B
| A∨C
|—
| A∨(B∧C)

【参考答案】

练习 15（图 8.27）。

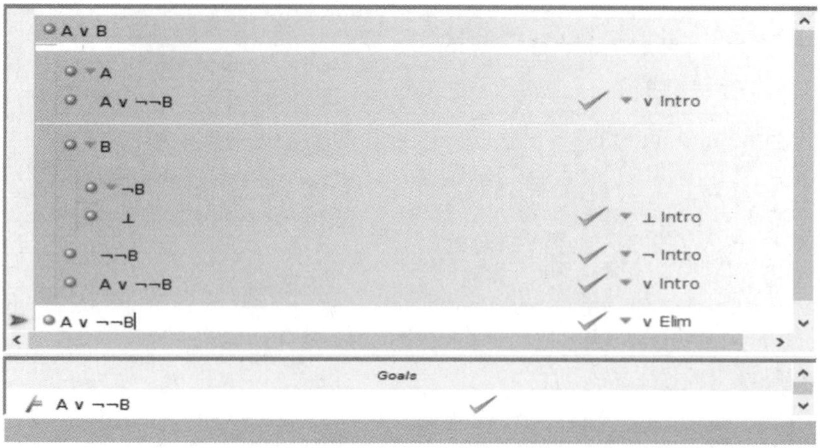

图 8.27

练习 16（图 8.28）。

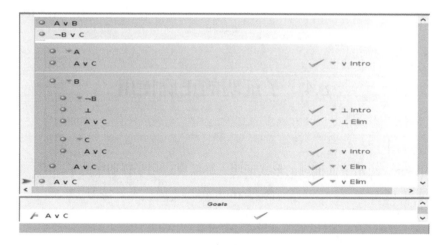

图 8.28

练习 17（图 8.29）。

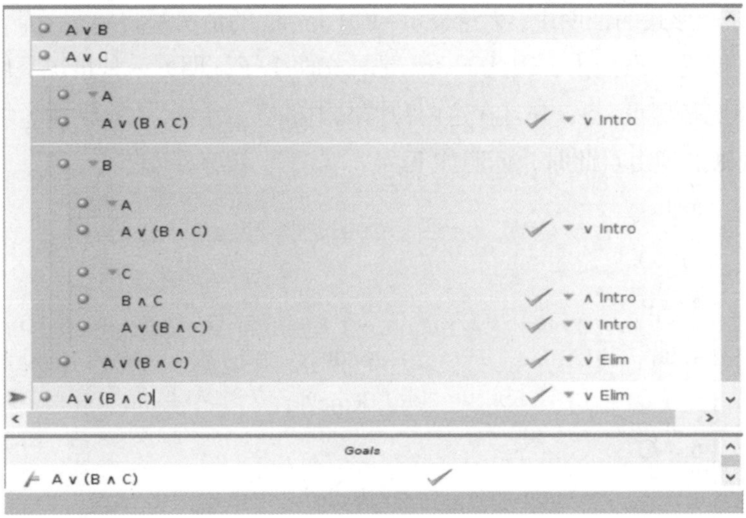

图 8.29

8.5　计划和策略

【操作二十六】

1. 在 Fitch 中，打开文件 Strategy 1（策略 1）。点击 Add Step After 后输入要证明的结论。证明如下。

1. $\neg P \vee \neg Q$	
2. …	Rule?
3. $\neg(P \wedge Q)$	Rule?

2. 由于用在非形式证明中的主要方法是反证法，它对应于否定引入规则。因此将空白处改变为一个子证明的假设 $P \wedge Q$，并且在这个子证明的末尾输入矛盾符号⊥。在这两步之间添加一个空白步，在这里需要补充某些证明的内容，并在最后一步输入你的证明。证明如下。

1. $\neg P \vee \neg Q$	
2. $P \wedge Q$	
3. …	Rule?
4. $\bot$	Rule?
5. $\neg(P \wedge Q)$	$\neg$Intro:2-4

3. 在非形式的证明中，无论显示¬P 还是¬Q 的情况都将导致矛盾。分情况的形式证明是析取消去，因此下一步是补充两个子证明，一种情况是假设¬P，另一种情况是假设¬Q，并且在这两种情况中都以⊥结束。在证明中，填上应用∨Elim 规则的理由。此时，证明如下。

1. ¬P∨¬Q	
2. P∧Q	
3. ¬P	
4. …	Rule?
5. ⊥	Rule?
6. ¬Q	
7. …	Rule?
8. ⊥	Rule?
9. ⊥	∨Elim:1,3-5,6-8
10. ¬(P∧Q)	¬Intro:2-9

4.补充剩余的步骤。一个完整的证明如下。

1. ¬P∨¬Q	
2. P∧Q	
3. ¬P	
4. P	∧Elim:2
5. ⊥	⊥Intro:4,3
6. ¬Q	
7. Q	∧Elim:2
8. ⊥	⊥Intro:7,6
9. ⊥	∨Elim:1,3-5,6-8
10. ¬(P∧Q)	¬Intro:2-9

5. 最后，将它保存为 Proof Strategy 1（图 8.30）。

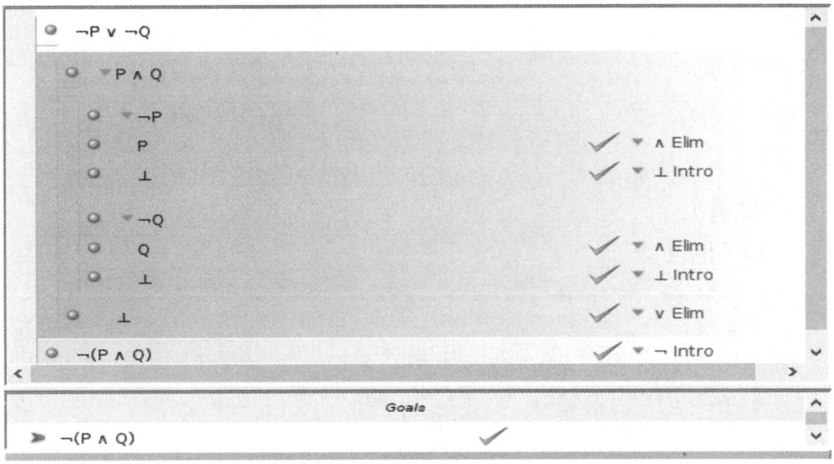

图 8.30

【练习】

练习 18 给出从前提 Cube(c)∨Dodec(c)和 Tet(b)得到¬(b=c)的一个形式证明。建立⊥时可使用 Ana Con 规则。

【参考答案】

见图 8.31。

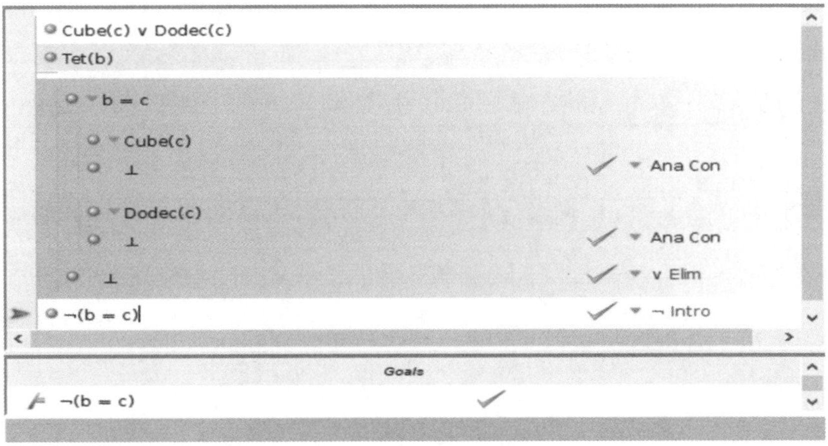

图 8.31

用 Fitch 构造下面推理的形式，证明并保存你的文件。

练习 19

| ¬(A∨B)
|—
| ¬A∧¬B

练习 20

| ¬A∧¬B
|—
| ¬(A∨B)

练习 21

A∨(B∧C)

¬B∨¬C∨D

A∨D

练习 22

(A∧B)∨(C∧D)

(B∧C)∨(D∧E)

C∨(A∧E)

【参考答案】

练习 19（图 8.32）。

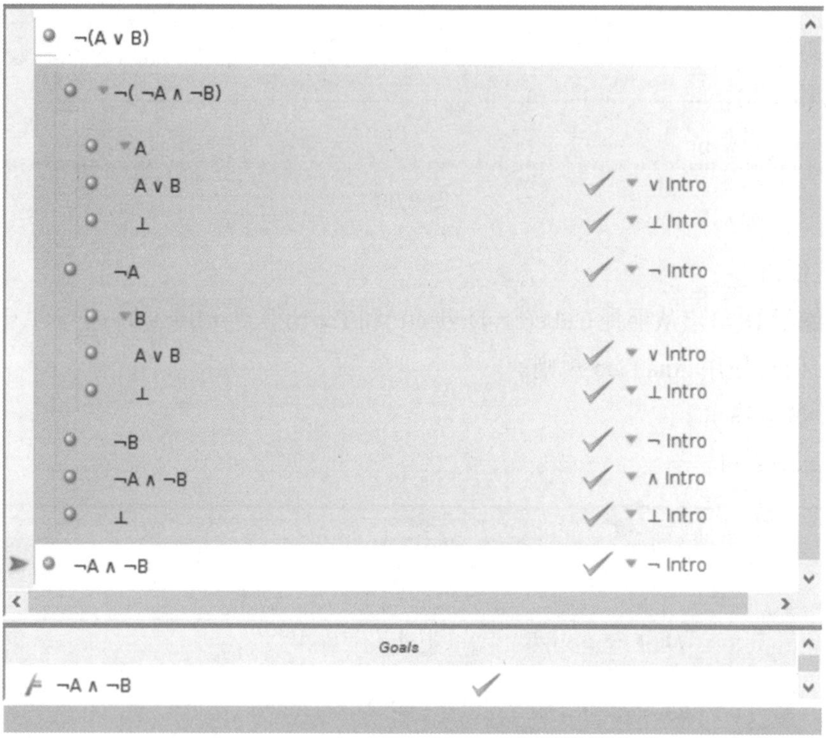

图 8.32

练习 20（图 8.33）。

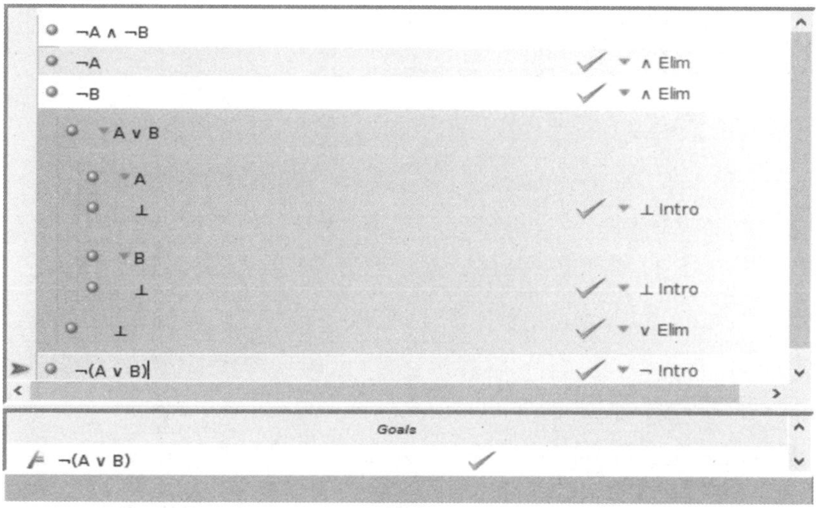

图 8.33

练习 21（图 8.34）。

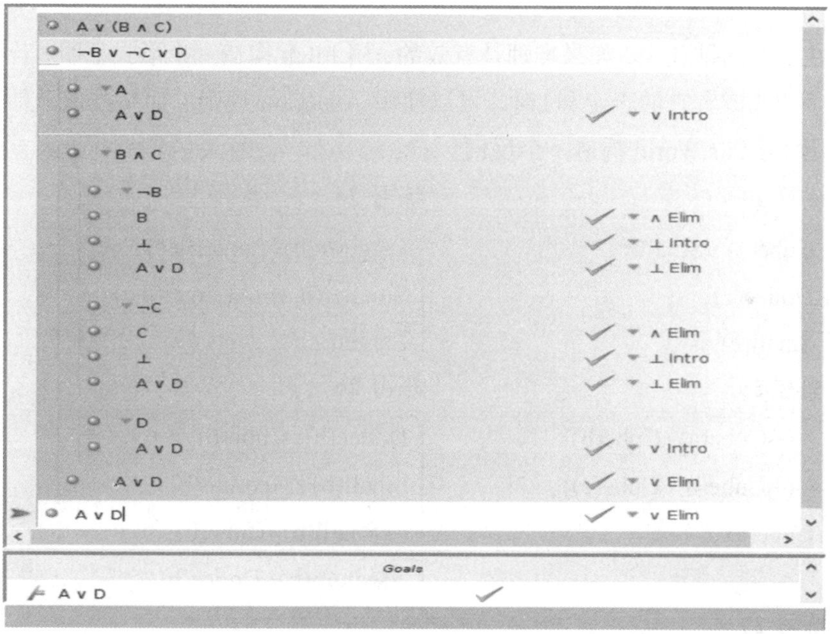

图 8.34

练习 22（图 8.35）。

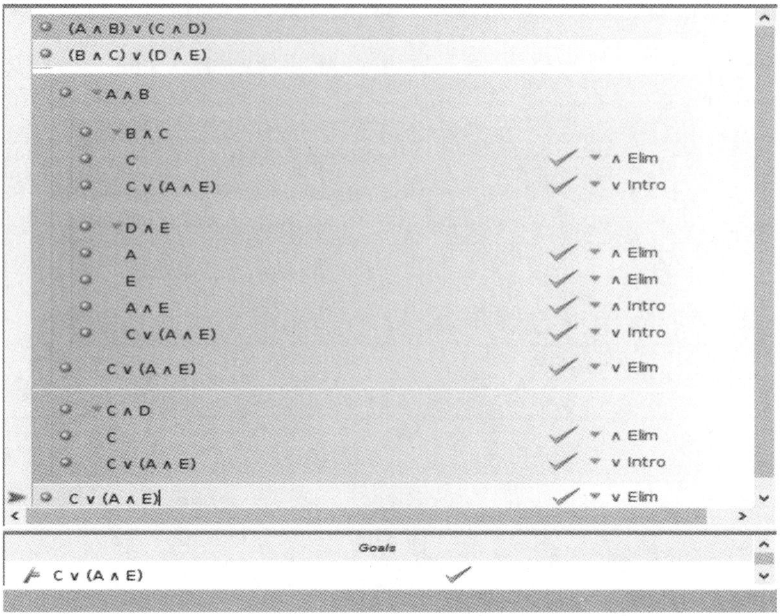

图 8.35

在下面的推理中，如果推理是有效的，用 Fitch 构造一个形式证明。若有单式原子公式或者它的否定和⊥时，可以使用 Ana Con 规则。如果推理不是有效的，用 Tarski's World 构造一个反例。

练习 23

Cube(c) ∨Small(c)
Dodec(c)
————
Small(c)

练习 24

Larger(a,b)∨Larger(a,c)
Smaller(b,a)∨¬Larger(a,c)
————
Larger(a,b)

练习 25

¬(¬Cube(a)∧Cube(b))
¬(¬Cube(b)∨Cube(c))
————
Cube(a)

练习 26

Dodec(b)∨Cube(b)
Small(b)∨Medium(b)
¬(Small(b)∧Cube(b))
————
Medium(b)∧Dodec(b)

练习 27

Dodec(b)∨Cube(b)
Small(b)∨Medium(b)
¬(Small(b)∧¬Cube(b))
————
Medium(b)∧Dodec(b)

【参考答案】

练习 23 中的推理是 TW 有效的，验证略，证明如图 8.36。

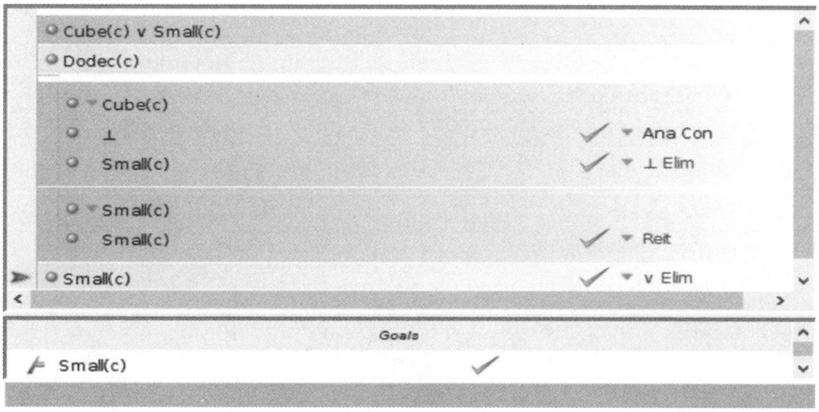

图 8.36

练习 24 的推理是 TW 有效的，验证略，证明如图 8.37。

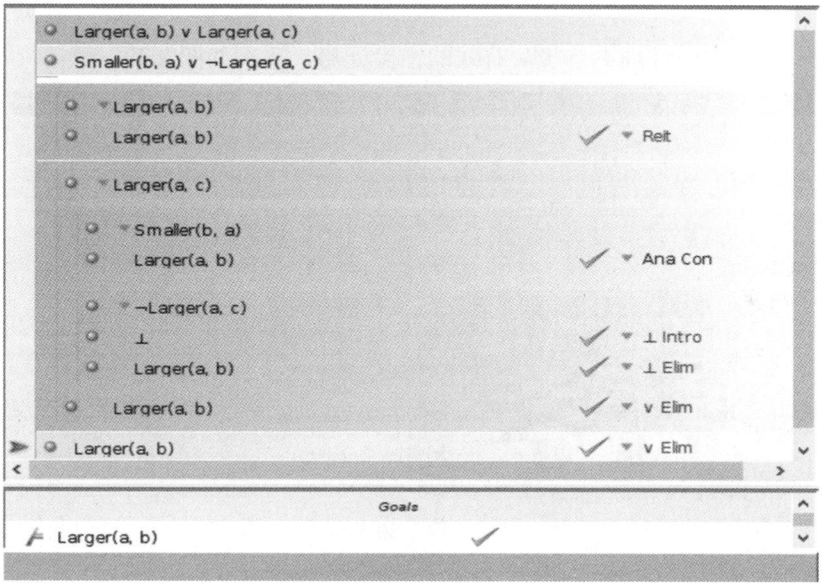

图 8.37

练习 25 中的推理是重言有效的，验证略，证明如图 8.38。

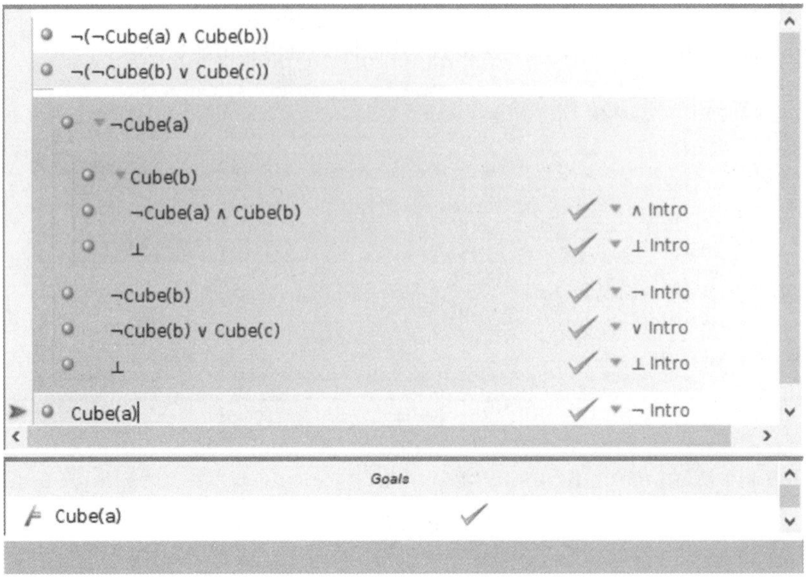

图 8.38

练习 26 中的推理不是 TW 有效的，验证略，反例如图 8.39。

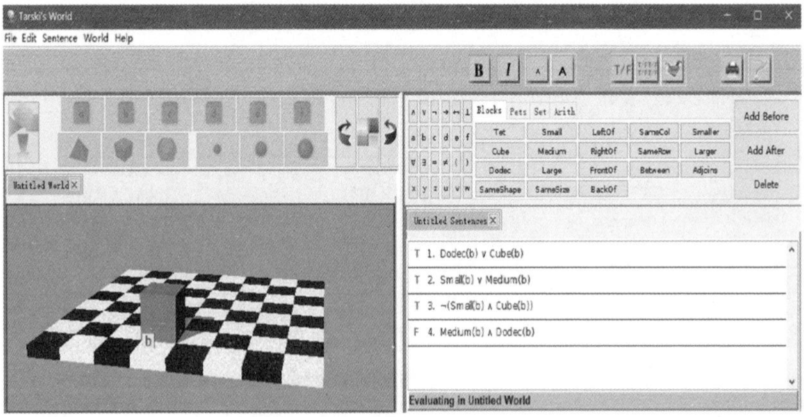

图 8.39

练习 27 中的推理不是 TW 有效，验证略，反例如图 8.40。

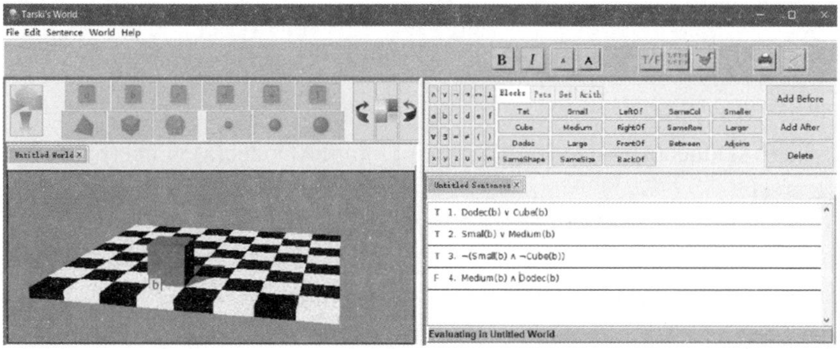

图 8.40

8.6　形式定理的证明

【练习】

练习 28 在 Fitch 中，打开文件 Exercise 6.33。它是排中律 P∨¬P 的一个未完成的证明。因为缺少一些相关的内容，因而这个证明未被验证。请补上缺少的内容，并保存你的工作。该证明表示：在 Fitch 中不用任何前提可以推出排中律。

【参考答案】

见图 8.41。

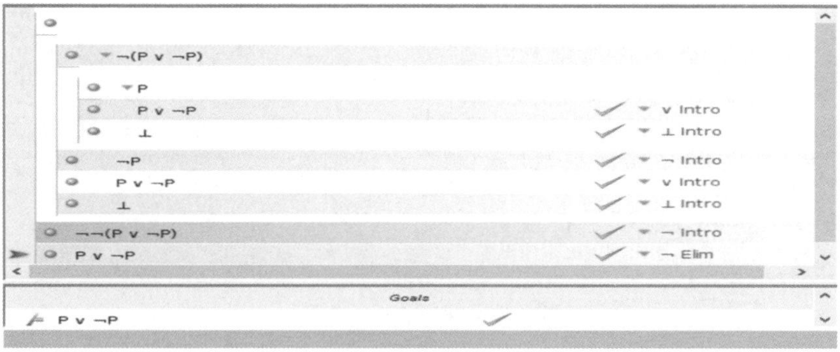

图 8.41

下面的语句是否为逻辑永真式。如果是，请用 Fitch 构造一个无前提的形式证明（Ana Con 规则仅限于对单式的使用）。如果不是，请用 Tarski's World 构造一个反例。

练习 29

$\vdash \neg(a=b \wedge Dodec(a) \wedge \neg Dodec(b))$

练习 30

$\vdash \neg(a=b \wedge Dodec(a) \wedge Cube(b))$

练习 31

$\vdash \neg(a=b \wedge b=c \wedge a \neq c)$

练习 32

$\vdash \neg(a \neq b \wedge b \neq c \wedge a=c)$

练习 33

$\vdash \neg(SameRow(a,b) \wedge SameRow(a,c) \wedge FrontOf(c,a))$

练习 34

$\vdash \neg(SameCol(a,b) \wedge SameCol(b,c) \wedge FrontOf(c,a))$

【参考答案】

练习 29 中的语句是逻辑永真式，验证略，证明如图 8.42。

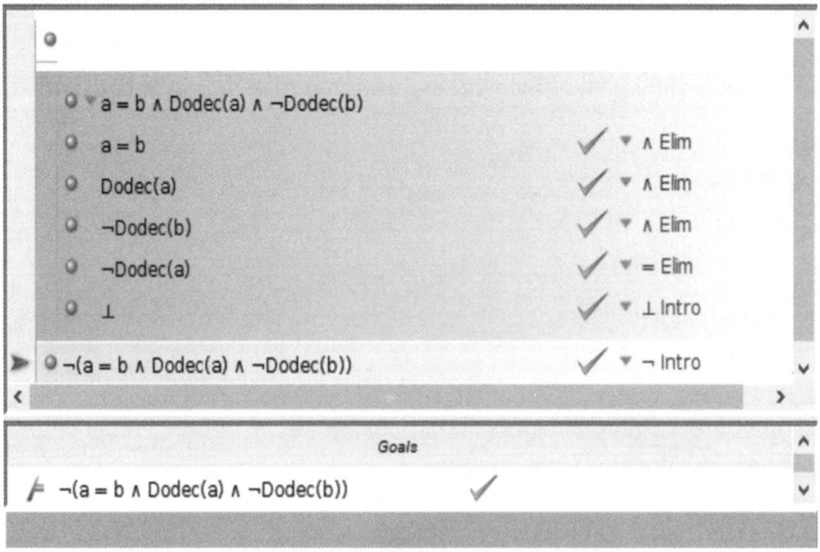
a = b ∧ Dodec(a) ∧ ¬Dodec(b)
a = b
∧ Elim
Dodec(a)
∧ Elim
¬Dodec(b)
∧ Elim
¬Dodec(a)
= Elim
⊥
⊥ Intro
¬(a = b ∧ Dodec(a) ∧ ¬Dodec(b))
¬ Intro
Goals
¬(a = b ∧ Dodec(a) ∧ ¬Dodec(b))

图 8.42

练习 30 中的语句是 TW 永真式，验证略，证明如图 8.43。

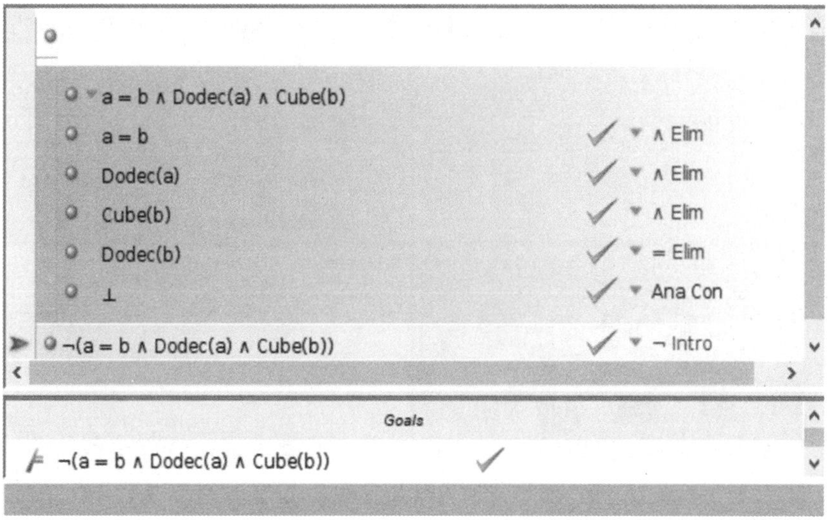
a = b ∧ Dodec(a) ∧ Cube(b)
a = b
∧ Elim
Dodec(a)
∧ Elim
Cube(b)
∧ Elim
Dodec(b)
= Elim
⊥
Ana Con
¬(a = b ∧ Dodec(a) ∧ Cube(b))
¬ Intro
Goals
¬(a = b ∧ Dodec(a) ∧ Cube(b))

图 8.43

练习 31 中的语句是逻辑永真式，验证略，证明如图 8.44。

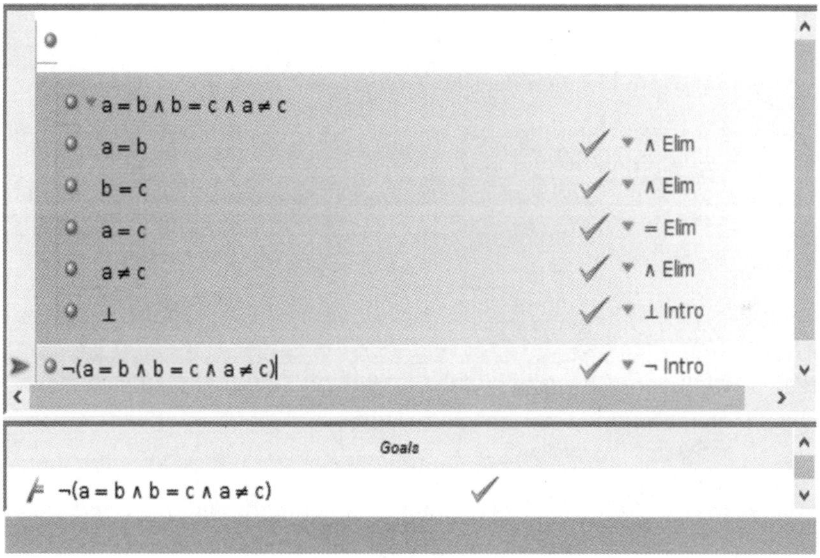
a = b ∧ b = c ∧ a ≠ c
a = b
∧ Elim
b = c
∧ Elim
a = c
= Elim
a ≠ c
∧ Elim
⊥
⊥ Intro
¬(a = b ∧ b = c ∧ a ≠ c)
¬ Intro
Goals
¬(a = b ∧ b = c ∧ a ≠ c)

图 8.44

练习 32 中的语句不是 TW 必然真语句，验证略，反例如图 8.45。

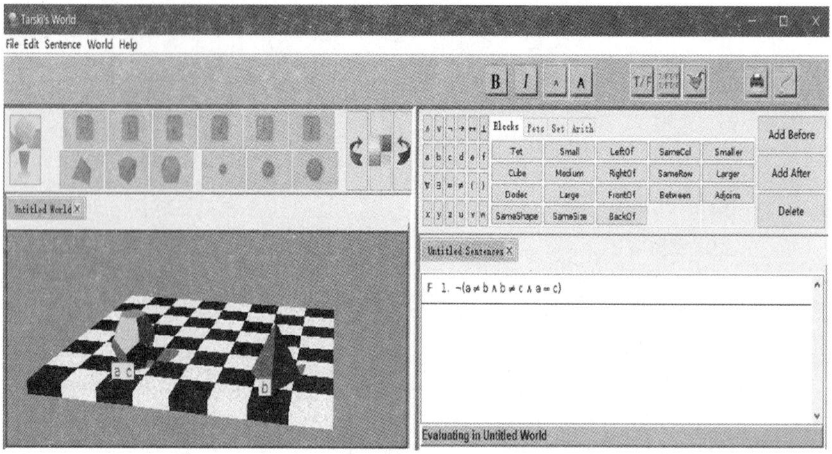

图 8.45

练习 33 中的语句是 TW 必然性语句，验证略，证明如图 8.46。

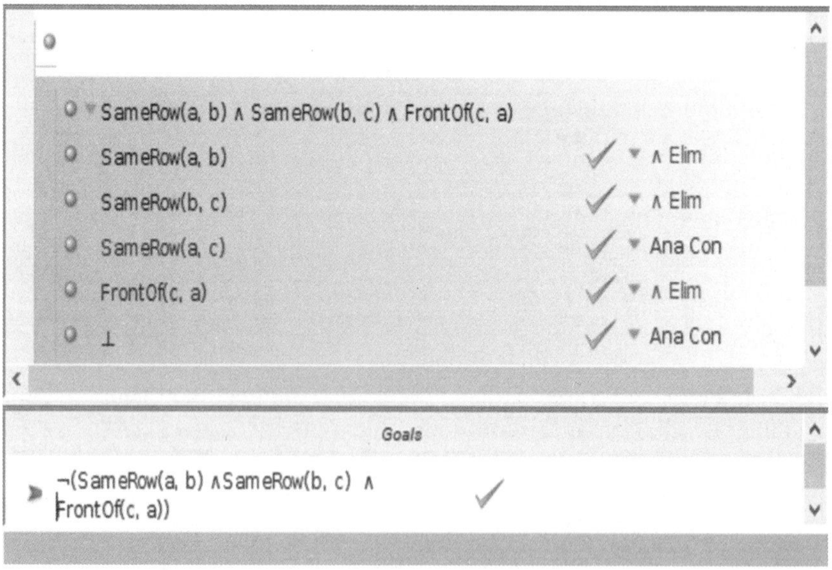

图 8.46

练习 34 中的语句不是 TW 必然性语句，验证略，反例如图 8.47。

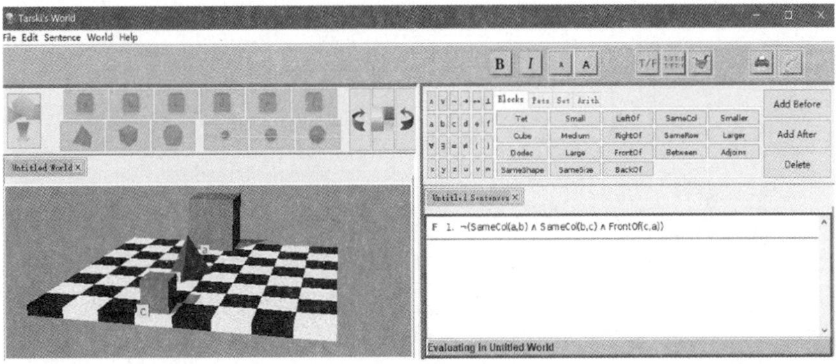

图 8.47

下面的语句都是重言式，并且在 Fitch 中均可证明。用 Fitch 构造它们的形式证明。

练习 35　　**练习 36**　　**练习 37**

$\vdash A \vee \neg(A \wedge B)$　　$\vdash (A \wedge B) \vee \neg A \vee \neg B$　　$\vdash \neg A \vee \neg(\neg B \wedge (\neg A \vee B))$

【参考答案】

练习 35（图 8.48）。

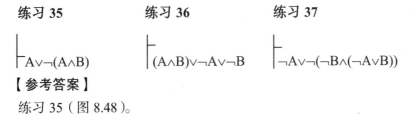

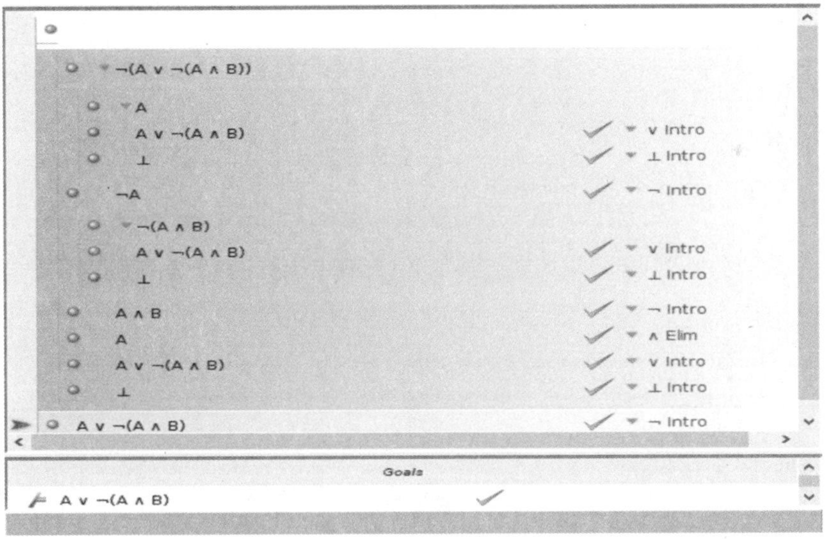

图 8.48

练习 36（图 8.49）。

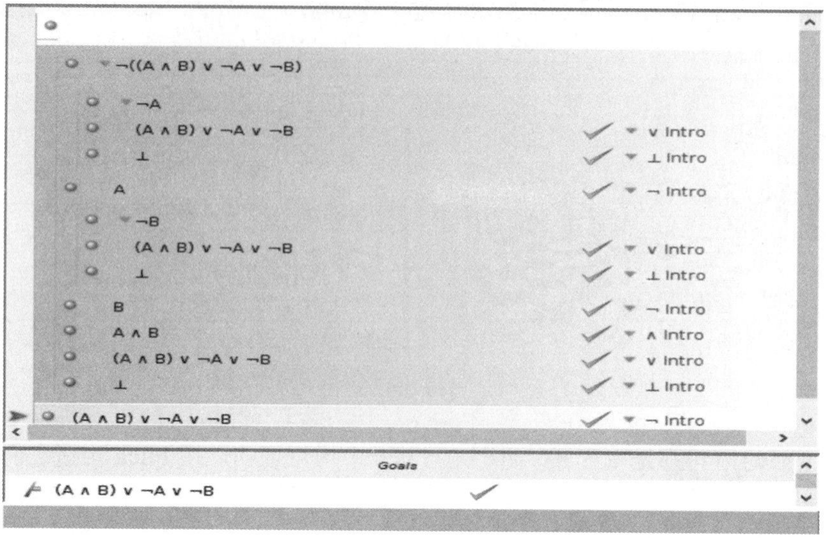
¬((A ∧ B) ∨ ¬A ∨ ¬B)
¬A
(A ∧ B) ∨ ¬A ∨ ¬B
∨ Intro
⊥
⊥ Intro
A
¬ Intro
¬B
(A ∧ B) ∨ ¬A ∨ ¬B
∨ Intro
⊥
⊥ Intro
B
¬ Intro
A ∧ B
∧ Intro
(A ∧ B) ∨ ¬A ∨ ¬B
∨ Intro
⊥
⊥ Intro
(A ∧ B) ∨ ¬A ∨ ¬B
¬ Intro
Goals
(A ∧ B) ∨ ¬A ∨ ¬B

图 8.49

练习 37（图 8.50）。

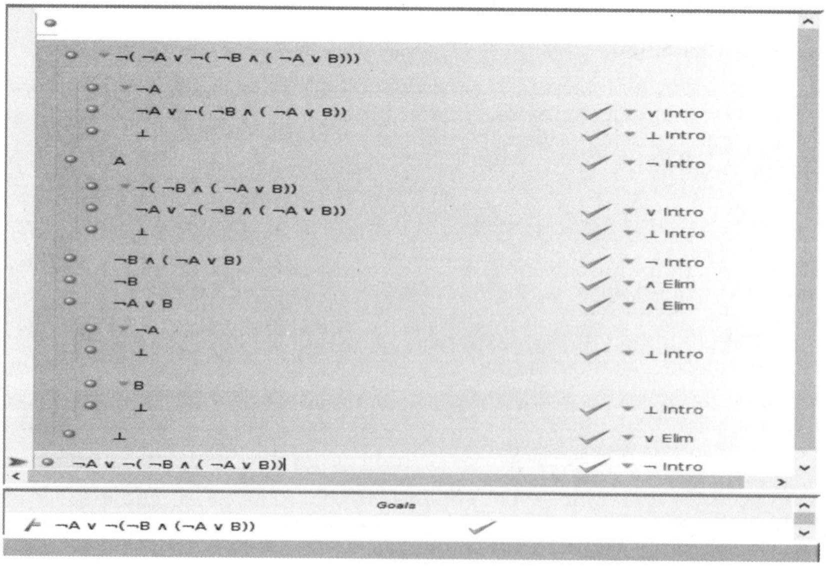
¬(¬A ∨ ¬(¬B ∧ (¬A ∨ B)))
¬A
¬A ∨ ¬(¬B ∧ (¬A ∨ B))
∨ Intro
⊥
⊥ Intro
A
¬ Intro
¬(¬B ∧ (¬A ∨ B))
¬A ∨ ¬(¬B ∧ (¬A ∨ B))
∨ Intro
⊥
⊥ Intro
¬B ∧ (¬A ∨ B)
¬ Intro
¬B
∧ Elim
¬A ∨ B
∧ Elim
¬A
⊥
⊥ Intro
B
⊥
⊥ Intro
⊥
∨ Elim
¬A ∨ ¬(¬B ∧ (¬A ∨ B))
¬ Intro
Goals
¬A ∨ ¬(¬B ∧ (¬A ∨ B))

图 8.50

第 9 章

布尔逻辑的证明方法（二）

9.1　分情况证明

【练习】

练习 1 下面的推理正确吗？如果正确，请给出一个形式证明。如果不正确，请在 Tarski's World 中举一个反例。

| LeftOf(a,b)∨RightOf(a,b)
| BackOf(a,b)∨¬LeftOf(a,b)
| FrontOf(b,a)∨¬RightOf(a,b)
| SameCol(c,a)∧SameRow(c,b)
|—
| LeftOf(b,c)

【参考答案】

此结论不是前提的一个逻辑后承，验证略，反例如图 9.1。

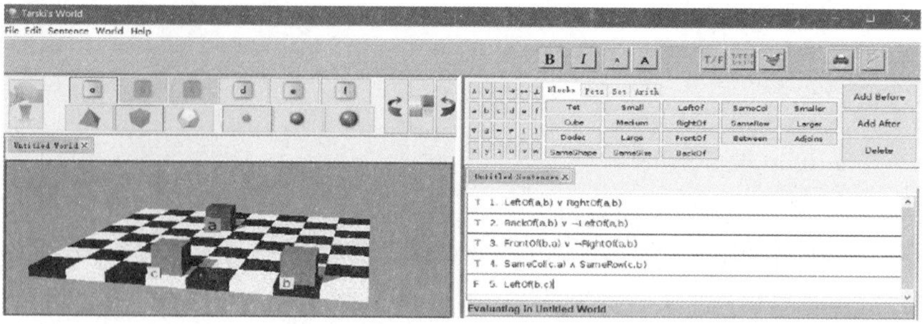

图 9.1

9.2 间接证明：矛盾证明

【练习】

下面的推理是否有效？如果推理是有效的，请用分情况证明或矛盾证明方法给出一个形式证明。如果是无效的，请在 Tarski's World 中构造一个反例。

练习 2

b 是一个锥体。
c 是一个立方体。
c 比 b 大，否则二者完全相同。
———
b 小于 c。

练习 3

Cube(a)∨Tet(a)∨Large(a)
¬Cube(a)∨a=b∨Large(a)
¬ Large(a)∨a=c
¬(c=c∧Tet(a))
———
¬(Large(a)∨Tet(a))

练习 4

Cube(a)∨Tet(a)∨Large(a)
¬Cube(a)∨a=b∨Large(a)
¬Large(a)∨a=c
¬(c=c∧Tet(a))
———
a=b∨a=c

【参考答案】

练习 2 中的推理是 TW 有效，验证略，证明如图 9.2。

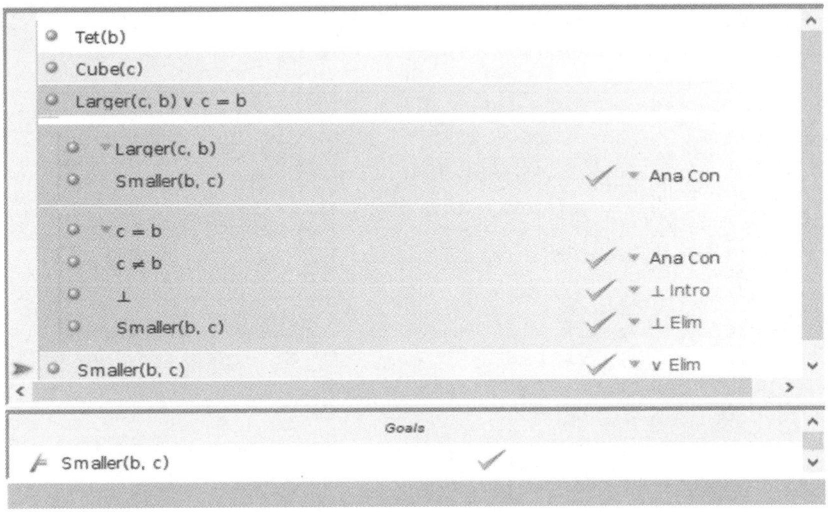

图 9.2

练习 3 中的推理是 TW 无效的，验证略，反例如图 9.3。

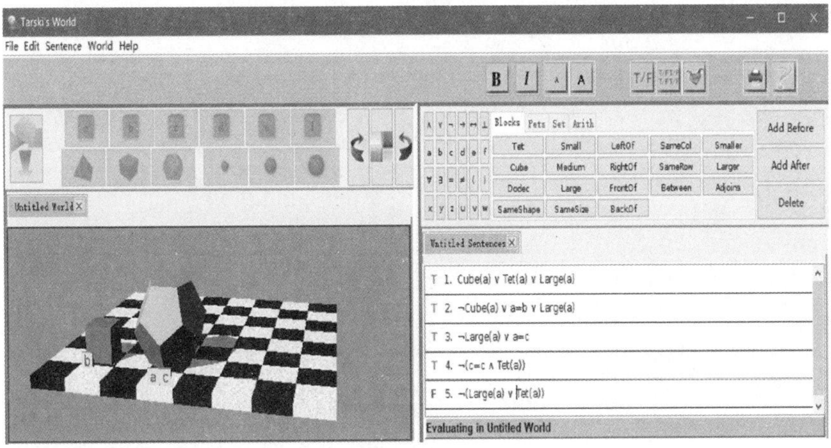

图 9.3

练习 4 中的推理是 FO 有效的，验证略，证明如图 9.4。

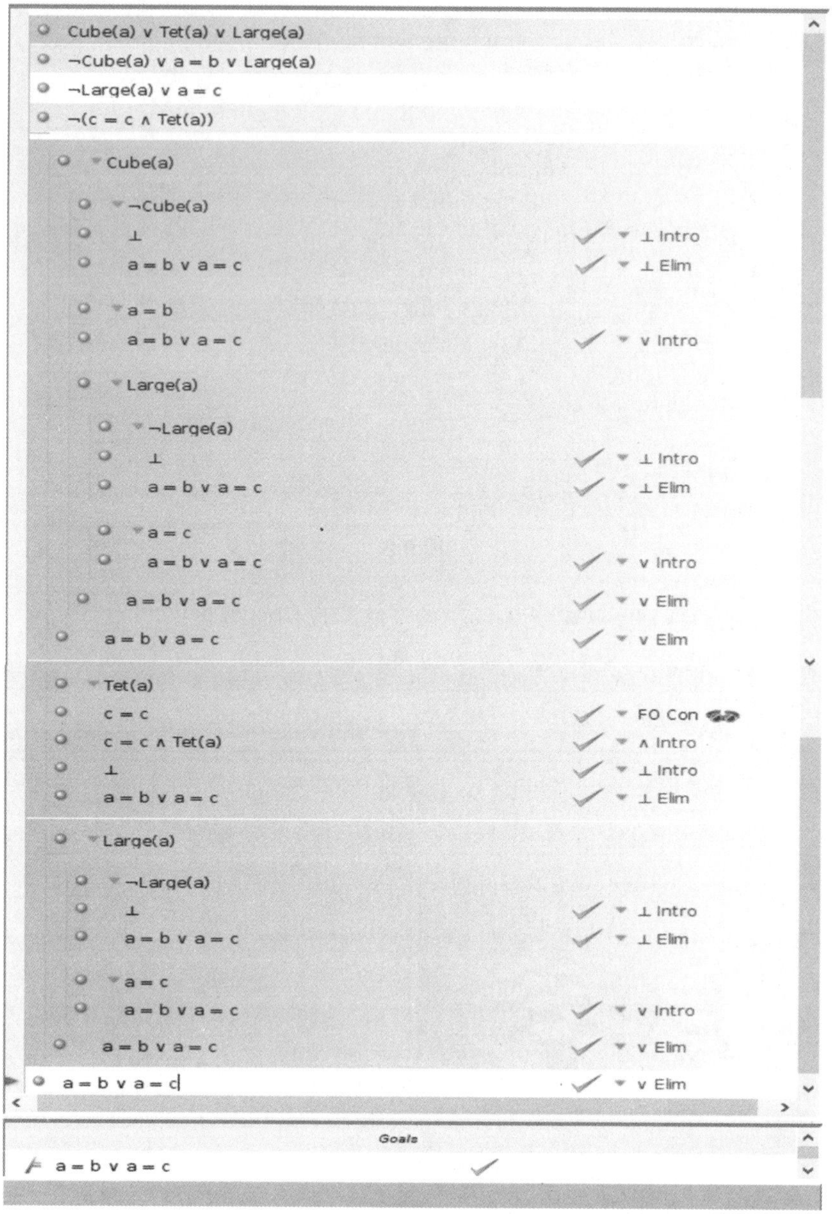

Cube(a) ∨ Tet(a) ∨ Large(a)		
¬Cube(a) ∨ a = b ∨ Large(a)		
¬Large(a) ∨ a = c		
¬(c = c ∧ Tet(a))		
▾ Cube(a)		
▾ ¬Cube(a)		
⊥	✓ ▾ ⊥ Intro	
a = b ∨ a = c	✓ ▾ ⊥ Elim	
▾ a = b		
a = b ∨ a = c	✓ ▾ ∨ Intro	
▾ Large(a)		
▾ ¬Large(a)		
⊥	✓ ▾ ⊥ Intro	
a = b ∨ a = c	✓ ▾ ⊥ Elim	
▾ a = c		
a = b ∨ a = c	✓ ▾ ∨ Intro	
a = b ∨ a = c	✓ ▾ ∨ Elim	
a = b ∨ a = c	✓ ▾ ∨ Elim	
▾ Tet(a)		
c = c	✓ FO Con	
c = c ∧ Tet(a)	✓ ∧ Intro	
⊥	✓ ⊥ Intro	
a = b ∨ a = c	✓ ⊥ Elim	
▾ Large(a)		
▾ ¬Large(a)		
⊥	✓ ⊥ Intro	
a = b ∨ a = c	✓ ⊥ Elim	
▾ a = c		
a = b ∨ a = c	✓ ▾ ∨ Intro	
a = b ∨ a = c	✓ ▾ ∨ Elim	
a = b ∨ a = c	✓ ▾ ∨ Elim	

Goals

⊨ a = b ∨ a = c ✓

图 9.4

第 10 章

蕴涵

10.1　实质蕴涵

【练习】

用 Boole 程序确定下面的每个语句对是否重言等值的。

练习 1 A→B 和¬A∨B　　**练习 2** ¬(A→B)和 A∧¬B

练习 3 A↔B 和(A→B)∧(B→A)　　**练习 4** A↔B 和(A∧B)∨(¬A∧¬B)

练习 5 (A∧B)→C 和 A→(B∨C)　　**练习 6** (A∧B)→C 和 A→(B→C)

练习 7 A→(B→(C→D))和((A→B)→C)→D

练习 8 A↔(B↔(C↔D))和((A↔B)↔C)↔D

【参考答案】

练习 1 中的语句对是重言等值的（图 10.1），其余略。

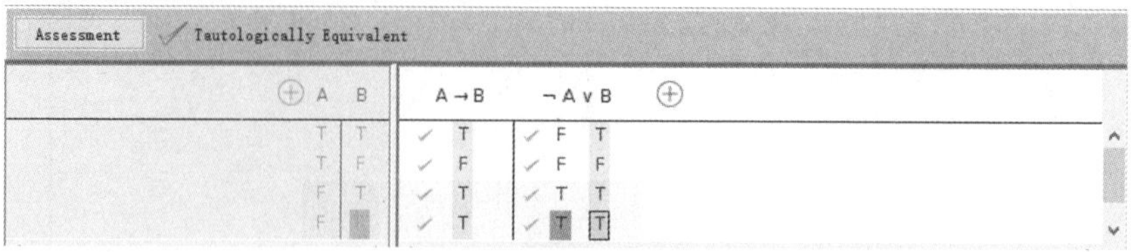

图 10.1

练习 9 在 Tarski’s World 中，打开文件 Abelard’s Sentences（阿伯拉德语句），在 Wittgenstein’s World 中评价这些语句并保存你的结果。

【参考答案】

略。

练习 10（描述一个世界）在 Tarski’s World 中，从 World 菜单中选择 Hide labels，然后打开 Montague’s World（蒙太古世界）。在这个世界中，每个模块都有名字，并且它们只有一个名字。创建一个新的语句文件，在这个语句文件中描述 Montague’s World 的一些特征。然后检查你的每一个语句，看它是否为 Tarski’s World 的一个语句并且它在这个世界中为真。

1. 注意，如果 c 是一个锥体，那么 a 不是一个锥体。（记住，在这个世界中，每一个对象都有自己的名字。）用你的第一个语句表述这个事实。

2. 然而如果 b 是一个锥体，那么 d 不是。用你的第二个语句表示它。

3. 最后，如果 b 是一个锥体，那么 c 不是。表示它。

4. 注意，如果 a 是一个立方体，b 是一个十二面球体，那么 a 在 b 的左边。用你的下一个语句表示这个事实。

5. 用你的下一个语句表述事实：如果 b 和 c 是两个立方体，那么它们在相同的行上但不在相同的列上。

6. 用你的下一个语句表达：b 是一个十二面球体，当且仅当它是小的。

7. 如果 a 和 d 都是立方体，那么其中的一个在另一个的左边。（注意，你需要使用一个析取式来表达：一个在另一个的左边。）

8. d 是一个立方体，当且仅当它或者是中等的或者是最大的。

9. 如果 b 既不在 d 的右边也不在它的左边，那么它们之一是锥体。

10. 最后，b 和 c 大小相同当且仅当一个是锥体，另一个是十二面球体。

保存你的语句。现在从菜单中选取 Show labels。检查你的所有语句，这些语句都应该为真。在检查前三个语句的真值时，特别要留意语句中组成部分的真值。注意：有时条件句的前件为真，有时它的后件为假，但不会有前件为真和后件为假同时存在的情况。你可以通过做游戏来加深理解。

【参考答案】

见图 10.2。

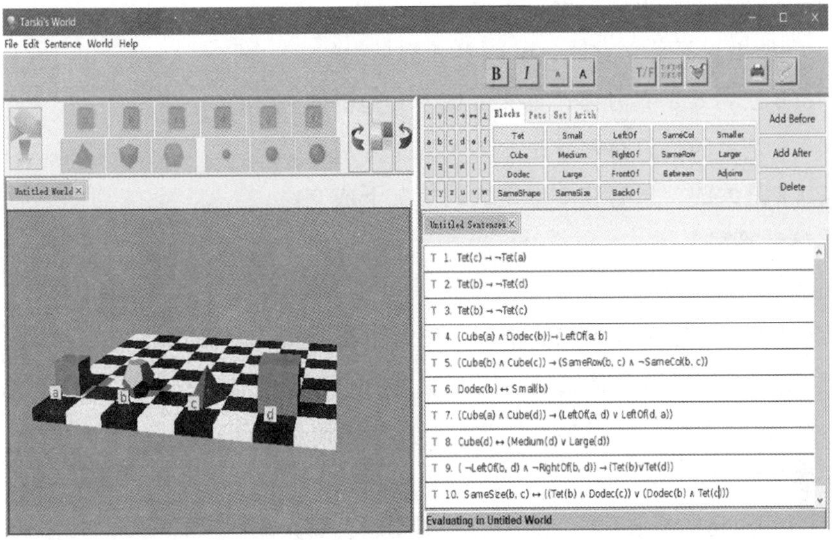
Tarski's World
File Edit Sentence World Help
Blocks Pets Set Arith
Tet Small LeftOf SameCol Smaller
Cube Medium RightOf SameRow Larger
Dodec Large FrontOf Between Adjoins
SameShape SameSize BackOf
Add Before
Add After
Delete
Untitled World
Untitled Sentences
T 1. Tet(c) → ¬Tet(a)
T 2. Tet(b) → ¬Tet(d)
T 3. Tet(b) → ¬Tet(c)
T 4. (Cube(a) ∧ Dodec(b))→ LeftOf(a, b)
T 5. (Cube(b) ∧ Cube(c)) → (SameRow(b, c) ∧ ¬SameCol(b, c))
T 6. Dodec(b) ↔ Small(b)
T 7. (Cube(a) ∧ Cube(d)) → (LeftOf(a, d) ∨ LeftOf(d, a))
T 8. Cube(d) ↔ (Medium(d) ∨ Large(d))
T 9. (¬LeftOf(b, d) ∧ ¬RightOf(b, d)) → (Tet(b)∨Tet(d))
T 10. SameSize(b, c) ↔ ((Tet(b) ∧ Dodec(c)) ∨ (Dodec(b) ∧ Tet(c)))
Evaluating in Untitled World
a
b
c
d

图 10.2

练习 11（翻译）在 Tarski's World 中，将下面的语句翻译为 FOL（一阶语言）语句，你的翻译应该使用所有的联结词。最后保存你的语句文件。

1. 如果 a 是一个锥体，那么它在 d 的前面。

2. a 在 d 的左边或者右边，仅当它是一个立方体。

3. c 在 a 和 e 或者 a 和 d 之间。

4. c 在 a 的右边，假设 c 是一个小的。

5. c 在 d 的右边，仅当 b 在 c 的右边并且 b 在 e 的左边。

6. 如果 e 是一个锥体，那么它在 b 的右边当且仅当它也在 b 的前面。

7. 如果 b 是一个十二面球体，那么如果它不在 d 的前面，那么它也不在 d 的后面。

8. c 在 a 的后面，但在 e 的前面。

9. e 在 d 的前面，除非 e 是一个大的锥体。

10. a、c 和 e 中，至少有一个为立方体。

11. a 是一个锥体，仅当它在 b 的前面。

12. b 比 a 和 e 都大。

13. a 和 e 都比 c 大，但它们都不是大的。

14. d 和 b 有相同的形状，仅当它们的大小相同。

15. a 是大的当且仅当它是一个立方体。

16. b 是一个立方体，除非 c 是一个锥体。

17. 如果 e 不是立方体，b 或者 d 都是大的。

18. b 或者 d 是立方体，如果 a 或者 c 是锥体。

19. a 是大的，只有在 d 是小的情况下才成立。

20. a 是大的，只有在 e 也是大的情况下成立。

【参考答案】

见练习 12。

练习 12 在 Tarski's World 中，打开文件 Bolzano's World。注意，练习 11 中所有的语句在该世界都是真的。因而如果你的翻译是对的，那么它们在这个世界中也一定是真的。检查是否如此。若有错误请加以纠正。

【参考答案】

在 Bolzano's World 中，图 10.3、图 10.4，其余略

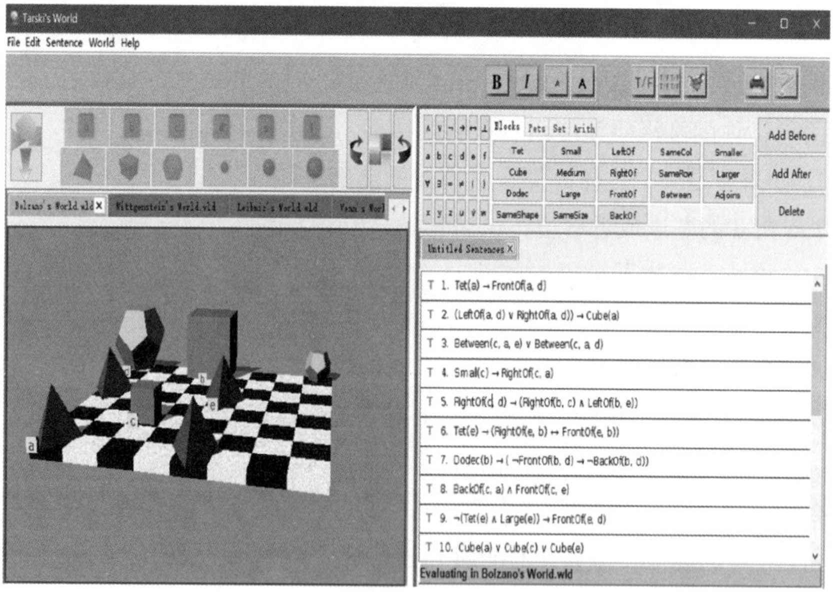

Tarski's World
File Edit Sentence World Help
Blocks Pets Set Arith
Tet Small LeftOf SameCol Smaller
Cube Medium RightOf SameRow Larger
Dodec Large FrontOf Between Adjoins
SameShape SameSize BackOf
Add Before
Add After
Delete
Bolzano's World.wld
Wittgenstein's World.wld
Leibniz's World.wld
Untitled Sentences
T 1. Tet(a) → FrontOf(a, d)
T 2. (LeftOf(a, d) ∨ RightOf(a, d)) → Cube(a)
T 3. Between(c, a, e) ∨ Between(c, a, d)
T 4. Small(c) → RightOf(c, a)
T 5. RightOf(c, d) → (RightOf(b, c) ∧ LeftOf(b, e))
T 6. Tet(e) → (RightOf(e, b) ↔ FrontOf(e, b))
T 7. Dodec(b) → (¬FrontOf(b, d) → ¬BackOf(b, d))
T 8. BackOf(c, a) ∧ FrontOf(c, e)
T 9. ¬(Tet(e) ∧ Large(e)) → FrontOf(e, d)
T 10. Cube(a) ∨ Cube(c) ∨ Cube(e)
Evaluating in Bolzano's World.wld

图 10.3

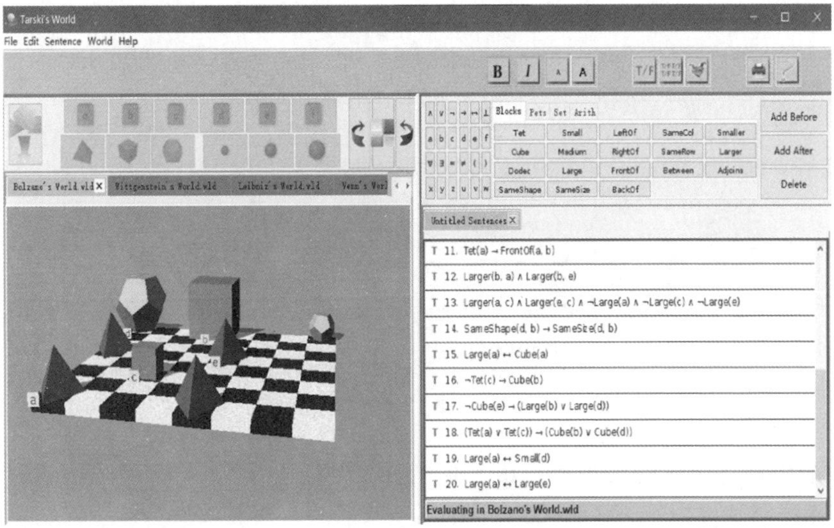
Tarski's World
File Edit Sentence World Help
Blocks Pets Set Arith
Tet Small LeftOf SameCol Smaller
Cube Medium RightOf SameRow Larger
Dodec Large FrontOf Between Adjoins
SameShape SameSize BackOf
Add Before
Add After
Delete
Untitled Sentences
T 11. Tet(a) → FrontOf(a, b)
T 12. Larger(b, a) ∧ Larger(b, e)
T 13. Larger(a, c) ∧ Larger(e, c) ∧ ¬Large(a) ∧ ¬Large(c) ∧ ¬Large(e)
T 14. SameShape(d, b) → SameSize(d, b)
T 15. Large(a) ↔ Cube(a)
T 16. ¬Tet(c) → Cube(b)
T 17. ¬Cube(e) → (Large(b) ∨ Large(d))
T 18. (Tet(a) ∨ Tet(c)) → (Cube(b) ∨ Cube(d))
T 19. Large(a) ↔ Small(d)
T 20. Large(a) ↔ Large(e)
Evaluating in Bolzano's World.wld

图 10.4

但是，即使你的语句在 Bolzano's World 中为真，这并不意味着它就是相应英语语句的正确翻译。如果你的翻译正确，它和相应的英语语句在任何世界中取值都相同。下面你可以在其他世界中检查你的翻译。

打开 Wittgenstein's World，在此你将会看到语句 3、5、9、11、12、13、14 和 20 是假的，而其余语句为真。检查你的翻译是否同样是正确的，如果不是，则修正你的翻译（并且确保它在 Bolzano's World 中也是真的）。

接着打开 Leibniz's World。此时英语语句有一半是真的（1、2、4、6、7、10、11、14、18 和 20）并且另一半是假的（3、5、8、9、12、13、15、16、17 和 19）。检查你的翻译是否和这个结果一致。如果不一致，修改你的翻译。

最后，打开 Venn's World（文恩世界）。这里，所有的语句都是假的，检查你的翻译，看看是否如此，如果有必要修正你的翻译。

练习 13（计算大小和形状）在 Tarski's World 中，打开文件 Euler's Sentences（欧拉语句）。在这个文件中有九个语句确定了模块 a、b 和 c 的大小和形状。建立一个世界使其中所有的语句都为真并保存你的文件。

【参考答案】

见图 10.5。

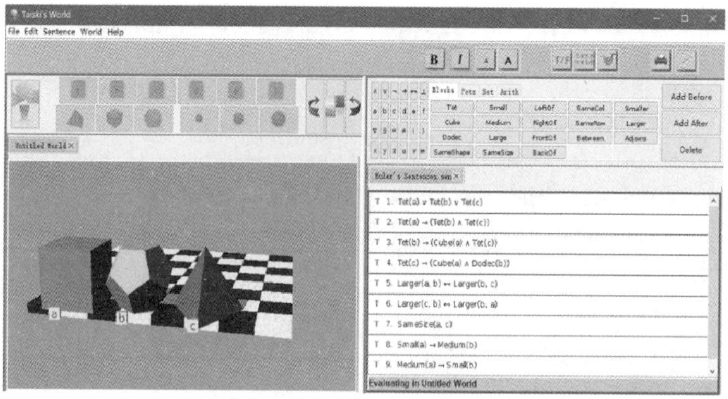
Tarski's World
File Edit Sentence World Help
Untitled World
Add Before
Add After
Delete
Tet
Cube
Dodec
SameShape
Small
Medium
Large
SameSize
LeftOf
RightOf
FrontOf
BackOf
SameCol
SameRow
Between
Smaller
Larger
Adjoins
T 1. Tet(a) ∨ Tet(b) ∨ Tet(c)
T 2. Tet(a) → (Tet(b) ∧ Tet(c))
T 3. Tet(b) → (Cube(a) ∧ Tet(c))
T 4. Tet(c) → (Cube(a) ∧ Dodec(b))
T 5. Larger(a, b) ↔ Larger(b, c)
T 6. Larger(c, b) ↔ Larger(b, a)
T 7. SameSize(a, c)
T 8. Small(a) → Medium(b)
T 9. Medium(a) → Small(b)
Evaluating in Untitled World

图 10.5

练习 14（更多的大小和形状）在 Tarski's World 中，打开一个新的语句文件，并翻译下面语句。

1. 如果 a 是一个锥体，那么 b 是一个锥体。
2. 如果 b 是一个锥体，那么 c 是一个锥体。
3. a 和 c 都是锥体，仅当它们中至少有一个是大的。
4. a 是一个锥体，但 c 不是大的。
5. 如果 c 是小的并且 d 是一个十二面球体，那么 d 既不是大的也不是小的。
6. c 是中等，仅当 d、e 和 f 都不是立方体。
7. d 是一个小的十二面球体，除非 a 是小的。
8. e 是大的，只有在 d 是大的当且仅当 f 也是大的情况下才成立。
9. d 和 e 大小相同。
10. d 和 e 形状相同。
11. 如果 f 是大的，那么它是一个立方体或者是一个十二面球体。
12. c 比 e 大，仅当 b 比 c 大。

保存这些语句。根据上面的语句确定 a、b、c、d、e、f 的大小和形状并完成表 10.1。然后，建立一个世界使其中所有的语句都为真并保存你的文件。

表 10.1

规模	a	b	c	d	e	f
形状						
大小						

【参考答案】

见表 10.2 和图 10.6。

表 10.2

规模	a	b	c	d	e	f
形状	Tet	Tet	Tet	Dodec	Dodec	Dodec
大小	large	large	Medium	small	small	large

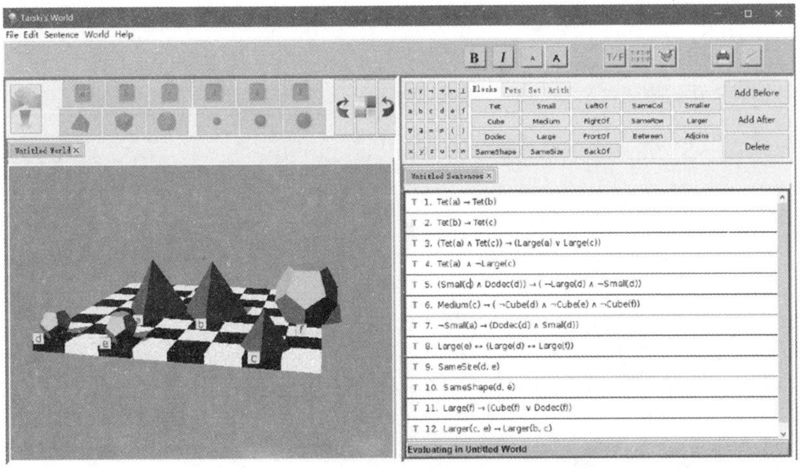
Tarski's World
File Edit Sentence World Help
Untitled World
Untitled Sentences
T 1. Tet(a) → Tet(b)
T 2. Tet(b) → Tet(c)
T 3. (Tet(a) ∧ Tet(c)) → (Large(a) ∨ Large(c))
T 4. Tet(a) ∧ ¬Large(c)
T 5. (Small(d) ∧ Dodec(d)) → (¬Large(d) ∧ ¬Small(d))
T 6. Medium(c) → (¬Cube(d) ∧ ¬Cube(e) ∧ ¬Cube(f))
T 7. ¬Small(a) → (Dodec(d) ∧ Small(d))
T 8. Large(e) ↔ (Large(d) ↔ Large(f))
T 9. SameSize(d, e)
T 10. SameShape(d, e)
T 11. Large(f) → (Cube(f) ∨ Dodec(f))
T 12. Larger(c, e) → Larger(b, c)
Evaluating in Untitled World

图 10.6

练习 15（给对象命名）在 Tarski's World 中，打开文件 Sherlock's World（夏洛克世界）和 Sherlock's Sentences（夏洛克语句），你将看到在这个世界中没有任何一个对象有自己的名字。你的任务是用 a、b 和 c 为这个世界中的对象命名，使 Sherlock's Sentences 中的语句都为真，并保存你的结果。

【参考答案】

见图 10.7。

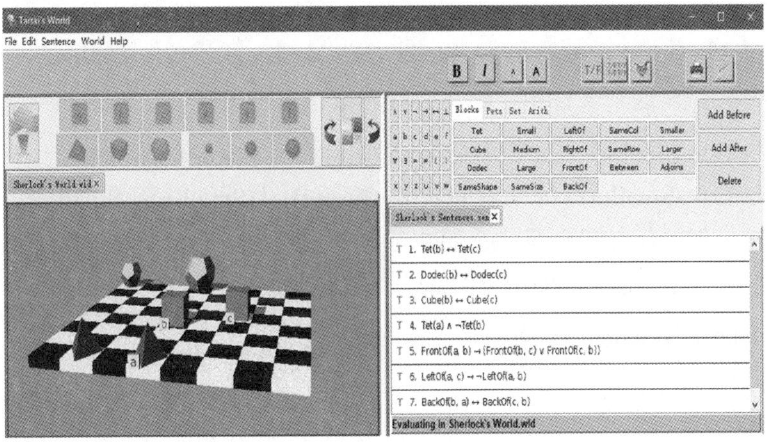
Tarski's World
File Edit Sentence World Help
Sherlock's World.wld
Sherlock's Sentences.sen
T 1. Tet(b) ↔ Tet(c)
T 2. Dodec(b) ↔ Dodec(c)
T 3. Cube(b) ↔ Cube(c)
T 4. Tet(a) ∧ ¬Tet(b)
T 5. FrontOf(a, b) → (FrontOf(b, c) ∨ FrontOf(c, b))
T 6. LeftOf(a, c) → ¬LeftOf(a, b)
T 7. BackOf(b, a) ↔ BackOf(c, b)
Evaluating in Sherlock's World.wld

图 10.7

练习 16（建立一个世界）在 Tarski's World 中，打开文件 Boolos' Sentences（布洛语句）。构建一个世界使得在这个世界里所有的 Boolos' Sentences 中的语句都为真。

【参考答案】

见图 10.8。

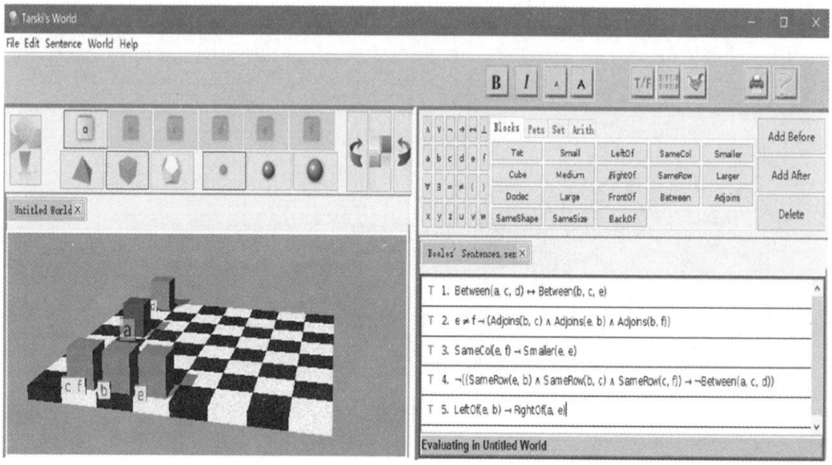
Tarski's World
File Edit Sentence World Help
Blocks Pets Set Arith
Tet Small LeftOf SameCol Smaller
Cube Medium RightOf SameRow Larger
Dodec Large FrontOf Between Adjoins
SameShape SameSize BackOf
Add Before
Add After
Delete
Untitled World
Boolos' Sentences.sen
T 1. Between(a, c, d) ↔ Between(b, c, e)
T 2. e ≠ f → (Adjoins(b, c) ∧ Adjoins(e, b) ∧ Adjoins(b, f))
T 3. SameCol(e, f) → Smaller(e, e)
T 4. ¬((SameRow(e, b) ∧ SameRow(b, c) ∧ SameRow(c, f)) → ¬Between(a, c, d))
T 5. LeftOf(e, b) → RightOf(a, e)
Evaluating in Untitled World

图 10.8

10.2　联结词的完全性

【练习】

练习 17（替换∧，→和↔）在 Tarski's World 中，打开文件 Sheffer's Sentences（谢弗语句）。在这个文件中，你将会在奇数位置上发现下面的语句：

1. Tet(a)∧Small(a)　　3. Tet(a)→Small(a)

5. Tet(a)↔Small(a)　　7. (Cube(b)∧Cube(c))→(Small(b)↔Small(c))

现在，你的任务是在每一个偶数位置上输入一个语句使它等值于上面的语句，但是该语句只能使用联接词¬和∨。然后，构建一个世界使得在这个世界里所有的 Sheffer's Sentences 中的语句都为真。

【参考答案】

见图 10.9。

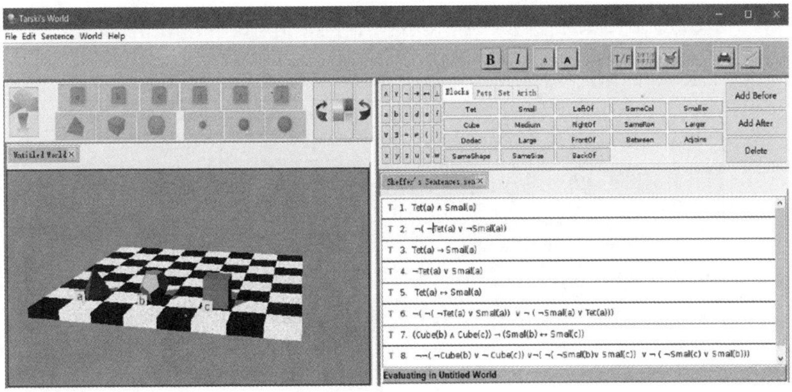

图 10.9

练习 18 在 Fitch 中，打开文件 Exercise 7.26，在这个文件中，要求你从前提 A 和 B 构造一个¬(¬A∨¬B)的证明。等价于语句 A∧B 的一个证明当然只需要一步。

【参考答案】

见图 10.10。

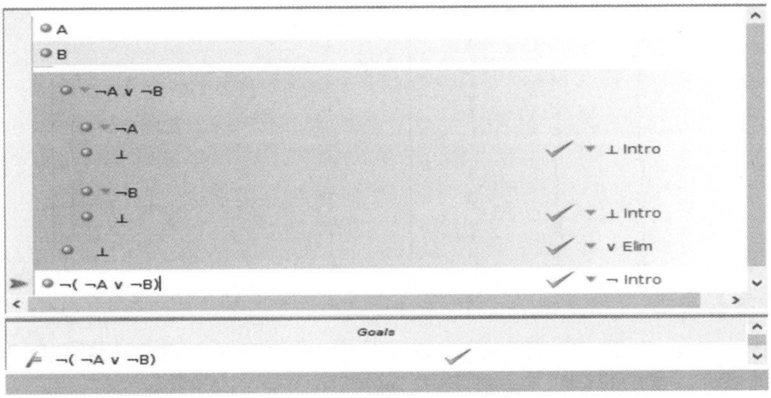

图 10.10

练习 19（简化 if…then…else）假设 P，Q 和 R 是原子语句。用一个简单语句表达♣(P,Q,R)（即：如果 P 那么 Q，否则 R），使它成为两个语句的析取，其中每一个析取支都是两个单式的合取。然后在 Tarski's World 中，建立一个世界，使得你的语句在这个世界中为真。

【参考答案】

♣(P,Q,R): (P∧Q)∨(¬P∧R)，其中：令 P:Tet(a); Q:Cube(b);R:Dodec(c)（图 10.11）。

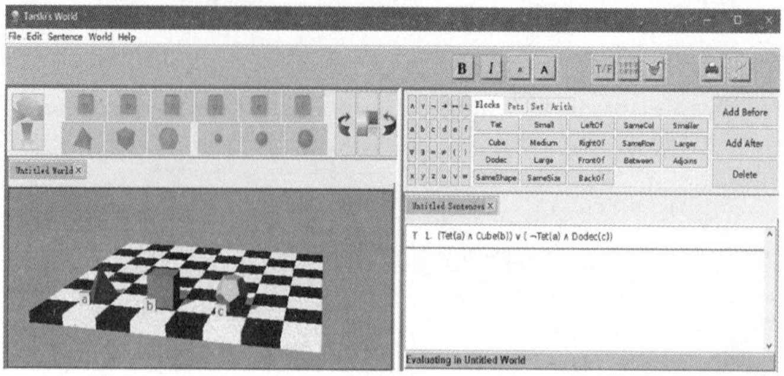

图 10.11

练习 20（表达另一个三元联结词）在 Tarski's World 中，根据下面的真值表（表 10.3）定义三元联结词♥，并将结果作为第一个语句输入语句对话框。然后，将你简化后的结果作为第二个语句输入语句对话框，并验证结果（在这个语句中，P、Q、R 的出现不超过两个，联结词¬、∨和∧不超过六个）。最后，在 Tarski's World 中，建立一个世界，使得你的语句为真。

表 10.3

P	Q	R	♥ (P,Q,R)
T	T	T	T
T	T	F	T
T	F	T	T
T	F	F	F
F	T	T	F
F	T	F	T
F	F	T	T
F	F	F	T

【参考答案】

♥(P,Q,R)：(¬P∨Q∨R)∧(P∨¬Q∨¬R)。其中，令 P:Tet(a)；Q:Cube(b)；R:Dodec(c)（图 10.12）。

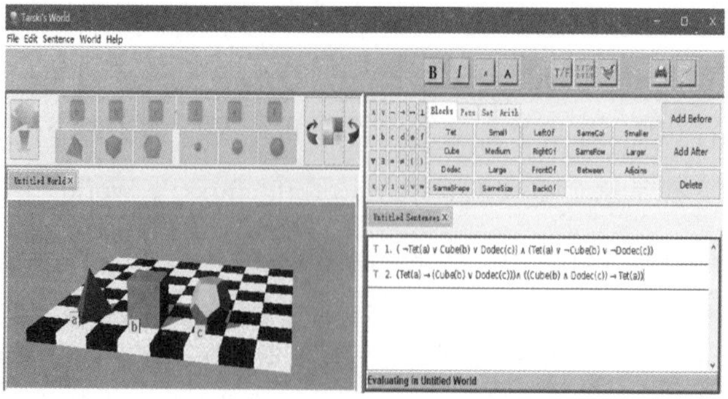

图 10.12

第 11 章

蕴涵的逻辑

11.1 蕴涵和等值的规则

蕴涵引入规则（→Intro）:

```
 | | P
 | |___
 | | ⋮
 | | Q
▷ | P→Q
```

蕴涵消去规则（→Elim）:

```
 | P→Q
 |  ⋮
 |  P
 |  ⋮
▷ | Q
```

等值引入规则（↔Intro）：

```
 │ │P
 │ ├─
 │ │⋮
 │ │Q
 │ │Q
 │ ├─
 │ │⋮
 │ │P
▷│P↔Q
```

等值消去规则（↔Elim）：

```
 │P↔Q（或 Q↔P）
 │  P
 │  ⋮
▷│  Q
```

【操作二十七】

1. 请你从前提(A∨B)→C 一步步地形式证明 A→C。在 Fitch 中，打开文件 Conditional 1。注意哪个是前提，哪个是目标。在证明中增加一步，写出目标语句。

2. 在语句 A→C 之前增加一个子证明，并输入 A 作为子证明的前提。

3. 在子证明中的第二步输入 C。

4. 将滑块移向包含目标语句 A→C 的那一步。使用→Intro 规则，引入子证明作为支持，验证这一步。

5. 现在我们需要返回去填补这一子证明。在子证明已有的两个语句之间增加一步，输入 A∨B。使用∨Intro 规则和子证明的前提验证这一步。

6. 现在将滑块移到子证明的最后一步。使用→Elim 规则和证明的前提验证这一步。

7. 验证你的整个证明过程，最后保存你的证明（图 11.1）。

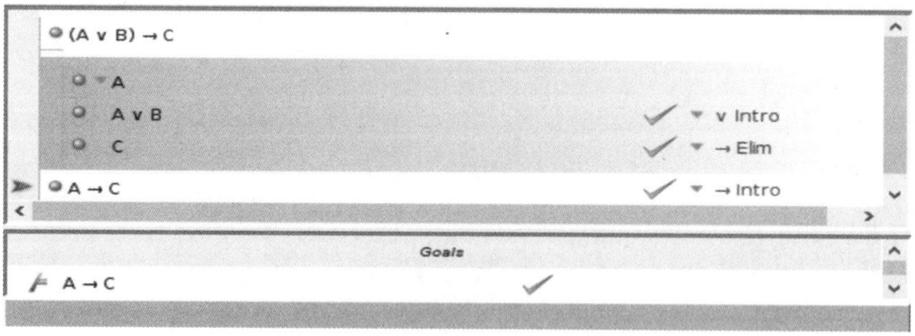

图 11.1

【操作二十八】

1. 在 Fitch 中，打开文件 Conditional 2（条件 2）。看一下目标语句，然后，把注意力放在每一步的证明上并检查每一步。在未填写的步骤上，请预测一下 Fitch 将为缺省处提供什么。

2. 当你完成之后，确定你已经理解了这个证明。保存这个已经检验的证明（图 11.2）。

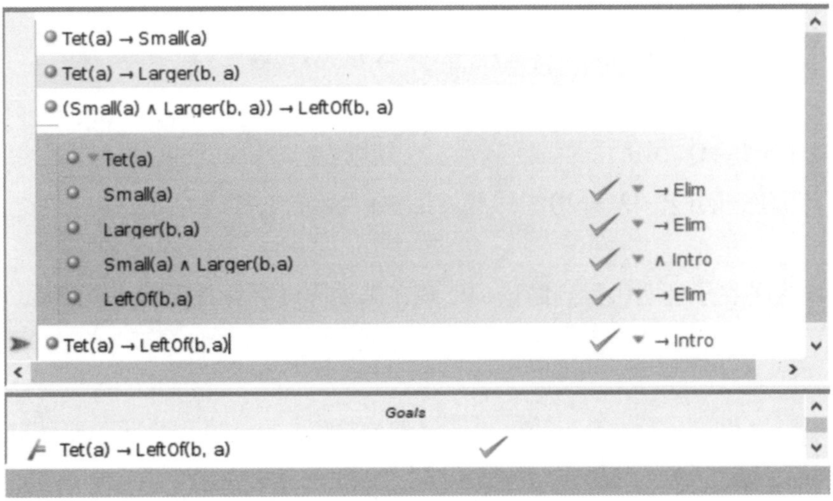

图 11.2

【操作二十九】

1. 在 Fitch 中，打开文件 Conditional 3（条件 3）。在这个文件中，在无前提的条件下，要求你证明逆否规则：(P→Q)↔(¬Q→¬P)。

2. 先从两个子证明开始进行证明。你知道这两个子证明是你在得到结论之前必须要证明的，之后增加你要证明的结论。现在你未完成的证明过程应该是下面的情况：

1. P→Q
2. ¬Q→¬P　　　　规则？
3. ¬Q→¬P
4. P→Q　　　　规则？
5. (P→Q)↔(¬Q→¬P)　　　　↔Intro：1-2，3-4

3. 现在你已经有了整个证明的结构，因此，可以开始填补你的第一个子证明。因为这个子证明的目标语句是一个蕴涵语句，所以再给出一个子证明，并在子证明的提前部分假设你的目标语句中的前件。

```
│
├─
│ │ 1. P→Q
│ ├─
│ │ │ 2. ¬Q
│ │ ├─
│ │ │ 3. ¬P                    规则?
│ │ 4. ¬Q→¬P                   → Intro：2-3
│
│ │ 5. ¬Q→¬P
│ ├─
│ │ 6. P→Q                     规则?
│ 7. (P→Q)↔(¬Q→¬P)             ↔ Intro：1-4，5-6
```

4. 为了在子证明中得到结论¬P，现在需要假设 P 并且得到一个矛盾。过程如下：

```
│
├─
│ │ 1. P→Q
│ ├─
│ │ │ 2. ¬Q
│ │ ├─
│ │ │ │ 3. P
│ │ │ ├─
│ │ │ │ 4. Q                   →Elim：1,3
│ │ │ │ 5. ⊥                   ⊥ Intro：4,2
│ │ │ 6. ¬P                    ¬ Intro：3-5
│ │ 7. ¬Q→¬P                   → Intro：2-6
│
│ │ 8. ¬Q→¬P
│ ├─
│ │ 9. P→Q                     规则?
│ 10. (P→Q)↔(¬Q→¬P)            ↔ Intro：1-7，8-9
```

5. 结束第一个子证明。第二个子证明的证明与第一个非常相似，可以仿照第一个证明去完成第二个子证明。

6. 当你完成之后，保存你的文件（图 11.3）。

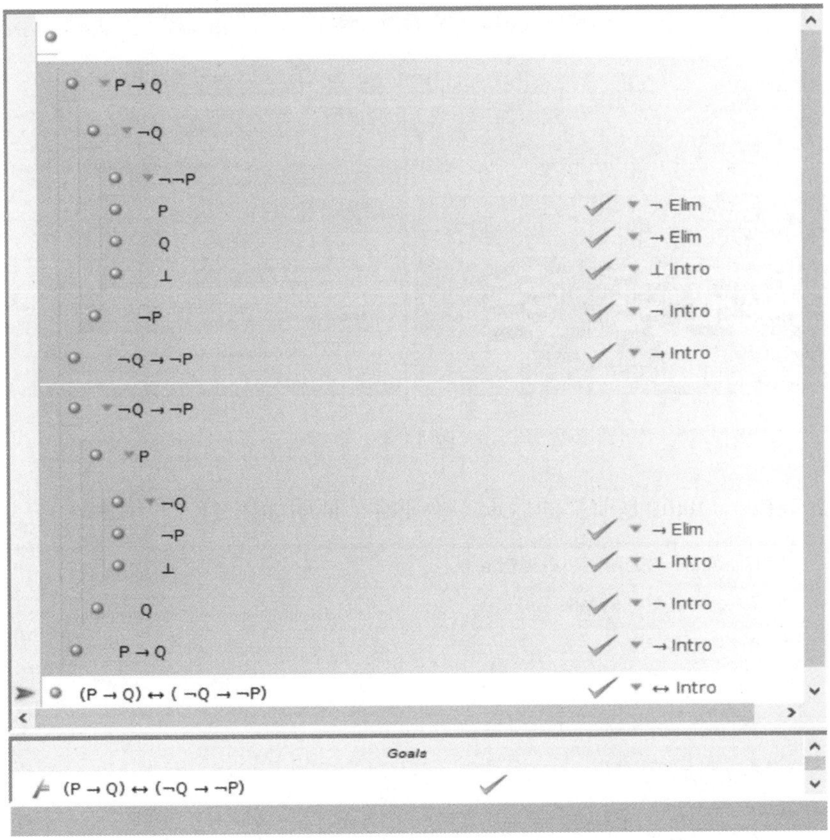

图 11.3

【练习】

练习 1 在 Tarski's World 中，打开文件 Conditional Sentences（条件语句）。假设这个文件中的语句是你推理的前提。现在考虑下面的五个语句是否那些前提的后承。如果是，给出一个形式证明。如果不是，请用 Tarski's World 构造一个反例，使得在这个世界中前提为真而结论为假。

1. Tet(e)
2. Tet(c)→Tet(e)
3. Tet(c)→Larger(f,e)
4. Tet(c)→LeftOf(f,e)
5. Dodec(e)→Smaller(e,f)

【参考答案】

1. Tet(e)不是前提的后承，验证略，反例如图 11.4。

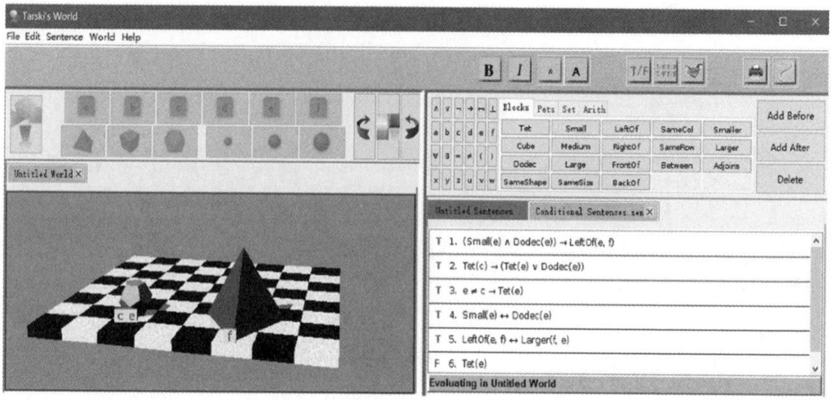

图 11.4

2. Tet(c)→Tet(e)是前提的后承，验证略，证明如图 11.5。

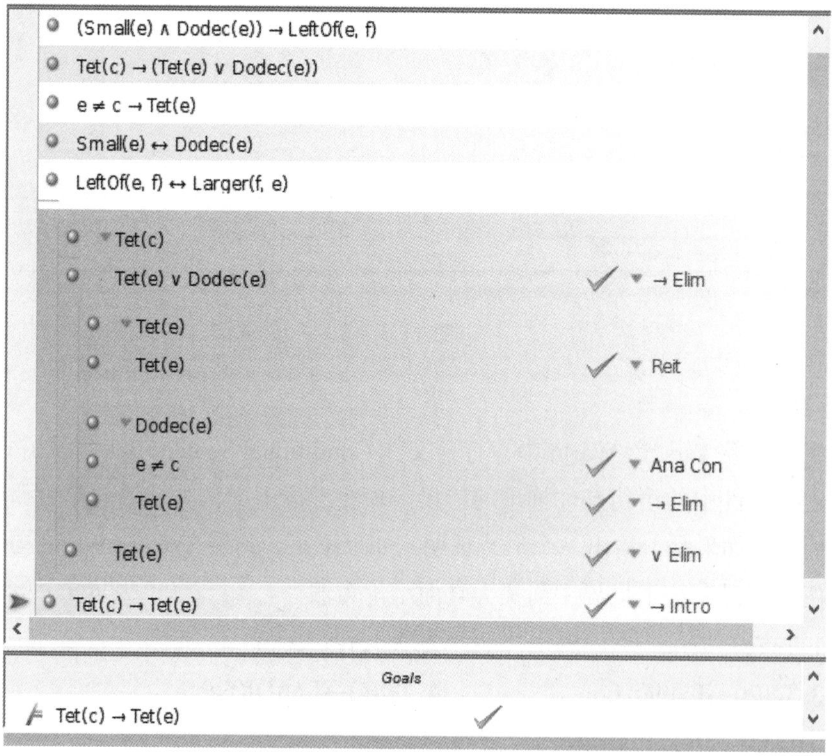

图 11.5

3. Tet(c)→Larger(f,e)不是前提的后承，反例如图 11.6。

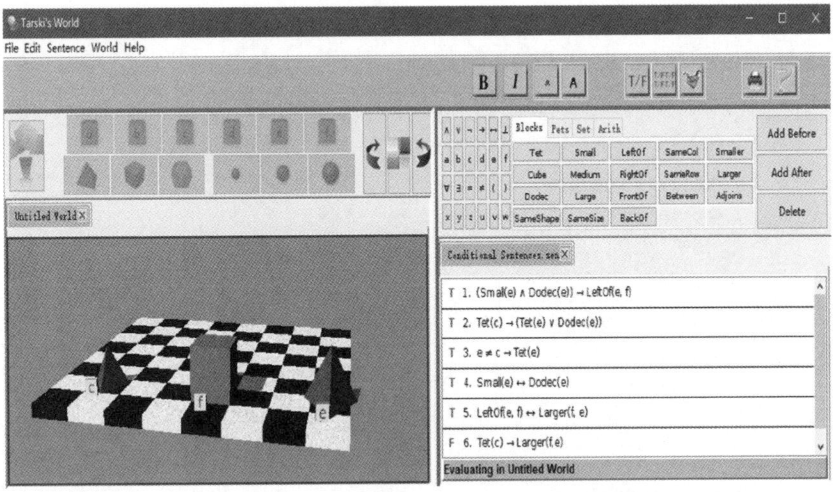

图 11.6

4. Tet(c)→LeftOf(f,e)不是前提的后承，反例如图 11.7。

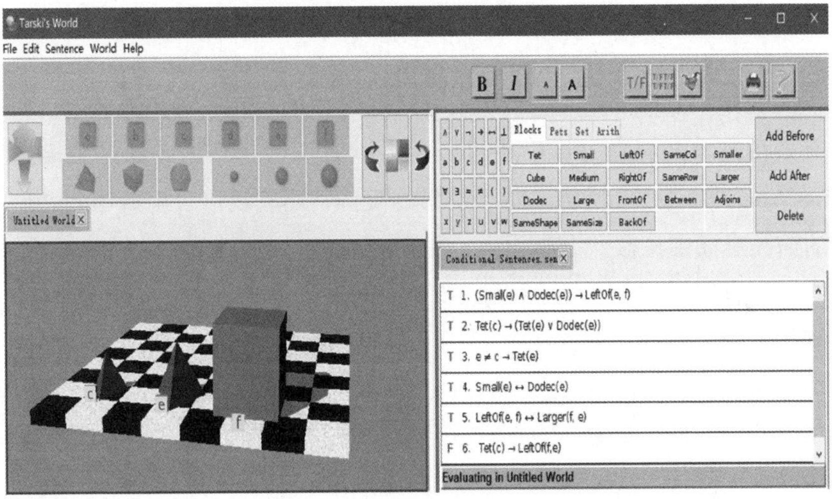

图 11.7

5. Dodec(e)→Smaller(e,f)是前提的后承，证明如图 11.8。

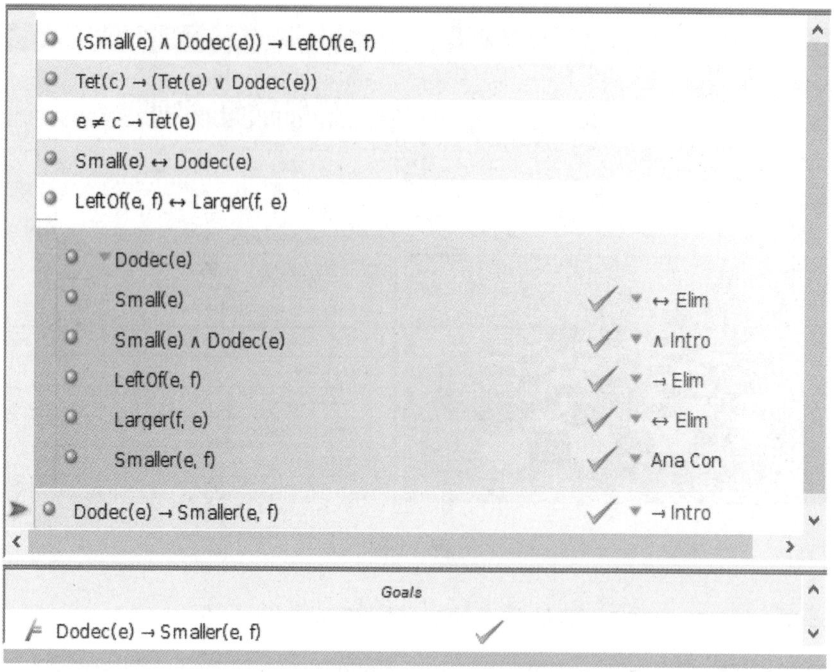

图 11.8

下面是一些推理模式。它们中有一些是有效的，有一些是无效的。对于每一个有效推理模式，在 Fitch 中进行验证。对于每一个无效的推理模式，用 Tarski's World 构造一个反例。对于给出的反例，用模块语言构造语句，使这些特殊的前提真而结论假。

练习 2 肯定后件：从 A→B 和 B，推出 A。

练习 3 否定后件：从 A→B 和¬B，推出¬A。

练习 4 强前件：从 B→C，推出(A∧B)→C。

练习 5 弱前件：从 B→C，推出(A∨B)→C。

练习 6 强前件：从 A→B，推出 A→(B∧C)。

练习 7 弱后件：从 A→B，推出 A→(B∨C)。

练习 8 构造性二难：从 A∨B，A→C 和 B→D，推出 C∨D。

练习 9 双条件的传递性：从 A↔B 和 B↔C，推出 A↔C。

【参考答案】

练习 2 中的推理无效，验证略。令 A:Tet(a);B:Small(a)，反例如图 11.9。

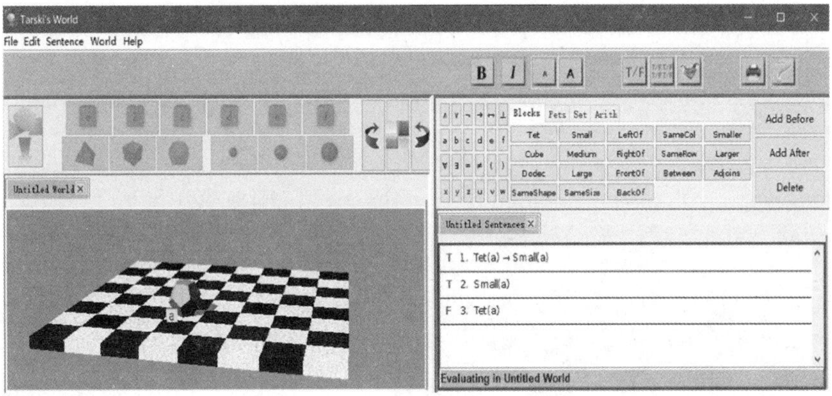

图 11.9

练习 3 和练习 4 中的推理是重言有效的，验证略。

练习 5 中的推理无效，验证略。令 A:Cube(b);B:Tet(a);C:Small(a)，反例如图 11.10。

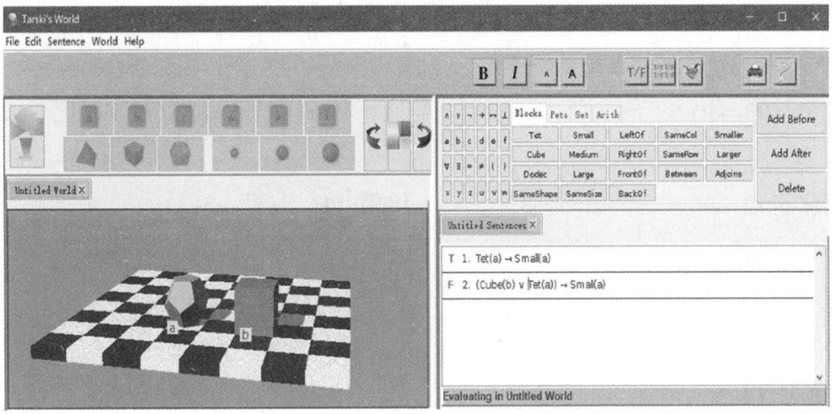

图 11.10

练习 6 中的推理无效，验证略。令 A:Tet(a);B:Small(a),C:Cube(a)，反例如图 11.11。

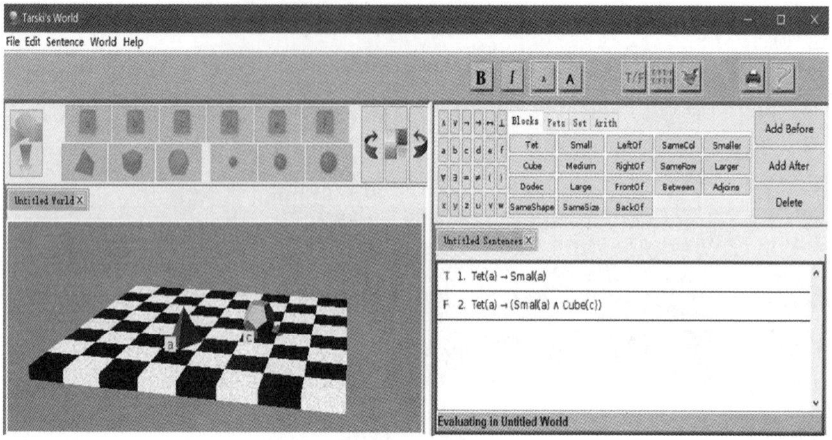

图 11.11

练习 7 至练习 9 中的推理是重言有效的，验证略。

用 Fitch 为下面的推理构造形式证明。在证明中，可以使用 Taut Con 规则。

练习 10

$P \to (Q \to P)$

练习 11

$(P \to (Q \to R)) \leftrightarrow ((P \land Q) \to R)$

练习 12

$P \leftrightarrow \neg P$

$\perp$

练习 13

$(P \to Q) \leftrightarrow (\neg P \lor Q)$

练习 14

$\neg(P \to Q) \leftrightarrow (P \land \neg Q)$

【参考答案】

练习 10、练习 11 的证明略。练习 12 的证明如图 11.12。

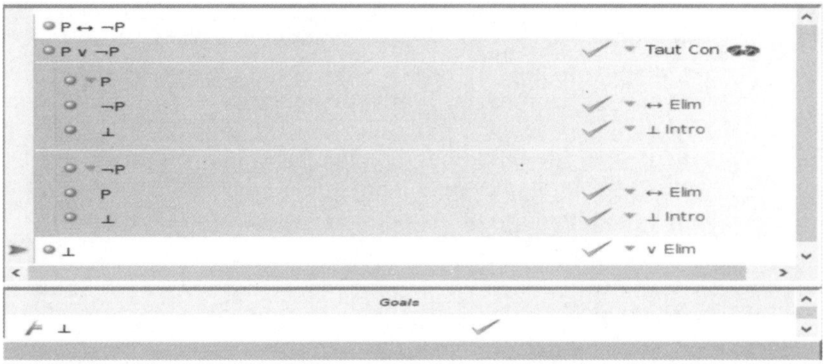

图 11.12

练习 13 的证明如图 11.13。

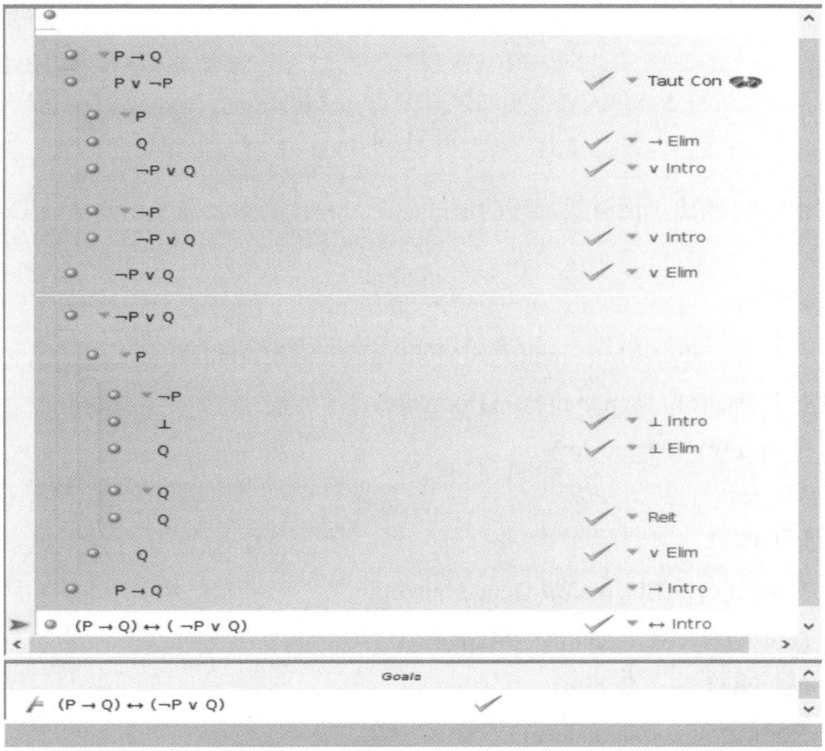

图 11.13

练习 14 的证明如图 11.14。

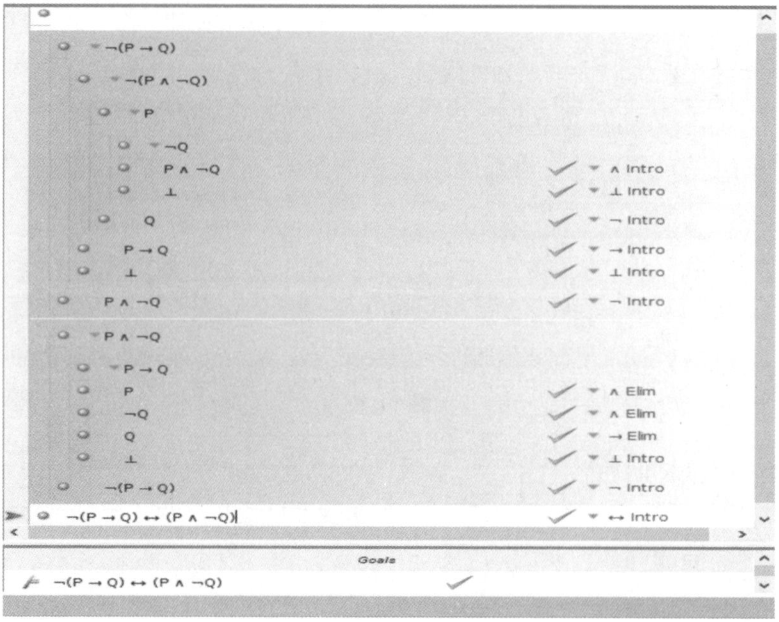

图 11.14

用 Fitch 给出下面有效推理的形式证明。在证明中，需要用到 Ana Con 引入⊥。

练习 15

(¬Mythical(c)→Mammal(c))∧(Mythical(c)→¬Mortal(c))

(¬Mortal(c)∨ Mammal(c))→Horned(c)

Horned(c)→Magical(c)

Magical(c)

练习 16

Horned(c)→(Elusive(c)∧Dangerous(c))

(Elusive(c)∨Mythical(c))→Rare(c)

Mammal(c)→¬Rare(c)

Horned(c)→¬Mammal(c)

练习 17

(Horned(c)→(Elusive(c)∧Magical(c)))∧

(¬Horned(c)→(¬Elusive(c)∧Magical(c)))

¬Horned(c)→¬Mythical(c)

Horned(c)→(Magical(c)∨Mythical(c))

练习 18

| (Tet(a)∧Large(a))∨(Cube(a)∧Small(a))
| ¬Small(b)
| (Tet(a)∨Cube(a))→(Large(b)∨Small(b))
| Tet(a)→Medium(b)
|—
| Small(a)∧Large(b)

练习 19

| ¬Cube(b)→Small(b)
| Small(c)→(Small(d)∨Small(e))
| Small(d)→¬Small(c)
| Cube(b)→¬Small(e)
|—
| Small(c)→Small(b)

练习 20

| SameRow(d,a)∨SameRow(d,b)∨SameRow(d,c)
| SameRow(d,b)→(SameRow(d,a)→¬SameRow(d,c))
| SameRow(d,a)↔SameRow(d,c)
|—
| SameRow(d,a)↔¬SameRow(d,b)

练习 21

| Cube(a)∨Dodec(a)∨Tet(a)
| Small(a)∨Medium(a)∨Large(a)
| Medium(a)↔Dodec(a)
| Tet(a)↔Large(a)
|—
| Cube(a)↔Small(a)

【参考答案】

练习 15 至练习 17 的证明略。练习 18 的证明如图 11.15。

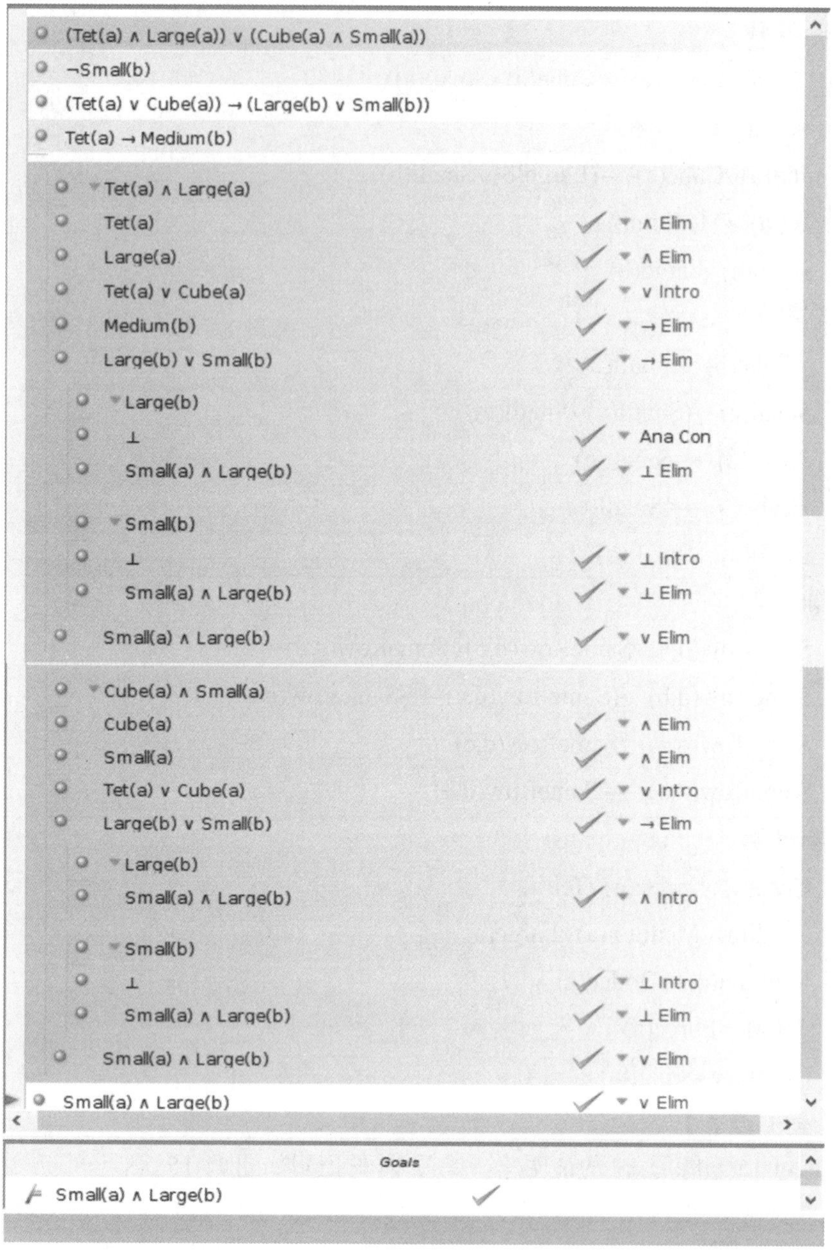

图 11.15

练习 19 的证明如图 11.16。

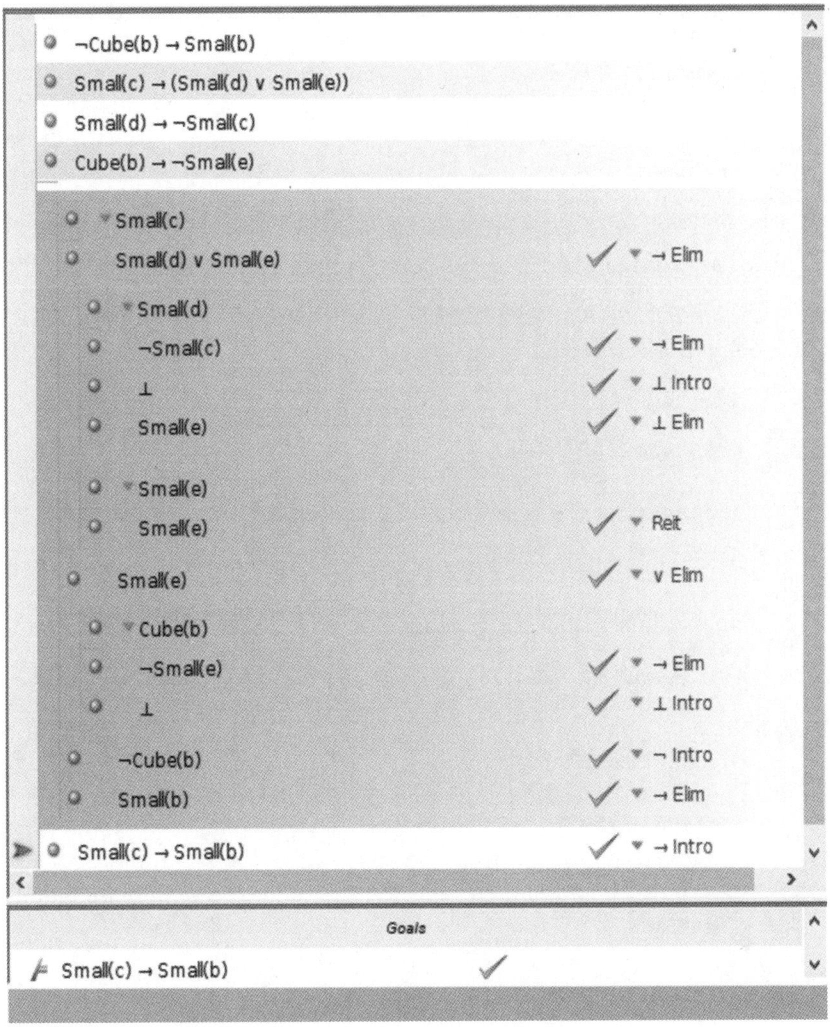

图 11.16

练习 20 的证明如图 11.17。

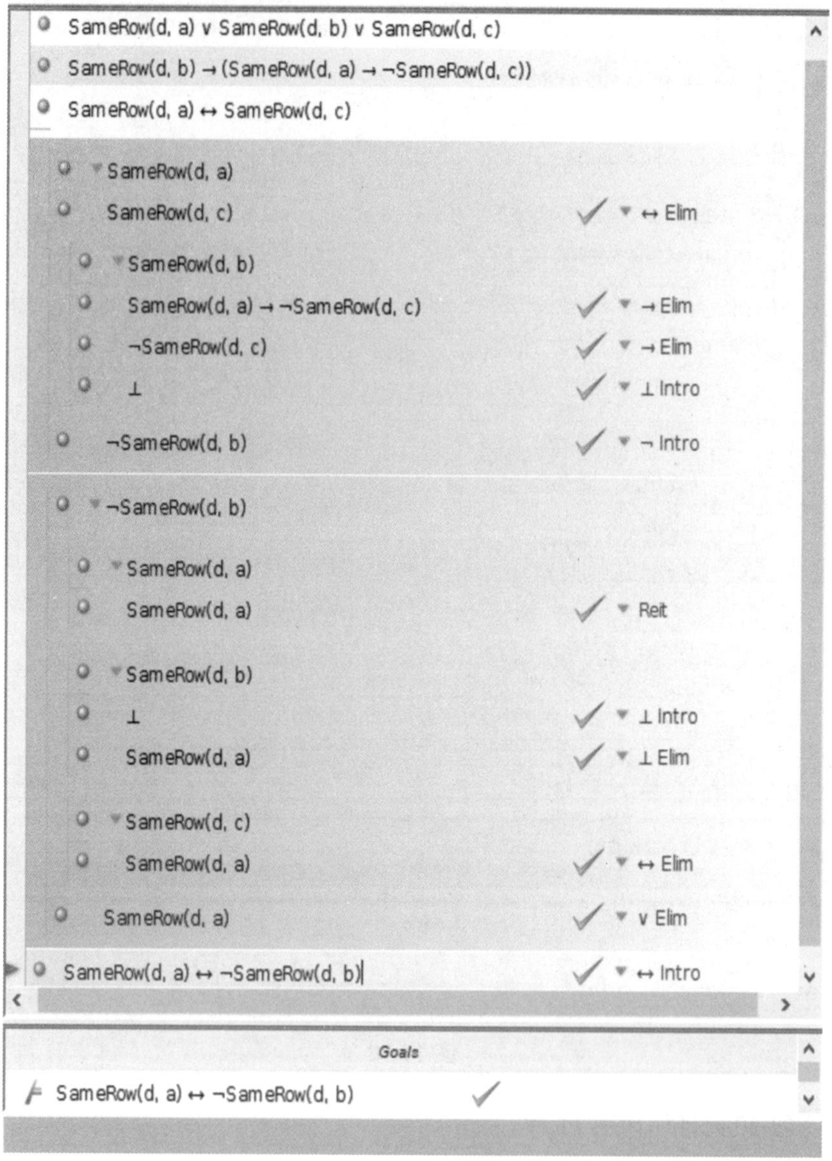

图 11.17

练习 21 的证明如图 11.18。

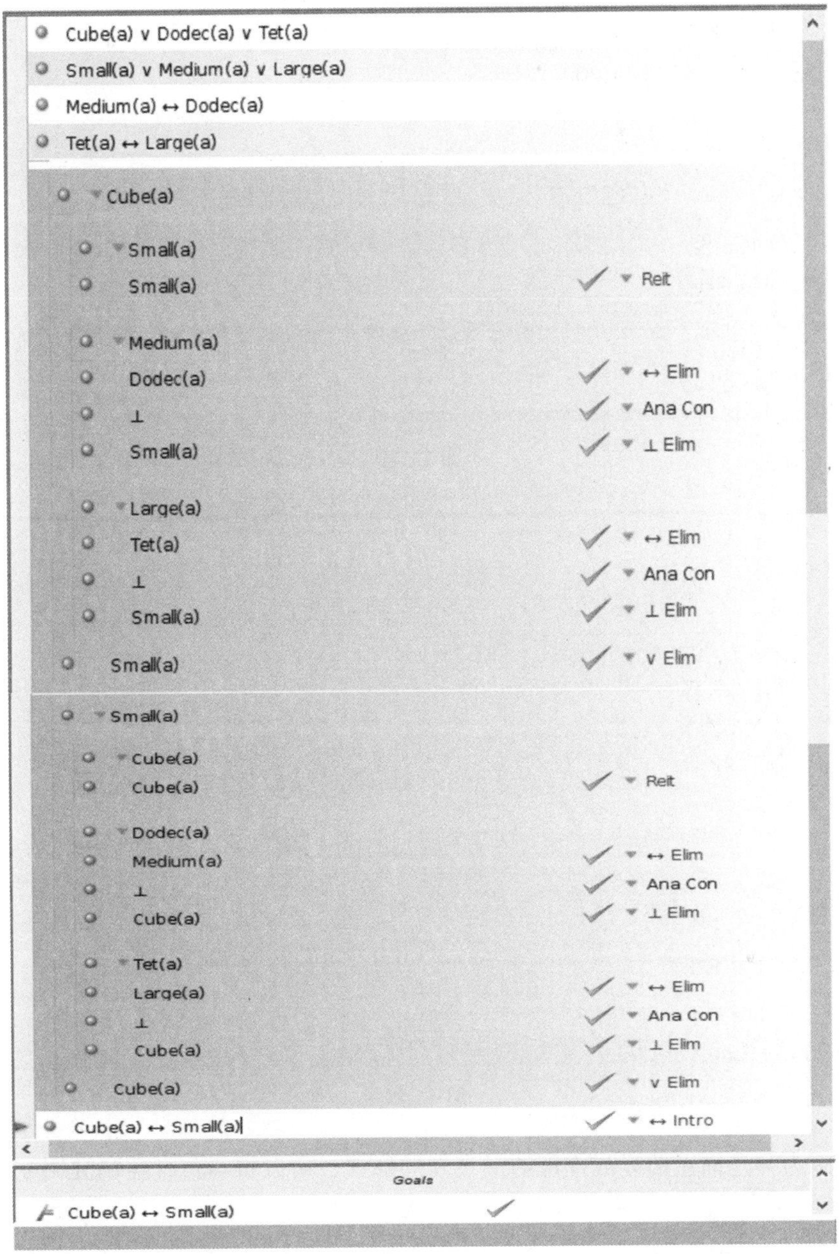

图 11.18

练习 22 用 Fitch 给出(P∧Q)→P 和它的等值形式¬(P∧Q)∨P 的形式证明。(你将在练习的文件夹中找到练习 8.38.1 和练习 8.38.2。)回答为什么我们要将→包含在 FOL 中，而不是用其他联结词来定义它。

【参考答案】

见图 11.19 和图 11.20。

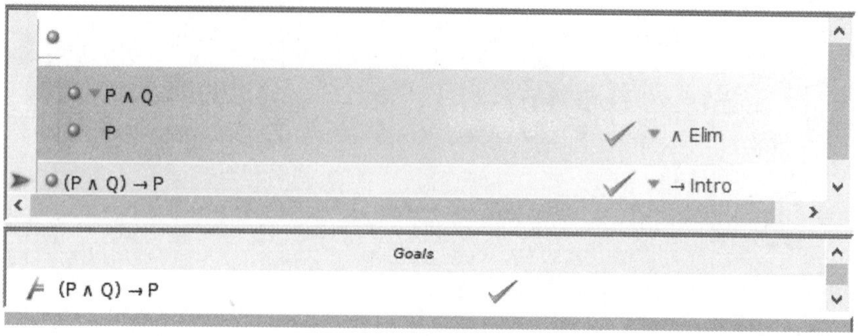

图 11.19

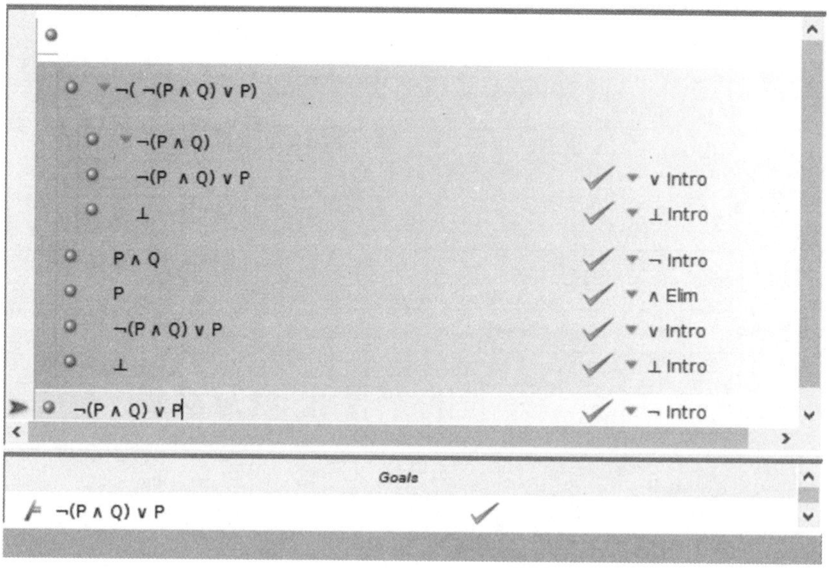

图 11.20

因为→是描述蕴涵或推理的最直观的形式，所以将→包含在 FOL 中。

11.2 （命题的）可靠性和完全性

【练习】

在进行证明之前，先用 Boole 构造真值表，判断它们的重言有效性。然后应用可靠性和完全性结果，判断下面的两个推论在 F_T 中是否可证。

练习 23

A∧(B∨¬A∨(C∧D))
E∧(D∨¬(A∧(B∨D)))
A∧B

练习 24

A∧(B∨¬A∨(C∧D))∧(A∧D)
¬(E∧(D∨¬(A∧(B∨D))))

【参考答案】

练习 23 中推理的真值表如图 11.21。

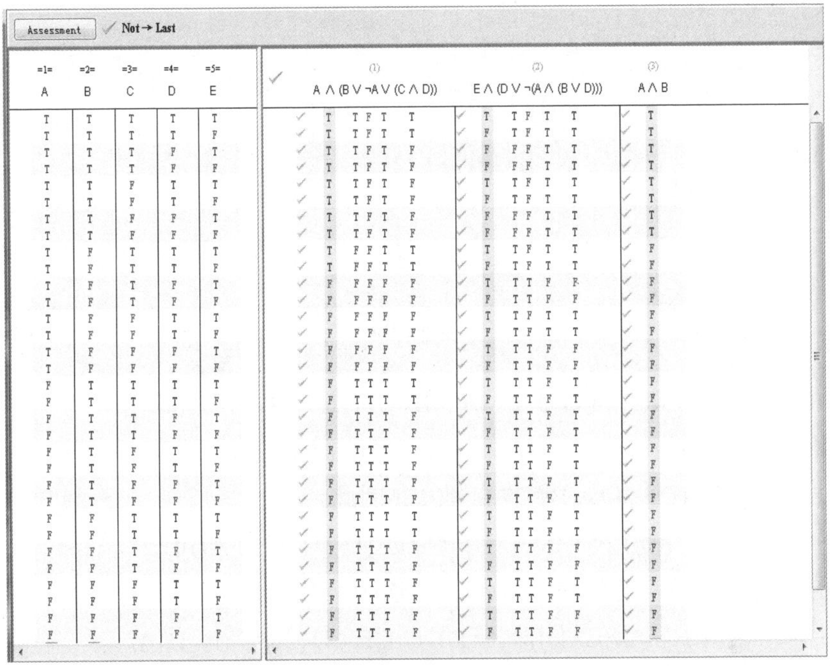

Assessment Not → Last

=1= A	=2= B	=3= C	=4= D	=5= E	(1) A ∧ (B ∨ ¬A ∨ (C ∧ D))	(2) E ∧ (D ∨ ¬(A ∧ (B ∨ D)))	(3) A ∧ B
T	T	T	T	T	T T F T T	T T F T T	T
T	T	T	T	F	T T F T T	F T F T T	T
T	T	T	F	T	T T F T F	F F F T T	T
T	T	T	F	F	T T F T F	F F F T T	T
T	T	F	T	T	T T F T F	T T F T T	T
T	T	F	T	F	T T F T F	F T F T T	T
T	T	F	F	T	T T F T F	F F F T T	T
T	T	F	F	F	T T F T F	F F F T T	T
T	F	T	T	T	T F F T T	T T F T T	F
T	F	T	T	F	T F F T T	F T F T T	F
T	F	T	F	T	F F F F F	T T T F F	F
T	F	T	F	F	F F F F F	F T T F F	F
T	F	F	T	T	F F F F F	T T F T T	F
T	F	F	T	F	F F F F F	F T F T T	F
T	F	F	F	T	F F F F F	T T T F F	F
T	F	F	F	F	F F F F F	F T T F F	F
F	T	T	T	T	F T T T T	T T T F T	F
F	T	T	T	F	F T T T T	F T T F T	F
F	T	T	F	T	F T T T F	T T T F T	F
F	T	T	F	F	F T T T F	F T T F T	F
F	T	F	T	T	F T T T F	T T T F T	F
F	T	F	T	F	F T T T F	F T T F T	F
F	T	F	F	T	F T T T F	T T T F T	F
F	T	F	F	F	F T T T F	F T T F T	F
F	F	T	T	T	F T T T T	T T T F T	F
F	F	T	T	F	F T T T T	F T T F T	F
F	F	T	F	T	F T T T F	T T T F F	F
F	F	T	F	F	F T T T F	F T T F F	F
F	F	F	T	T	F T T T F	T T T F T	F
F	F	F	T	F	F T T T F	F T T F T	F
F	F	F	F	T	F T T T F	T T T F F	F
F	F	F	F	F	F T T T F	F T T F F	F

图 11.21

由图 11.21 可知：当 B 取 F，A、C、D、E 取 T 时，公式

$$A\wedge(B\vee\neg A\vee(C\wedge D))\text{和 }E\wedge(D\vee\neg(A\wedge(B\vee D)))$$

取 T，但是 A∧B 取 F，因此

$$A\wedge(B\vee\neg A\vee(C\wedge D)),\ E\wedge(D\vee\neg(A\wedge(B\vee D)))\nvDash A\wedge B,$$

即：该推理不是重言有效的。由完全性定理可得：

$$A\wedge(B\vee\neg A\vee(C\wedge D)),\ E\wedge(D\vee\neg(A\wedge(B\vee D)))\nvdash A\wedge B。$$

因此，练习 23 中的推理在 F_T 中不可证。

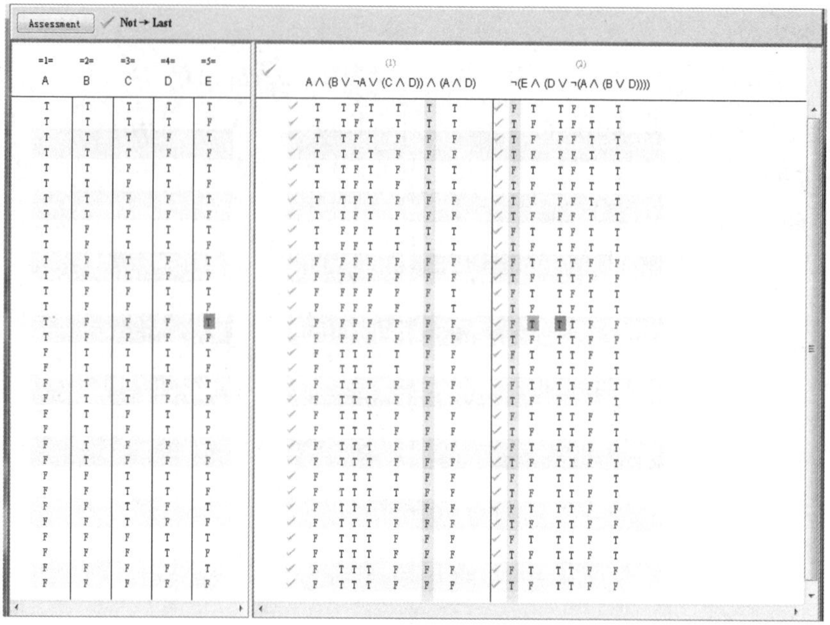

图 11.22

由图 11.22 可知：当 C 取 F，A、B、D、E 取 T 时，公式

$$A\wedge(B\vee\neg A\vee(C\wedge D))\wedge(A\wedge D)$$

取 T，但是$\neg(E\wedge(D\vee\neg(A\wedge(B\vee D))))$ 取 F，因此

$$A\wedge(B\vee\neg A\vee(C\wedge D))\wedge(A\wedge D)\not\models\neg(E\wedge(D\vee\neg(A\wedge(B\vee D)))),$$

即：该推理不是重言有效的。由完全性定理可得：

$$A\wedge(B\vee\neg A\vee(C\wedge D))\wedge(A\wedge D)\nvdash\neg(E\wedge(D\vee\neg(A\wedge(B\vee D))))。$$

因此，练习 24 中的推理在 F_T 中不可证。

11.3　有效推理

【练习】

评价下面每一个推理的有效性。如果它是有效的，请构造它的一个形式证明。如果你需要使用 Ana Con 规则，但它只能在由原子语句推导出矛盾时使用。如果它不是有效的，请用 Tarski's World 构造一个反例。

练习 25

Adjoins(a,b)∧Adjoins(b,c)

SameRow(a,c)

―――――

a≠c

练习 26

―――――

¬(Cube(b)∧b=c)∨Cube(c)

练习 27

Cube(a)∨(Cube(b)→Tet(c))

Tet(c)→Small(c)

(Cube(b)→Small(c))→Small(b)

―――――

¬Cube(a)→Small(b)

练习 28

Small(a)∧(Medium(b)∨Large(c))

Medium(b)→FrontOf(a,b)

Large(c)→Tet(c)

―――――

¬Tet(c)→FrontOf(c,b)

练习 29

Small(a)∧(Medium(b)∨Large(c))

Medium(b)→FrontOf(a,b)

Large(c)→Tet(c)

―――――

¬Tet(c)→FrontOf(a,b)

练习 30

(Dodec(a)∧Dodec(b))→(SameCol(a,c)→Small(a))

(¬SameCol(b,c)∧¬Small(b))→(Dodec(b)∧¬Small(a))

SameCol(a,c)∧¬SameCol(b,c)

―――――

Dodec(a)→Small(b)

练习 31

Cube(b)↔(Cube(a)↔Cube(c))

―――――

Dodec(b)→(Cube(a)↔¬Cube(c))

练习 32

Cube(b)↔(Cube(a)↔Cube(c))

―――――

Dodec(b)→a≠b

练习 33

Cube(b)↔(Cube(a)↔Cube(c))

―――――

a≠c

练习 34

Small(a)→Small(b)

Small(b)→(SameSize(b,c)→Small(c))

¬Small(a)→(Large(a)∧Large(c))

―――――

SameSize(b,c)→(Large(a)∨Large(c))

【参考答案】

练习 25 中的推理，用 Fitch 不能判断它的结果（图 11.23、图 11.24），但用 Boole 可以看出（表的第 1 行）它不是有效的（图 11.25）。反例如图 11.26。

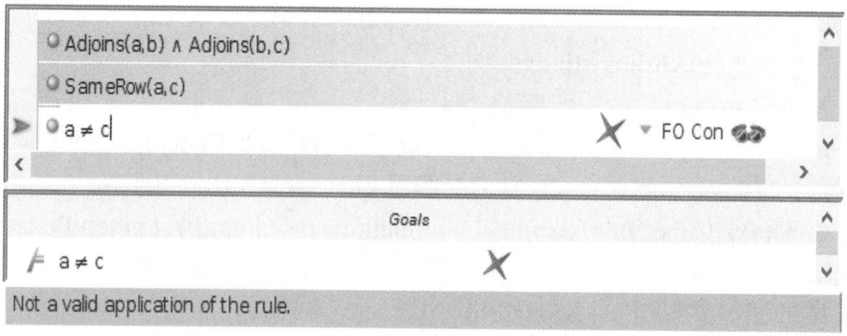
Adjoins(a,b) ∧ Adjoins(b,c)
SameRow(a,c)
a ≠ c
FO Con
Goals
a ≠ c
Not a valid application of the rule.

图 11.23

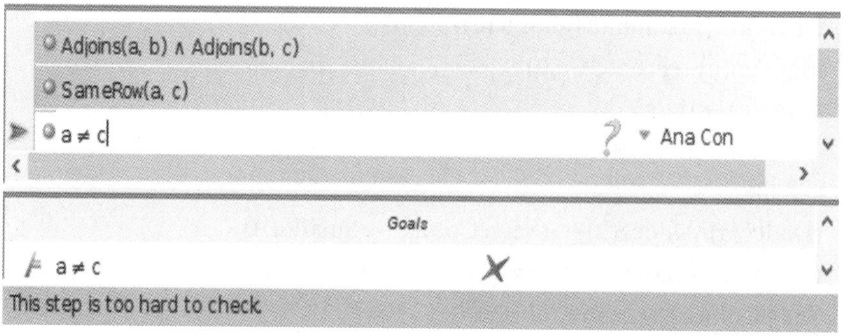
Adjoins(a, b) ∧ Adjoins(b, c)
SameRow(a, c)
a ≠ c
Ana Con
Goals
a ≠ c
This step is too hard to check.

图 11.24

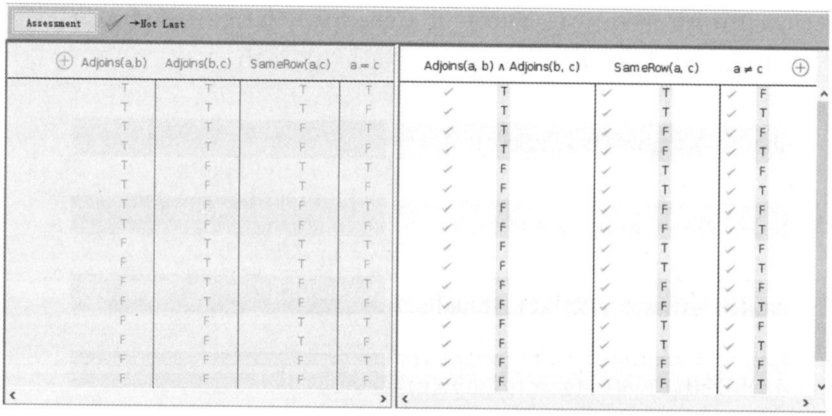
Assessment
→Not Last
Adjoins(a,b)
Adjoins(b,c)
SameRow(a,c)
a = c
Adjoins(a, b) ∧ Adjoins(b, c)
SameRow(a, c)
a ≠ c

图 11.25

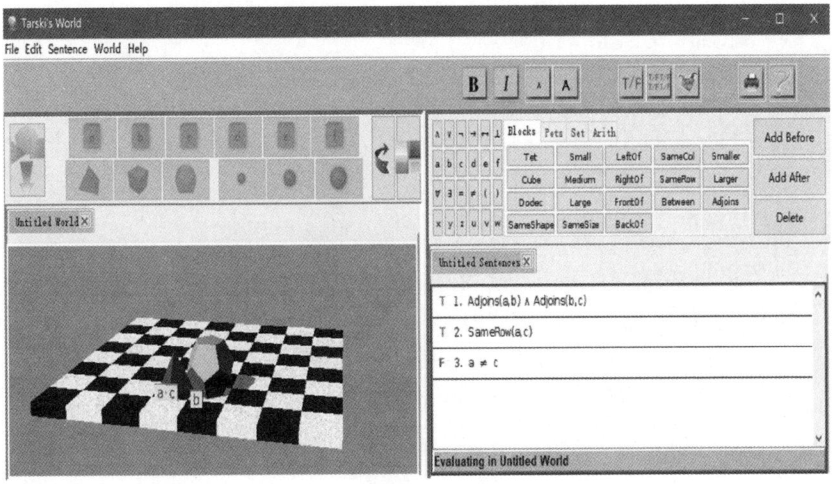
Tarski's World
File Edit Sentence World Help
Add Before
Add After
Delete
T 1. Adjoins(a,b) ∧ Adjoins(b,c)
T 2. SameRow(a,c)
F 3. a ≠ c
Evaluating in Untitled World

图 11.26

练习 26 中的推理是逻辑有效的，验证略，证明如图 11.27。

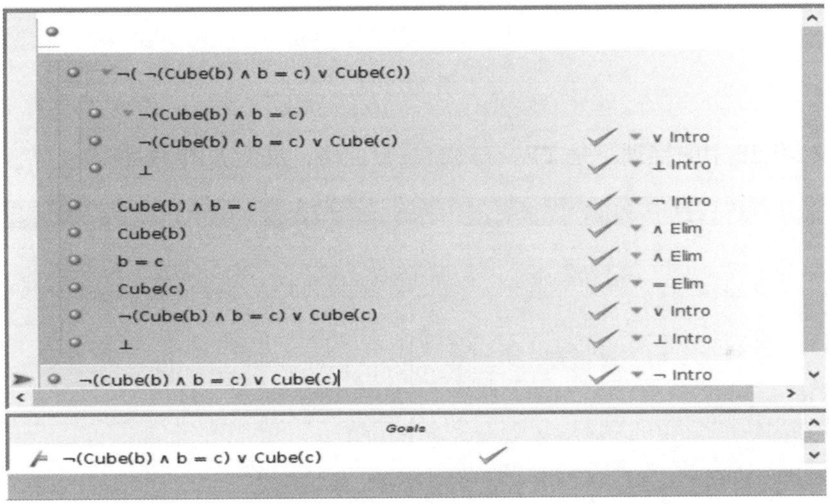
¬(¬(Cube(b) ∧ b = c) ∨ Cube(c))
¬(Cube(b) ∧ b = c)
¬(Cube(b) ∧ b = c) ∨ Cube(c)
∨ Intro
⊥
⊥ Intro
Cube(b) ∧ b = c
¬ Intro
Cube(b)
∧ Elim
b = c
∧ Elim
Cube(c)
= Elim
¬(Cube(b) ∧ b = c) ∨ Cube(c)
∨ Intro
⊥
⊥ Intro
¬(Cube(b) ∧ b = c) ∨ Cube(c)
¬ Intro
Goals
¬(Cube(b) ∧ b = c) ∨ Cube(c)

图 11.27

练习 27 中的推理是重言有效的，验证略，证明如图 11.28。

第
11
章

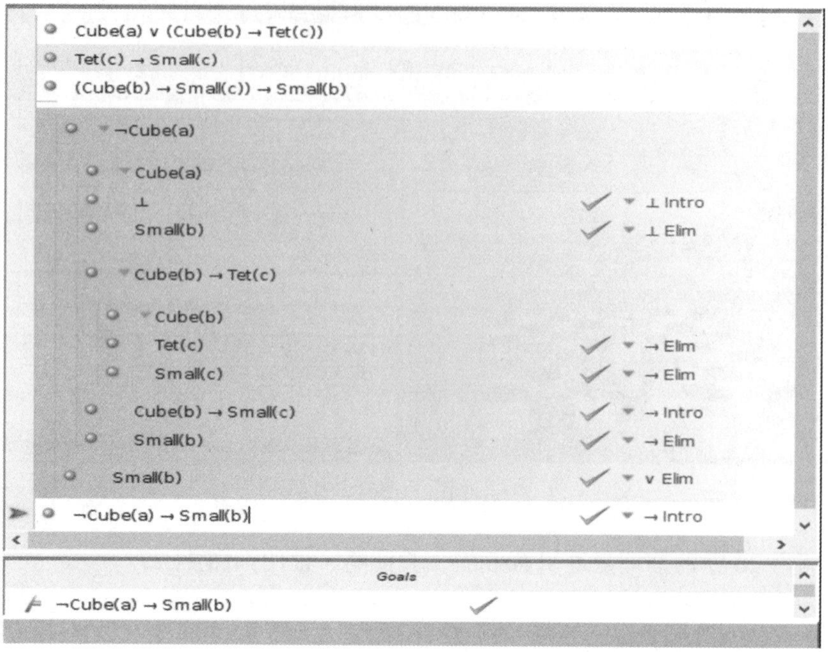

图 11.28

练习 28 中的推理不是 TW 有效的，验证略，反例如图 11.29。

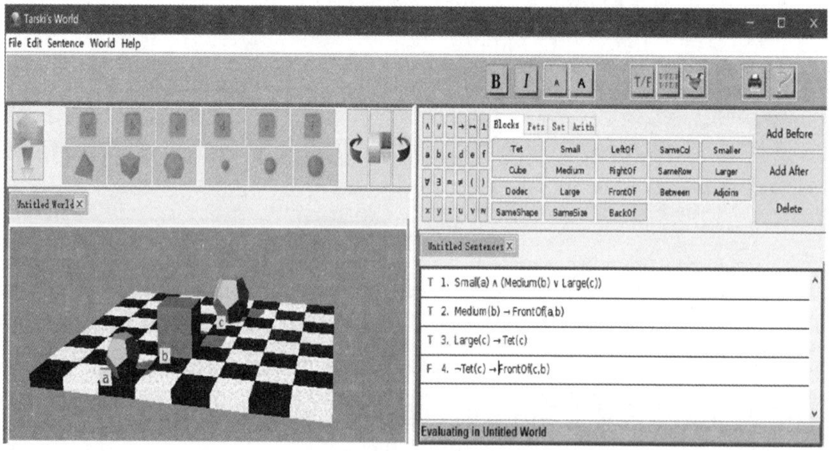

图 11.29

练习 29 中的推理是重言有效的，验证略，证明如图 11.30。

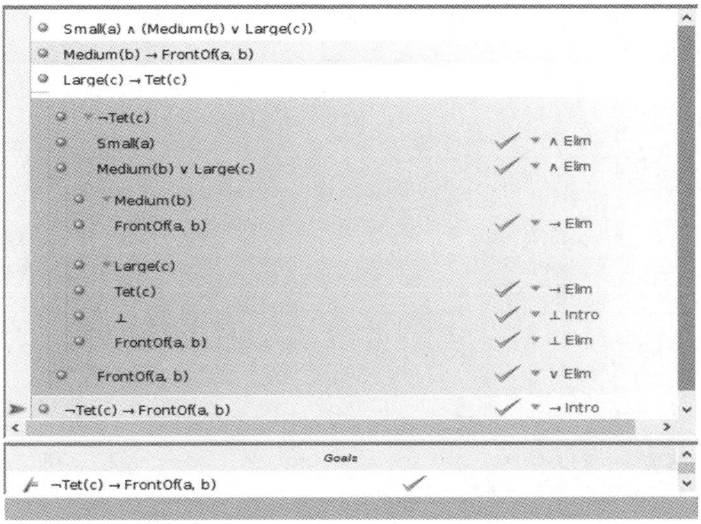

图 11.30

练习 30 中的推理是重言有效的，验证略，证明如图 11.31。

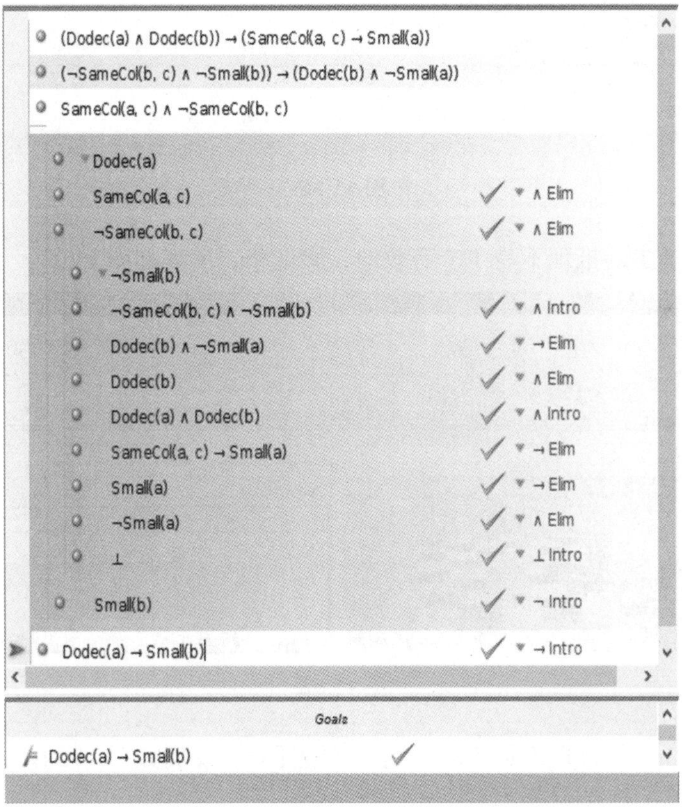

图 11.31

练习 31 中的推理是 TW 有效的，验证略，证明如图 11.32。

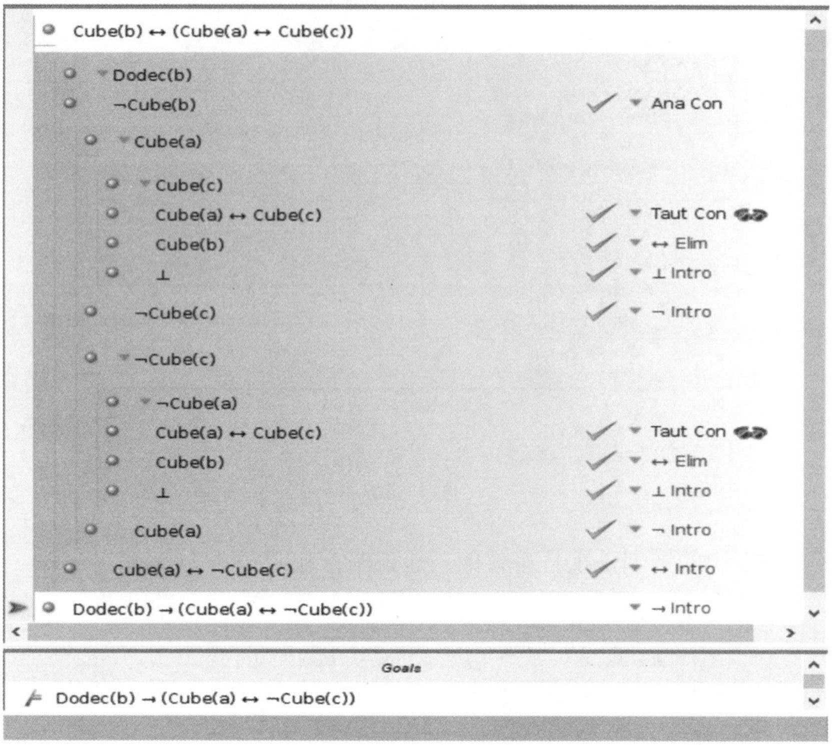

图 11.32

练习 32 中的推理不是 TW 有效的，验证略，反例如图 11.33。

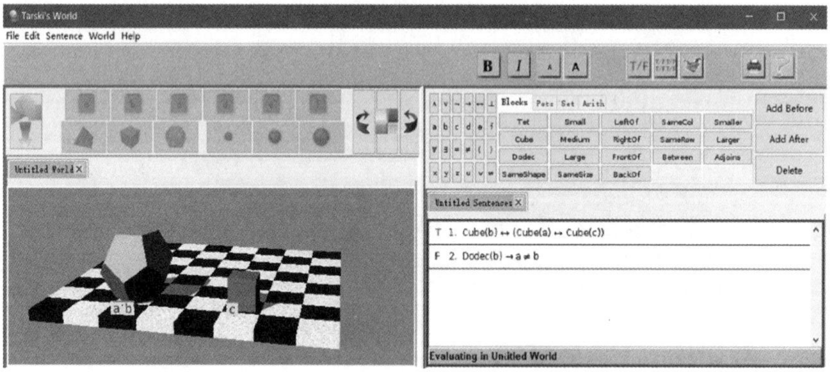

图 11.33

练习 33 中的推理不是 TW 有效的，验证略，反例如图 11.34。

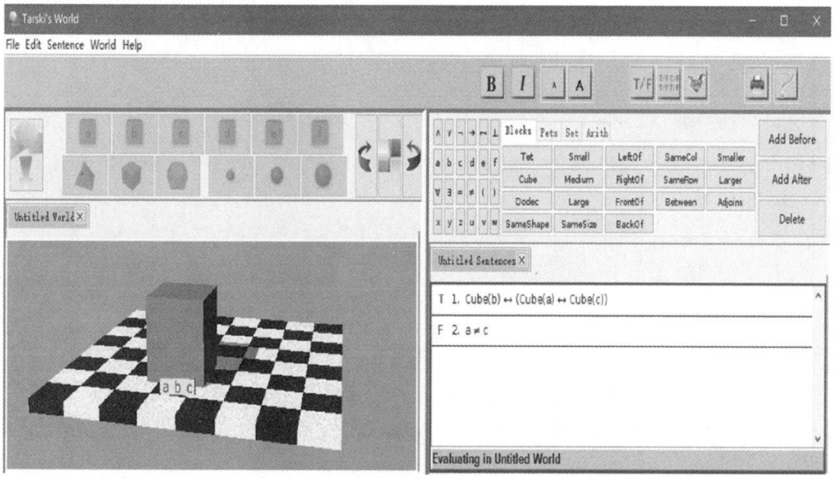
Tarski's World
File Edit Sentence World Help
Add Before
Add After
Delete
Untitled World
Untitled Sentences
T 1. Cube(b) ↔ (Cube(a) ↔ Cube(c))
F 2. a ≠ c
Evaluating in Untitled World

图 11.34

练习 34 中的推理不是 TW 有效的，验证略，反例如图 11.35。

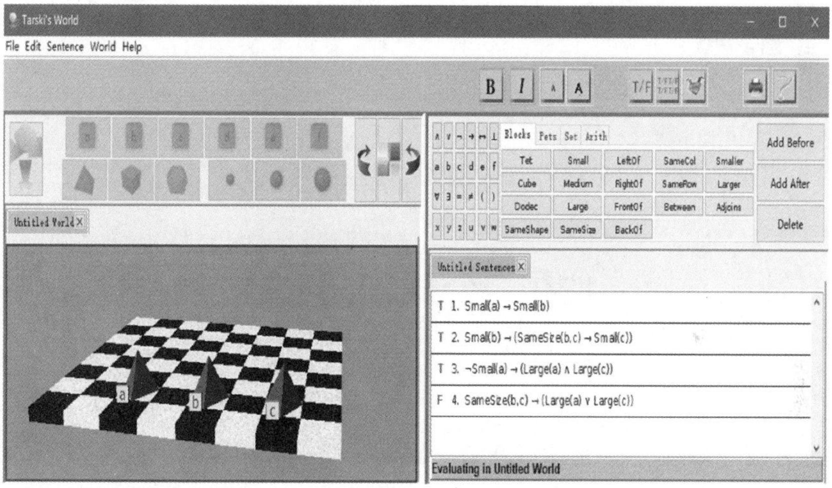
Tarski's World
File Edit Sentence World Help
Add Before
Add After
Delete
Untitled World
Untitled Sentences
T 1. Small(a) → Small(b)
T 2. Small(b) → (SameSize(b,c) → Small(c))
T 3. ¬Small(a) → (Large(a) ∧ Large(c))
F 4. SameSize(b,c) → (Large(a) ∨ Large(c))
Evaluating in Untitled World

图 11.35

第 12 章

量词

12.1 公式和闭公式

【练习】

练习 1（修改一些表达式）在 Tarski's World 中，打开文件 Bernstein's Sentences（伯恩斯坦语句）。文件中所列表达式不是闭公式（没有自由变项），但通过一些细微的改动，它们就可以成为闭公式。对它们进行改动使它们成为闭公式，但不能增加或删减任何量词符号。然后，用 Verify 确保得到的结果是闭公式。

【参考答案】

见图 12.1。

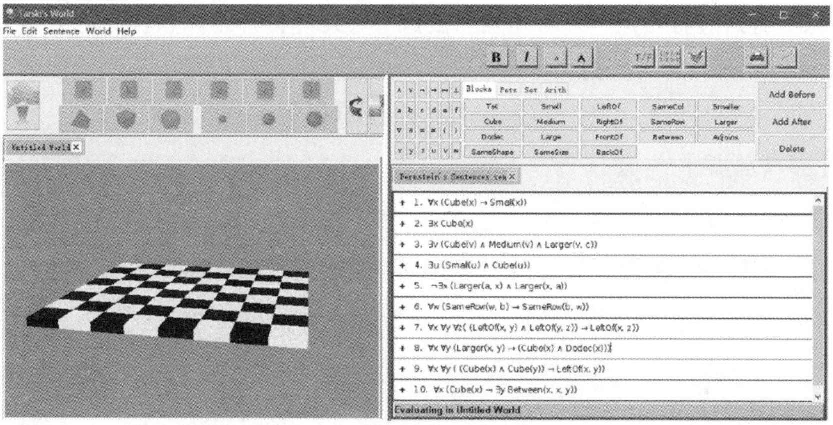
Tarski's World
File Edit Sentence World Help
Add Before
Add After
Delete
Untitled World
Bernstein's Sentences.sen
1. ∀x (Cube(x) → Small(x))
2. ∃x Cube(x)
3. ∃v (Cube(v) ∧ Medium(v) ∧ Larger(v, c))
4. ∃u (Small(u) ∧ Cube(u))
5. ¬∃x (Larger(a, x) ∧ Larger(x, a))
6. ∀w (SameRow(w, b) → SameRow(b, w))
7. ∀x ∀y ∀z((LeftOf(x, y) ∧ LeftOf(y, z)) → LeftOf(x, z))
8. ∀x ∀y (Larger(x, y) → (Cube(x) ∧ Dodec(x)))
9. ∀x ∀y ((Cube(x) ∧ Cube(y)) → LeftOf(x, y))
10. ∀x (Cube(x) → ∃y Between(x, x, y))
Evaluating in Untitled World

图 12.1

练习 2（修改更多的表达式）在 Tarski's World 中，打开文件 Schonfinkel's Sentences（肖恩克尔语句）。文件中所列表达式不是闭公式。只能通过增加或删减量词符号（和变项，如果需要）对它们进行改动使它们成为闭公式，但不要增加任何括号。用 Verify 确保得到的结果是闭公式。

【参考答案】

见图 12.2。

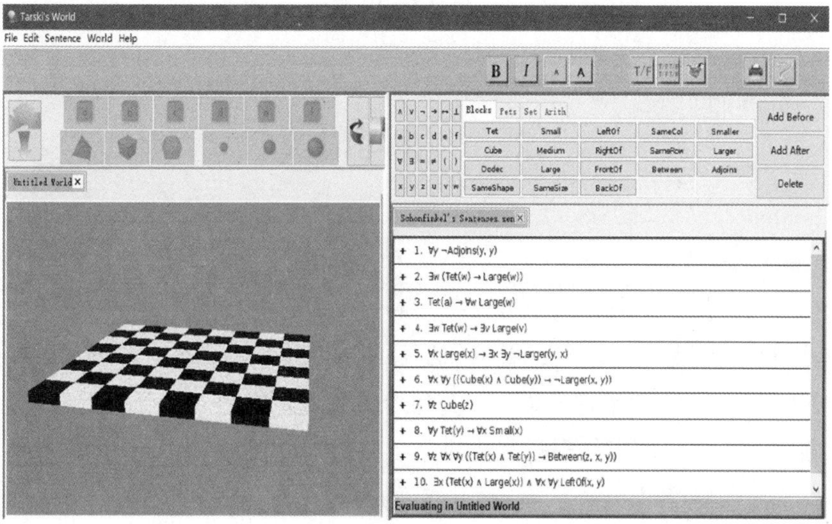
Tarski's World
File Edit Sentence World Help
Add Before
Add After
Delete
Untitled World
Schonfinkel's Sentences.sen
1. ∀y ¬Adjoins(y, y)
2. ∃w (Tet(w) → Large(w))
3. Tet(a) → ∀w Large(w)
4. ∃w Tet(w) → ∃v Large(v)
5. ∀x Large(x) → ∃x ∃y ¬Larger(y, x)
6. ∀x ∀y ((Cube(x) ∧ Cube(y)) → ¬Larger(x, y))
7. ∀z Cube(z)
8. ∀y Tet(y) → ∀x Small(x)
9. ∀z ∀x ∀y ((Tet(x) ∧ Tet(y)) → Between(z, x, y))
10. ∃x (Tet(x) ∧ Large(x)) ∧ ∀x ∀y LeftOf(x, y)
Evaluating in Untitled World

图 12.2

练习 3（确保语句真）在 Tarski's World 中，打开文件 Bozo's Sentences（博佐语句）和 Leibniz's World。该语句文件中的部分表达式不是合式公式，其余的是合式公式但不是闭公式。阅读这些表达式并确定它们的身份。如果不是合

第 12 章

式公式，对其进行修改；如果不是闭公式，对其进行小幅调整使其成为闭公式。提交一个正确的真语句的文件；如果是个假语句，对其进行小幅改动使其为真。理解原始语句真正的意图。最后，用 Verify 确保你得到的结果正确。

【参考答案】

见图 12.3。

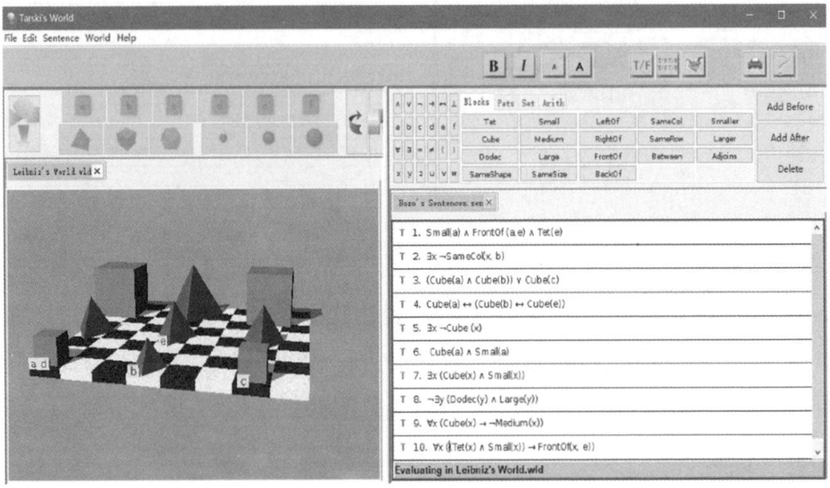
Tarski's World
File Edit Sentence World Help
Leibniz's World.wld
Boro's Sentences.sen
Tet
Small
LeftOf
SameCol
Smaller
Cube
Medium
RightOf
SameRow
Larger
Dodec
Large
FrontOf
Between
Adjoins
SameShape
SameSize
BackOf
Add Before
Add After
Delete
T 1. Small(a) ∧ FrontOf(a,e) ∧ Tet(e)
T 2. ∃x ¬SameCol(x, b)
T 3. (Cube(a) ∧ Cube(b)) ∨ Cube(c)
T 4. Cube(a) ↔ (Cube(b) ↔ Cube(e))
T 5. ∃x ¬Cube(x)
T 6. Cube(a) ∧ Small(a)
T 7. ∃x (Cube(x) ∧ Small(x))
T 8. ¬∃y (Dodec(y) ∧ Large(y))
T 9. ∀x (Cube(x) → ¬Medium(x))
T 10. ∀x ((Tet(x) ∧ Small(x)) → FrontOf(x, e))
Evaluating in Leibniz's World.wld

图 12.3

12.2 量词语义

【操作三十】

1. 在 Tarski's World 中，打开文件 Game World（游戏世界）和 Game Sentence（游戏语句）。浏览每个语句，看看你是否能够断定它的真假。验证你的判断。

2. 你是否会正确地评价语句，与每个语句做两次游戏，开始断定它为真，然后断定它为假。确定你理解游戏的每一步运行机制。

3. 除了要理解游戏外，没有要保存的内容。

【练习】

练习 4（在一个世界里评价语句）在 Tarski's World 中，打开文件 Peirce's Sentences（皮尔士语句）和 Peirce's World（皮尔士世界）。在 Peirce's Sentences 中一共有三十个语句。一一判定它们的真值，如果有必要可以做游戏。对其中一些语句你也可以借助二维视图，通过增加或删除一个否定符号使假语句变为真语句。

【参考答案】

略。

练习 5（在一个世界里评价语句）在 Tarski's World 中，打开文件 Zorn's Sentences（佐恩语句）和 Leibniz's World。在 Zorn's Sentences 中的语句含有量词和等词符号。一一判定它们的真值并修改假值使其为真，你可以做增减否定符号之外的任意修改。

【参考答案】

见图 12.4。

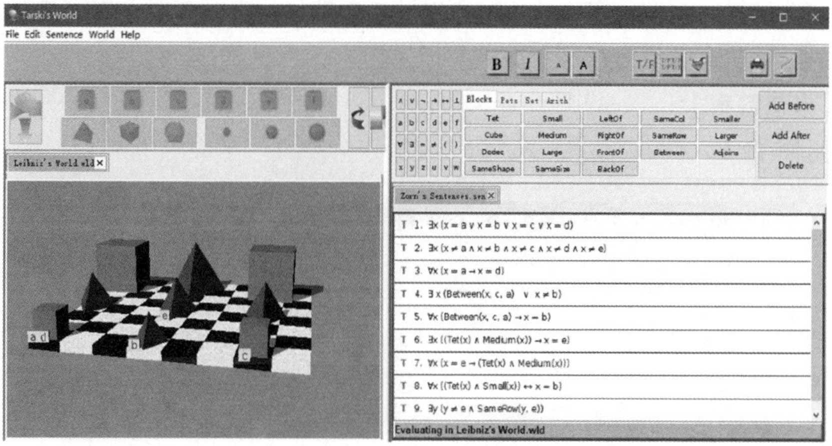
Tarski's World
File Edit Sentence World Help
Leibniz's World.wld
Zorn's Sentences.sen
T 1. ∃x (x = a ∨ x = b ∨ x = c ∨ x = d)
T 2. ∃x (x ≠ a ∧ x ≠ b ∧ x ≠ c ∧ x ≠ d ∧ x ≠ e)
T 3. ∀x (x = a → x = d)
T 4. ∃x (Between(x, c, a) ∨ x ≠ b)
T 5. ∀x (Between(x, c, a) → x = b)
T 6. ∃x ((Tet(x) ∧ Medium(x)) → x = e)
T 7. ∀x (x = e → (Tet(x) ∧ Medium(x)))
T 8. ∀x ((Tet(x) ∧ Small(x)) ↔ x = b)
T 9. ∃y (y ≠ e ∧ SameRow(y, e))
Evaluating in Leibniz's World.wld

图 12.4

12.3　四种亚里士多德语句形式

四种亚里士多德语句形式如下：

$$\forall x(P(x)\rightarrow Q(x)) \qquad \exists x(P(x)\wedge Q(x))$$

$$\forall(P(x)\rightarrow\neg Q(x)) \qquad \exists x(P(x)\wedge\neg Q(x))$$

【操作三十一】

1. 用 Tarski's World 构造一个只包含一个大的立方体而不包含任何其他对象的世界。

2. 在语句窗口处写语句：$\exists x(Cube(x) \rightarrow Large(x))$，验证这个语句在你的世界中为真。

3. 现在把大的立方体变成一个小的十二面球体，验证语句 2 的真假。问语句 2 为什么还是真的？做两次游戏，一次假设它为真，一次假设它为假。

4. 增加一个表达存在一个大的立方体的语句。确信它在当前的世界中为假，但是当你增加一个大的立方体后，它会变成真语句。

【练习】

练习 6（建立一个世界）在 Tarski's World 中，打开文件 Aristotle's Sentences（亚里士多德语句），其中每个语句都符合亚里士多德语句形式。建立一个世界使该文件中的所有语句在其中都为真。在构建过程中，你将会发现你在不断地改变这个世界。每做一次改动你应该保证之前的语句不会变假。做完最后一次改动后验证所有的语句在这个世界中都为真。

【参考答案】

见图 12.5。

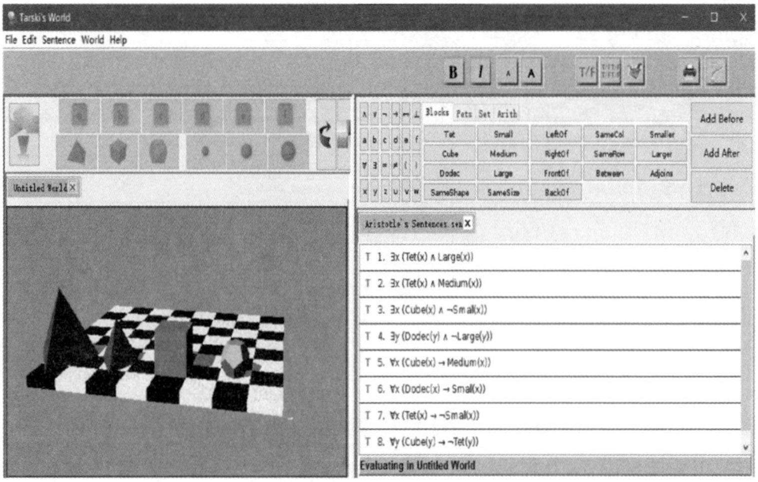

图 12.5

练习 7（常见错误 1）在 Tarski's World 中，打开文件 Edgar's Sentences（埃德加语句）并在 Edgar's World 中判断这些语句的真值。思考：为什么它们会有那样的取值？哪个语句可以作为

"There is a tetrahedron that is large."

的较好的翻译？（显然该英语语句在该世界中为假，因为该世界中根本就没有锥体。）哪个语句可以作为

“There is a cube between a and b.”

的较好的翻译？用明确的语句表达文件中的每个句子。

【参考答案】

$\exists x(Tet(x) \wedge Large(x))$可以作为 There is a tetrahedron that is large.的较好的翻译。$\exists x(Cube(x) \wedge Between(x,a,b))$可以作为 There is a cube between a and b.的较好的翻译。其内容余略。

练习 8（常见错误 2）在 Tarski's World 中，打开文件 Allan's Sentences（艾伦语句）。其中语句 1 和语句 4 分别是下面两个语句的正确翻译：

Some dodecahedron is large.

All tetrahedrals are small.

考虑这些语句和语句 2、语句 3 的逻辑关系。

1. 构造一个世界使语句 2 和语句 4 为真，但使语句 1 和语句 3 为假。这表明语句 1 不是语句 2 的逻辑后承，语句 3 不是语句 4 的逻辑后承。

2. 你能构造一个世界使语句 3 真而语句 4 假吗？如果能，就构造一个世界；如果不能，请解释原因。

3. 你能构造一个世界使语句 1 真而语句 2 假吗？如果能，就构造一个世界；如果不能，请解释原因。

【参考答案】

语句 1 见图 12.6。

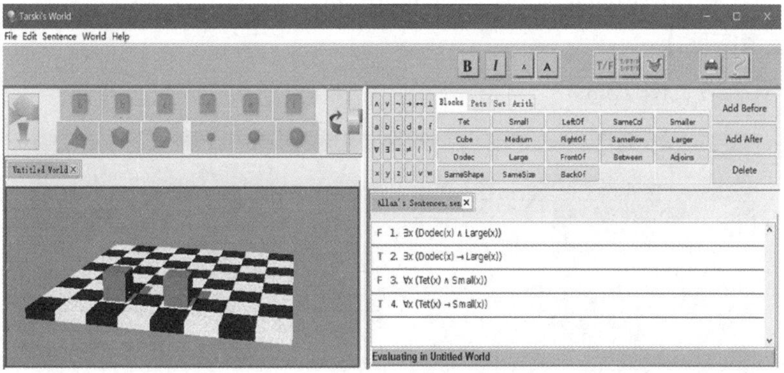

图 12.6

2. 不能构造出使语句 3 真语句 4 假的世界。因为如果语句 3 真，则 Tet(x) 和 Small(x)都真。因此，在语句 4 中，由 Small(x)作蕴涵式的后件得到的蕴涵式也真。

3. 不能构造出一个使语句 1 真而语句 2 假的世界。理由同上。

练习 9（描述一个世界）在 Tarski's World 中，打开文件 Reichenbach's World 1（赖琴巴赫世界）。建立一个新的语句文件并在该文件中用符合简单亚里士多德语句形式的语句描述这个世界的某些特征。检验你的每一个语句以确保它们是正确的，并在你所创建的世界中取值为真。

1. 用你的第 1 个语句描述：所有锥体的大小。

2. 用你的第 2 个语句描述：所有立方体的大小。

3. 用你的第 3 个语句描述：每一个十二面球体要么是大的，要么是中等的，要么是小的。

4. 描述事实：有些十二面球体是大的。

5. 描述事实：有些十二面球体不是大的。

6. 描述事实：有些十二面球体是小的。

7. 描述事实：有些十二面球体不是小的。

8. 描述事实：有些十二面球体既不是大的又不是小的。

9. 描述事实：没有大的锥体。

10. 描述事实：没有大的立方体。

现在按照以下方法修改世界中对象的大小：使其中一个立方体为大的，一个锥体为中等的，所有的十二面球体是小的。随着这些改动，语句 1、2、4、7、8 和 10 相应为假。如果不是，一定是你在描述原来的世界时出现错误。再一次改动，看你的语句是否与期望的取值相同。

【参考答案】

见图 12.7、图 12.8。

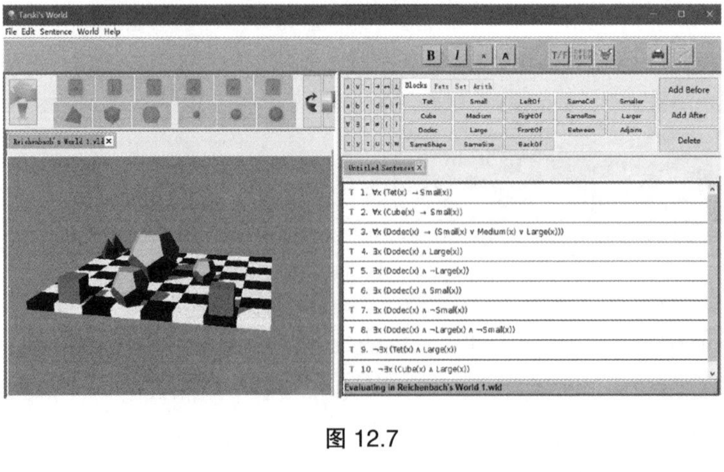

图 12.7

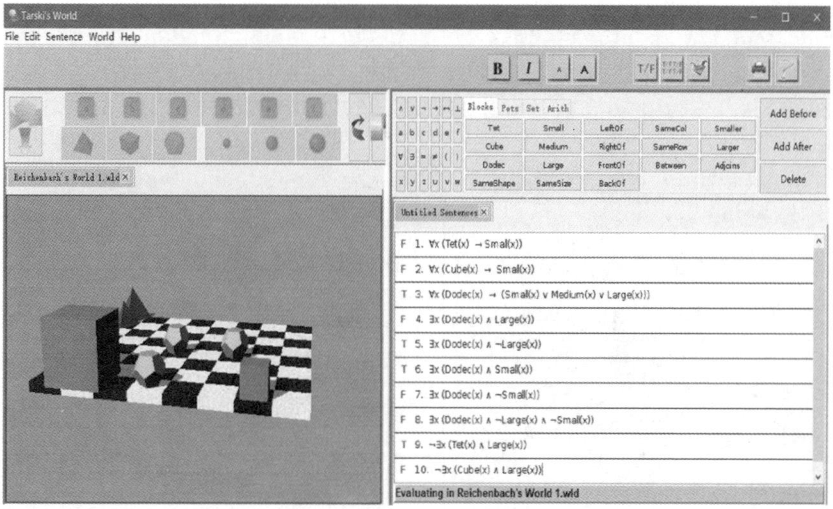

图 12.8

练习 10 现在，假设我们在有附加谓词 Even(x)和 Prime(x)的一阶算术语言的一个扩张中工作。其中，Even(x)表示“x 是一个偶数”，Prime(x)表示“x 是一个素数”。建立一个语句文件，描述下面的断言。

1. 每一个偶数都是素数。
2. 没有偶数是素数。
3. 某个素数是偶数。
4. 某个素数不是偶数。
5. 每个素数或者是奇数或者等于 2。

【参考答案】

略。

练习 11（给对象命名）在 Tarski’s World 中，打开文件 Maigret’s World（麦格雷特世界）和 Maigret’s Sentences（麦格雷特语句）。根据这个语句文件中的语句搞清楚哪些对象有名称，有什么名称。为这个世界中的六个对象指派名称，并使得这个语句文件中的所有语句的取值都为真，验证你的结果。

【参考答案】

见图 12.9。

第 12 章

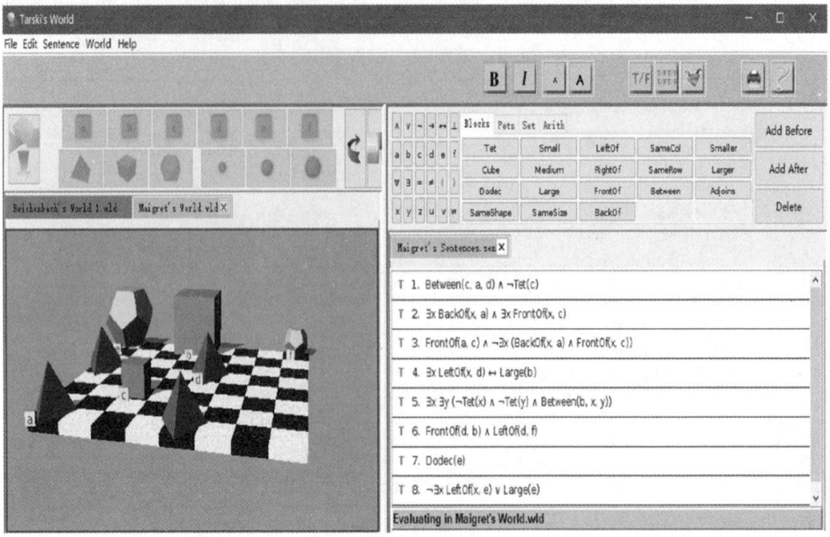
Tarski's World
File Edit Sentence World Help
Blocks Pets Set Arith
Tet Small LeftOf SameCol Smaller
Cube Medium RightOf SameRow Larger
Dodec Large FrontOf Between Adjoins
SameShape SameSize BackOf
Add Before
Add After
Delete
Maigret's Sentences.sen
T 1. Between(c, a, d) ∧ ¬Tet(c)
T 2. ∃x BackOf(x, a) ∧ ∃x FrontOf(x, c)
T 3. FrontOf(a, c) ∧ ¬∃x (BackOf(x, a) ∧ FrontOf(x, c))
T 4. ∃x LeftOf(x, d) ↔ Large(b)
T 5. ∃x ∃y (¬Tet(x) ∧ ¬Tet(y) ∧ Between(b, x, y))
T 6. FrontOf(d, b) ∧ LeftOf(d, f)
T 7. Dodec(e)
T 8. ¬∃x LeftOf(x, e) ∨ Large(e)
Evaluating in Maigret's World.wld

图 12.9

12.4　复杂名词词组的翻译

【操作三十二】

1. 在 Tarski’s World 中，打开文件 Dodgson’s Sentences（道格森语句）。注意第一个语句说每个锥体是大的。

2. 打开文件 Peano’s World（皮亚诺世界）。在这个世界中语句 1 显然是假的，因为小的锥体是全称断言的反例。这就意味着当你做游戏时，如果你断言这个语句为假，Tarski’s World 会要你选择一个小的锥体，从而赢得该游戏。试一试。

3. 删除这个反例，检验语句 1，现在应该是真的。

4. 现在打开文件 Peirce’s World，检验语句 1，它又变成假的了。这次一共有三个反例。

5. 删除所有的反例，并检验那个断言。你期望是什么结果呢？全称概括真，因为没有反例。它是我们说的空的真概括，因为没有对象满足前件。也就是说，根本没有大、中或小的锥体。进一步确定语句 1 至语句 3 在这个世界中都是空真的（图 12.10）。

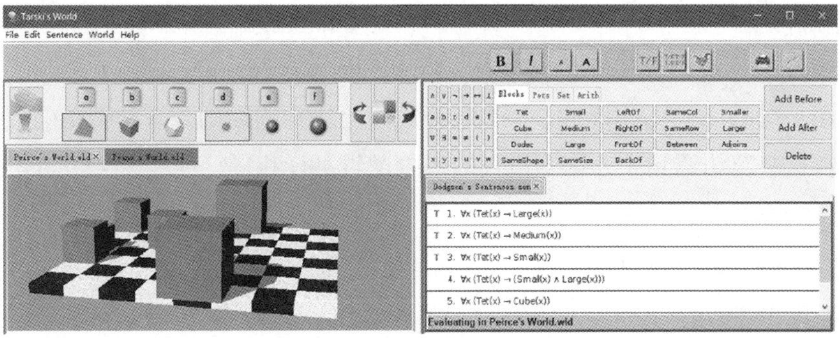

图 12.10

6. 在 4 和 5 中给出了两个更加空的真语句。然而这些语句在另一个方面是不同的。前三个语句中的每一个都可以在某个世界中为真，而后两个语句只有在不含锥体的所有世界中为真。也就是说它们是本质空的。

7. 在语句对话框中，增加第 6 个全称语句，使得它在 Peirce's World 是空真的（图 12.11），但在 Peano's World 是非空真的（图 12.12）。

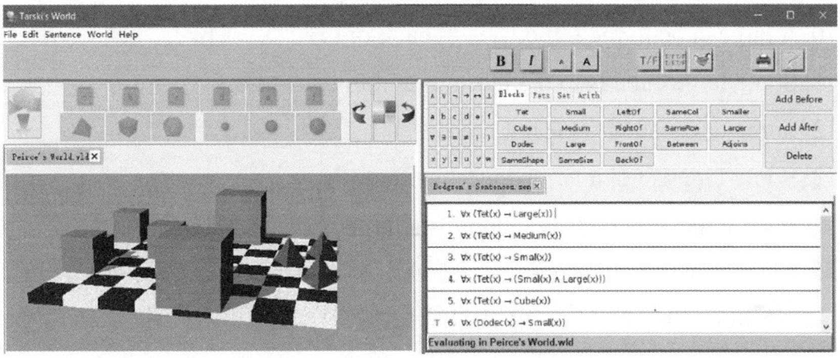

图 12.11

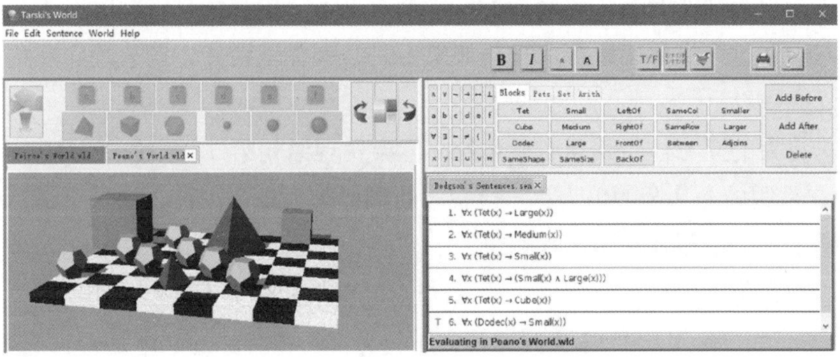

图 12.12

【练习】

练习 12（翻译存在性名词短语）翻译下面的英语语句。每一个翻译语句都将使用一次∃，但不会用到∀。一边翻译一边检查你前面的翻译是否正确。你会发现在这些英语语句中，许多语句的一阶逻辑翻译相同。

1. Something is large.
2. Something is a cube.
3. Something is a large cube.
4. Some cube is large.
5. Some large cube is to the left of **b**.
6. A large cube is to the left of **b**.
7. **b** has a large cube to its left.
8. **b** is to the right of a large cube.（提示：此句的翻译和最后一句的翻译几乎完全相同，但这里它用到谓词符号 RightOf。）
9. Something to the left of **b** is in back of **c**.
10. A large cube to the left of **b** is in back of **c**.
11. Some large cube is to the left of **b** and in back of **c**.
12. Some dodecahedron is not large.
13. Something is not a large dodecahedron.
14. It′s not the case that something is a large dodecahedron.
15. **b** is not to the left of a cube.（提醒：这个语句有歧义。你能给出它的两个重要但不相同的翻译吗？一个以∃开始，另一个以¬开始。用第二个作为你的翻译，因为这是对这个英语语句最自然的解读。）

为了检查上面语句的翻译，打开文件 Montague’s World。

①注意上面所有英语语句在 Montague’s World 中都为真。检验你所有的翻译，它们在这个世界中也都为真。如果不是，那你就错了，搞清楚你究竟错在哪里。

②将大的立方体位移至右后角处。你会发现语句第 5、6、7、8、10、11 和 15 现在是假的，其余的仍为真。检验你的翻译是否也是如此。如果不是，那就是你错了，搞清楚你究竟错在哪里。

③现在将大的立方体变成小的。在这个调整过的世界中，语句第 1、3、4、5、6、7、8、10、11 和 15 为假，其余语句为真。检验你的翻译是否也是如此。如果不是，搞清楚你究竟错在哪里。

④最后，将 c 移至最后一行，将 b 变大。除了第 1、2 和 13 之外的语句都为假。检验你的翻译是否也是如此。如果不是，搞清楚你究竟错在哪里。

【参考答案】

①的图 12.13，其余略。

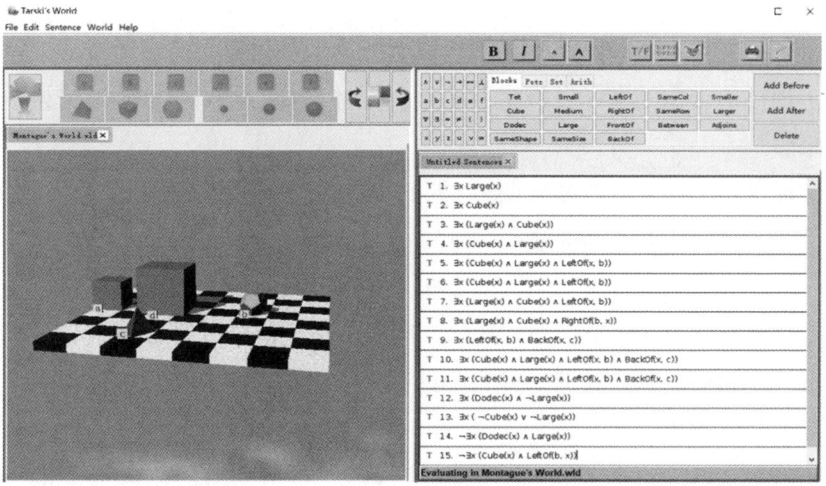

图 12.13

练习 13 翻译下面的语句使每一个翻译语句中都包含一个∀但不包含∃。

1. All cubes are small.
2. Each small cube is to the right of **a**.
3. **a** is to the left of every dodecahedron.
4. Every medium tetrahedron is in front of **b**.
5. Each cube is either in front of b or in back of **a**.
6. Every cube is to the right of a and to the left of **b**.
7. Everything between **a** and **b** is a cube.
8. Everything smaller than **a** is a cube.
9. All dodecahedra are not small.
10. No dodecahedron is small.
11. **a** dose not adjoin everything.（注意：这个句子是模糊的。希望你把它理解为否定 a 与所有的东西相连的说法。）
12. **a** dose not adjoin anything.（语句 11 和语句 12 的意思不同，尽管它们都可以用∀、¬和 Adjoins 翻译。）

13. **a** is not to the right to any cube.

14. If something is a cube, then it is not in the same column as either **a** or **b**.

15. Something is a cube if and only if it is not in the same column as either **a** or **b**.

现在检查你的翻译。

①打开文件 Claire's World，确定以上所有的英语语句的翻译在这个世界中为真。现在检查你的翻译在该世界中是否全部为真。如果你有翻译错误，请改正过来。

②通过将 a 移至右前方来调整 Claire's World。调整后，语句 2、6 和 12 至 15 为假其余为真。确定你的翻译取值也是如此。如果不是，找出错误并加以改正。

③打开文件 Wittgenstein's World。注意在这个世界中的语句 2、3、7、8、11、12 和 13 为真其余为假。检查你的翻译取值是否也是如此。如果不是，找出错误并加以改正。

④打开文件 Venn's World。上面的语句 2、4、7 和 11 至 14 是真的，你的翻译是否如此？

【参考答案】

①的图 12.14，其余略。

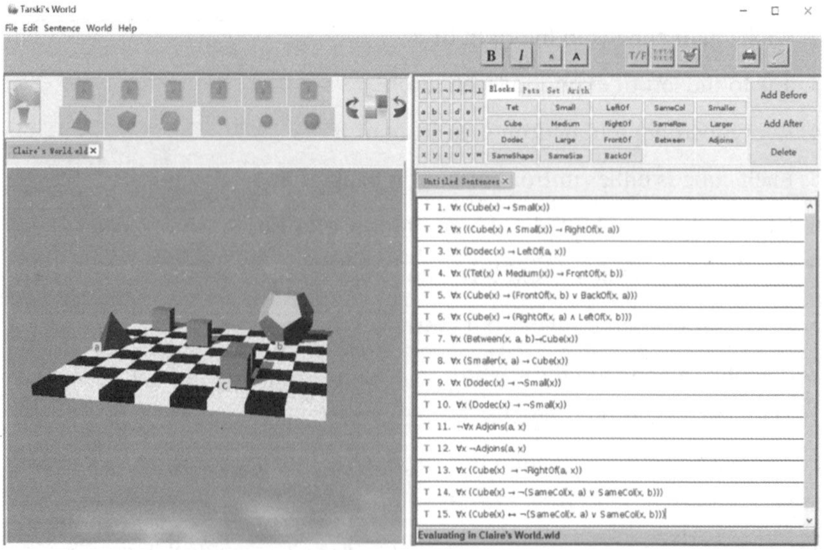

Tarski's World
File Edit Sentence World Help
Claire's World.wld
Blocks Pets Set Arith
Tet Small LeftOf SameCol Smaller
Cube Medium RightOf SameRow Larger
Dodec Large FrontOf Between Adjoins
SameShape SameSize BackOf
Add Before
Add After
Delete
Untitled Sentences
T 1. ∀x (Cube(x) → Small(x))
T 2. ∀x ((Cube(x) ∧ Small(x)) → RightOf(x, a))
T 3. ∀x (Dodec(x) → LeftOf(a, x))
T 4. ∀x ((Tet(x) ∧ Medium(x)) → FrontOf(x, b))
T 5. ∀x (Cube(x) → (FrontOf(x, b) ∨ BackOf(x, a)))
T 6. ∀x (Cube(x) → (RightOf(x, a) ∧ LeftOf(x, b)))
T 7. ∀x (Between(x, a, b)→Cube(x))
T 8. ∀x (Smaller(x, a) → Cube(x))
T 9. ∀x (Dodec(x) → ¬Small(x))
T 10. ∀x (Dodec(x) → ¬Small(x))
T 11. ¬∀x Adjoins(a, x)
T 12. ∀x ¬Adjoins(a, x)
T 13. ∀x (Cube(x) → ¬RightOf(a, x))
T 14. ∀x (Cube(x) → ¬(SameCol(x, a) ∨ SameCol(x, b)))
T 15. ∀x (Cube(x) ↔ ¬(SameCol(x, a) ∨ SameCol(x, b)))
Evaluating in Claire's World.wld

图 12.14

练习 14（翻译）在 Tarski's World 中，打开文件 Leibniz's World。

建立一个新的语句文件，将下面语句的翻译放在这个新的语句文件中。在 Leibniz's World 中这些语句都为真。验证你的翻译。

1. There are no medium-sized cubes.

2. Nothing is in front of **b**.

3. Every cube is either in front of or in back of **e**.

4. No cube is between **a** and **c**.

5. Everything is in the same column as **a** ,**b** or **c**.

①现在改动 Leibniz's World，使得上面的所有英语语句在改动过的世界中都为假。首先将 b 改变为一个中等的立方体，然后删除最左边的锥体并将 b 移至该处，最后，增添一个小的立方体，把它放在 b 原来的位置上。如果你的翻译是正确的，它们在这个世界中都为假。

②继续改动这个世界使得这些语句在改动后的世界中有真有假。然后检验你的翻译语句在这个世界中的取值是否也是如此。

【参考答案】

语句 1 至语句 5 在 Leibniz's World 中都为真（图 12.15），其余略。

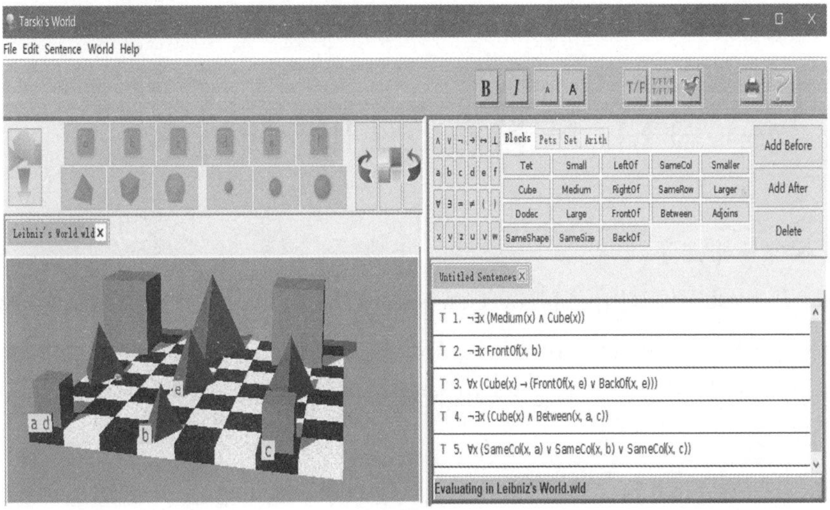
Tarski's World
File Edit Sentence World Help
Blocks Pets Set Arith
Tet Small LeftOf SameCol Smaller
Cube Medium RightOf SameRow Larger
Dodec Large FrontOf Between Adjoins
SameShape SameSize BackOf
Add Before
Add After
Delete
Leibniz's World.wld
Untitled Sentences
T 1. ¬∃x (Medium(x) ∧ Cube(x))
T 2. ¬∃x FrontOf(x, b)
T 3. ∀x (Cube(x) → (FrontOf(x, e) ∨ BackOf(x, e)))
T 4. ¬∃x (Cube(x) ∧ Between(x, a, c))
T 5. ∀x (SameCol(x, a) ∨ SameCol(x, b) ∨ SameCol(x, c))
Evaluating in Leibniz's World.wld

图 12.15

第 13 章

量词的逻辑

13.1 一阶有效性和一阶后承

【操作三十三】

1. 在 Fitch 中，打开文件 FO Con 1（一阶后承 1）。这个文件给出了一组前提和一系列从它们逻辑推出的语句。你的任务是选定支持语句和推理规则来判定每一步推理的正确性。但是你必须使用尽可能最弱的推理规则并且选定尽可能最少的支持语句。

2. 注意看 Fitch 杠下面的第一步，∀xCube(x)→Cube(b)。你会认出这是一条逻辑真理，这意味着你不需要引用任何前提来支持它。首先，问问你自己这条语句是不是一个重言式。不，它不是，因而 Taut Con 是不会检验合格的。它是一阶有效的吗？是的，因此，改变规则为 FO Con，然后看看它是否会检验合格。它同样也能通过 Ana Con 的验证，但是这条规则比需要的要强，因此如果你使用了这一操作，那么你的答案会被判为错误。

3. 继续完成剩下的语句，只引用必需的支持前提和尽可能弱的 Con 规则（图 13.1）。

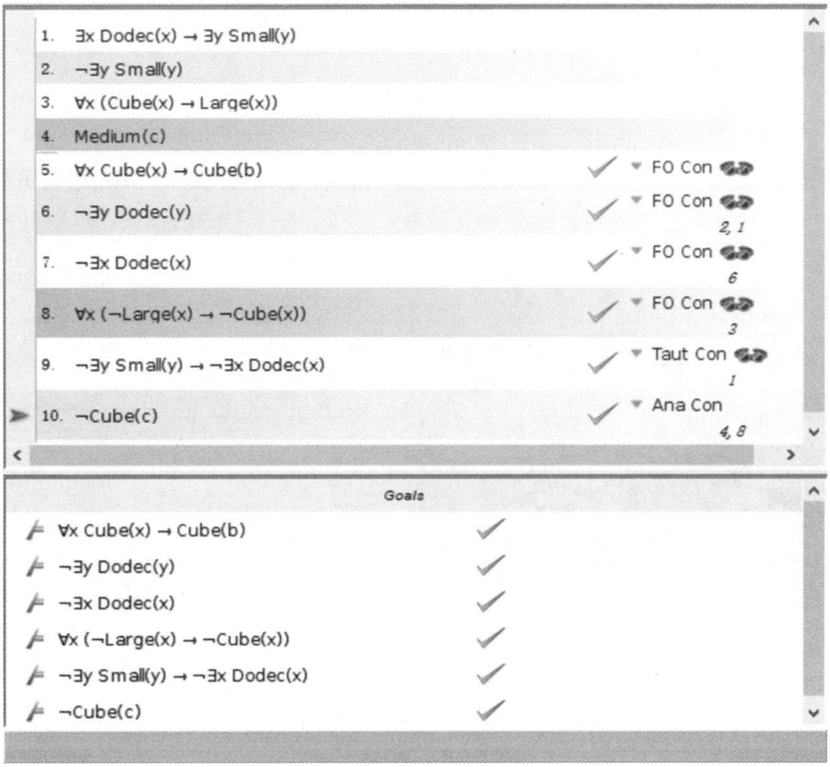

图 13.1

【练习】

练习 1 打开文件 Carnap’s Sentences 和 Bolzano’s World。

1. 用清晰、通俗的语言解释每一个语句，并且在给出的世界中检验其是否为真。

2. 对于每一个语句，确定它是否为一个逻辑真理。如果不是，建立一个世界，在这个世界里使这个语句为假。[提示：你可以证明其中的三个句子（语句 2、3、9）是假的。]

3. 在这些语句中，哪几条是一阶有效的？

【参考答案】

1. 略。

2. 语句 2、3、9 是假的。语句 2 的证明如图 13.2，反例如图 13.3，其余略。

语句 1、5、6、8 是 TW 必然性语句。

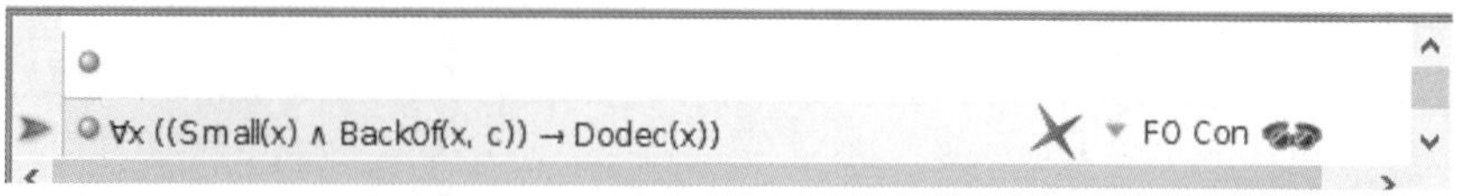
∀x ((Small(x) ∧ BackOf(x, c)) → Dodec(x))
FO Con

图 13.2

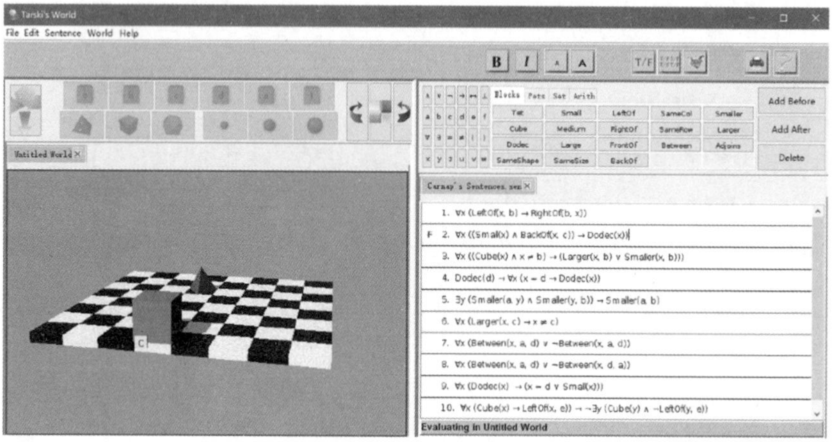
Tarski's World
File Edit Sentence World Help
Add Before
Add After
Delete
1. ∀x (LeftOf(x, b) → RightOf(b, x))
F 2. ∀x ((Small(x) ∧ BackOf(x, c)) → Dodec(x))
3. ∀x ((Cube(x) ∧ x ≠ b) → (Larger(x, b) ∨ Smaller(x, b)))
4. Dodec(d) → ∀x (x = d → Dodec(x))
5. ∃y (Smaller(a, y) ∧ Smaller(y, b)) → Smaller(a, b)
6. ∀x (Larger(x, c) → x ≠ c)
7. ∀x (Between(x, a, d) ∨ ¬Between(x, a, d))
8. ∀x (Between(x, a, d) ∨ ¬Between(x, d, a))
9. ∀x (Dodec(x) → (x = d ∨ Small(x)))
10. ∀x (Cube(x) → LeftOf(x, e)) → ¬∃y (Cube(y) ∧ ¬LeftOf(y, e))
Evaluating in Untitled World

图 13.3

3. 语句 4、7、10 是一阶有效的，验证略。

13.2　一阶等值式和德摩根律

练习 2（∀与∧配对）我们指出了∀和∧之间与∃和∨之间的相似性。但是我们没有断言全称量化语句与合取联结词之间的逻辑等值关系。下面的问题表明我们没有这样做的原因。

1. 打开文件 Church's Sentences（丘奇语句）和 Ramsey's World（拉姆齐世界）。在该世界中判定这些语句。你会发现前两个语句有相同的真值，后两个也是。

2. 随意修改文件 Ramsey's World，但是不要增加或删除对象，也不要修改它们的名字。验证前两个语句总是有相同的真值，后两个也同样。

3. 在这个世界中增加一个对象。调整这些对象使得第一个语句为假，第二个和第三个为真，最后一个为假。这个世界显示了前两个语句并非逻辑等值。

最后两个也同样。

【参考答案】

1 和 2 的答案略。3 的答案如图 13.4。

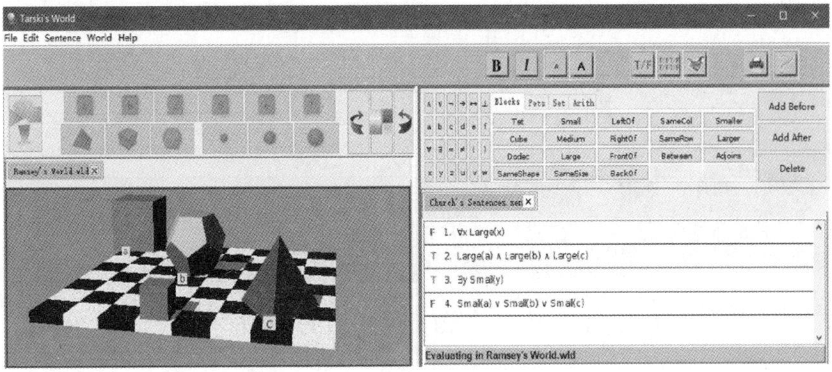

图 13.4

13.3　其他量词化等值式

练习 3(空量化)在 Tarski's World 中，打开文件 Null Quantification Sentences(空量化语句)。在这个文件中你会看到在奇数行有语句。注意每个语句都是在一个语句前面放一个量词和一个不自由的量化变项得到的。

1. 打开文件 Gödel's World（哥德尔世界），判定第一个语句的真值。你能理解为什么它是假的吗？重复做游戏并确认这个语句的真值，每次轮到你的时候选择一个不同的模块。你并不是总输，但是你的选择不会影响接下来的游戏。

2. 验证其他语句并且思考为什么它们会有这样的真值。在第 2 个语句上玩几次游戏，选择真、假两种情况。注意不论是你选择一个模块（当确认为假的时候）还是 Tarski's World 选择（当确认为真的时候），都不会影响游戏。

3. 在偶数行，写出它上面语句的来源语句。无论你如何改变这个世界，验证偶数行和奇数行语句具有相同的真值。这是因为它们是逻辑等值的。

【参考答案】

见图 13.5。

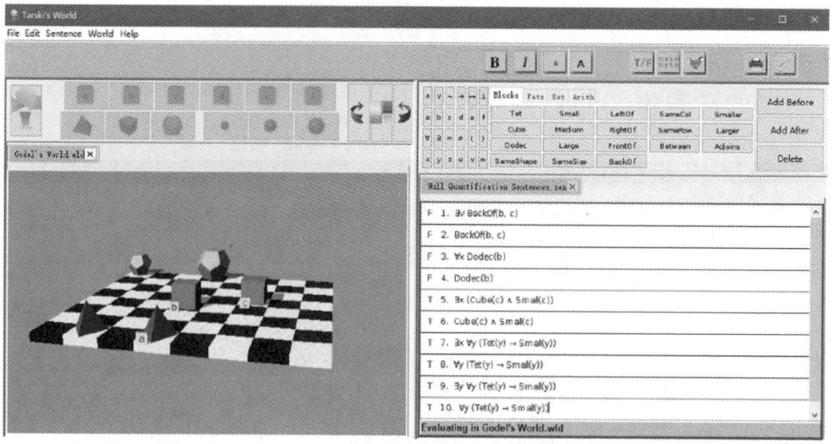

图 13.5

在下面的等值语句中有些是逻辑真理的（也就是说等值句的两边是逻辑等值式）；有些不是。如果你认为那个等值语句是逻辑真理，建一个 Fitch 文件，输入该语句，然后用 FO Con 进行验证。如果这个语句不是逻辑真理，建立一个 Tarski's World 使它在里面为假。

练习 4 (∀xCube(x)∨∀xDodec(x))↔∀x(Cube(x)∨Dodec(x))

练习 5 ¬∃zSmall(z)↔∃z¬Small(z)

练习 6 ∀xTet(b)↔∃wTet(b)

练习 7 ∃w(Dodec(w)∧Large(w))↔(∃wDodec(w)∧∃wLarge(w))

练习 8 ∃w(Dodec(w)∧Large(b))↔(∃wDodec(w)∧Large(b))

练习 9 ¬∀x(Cube(x)→(Small(x)∨Large(x)))↔∃z(Cube(z)∧¬Small(z)∧¬Large(z))

【参考答案】

练习 4 不是逻辑真理（因为从右到左的蕴含式不成立，见图 13.6 和图 13.7）。

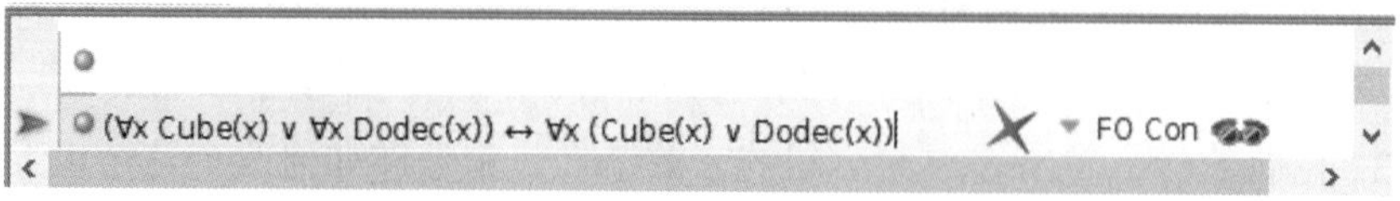
(∀x Cube(x) ∨ ∀x Dodec(x)) ↔ ∀x (Cube(x) ∨ Dodec(x))
FO Con

图 13.6

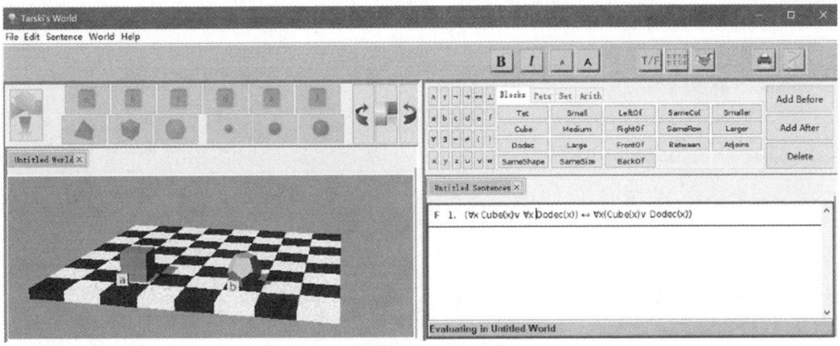

图 13.7

用同样的方法可证：练习 5、练习 7 不是逻辑真理，详细证明略。而练习 6 是逻辑真的，如图 13.8。练习 8 和练习 9 是逻辑真的，证明略。

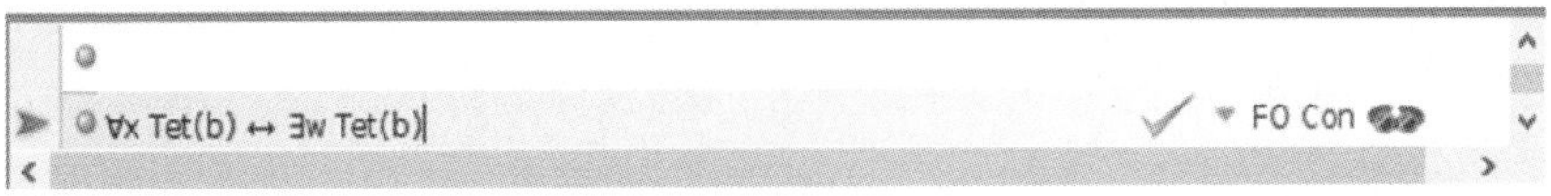

图 13.8

13.4　公理化方法

下面的操作说明，用基本公理和较弱的 FO Con 规则可以替换 Ana Con 规则。

【操作三十四】

1. 在 Fitch 中，打开文件 Axioms 1。这个文件的前提只是 4 个基本公理。在 Fitch 栏下面有四个语句，每一个语句都使用了 Ana Con 规则进行了判定，不用选择支持语句。验证每一步都是正确的。

2. 现在把判定理由中的每一个 Ana Con 都改为 FO Con。验证的结果每一步都不正确。你的任务是给出在只有一个公理的支持下，每一个语句都正确的证明并保存你的结果（图 13.9）。

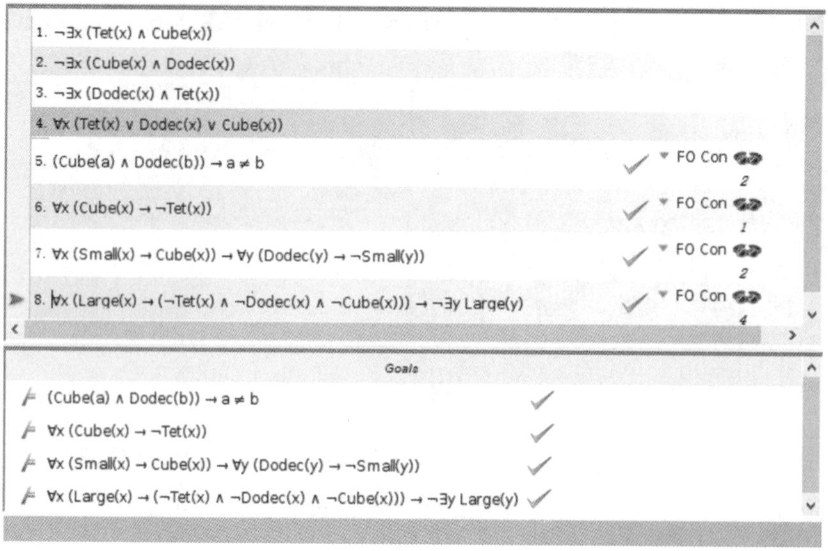
1. ¬∃x (Tet(x) ∧ Cube(x))
2. ¬∃x (Cube(x) ∧ Dodec(x))
3. ¬∃x (Dodec(x) ∧ Tet(x))
4. ∀x (Tet(x) ∨ Dodec(x) ∨ Cube(x))
5. (Cube(a) ∧ Dodec(b)) → a ≠ b
FO Con
2
6. ∀x (Cube(x) → ¬Tet(x))
FO Con
1
7. ∀x (Small(x) → Cube(x)) → ∀y (Dodec(y) → ¬Small(y))
FO Con
2
8. ∀x (Large(x) → (¬Tet(x) ∧ ¬Dodec(x) ∧ ¬Cube(x))) → ¬∃y Large(y)
FO Con
4
Goals
(Cube(a) ∧ Dodec(b)) → a ≠ b
∀x (Cube(x) → ¬Tet(x))
∀x (Small(x) → Cube(x)) → ∀y (Dodec(y) → ¬Small(y))
∀x (Large(x) → (¬Tet(x) ∧ ¬Dodec(x) ∧ ¬Cube(x))) → ¬∃y Large(y)

图 13.9

13.5 引理

【操作三十五】

1. 打开文件 Lemma 1（引理 1），它包含如下推理的一个有效证明：

$\neg\exists x(Tet(x)\wedge Cube(x))$

$\neg\exists x(Tet(x)\wedge Dodec(x))$

$\neg\exists x(Cube(x)\wedge Dodec(x))$

$\neg\exists x(Tet(x)\wedge Cube(x)\wedge Dodec(x))$

2. 打开文件 Lemma Example 1（引理例 1），它包含证明目标：

$\neg\exists x(Tet(x)\wedge Cube(x))$

$\neg\exists x(Tet(x)\wedge Dodec(x))$

$\neg\exists x(Cube(x)\wedge Dodec(x))$

$\neg\exists x(Tet(x)\wedge Cube(x)\wedge Dodec(x))\vee Small(a)$

建立新的一步并插入公式$\neg\exists x(Tet(x)\wedge Cube(x)\wedge Dodec(x))$，这是 Lemma 1 的目标公式，引证所有三个前提，这些都是 Lemma 1 的前提。最后，点击 Rule 菜单，寻找 Lemma 条款，它是一个子菜单，它包含 Add Lemma。选择 Add Lemma，

这时就会出现一个选择对话并导航选择 Lemma 1。验证这一步。

3. 在引理这一步的公式仅仅是引理文件中唯一的目标时，这条 Lemma 规则将被进行验证。在引理文件中，同样的公式数被引证作为公式的前件，并且这些引证步骤包含前件中的所有公式（不按顺序）。前件和引证的公式必须匹配。例如，如果这个引理包含前件 P 和 Q，引证公式 P∧Q 将停止工作。

4. 用一次∨-Intro 来完成这个练习的证明（图 13.10）。

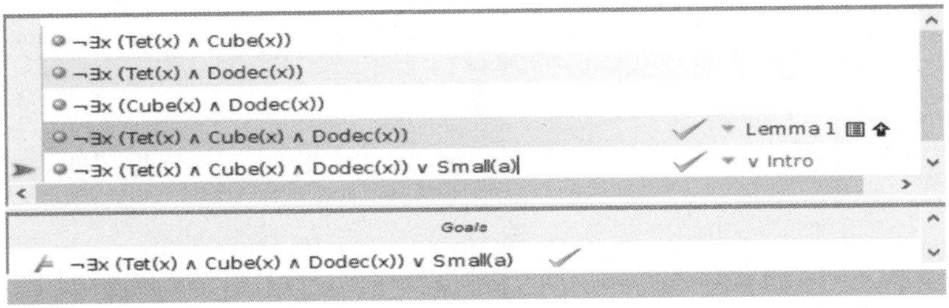
¬∃x (Tet(x) ∧ Cube(x))
¬∃x (Tet(x) ∧ Dodec(x))
¬∃x (Cube(x) ∧ Dodec(x))
¬∃x (Tet(x) ∧ Cube(x) ∧ Dodec(x))
Lemma 1
¬∃x (Tet(x) ∧ Cube(x) ∧ Dodec(x)) ∨ Small(a)
∨ Intro
Goals
¬∃x (Tet(x) ∧ Cube(x) ∧ Dodec(x)) ∨ Small(a)

图 13.10

【操作三十六】

1. 打开文件 Lemma 2，它包含如下推理的一个有效的证明：

Dodec(d)∨ Cube(c)
Dodec(d)→Large(d)
Cube(c)→Small(c)
Large(d)∨Small(c)

2. 打开文件 Lemma Example 2，它包含证明目标：

Dodec(d)∨ Cube(c)
∀x(Dodec(d)→Large(d))
∀x(Cube(c)→Small(c))
Large(d)∨Small(c)

3. 注意，这个引理的第二个和第三个前提分别是这个证明中第二个和第三个前提的例证。我们可以进行证明而导出这些公式，然后应用这个引理。

即：首先，用∀-Elim（参见第 16 章的 16.1）在一个第一步没有前提的证明中导出公式 Dodec(d)→Large(d)。其次，再用∀-Elim 导出公式 Cube(c)→Small(c)。最后，用这个引理完成这个证明（图 13.11）。

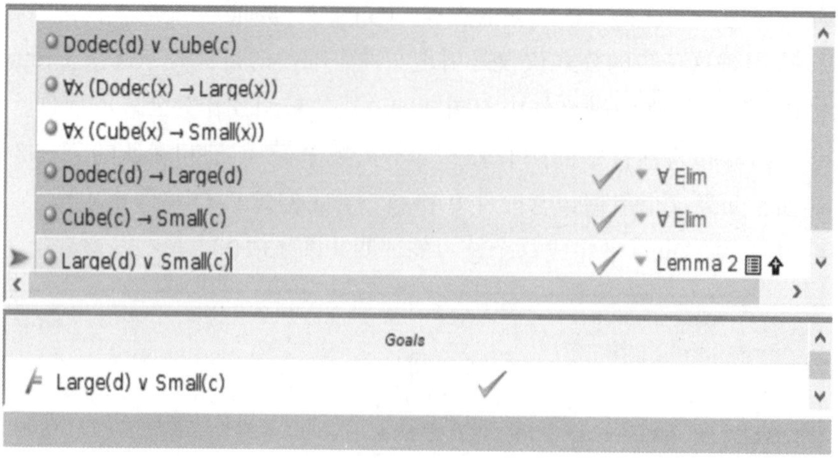

图 13.11

【操作三十七】

1. 打开文件 Lemma 3，它包含如下推理的一个有效的证明：

| A∨B
| A→C
| B→D
|—
| C∨D

2. 打开文件 Lemma Example 3，它要求我们证明下面的推理：

| LeftOf(a,b)∨RightOf(a,b)
| LeftOf(a,b)→(Small(a)∧Tet(a))
| RightOf(a,b)→(Large(b)∧Cube(b))
|—
| (Small(a)∧Tet(a))∨(Large(b)∧Cube(b))

3. 注意，这两个推理有相同的形式。Lemma 3 包含一个一般形式的有效的一个证明，而 Lemma Example 3 包含一个特殊结果的一个例证。

4. 给 Lemma Example 3 增加一步，并且插入目标公式。引证所有的三个前提，并且用 Lemma 规则，选择文件 Lemma 3。验证这一步（图 13.12）。

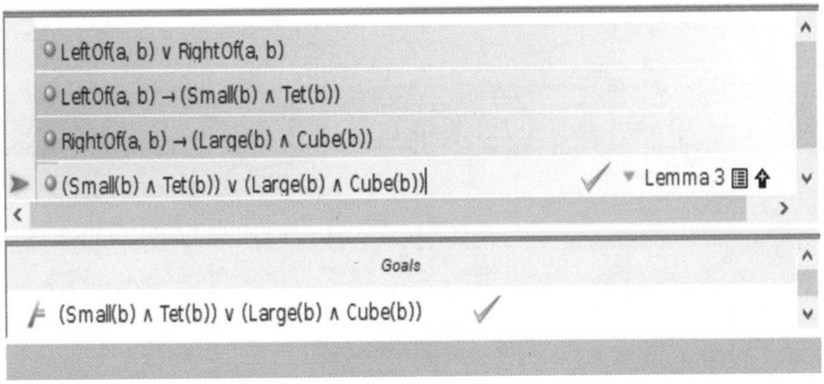

图 13.12

【练习】

练习 10 证明一个引理，使它可以一步用来完成文件 Exercise 10.34.1 和 Exercise 10.34.2 中的证明，并将这个文件命名为 Proof 10.34。

【参考答案】

见图 13.13 至图 13.15。

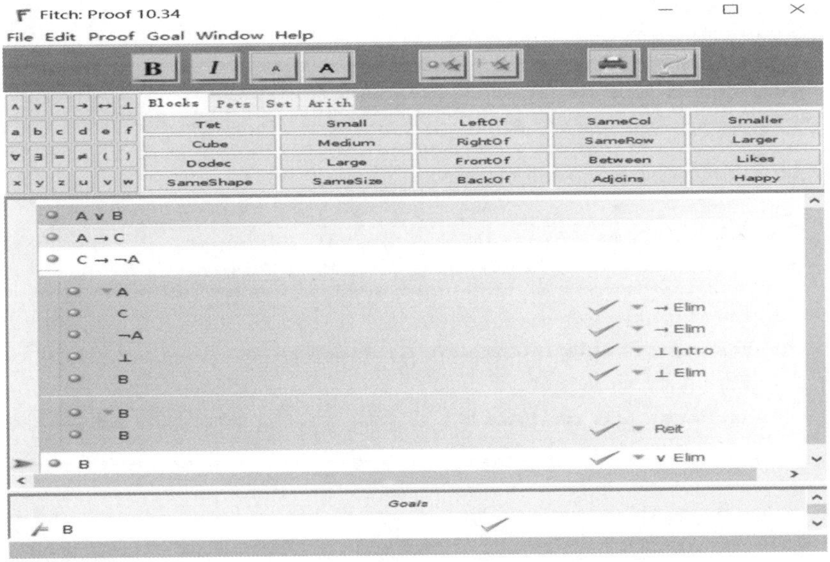

图 13.13

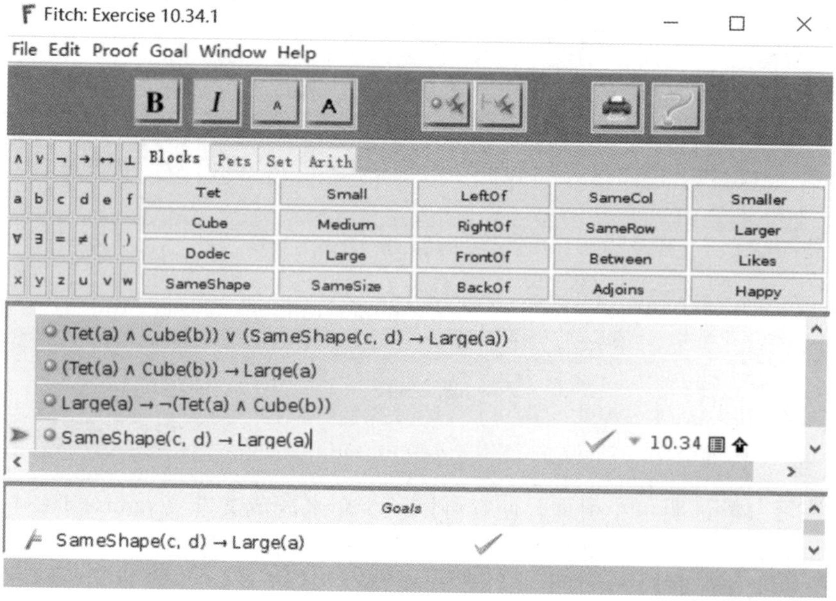
Fitch: Exercise 10.34.1
File Edit Proof Goal Window Help
Blocks Pets Set Arith
Tet Small LeftOf SameCol Smaller
Cube Medium RightOf SameRow Larger
Dodec Large FrontOf Between Likes
SameShape SameSize BackOf Adjoins Happy
(Tet(a) ∧ Cube(b)) ∨ (SameShape(c, d) → Large(a))
(Tet(a) ∧ Cube(b)) → Large(a)
Large(a) → ¬(Tet(a) ∧ Cube(b))
SameShape(c, d) → Large(a)
10.34
Goals
SameShape(c, d) → Large(a)

图 13.14

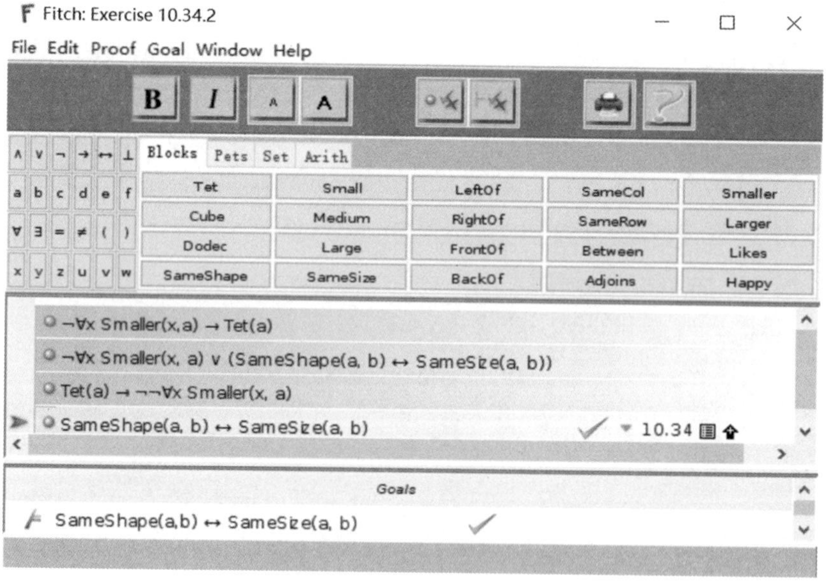
Fitch: Exercise 10.34.2
File Edit Proof Goal Window Help
Blocks Pets Set Arith
Tet Small LeftOf SameCol Smaller
Cube Medium RightOf SameRow Larger
Dodec Large FrontOf Between Likes
SameShape SameSize BackOf Adjoins Happy
¬∀x Smaller(x,a) → Tet(a)
¬∀x Smaller(x, a) ∨ (SameShape(a, b) ↔ SameSize(a, b))
Tet(a) → ¬¬∀x Smaller(x, a)
SameShape(a, b) ↔ SameSize(a, b)
10.34
Goals
SameShape(a,b) ↔ SameSize(a, b)

图 13.15

第 14 章

多重量词

14.1　一个量词的多重用法

【操作三十八】

1. 假定你在一个第一行有四个立方体的世界中评价下面的语句：

$\forall x\forall y((Cube(x)\wedge Cube(y))\rightarrow(LeftOf(x,y)\vee RightOf(x,y)))$　　　（＊）

在这样的世界中，你认为（＊）语句是真的吗？

2. 在 Tarski's World 中，打开文件 Cantor's Sentences（康托尔语句）和 Cantor's World（康托尔世界），并评价世界中的第一个语句。如果你怀疑这个结果，可做游戏。

3.（＊）断言：对于任意的 x 和任意的 y，如果 x 和 y 都是立方体，那么 x 在 y 的左边或者 x 在 y 的右边。但是以这种方式理解（＊）语句的话，可能会产生一种误解。多个“立方体”表明 x 和 y 是两个不同的立方体，但这一点却不能由（＊）语句体现出来。事实上，在这个世界中，（＊）语句是假的，正如（＊）

语句在任何只有一个立方体的世界中必然为假一样。

4. 如果你确实想将该断言表示为每个立方体在其他立方体的左边或右边，用下面的语句：

$$\forall x\forall y((Cube(x)\wedge Cube(y)\wedge x\neq y)\rightarrow(LeftOf(x,y)\vee RightOf(x,y)))$$

用这种方法修改（*）语句并在这个世界中检验。

5. 文件中的第二个语句对整个世界而言断言有两个立方体。但不是这样。删除世界中所有其他的立方体，只剩下一个，检验该语句并发现它仍然为真。

6. 看看你是否能修改第二个语句，使它在只有一个立方体的世界中为假，但如果在一个世界中有两个或更多的立方体，则它是真的。（使用≠如我们上面所做那样。）保存修改后的语句。

【参考答案】

1.（*）语句是假的。2 至 5 略。

6. 将第 2 个语句修改成$\exists x\exists y(Cube(x)\wedge Cube(y)\wedge x\neq y)$。

【练习】

练习 1（简单多重量词语句）在 Tarski's World 中，打开文件 Frege's Sentence（弗雷格语句）。这个文件含有十四个语句，前七个语句以一对存在量词开始，后七个语句以一对全称量词开始。一个一个地检查这些语句，并在 Peirce's World 中评价它们。尽管理解这些语句对你来说不会有任何困难，但如果你错了不要忘记使用游戏。当你理解了所有的语句后，修改一个模块的大小和位置使得前七个语句为真后七个语句为假。

【参考答案】

见图 14.1，其余略。

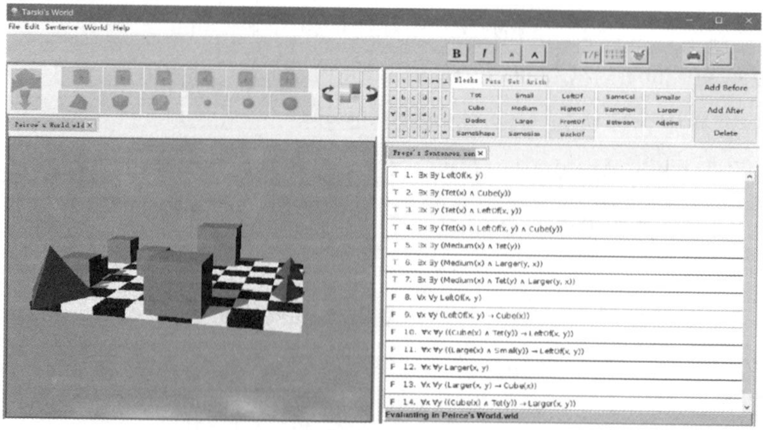
Tarski's World
File Edit Sentence World Help
Add Before
Add After
Delete
T 1. ∃x ∃y LeftOf(x, y)
T 2. ∃x ∃y (Tet(x) ∧ Cube(y))
T 3. ∃x ∃y (Tet(x) ∧ LeftOf(x, y))
T 4. ∃x ∃y (Tet(x) ∧ LeftOf(x, y) ∧ Cube(y))
T 5. ∃x ∃y (Medium(x) ∧ Tet(y))
T 6. ∃x ∃y (Medium(x) ∧ Larger(y, x))
T 7. ∃x ∃y (Medium(x) ∧ Tet(y) ∧ Larger(y, x))
F 8. ∀x ∀y LeftOf(x, y)
F 9. ∀x ∀y (LeftOf(x, y) → Cube(x))
F 10. ∀x ∀y ((Cube(x) ∧ Tet(y)) → LeftOf(x, y))
F 11. ∀x ∀y ((Large(x) ∧ Small(y)) → LeftOf(x, y))
F 12. ∀x ∀y Larger(x, y)
F 13. ∀x ∀y (Larger(x, y) → Cube(x))
F 14. ∀x ∀y ((Cube(x) ∧ Tet(y)) → Larger(x, y))
Evaluating in Peirce's World.wld

图 14.1

练习 2 在 Tarski's World 中，打开文件 Peano's World 和 Peano's Sentences。这个语句文件中含有 30 个 Alex 关于这个世界所作的断言。评价 Alex 的断言。然后将每一个假的 Alex 断言转变成一个真的断言。如果你能通过增加一个形如 x≠y 的子句使语句为真，那么就这么做。否则，看你是否能将假的断言转变为一个有意义的真断言，不仅仅是在该语句前增加一个否定符号。

【参考答案】

在 Peano's World 中，Peano's Sentences 文件中的语句 7、8、10、13、14、17、19、20、25、26、28 和 30 取值为假（图略）。修改后的语句见图 14.2、图 14.3、图 14.4。

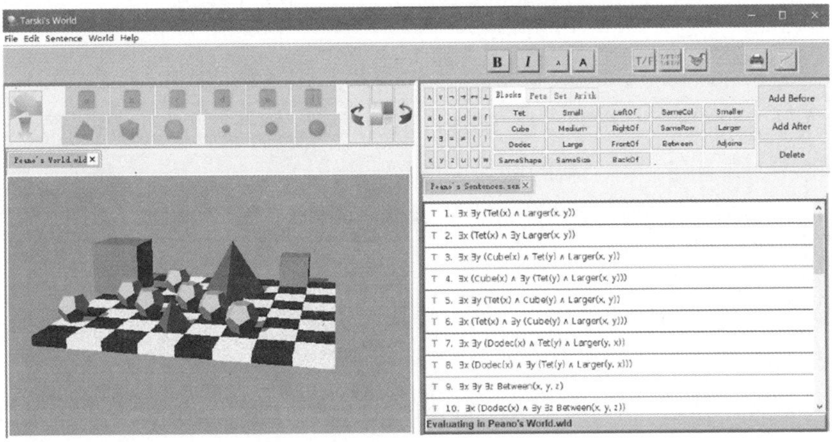

Tarski's World
File Edit Sentence World Help
Add Before
Add After
Delete
T 1. ∃x ∃y (Tet(x) ∧ Larger(x, y))
T 2. ∃x (Tet(x) ∧ ∃y Larger(x, y))
T 3. ∃x ∃y (Cube(x) ∧ Tet(y) ∧ Larger(x, y))
T 4. ∃x (Cube(x) ∧ ∃y (Tet(y) ∧ Larger(x, y)))
T 5. ∃x ∃y (Tet(x) ∧ Cube(y) ∧ Larger(x, y))
T 6. ∃x (Tet(x) ∧ ∃y (Cube(y) ∧ Larger(x, y)))
T 7. ∃x ∃y (Dodec(x) ∧ Tet(y) ∧ Larger(y, x))
T 8. ∃x (Dodec(x) ∧ ∃y (Tet(y) ∧ Larger(y, x)))
T 9. ∃x ∃y ∃z Between(x, y, z)
T 10. ∃x (Dodec(x) ∧ ∃y ∃z Between(x, y, z))
Evaluating in Peano's World.wld

图 14.2

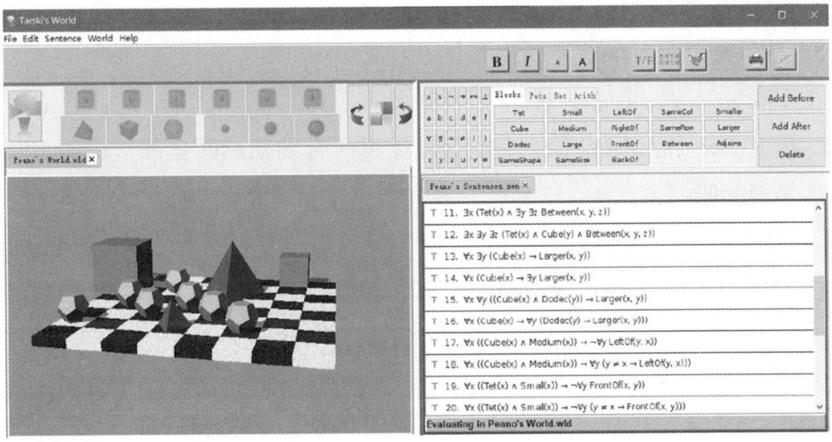

Tarski's World
File Edit Sentence World Help
Add Before
Add After
Delete
T 11. ∃x (Tet(x) ∧ ∃y ∃z Between(x, y, z))
T 12. ∃x ∃y ∃z (Tet(x) ∧ Cube(y) ∧ Between(x, y, z))
T 13. ∀x ∃y (Cube(x) → Larger(x, y))
T 14. ∀x (Cube(x) → ∃y Larger(x, y))
T 15. ∀x ∀y ((Cube(x) ∧ Dodec(y)) → Larger(x, y))
T 16. ∀x (Cube(x) → ∀y (Dodec(y) → Larger(x, y)))
T 17. ∀x ((Cube(x) ∧ Medium(x)) → ¬∀y LeftOf(y, x))
T 18. ∀x ((Cube(x) ∧ Medium(x)) → ∀y (y ≠ x → LeftOf(y, x)))
T 19. ∀x ((Tet(x) ∧ Small(x)) → ¬∀y FrontOf(x, y))
T 20. ∀x ((Tet(x) ∧ Small(x)) → ¬∀y (y ≠ x → FrontOf(x, y)))
Evaluating in Peano's World.wld

图 14.3

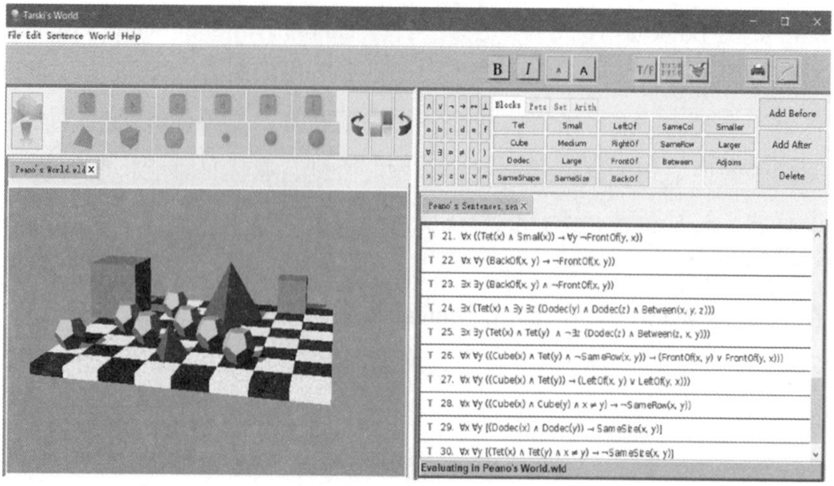

图 14.4

练习 3（描述一个世界）在 Tarski's World 中，打开文件 Finsler's World（芬斯勒世界）并且建立一个新的语句文件。

1. 注意所有小的模块都在所有大的模块的前面。用你的第一个语句描述这个事实。

2. 第二个语句描述存在一个立方体比一个锥体大。

3. 所有的立方体都在同一列。

4. 锥体不是这样的。写下关于锥体的同一语句，但在前面放一个否定符号。

5. 每个立方体与其他的立方体不在同一行。

6. 同样，锥体不是这样的，因而说它不是。

7. 存在不同的锥体但大小相同。

8. 不存在相同大小的不同立方体。

在 Finsler's World 中，你所有的翻译都是真的吗？如果不是，尝试找出为什么？在 König's World 中检验它们，在这里所有的初始断言都是假的。你的语句也都是假的吗？

【参考答案】

在 Finsler's World 中，所有的翻译语句都取真值（图 14.5），其余略。

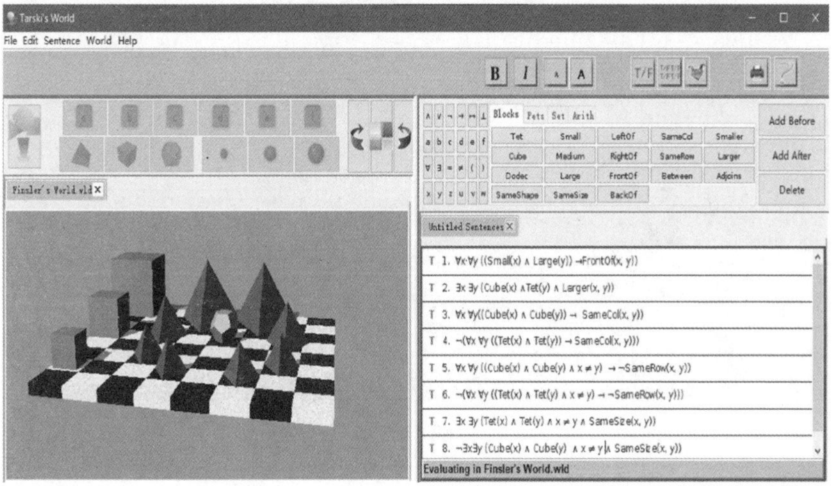
Tarski's World
File Edit Sentence World Help
Add Before
Add After
Delete
Finsler's World.wld
Untitled Sentences
T 1. ∀x∀y ((Small(x) ∧ Large(y)) → FrontOf(x, y))
T 2. ∃x ∃y (Cube(x) ∧ Tet(y) ∧ Larger(x, y))
T 3. ∀x ∀y((Cube(x) ∧ Cube(y)) → SameCol(x, y))
T 4. ¬(∀x ∀y ((Tet(x) ∧ Tet(y)) → SameCol(x, y)))
T 5. ∀x ∀y ((Cube(x) ∧ Cube(y) ∧ x ≠ y) → ¬SameRow(x, y))
T 6. ¬(∀x ∀y ((Tet(x) ∧ Tet(y) ∧ x ≠ y) → ¬SameRow(x, y)))
T 7. ∃x ∃y (Tet(x) ∧ Tet(y) ∧ x ≠ y ∧ SameSize(x, y))
T 8. ¬∃x∃y (Cube(x) ∧ Cube(y) ∧ x ≠ y ∧ SameSize(x, y))
Evaluating in Finsler's World.wld

图 14.5

练习 4（建立一个世界）在 Tarski's World 中，打开文件 Ramsey's Sentences。建立一个世界使其中的语句 1 至语句 10 同时为真（暂时忽略语句 11 至语句 20）。前十个语句要么是特称断言（即：不含量词），要么是存在断言（即：断言某一确定种类的事物存在）。因此，你可以通过不断地对这个世界增加对象使这些语句为真。但该练习的本意是要求这些语句在尽可能少的对象的情况下全部为真。你只能用 6 个模块来完成。因此，并不是为每个新的句子都增加新的物体，而是在必要时再增加新的物体。再次提醒，在你完成的时候一定要回头检验一下所有的语句是否都为真。（提示：为了使所有的语句在具有六个模块的世界中都为真，有些模块不得不有两个名字。）

【参考答案】

参见下面的练习 5。

练习 5（修改世界）在 Tarski's World 中，打开文件 Ramsey's Sentences。在这个文件中，语句 11 至语句 20 都是全称断言，即所有的语句都断言世界中的每个对象都具有某一性质或者其他性质。检验在练习 4 中你建立的世界是否满足这些语句所表示的全称断言。如果不是，修改这个世界使得 20 个语句同时为真。

【参考答案】

见图 14.6、图 14.7。

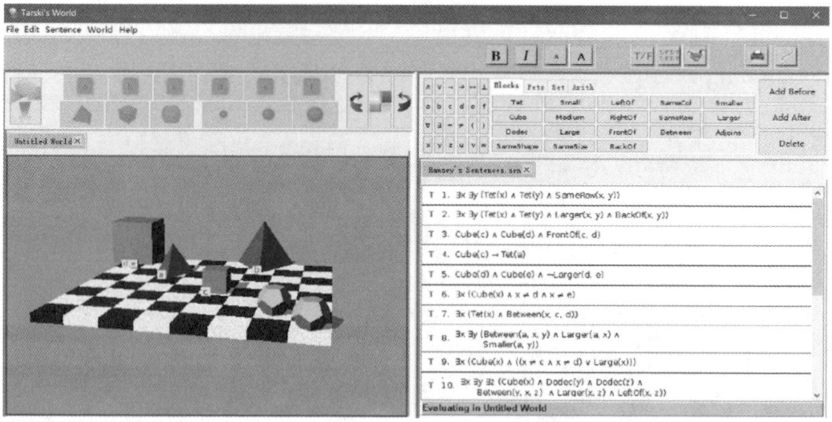

图 14.6

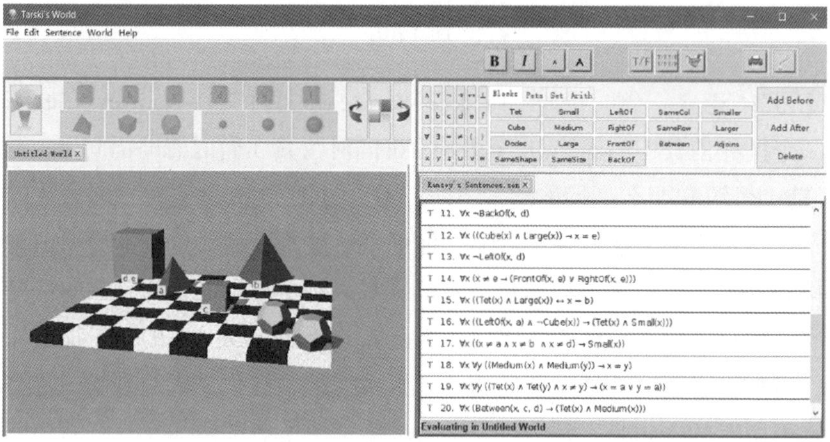

图 14.7

练习 6（模块舞会）在 Tarski's World 中，打开文件 Löwenheim's Sentences（洛文海姆语句）。这个文件中有八个语句并且被分为两组。假定我们设想一个含有模块的列是一个舞会并将在该列中的模块看作跳舞者。如果一个舞会中只有一个模块，那么称这个舞会是孤独的；如果一个舞会中没有模块，那么称这个舞会是被排斥的。

1. 用这个术语，给文件中的每个语句简单、清晰的英语解释。例如，语句 2 说：some of the parties are not lonely；语句 7 说：there's only one party。你会发现语句 4 和语句 9 很难理解。构造多个世界看它们的意义是什么？

2. 除了语句 4 和语句 9，文件中的所有语句都与剩余的语句或剩余语句的否定等值。哪些语句与语句 3 和语句 5 等值？哪些语句与语句 3 和语句 5 的否定等值?

3. 为语句 4 和语句 9 构造四个世界：一个使语句 4 和语句 9 都真；一个使语句 4 真，而语句 9 假；一个使语句 4 假，而语句 9 真；一个使语句 4 和语句 9 都假。

【参考答案】

1. 语句 2：some of the parties are not lonely.

   语句 3：there's at least two parties.

   语句 4：there's at least one party are lonely.

   语句 5：all of the parties are lonely.

   语句 7：there's only one party.

   语句 8：all of the parties are lonely.

   语句 9：there's at least two party.

   语句 10：there's at least two parties.

2. 语句 8 与语句 5 等值，语句 10 与语句 3 等值。语句 7 与语句 3 的否定等值，语句 4 与语句 5 的否定等值。

3. ①语句 4 和语句 9 都真的世界（图 14.8）。

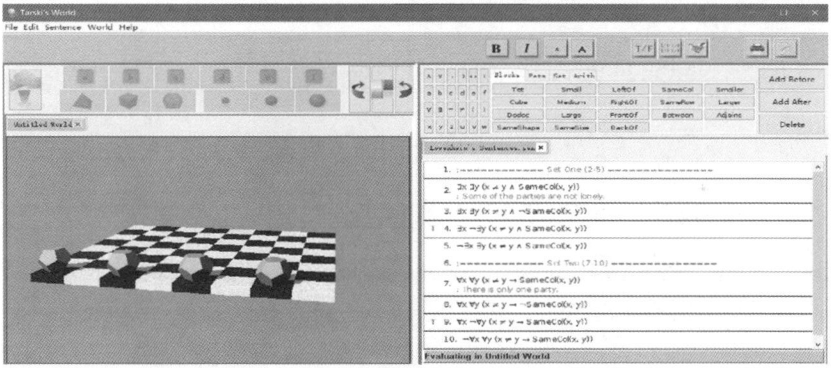

图 14.8

②语句 4 真，而语句 9 假的世界（图 14.9）。

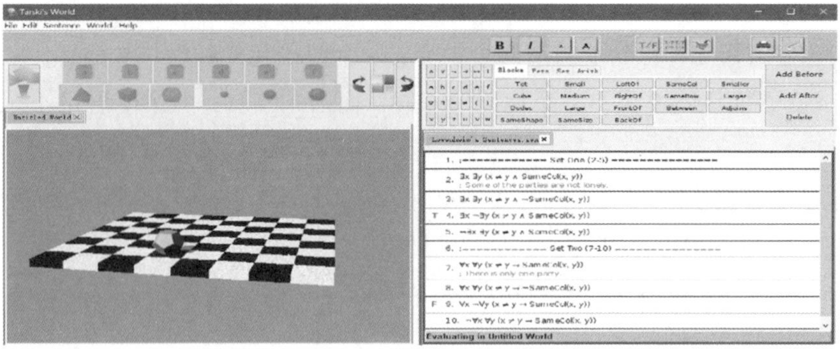

图 14.9

③语句 4 假，而语句 9 真的世界（图 14.10）。

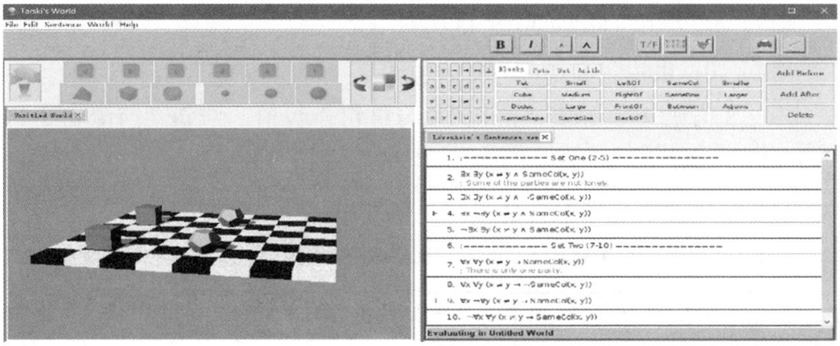

图 14.10

④语句 4 和语句 9 都假的世界（图 14.11）。

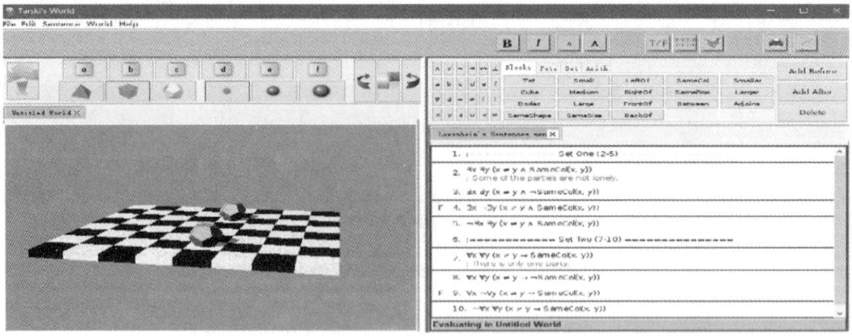

图 14.11

14.2　混合量词

【操作三十九】

1. 在 Tarski's World 中，打开文件 Mixed Sentences（混合语句）和 König's World。评价这两个语句后会发现第一个真，第二个假。做游戏看看为什么它们不都是真的。

2. 对第一个语句做游戏，验证你最初提交的结果。因为这条语句确实为真，你很容易赢。当 Tarski's World 做出选择时，你需要做的是在 Tarski 选择的块形所在的同一行中选择任意的块形。

3. 现在对第二个语句做游戏，再次验证你最初提交的结果真。这次 Tarski's World 将因为你自己最初的选择而击败你。一旦你选择了一个块，Tarski 将选择其他行的一个块。使用双倍的时间，在不同行选择块。看看谁会获胜?

4. 删除一行的模块使得两个语句的结果都为真。现在你就会赢得游戏。

【练习】

练习 7（简单混合的量化语句）在 Tarski's World 中，打开文件 Hilbert's Sentences（希尔伯特语句）和 Peano's World。逐一对语句进行评价，如果你对评价的结果有所怀疑，用做游戏的方法验证。只要你理解了这些语句，就可以为假语句增加一个否定符号使它为真。现在不允许你直接在语句的前面增加否定符号，但允许将否定符号加到一个原子语句上，并试着使这个断言非空真。（这并不总是可能的。）

【参考答案】

1. 在 Peano's World 中，对 Hilbert's Sentences 的评价略。

2. 为假语句增加一个否定词使它们为真，除第 16 个语句除外（图 14.12、图 14.13）。

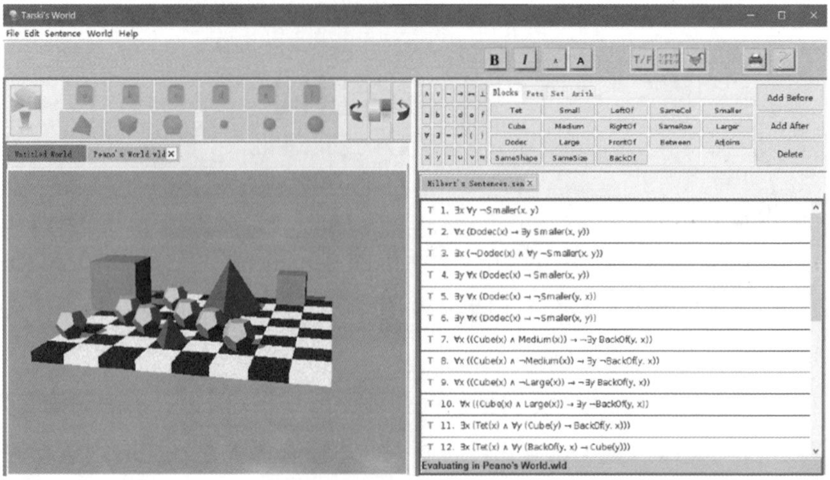
Tarski's World
File Edit Sentence World Help
Add Before
Add After
Delete
Tet
Small
LeftOf
SameCol
Smaller
Cube
Medium
RightOf
SameRow
Larger
Dodec
Large
FrontOf
Between
Adjoins
SameShape
SameSize
BackOf
Untitled World
Peano's World.wld
Hilbert's Sentences.sen
T 1. ∃x ∀y ¬Smaller(x, y)
T 2. ∀x (Dodec(x) → ∃y Smaller(x, y))
T 3. ∃x (¬Dodec(x) ∧ ∀y ¬Smaller(x, y))
T 4. ∃y ∀x (Dodec(x) → Smaller(x, y))
T 5. ∃y ∀x (Dodec(x) → ¬Smaller(y, x))
T 6. ∃y ∀x (Dodec(x) → ¬Smaller(x, y))
T 7. ∀x ((Cube(x) ∧ Medium(x)) → ¬∃y BackOf(y, x))
T 8. ∀x ((Cube(x) ∧ ¬Medium(x)) → ∃y ¬BackOf(y, x))
T 9. ∀x ((Cube(x) ∧ ¬Large(x)) → ¬∃y BackOf(y, x))
T 10. ∀x ((Cube(x) ∧ Large(x)) → ∃y ¬BackOf(y, x))
T 11. ∃x (Tet(x) ∧ ∀y (Cube(y) → BackOf(y, x)))
T 12. ∃x (Tet(x) ∧ ∀y (BackOf(y, x) → Cube(y)))
Evaluating in Peano's World.wld

图 14.12

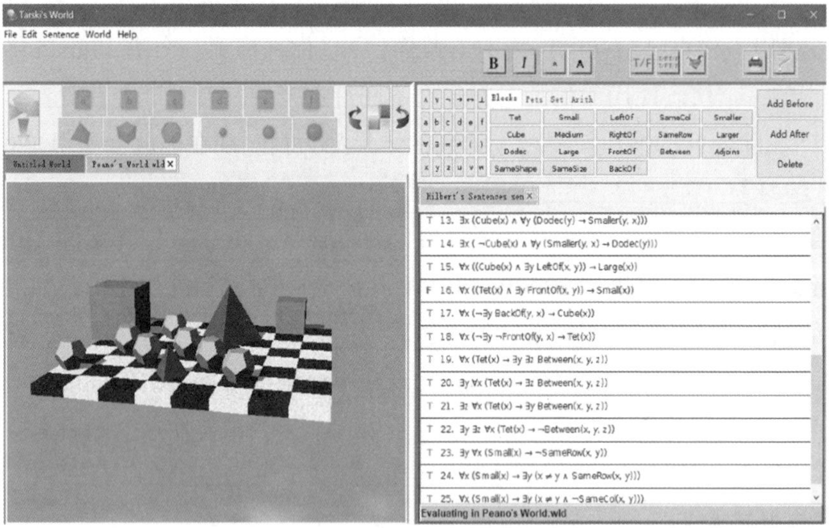
Tarski's World
File Edit Sentence World Help
Add Before
Add After
Delete
Tet
Small
LeftOf
SameCol
Smaller
Cube
Medium
RightOf
SameRow
Larger
Dodec
Large
FrontOf
Between
Adjoins
SameShape
SameSize
BackOf
Untitled World
Peano's World.wld
Hilbert's Sentences.sen
T 13. ∃x (Cube(x) ∧ ∀y (Dodec(y) → Smaller(y, x)))
T 14. ∃x (¬Cube(x) ∧ ∀y (Smaller(y, x) → Dodec(y)))
T 15. ∀x ((Cube(x) ∧ ∃y LeftOf(x, y)) → Large(x))
F 16. ∀x ((Tet(x) ∧ ∃y FrontOf(x, y)) → Small(x))
T 17. ∀x (¬∃y BackOf(y, x) → Cube(x))
T 18. ∀x (¬∃y ¬FrontOf(y, x) → Tet(x))
T 19. ∀x (Tet(x) → ∃y ∃z Between(x, y, z))
T 20. ∃y ∀x (Tet(x) → ∃z Between(x, y, z))
T 21. ∃z ∀x (Tet(x) → ∃y Between(x, y, z))
T 22. ∃y ∃z ∀x (Tet(x) → ¬Between(x, y, z))
T 23. ∃y ∀x (Small(x) → ¬SameRow(x, y))
T 24. ∀x (Small(x) → ∃y (x ≠ y ∧ SameRow(x, y)))
T 25. ∀x (Small(x) → ∃y (x ≠ y ∧ ¬SameCol(x, y)))
Evaluating in Peano's World.wld

图 14.13

练习 8（带等词的混合量化语句）在 Tarski's World 中，打开文件 Leibniz's World 并用它来评价 Leibniz's Sentences 中的语句。确定你理解所有的语句并按文件中的指令操作。提交你修改后的语句。

【参考答案】

按文件中指令操作的结果如下：

1. $\neg\forall x(\exists y(x=y)\rightarrow x=d)$

2. $\forall x\forall y((Cube(x)\wedge Cube(y)\wedge x\neq y)\rightarrow\exists zBetween(z,x,y))$

13. 如果 x 和 y 表示任意的小锥体，那么 x 等于 y。

14. 空真。

15. 空真。

16. 因为语句∀x(x=b→Docec(x))为假。当将∀换为∃后，该语句为真。

18. 该语句说：“存在个体 y，对于任意的个体 x，x 是小锥体等价于这两个个体相等”。

19. 因为小的立方体不是唯一的。

20. ∃y∀x((Tet(x)∧Large(x))↔x=y)

练习 9（建立一个世界）在 Tarski's World 中，建立一个世界使文件 Arnault's Sentences（阿尔诺语句）中的所有语句都真。

【参考答案】

见图 14.14。

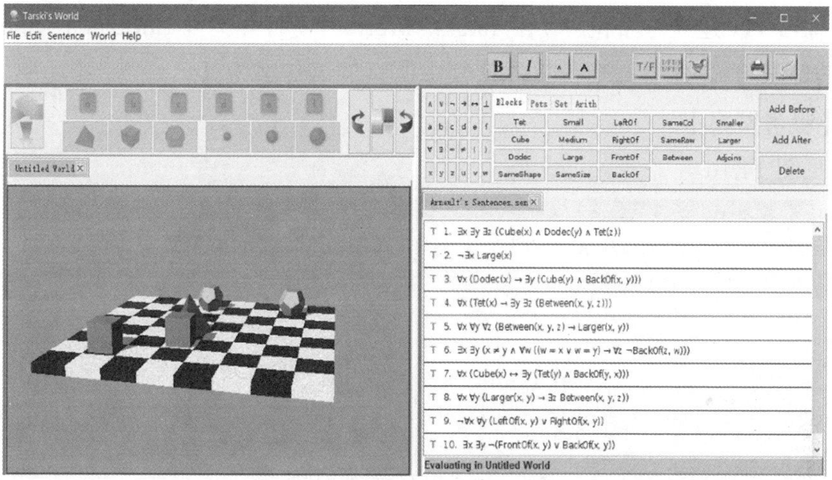
Tarski's World
File Edit Sentence World Help
B
I
T/F
Blocks Pets Set Arith
Tet Small LeftOf SameCol Smaller
Cube Medium RightOf SameRow Larger
Dodec Large FrontOf Between Adjoins
SameShape SameSize BackOf
Add Before
Add After
Delete
Untitled World
Arnault's Sentences.sen
T 1. ∃x ∃y ∃z (Cube(x) ∧ Dodec(y) ∧ Tet(z))
T 2. ¬∃x Large(x)
T 3. ∀x (Dodec(x) → ∃y (Cube(y) ∧ BackOf(x, y)))
T 4. ∀x (Tet(x) → ∃y ∃z (Between(x, y, z)))
T 5. ∀x ∀y ∀z (Between(x, y, z) → Larger(x, y))
T 6. ∃x ∃y (x ≠ y ∧ ∀w ((w = x ∨ w = y) → ∀z ¬BackOf(z, w)))
T 7. ∀x (Cube(x) ↔ ∃y (Tet(y) ∧ BackOf(y, x)))
T 8. ∀x ∀y (Larger(x, y) → ∃z Between(x, y, z))
T 9. ¬∀x ∀y (LeftOf(x, y) ∨ RightOf(x, y))
T 10. ∃x ∃y ¬(FrontOf(x, y) ∨ BackOf(x, y))
Evaluating in Untitled World

图 14.14

练习 10（给对象命名）在 Tarski's World 中，打开文件 Carroll's World（卡罗尔世界）和 Hercule's Sentences（赫尔克里语句）。给对象添加名称并使所有的语句为真。验证你的结果。

【参考答案】

见图 14.15。

第
14
章

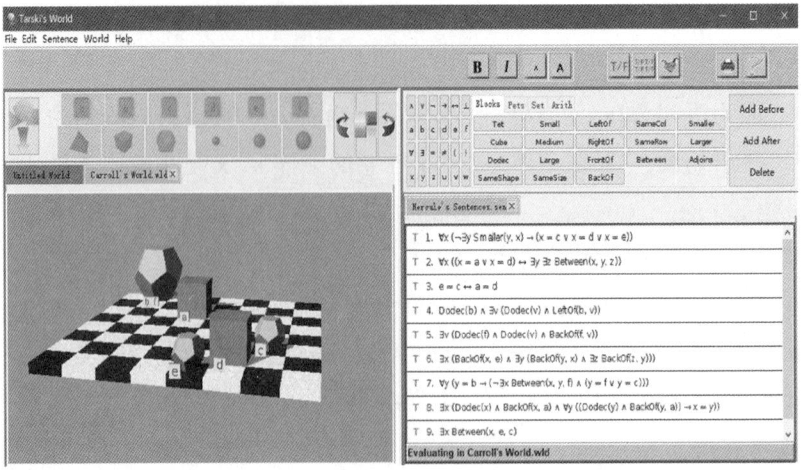
Tarski's World
File Edit Sentence World Help
Blocks Pets Set Arith
Add Before
Add After
Delete
Untitled World
Carroll's World.wld
Hercule's Sentences.sen
T 1. ∀x (¬∃y Smaller(y, x) → (x = c ∨ x = d ∨ x = e))
T 2. ∀x ((x = a ∨ x = d) ↔ ∃y ∃z Between(x, y, z))
T 3. e = c ↔ a = d
T 4. Dodec(b) ∧ ∃v (Dodec(v) ∧ LeftOf(b, v))
T 5. ∃v (Dodec(f) ∧ Dodec(v) ∧ BackOf(f, v))
T 6. ∃x (BackOf(x, e) ∧ ∃y (BackOf(y, x) ∧ ∃z BackOf(z, y)))
T 7. ∀y (y = b → (¬∃x Between(x, y, f) ∧ (y = f ∨ y = c)))
T 8. ∃x (Dodec(x) ∧ BackOf(x, a) ∧ ∀y ((Dodec(y) ∧ BackOf(y, a)) → x = y))
T 9. ∃x Between(x, e, c)
Evaluating in Carroll's World.wld

图 14.15

练习 11（建立一个世界）在 Tarski's World 中，打开文件 Buridan's Sentences（布里丹语句）。建立一个世界并使其中所有的语句都为真。

【参考答案】

见图 14.16。

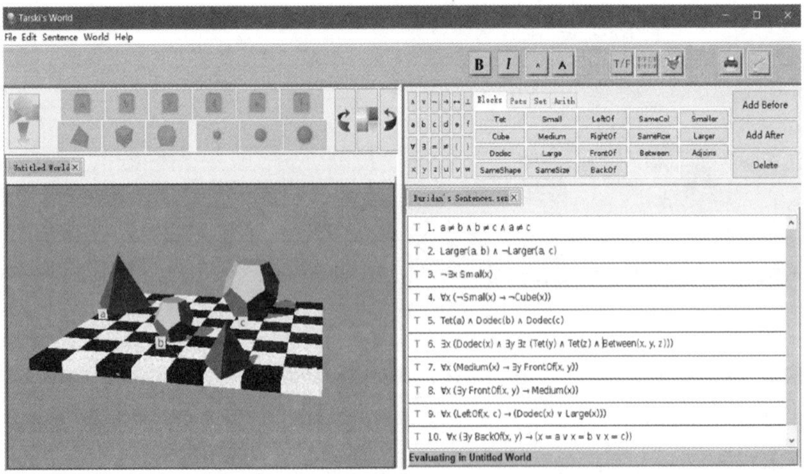
Tarski's World
File Edit Sentence World Help
Blocks Pets Set Arith
Add Before
Add After
Delete
Untitled World
Buridan's Sentences.sen
T 1. a ≠ b ∧ b ≠ c ∧ a ≠ c
T 2. Larger(a, b) ∧ ¬Larger(a, c)
T 3. ¬∃x Small(x)
T 4. ∀x (¬Small(x) → ¬Cube(x))
T 5. Tet(a) ∧ Dodec(b) ∧ Dodec(c)
T 6. ∃x (Dodec(x) ∧ ∃y ∃z (Tet(y) ∧ Tet(z) ∧ Between(x, y, z)))
T 7. ∀x (Medium(x) → ∃y FrontOf(x, y))
T 8. ∀x (∃y FrontOf(x, y) → Medium(x))
T 9. ∀x (LeftOf(x, c) → (Dodec(x) ∨ Large(x)))
T 10. ∀x (∃y BackOf(x, y) → (x = a ∨ x = b ∨ x = c))
Evaluating in Untitled World

图 14.16

练习 12（后承）下面两个语句是 Tarski's World 中文件 Buridan's Sentences 的所有语句的后承。

1. There are no cubes.

2. There is exactly one large tetrahedron.

①翻译上面这两个语句，把它们添加到 Buridan's Sentences 的语句序列中。

验证扩张后的语句在练习 11 的世界中都为真。

②增加一个立方体，将它放在各个位置并把它设置为各种大小。观察你的文件中语句真值的变化。初始的十个语句中可能会有一个或多个语句为假。建立一个世界使初始的十个语句中只有一个为假。

③接下来，删除立方体并增加一个中等的锥体。再次移动它观察语句真值的变化。建立一个初始语句中只有一个语句为假的世界。

【参考答案】

①②③的结果分别如图 14.7、图 14.8、图 14.19 所示。

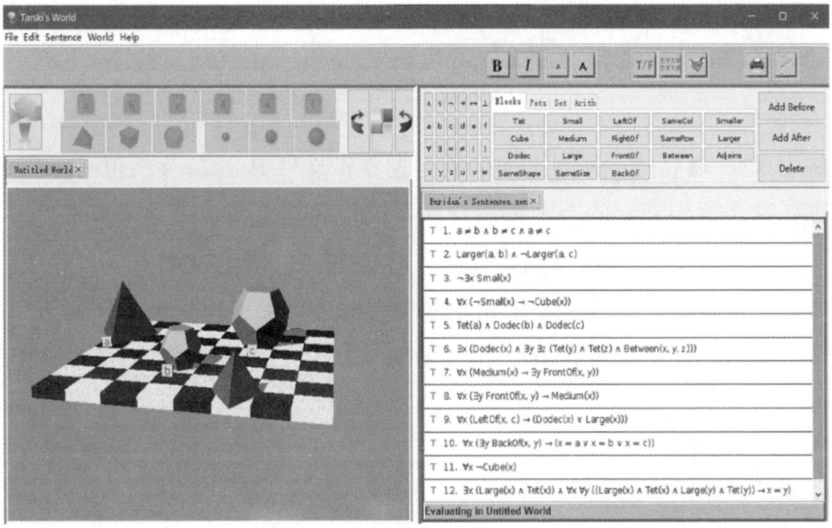
Tarski's World
File Edit Sentence World Help
Add Before
Add After
Delete
Untitled World
T 1. a≠b ∧ b≠c ∧ a≠c
T 2. Larger(a, b) ∧ ¬Larger(a, c)
T 3. ¬∃x Small(x)
T 4. ∀x (¬Small(x) → ¬Cube(x))
T 5. Tet(a) ∧ Dodec(b) ∧ Dodec(c)
T 6. ∃x (Dodec(x) ∧ ∃y ∃z (Tet(y) ∧ Tet(z) ∧ Between(x, y, z)))
T 7. ∀x (Medium(x) → ∃y FrontOf(x, y))
T 8. ∀x (∃y FrontOf(x, y) → Medium(x))
T 9. ∀x (LeftOf(x, c) → (Dodec(x) ∨ Large(x)))
T 10. ∀x (∃y BackOf(x, y) → (x = a ∨ x = b ∨ x = c))
T 11. ∀x ¬Cube(x)
T 12. ∃x (Large(x) ∧ Tet(x)) ∧ ∀x ∀y ((Large(x) ∧ Tet(x) ∧ Large(y) ∧ Tet(y)) → x = y)
Evaluating in Untitled World

图 14.17

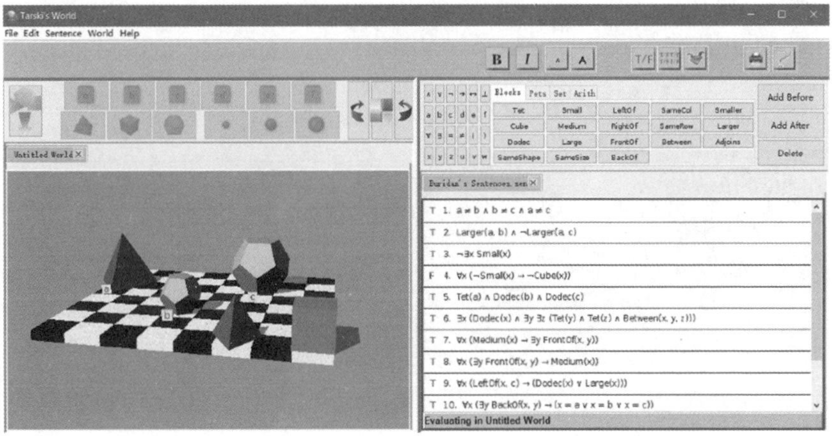
Tarski's World
File Edit Sentence World Help
Add Before
Add After
Delete
Untitled World
T 1. a≠b ∧ b≠c ∧ a≠c
T 2. Larger(a, b) ∧ ¬Larger(a, c)
T 3. ¬∃x Small(x)
F 4. ∀x (¬Small(x) → ¬Cube(x))
T 5. Tet(a) ∧ Dodec(b) ∧ Dodec(c)
T 6. ∃x (Dodec(x) ∧ ∃y ∃z (Tet(y) ∧ Tet(z) ∧ Between(x, y, z)))
T 7. ∀x (Medium(x) → ∃y FrontOf(x, y))
T 8. ∀x (∃y FrontOf(x, y) → Medium(x))
T 9. ∀x (LeftOf(x, c) → (Dodec(x) ∨ Large(x)))
T 10. ∀x (∃y BackOf(x, y) → (x = a ∨ x = b ∨ x = c))
Evaluating in Untitled World

图 14.18

第 14 章

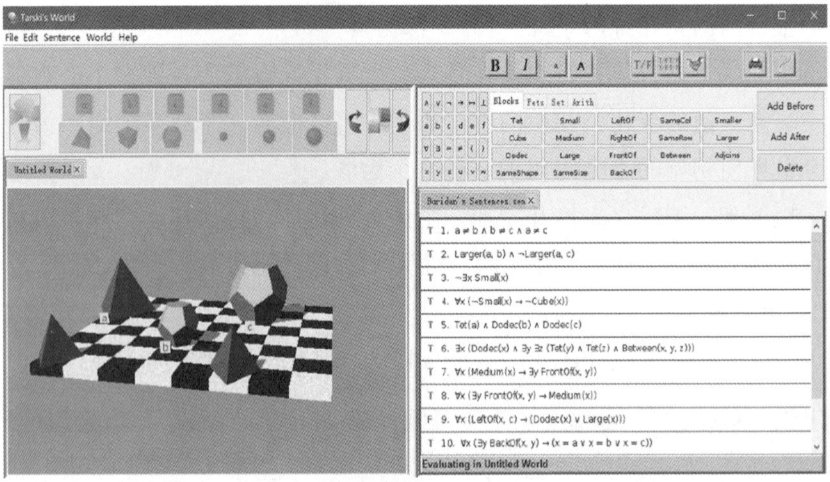
Tarski's World
File Edit Sentence World Help
Blocks Pets Set Arith
Tet Small LeftOf SameCol Smaller
Cube Medium RightOf SameRow Larger
Dodec Large FrontOf Between Adjoins
SameShape SameSize BackOf
Add Before
Add After
Delete
Untitled World
Buridan's Sentences.sen
T 1. a≠b∧b≠c∧a≠c
T 2. Larger(a, b) ∧ ¬Larger(a, c)
T 3. ¬∃x Small(x)
T 4. ∀x (¬Small(x) → ¬Cube(x))
T 5. Tet(a) ∧ Dodec(b) ∧ Dodec(c)
T 6. ∃x (Dodec(x) ∧ ∃y ∃z (Tet(y) ∧ Tet(z) ∧ Between(x, y, z)))
T 7. ∀x (Medium(x) → ∃y FrontOf(x, y))
T 8. ∀x (∃y FrontOf(x, y) → Medium(x))
F 9. ∀x (LeftOf(x, c) → (Dodec(x) ∨ Large(x)))
T 10. ∀x (∃y BackOf(x, y) → (x = a ∨ x = b ∨ x = c))
Evaluating in Untitled World

图 14.19

练习 13（独立性）证明下面的语句独立于文件 Buridan’s Sentences 中的语句，即：这个语句和它的否定都不是那些语句的推论。

$$\exists x\exists y(x\neq y\wedge Tet(x)\wedge Tet(y)\wedge Medium(x)\wedge Medium(y))$$

要建立两个世界才能完成这个工作。其中在一个世界中使这个语句为假，在另一个世界中使这个语句为真。但是在这两个世界中都使所有的 Buridan’s Sentences 中的语句为真。

【参考答案】

见图 14.20、图 14.21。

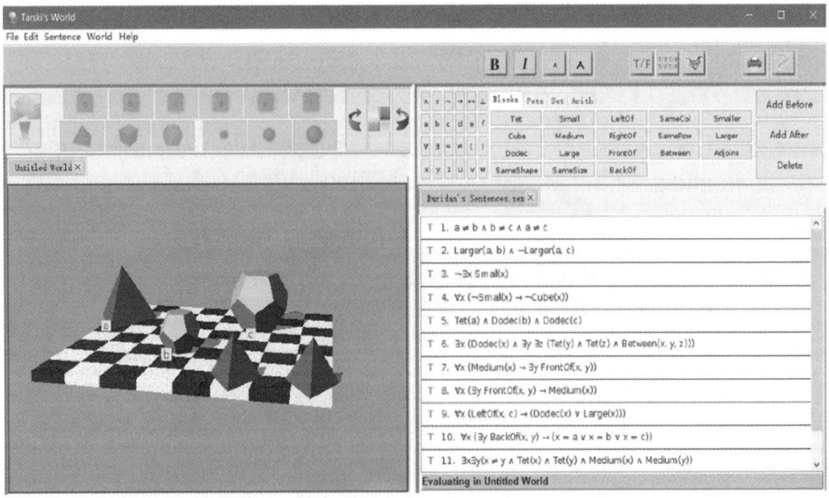
Tarski's World
File Edit Sentence World Help
Blocks Pets Set Arith
Tet Small LeftOf SameCol Smaller
Cube Medium RightOf SameRow Larger
Dodec Large FrontOf Between Adjoins
SameShape SameSize BackOf
Add Before
Add After
Delete
Untitled World
Buridan's Sentences.sen
T 1. a≠b∧b≠c∧a≠c
T 2. Larger(a, b) ∧ ¬Larger(a, c)
T 3. ¬∃x Small(x)
T 4. ∀x (¬Small(x) → ¬Cube(x))
T 5. Tet(a) ∧ Dodec(b) ∧ Dodec(c)
T 6. ∃x (Dodec(x) ∧ ∃y ∃z (Tet(y) ∧ Tet(z) ∧ Between(x, y, z)))
T 7. ∀x (Medium(x) → ∃y FrontOf(x, y))
T 8. ∀x (∃y FrontOf(x, y) → Medium(x))
T 9. ∀x (LeftOf(x, c) → (Dodec(x) ∨ Large(x)))
T 10. ∀x (∃y BackOf(x, y) → (x = a ∨ x = b ∨ x = c))
T 11. ∃x∃y(x ≠ y ∧ Tet(x) ∧ Tet(y) ∧ Medium(x) ∧ Medium(y))
Evaluating in Untitled World

图 14.20

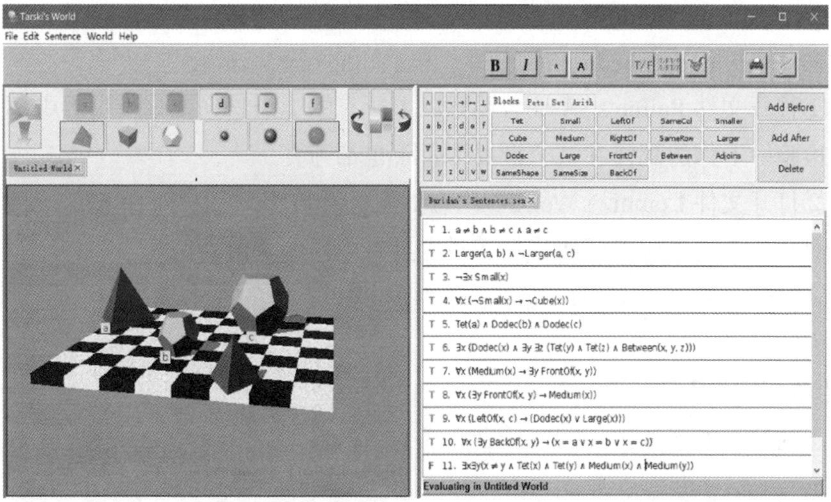

图 14.21

14.3　一步一步的翻译方法

练习 14（用一步一步的翻译方法）在 Tarski's World 中，打开文件 Montague's Sentences（蒙塔古语句）。这个文件中语句的表达都是介于英语和一阶逻辑之间的。我们的目标是编辑这个文件，直到它只包含如下英语语句的一阶翻译。用一阶逻辑的合式公式替代那些以连字符连接的表达。完成后保存你的文件。

1. Every cube is to the left of every tetrahedron.（在该语句窗口中，可以看到其部分完成的翻译和需要用合式公式替代的一些空格。用∀y(Tet(y)→LeftOf(x,y)) 代替空格来完成这个翻译。然后检验一下得到的是不是一个合式公式以及像不像英语语句 1 的一个正确翻译？）

2. Every small cube is in back of a large cube.

3. Some cube is in front of every tetrahedron.

4. A large cube is in front of a small cube.

5. Nothing is larger than everything.

6. Every cube in front of every tetrahedron is large.

7. Everything to the right of a large cube is small.

8. Nothing in back of a cube and in front of a cube is large.

9. Anything with nothing in back of it is a cube.

10. Every dodecahedron is smaller than some tetrahedron.

①打开文件 Peirce's World。注意以上所有的英语语句在这个世界中都是真的。检验一下你的翻译在这个世界中是否也都为真。

②打开文件 Leibniz's World。注意，英语语句 5、6、8 和 10 在这个世界为真，而其他语句为假。证明你的翻译也具有同样的真值。

③打开文件 Ron's World（罗恩世界）。这里，真的语句是 2、3、4、5 和 8。检验你的翻译。

【参考答案】

①的结果如下（图 14.22），②和③的结果略。

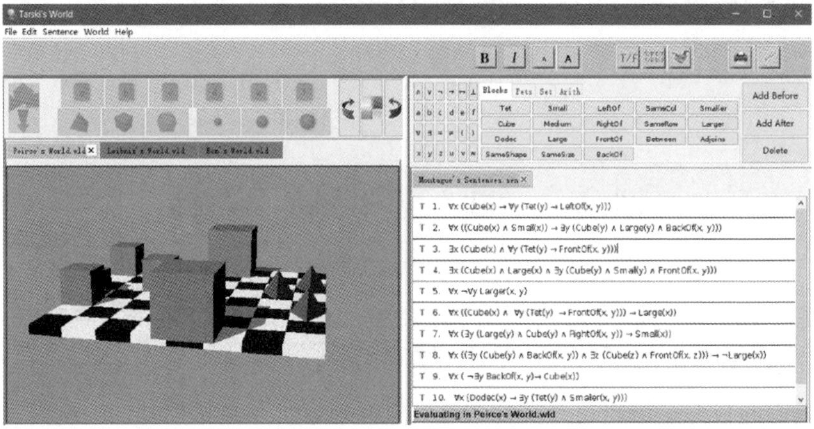
Tarski's World
File Edit Sentence World Help
Blocks
Tet
Small
LeftOf
SameCol
Smaller
Cube
Medium
RightOf
SameRow
Larger
Dodec
Large
FrontOf
Between
Adjoins
SameShape
SameSize
BackOf
Add Before
Add After
Delete
Peirce's World.wld
Leibniz's World.wld
Ron's World.wld
Montague's Sentences.sen
T 1. ∀x (Cube(x) → ∀y (Tet(y) → LeftOf(x, y)))
T 2. ∀x ((Cube(x) ∧ Small(x)) → ∃y (Cube(y) ∧ Large(y) ∧ BackOf(x, y)))
T 3. ∃x (Cube(x) ∧ ∀y (Tet(y) → FrontOf(x, y)))
T 4. ∃x (Cube(x) ∧ Large(x) ∧ ∃y (Cube(y) ∧ Small(y) ∧ FrontOf(x, y)))
T 5. ∀x ¬∀y Larger(x, y)
T 6. ∀x ((Cube(x) ∧ ∀y (Tet(y) → FrontOf(x, y))) → Large(x))
T 7. ∀x (∃y (Large(y) ∧ Cube(y) ∧ RightOf(x, y)) → Small(x))
T 8. ∀x ((∃y (Cube(y) ∧ BackOf(x, y)) ∧ ∃z (Cube(z) ∧ FrontOf(x, z))) → ¬Large(x))
T 9. ∀x (¬∃y BackOf(x, y)→ Cube(x))
T 10. ∀x (Dodec(x) → ∃y (Tet(y) ∧ Smaller(x, y)))
Evaluating in Peirce's World.wld

图 14.22

练习 15（包含更多的量词语句）下面使用一步一步的翻译方法翻译一些含有多重量词的语句。

①打开一个新的语句文件，翻译下面的英语语句。

1. Every tetrahedron is in front of every dodecahedron.

2. No dodecahedron has anything in back of it.

3. No tetrahedron is the same size as any cube.

4. Every dodecahedron is the same size as some cube.

5. Anything between two dodecahedron is a cube.（注意：这里的 two 可以运用在 between a dodecahedron and a dodecahedron 上来进行同义解释。）

6. Every cube falls between two objects.

7. Every cube with something in back of it is small.

8. Every dodecahedron with nothing to its right is small.

9. (*)Every dodecahedron with nothing to its right has something to its left.

10. Any dodecahedron to the left of a cube is large.

①打开文件 Bolzano's World。以上所有英语语句在这个世界中的翻译都取真值。检验你的翻译。

②打开文件 Ron's World。上面的英语语句 4、5、8、9 和 10 在这个世界中的翻译都取真值，其他的英语语句在这个世界中的翻译都取假值。检查你的翻译。

③打开文件 Claire's World。你会发现以上的英语语句 1、3、5、7、9 和 10 在这个世界中的翻译都取真值，其他的英语语句在这个世界中都取假值。检查你的翻译。

④最后，打开文件 Peano's World。注意以上英语语句中只有 8 和 9 在这个世界中的翻译取真值。检查你的翻译。

【参考答案】

①的结果如图 14.23，②至④的结果略。

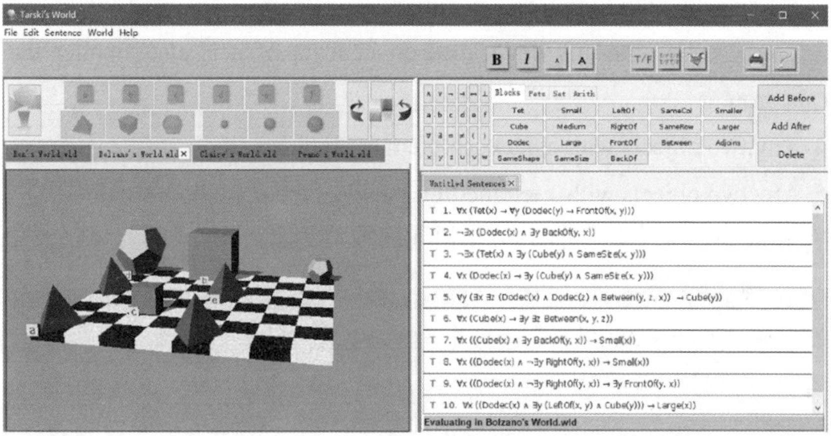
Tarski's World
File Edit Sentence World Help
Blocks
Tet
Small
LeftOf
SameCol
Smaller
Cube
Medium
RightOf
SameRow
Larger
Dodec
Large
FrontOf
Between
Adjoins
SameShape
SameSize
BackOf
Add Before
Add After
Delete
T 1. ∀x (Tet(x) → ∀y (Dodec(y) → FrontOf(x, y)))
T 2. ¬∃x (Dodec(x) ∧ ∃y BackOf(y, x))
T 3. ¬∃x (Tet(x) ∧ ∃y (Cube(y) ∧ SameSize(x, y)))
T 4. ∀x (Dodec(x) → ∃y (Cube(y) ∧ SameSize(x, y)))
T 5. ∀y (∃x ∃z (Dodec(x) ∧ Dodec(z) ∧ Between(y, z, x)) → Cube(y))
T 6. ∀x (Cube(x) → ∃y ∃z Between(x, y, z))
T 7. ∀x ((Cube(x) ∧ ∃y BackOf(y, x)) → Small(x))
T 8. ∀x ((Dodec(x) ∧ ¬∃y RightOf(y, x)) → Small(x))
T 9. ∀x ((Dodec(x) ∧ ¬∃y RightOf(y, x)) → ∃y FrontOf(y, x))
T 10. ∀x ((Dodec(x) ∧ ∃y (LeftOf(x, y) ∧ Cube(y))) → Large(x))
Evaluating in Bolzano's World.wld

图 14.23

14.4　释义英语

练习 16（在翻译前需要释义的语句）通过给出一个合适的英语释义翻译下

面的句子。其中有些是“驴子”语句，因此要特别小心。

1. Only large objects have nothing in front of them.

2. If a cube has something in front of it, then it′s small.

3. Every cube in back of a dodecahedron is also smaller than it.

4. If **e** is between two objects, they are both small.

5. If a tetrahedron is between two objects, then they are both small.

在 Tarski’s World 中，打开文件 Ron’s World。在这个世界中有很多隐藏的对象。上面的每个英语语句的翻译在这个世界中都取真值，因而你的翻译也应该如此。检验看是否如此。现在打开文件 Bolzano’s World。在这个世界中，只有语句 3 的翻译取真值。检验一下相应的翻译是否如此。接下来打开文件 Wittgenstein’s World。在这个世界中，只有语句 5 的翻译取真值。验证你的翻译是否具有同样的真值。

【参考答案】

释义后的语句如下：

1. Every large object with nothing in front of it.

2. Every cube with something in front of it is small.

3. Every cube with any dodecahedron in front of it is also smaller than the dodecahedron.

4. Any two objects with e between them are both small.

5. Any two objects with a tetrahedron between them are both small.

在 Ron’s World 中，上面的五个语句的取值为真（图 14.24），其余情况略。

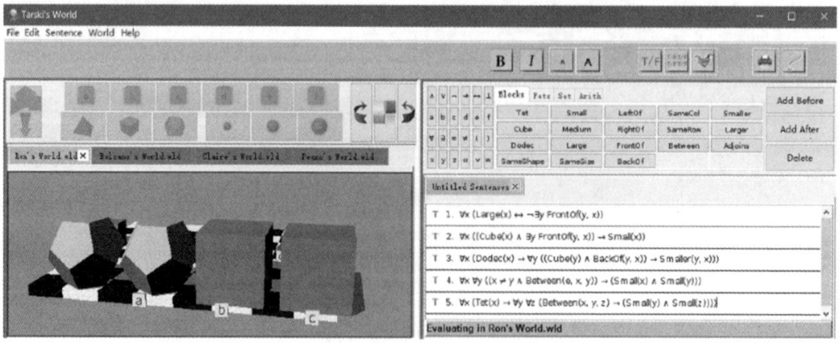
Tarski's World
File Edit Sentence World Help
Add Before
Add After
Delete
T 1. ∀x (Large(x) ↔ ¬∃y FrontOf(y, x))
T 2. ∀x ((Cube(x) ∧ ∃y FrontOf(y, x)) → Small(x))
T 3. ∀x (Dodec(x) → ∀y ((Cube(y) ∧ BackOf(y, x)) → Smaller(y, x)))
T 4. ∀x ∀y ((x ≠ y ∧ Between(e, x, y)) → (Small(x) ∧ Small(y)))
T 5. ∀x (Tet(x) → ∀y ∀z (Between(x, y, z) → (Small(y) ∧ Small(z))))
Evaluating in Ron's World.wld

图 14.24

练习 17（在翻译更多前需要释义的语句）通过给出一个合适的英语释义翻译下面的语句。

1. Every dodecahedron is as large as every cube.［提示：因为在我们的语言中没有与 as large as（这个我们意味着至少一样大）对应的谓词。你首先需要使用 larger than 或 same size as 来释义这个谓词。］

2. If a cube is to the right of a dodecahedron but not in back of it,then it is as large as the dodecahedron.

3. No cube with nothing to its left is between two cubes.

4. The only large cubes are **b** and **c**.

5. At most **b** and **c** are large cubes.（注意：这个语句和前面的语句有相当大的不同。这个语句不能蕴涵 **b** 和 **c** 是大的立方体，而前面那个语句可以。）

在 Tarski's World 中，打开文件 Ron's World。在这个世界中，上述每个英语语句的一阶翻译都是真的，因而你的翻译也应该如此。检验看是否如此。现在打开文件 Bolzano's World。在这个世界中，语句 3 和语句 5 为真。检验一下相应的翻译是否如此。接下来打开文件 Wittgenstein's World。在这个世界中，只有语句 2 和语句 3 是真的。验证你的翻译是否具有同样的真值。

【参考答案】

在 Ron's World 中，上面 5 五语句取值为真（图 14.25），其余情况略。

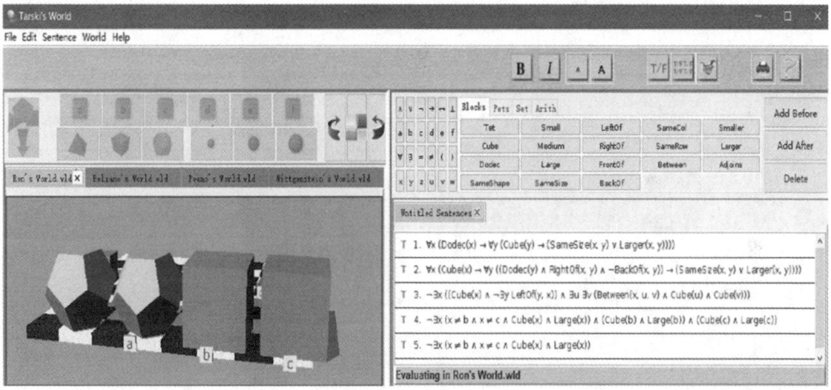

图 14.25

练习 18（更多的翻译）下面的英语语句的翻译在文件 Gödel's World（哥德尔世界）中取真值。翻译它们并保证你的翻译也是如此。以各种方式修改这个世界，检验你的翻译是否与英语语句保持相同真值。

1. Nothing to the left of **a** larger than everything to the left of **b**.

2. Nothing to the left of **a** is smaller than anything to the left of **b**.

3. The same things are left of **a** as are left of **b**.

4. Anything to the left of **a** is smaller than something that is in back of every cube to the right of **b**.

5. Every cube is smaller than some dodecahedron but no cube is smaller than every dodecahedron.

6. If **a** is larger than some cube then it is smaller than every tetrahedron.

7. Only dodecahedra are larger than everything else.

8. All objects with nothing in front of them are tetrahedra.

9. Nothing is between two objects which are the same shape.

10. Nothing but a cube is between two other objects.

11. **b** has something behind it which has at least two objects behind it.

12. More than one thing is smaller than something larger than **b**.

【参考答案】

见图 14.26。

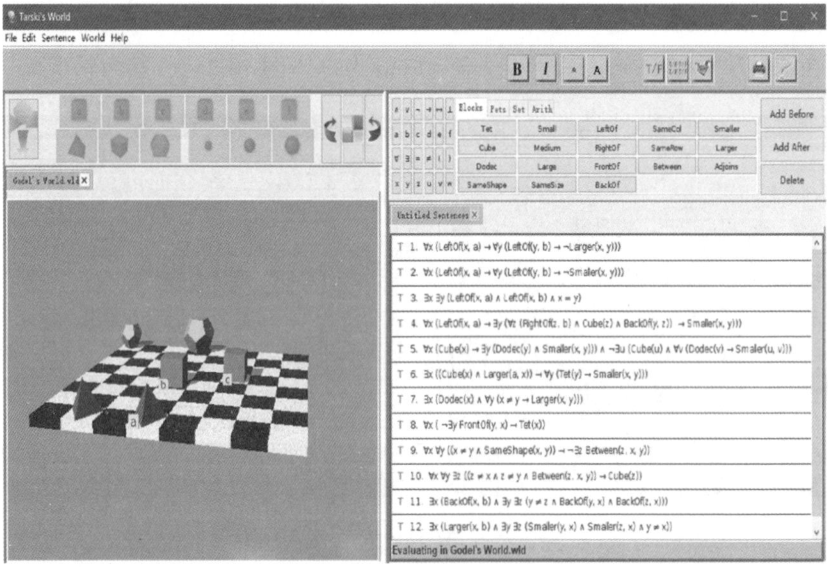
Tarski's World
File Edit Sentence World Help
Godel's World.wld
Blocks Pets Set Arith
Tet Small LeftOf SameCol Smaller
Cube Medium RightOf SameRow Larger
Dodec Large FrontOf Between Adjoins
SameShape SameSize BackOf
Add Before
Add After
Delete
Untitled Sentences
T 1. ∀x (LeftOf(x, a) → ∀y (LeftOf(y, b) → ¬Larger(x, y)))
T 2. ∀x (LeftOf(x, a) → ∀y (LeftOf(y, b) → ¬Smaller(x, y)))
T 3. ∃x ∃y (LeftOf(x, a) ∧ LeftOf(x, b) ∧ x = y)
T 4. ∀x (LeftOf(x, a) → ∃y (∀z (RightOf(z, b) ∧ Cube(z) ∧ BackOf(y, z)) → Smaller(x, y)))
T 5. ∀x (Cube(x) → ∃y (Dodec(y) ∧ Smaller(x, y))) ∧ ¬∃u (Cube(u) ∧ ∀v (Dodec(v) → Smaller(u, v)))
T 6. ∃x ((Cube(x) ∧ Larger(a, x)) → ∀y (Tet(y) → Smaller(x, y)))
T 7. ∃x (Dodec(x) ∧ ∀y (x ≠ y → Larger(x, y)))
T 8. ∀x (¬∃y FrontOf(y, x) → Tet(x))
T 9. ∀x ∀y ((x ≠ y ∧ SameShape(x, y)) → ¬∃z Between(z, x, y))
T 10. ∀x ∀y ∃z ((z ≠ x ∧ z ≠ y ∧ Between(z, x, y)) → Cube(z))
T 11. ∃x (BackOf(x, b) ∧ ∃y ∃z (y ≠ z ∧ BackOf(y, x) ∧ BackOf(z, x)))
T 12. ∃x (Larger(x, b) ∧ ∃y ∃z (Smaller(y, x) ∧ Smaller(z, x) ∧ y ≠ x))
Evaluating in Godel's World.wld

图 14.26

练习 19 用第 4 章表 4.3 中的符号，将下面的英语语句翻译成一阶语句。

1. Every student gave a pet to some other student sometime or other.

2. Claire is not a student unless she owned a pet(at some time or other).

3. No one ever owned both Folly and Scruffy at the same time.

4. No student fed every pet.

5. No one who owned a pet at 2:00 was angry.

6. No one gave Claire a pet this morning. （假定“今天早上”指 12：00 之前）

7. If Max ever gave Claire a pet, she owned it then and he didn't.

8. You can't give someone something you don't own.

9. Max fed all of his pets before Claire fed any of her pets.

10. Max gave Claire a pet between 2:00 and 3:00. It was hungry.

【参考答案】

见图 14.27。

1. ∀x (Student(x)→∃y ∃z ∃u (Student(y) ∧ x ≠ y ∧ Pet(z) ∧ Gave(x, y, z, u))
2. ∀u (∃x (Pet(x) ∧ Owned(claire, x, u)) → Student(claire))
3. ∀x(Person(x) → ∀u∀v ((Owned(x, folly, u) ∧ Owned(x, scruffy, v)) → u ≠ v))
4. ¬∃x (Student(x) ∧ ∀y∀v (Pet(y) → Fed(x, y, u)))
5. ∀x (Person(x) → ∃y (Pet(y) ∧ Owned(x, y, 2:00) ∧ ¬Angry(x, 2:00)))
6. ∀x (Person(x) → ∃y∃u (Pet(y) ∧ ¬Gave(x, claire, y, u)∧ u<12:00))
7. ∀u (∃x (Pet(x) ∧ Gave(max, claire, x, u)) →(¬ Owned(max, x, u) ∧ Owned(claire, x, u)))
8. ∀x ∀y ∀z ∀u ((Person(x) ∧ Person(y) ∧ ¬Owned(x, z, u)) → ¬Gave(x, y, z, u))
9. ∀x∀y∀u∀v((Pet(x) ∧Pet(y)∧Owned(max, x, u)∧Owned(claire, y, v)∧Fed(max, x, u)∧Fed(claire, y, v))→u<v)
10. ∃x∃u (Pet(x) ∧ 2:00 <u ∧ u< 3:00 ∧ Gave(max, claire, x, u) ∧ Hungry(x, u))

图 14.27

14.5　含糊和语境制约

【操作四十】

1. 在 Tarski's World 中，因为许多模块超出了它所在的正方形区域，所以有时很难将单个的模块用许多模块毗邻起来。你认为有多少个中等的十二面球体毗邻一个中等的立方体？

2. 打开文件 Anderson's First World（安德森第一世界）。注意这个世界中有四个中等的十二面球体包围着一个中等的立方体。

3. Max 对这种情况做出了下面的断言：

At least four medium dodecahedra are adjacent to a medium cube.

在这个语境中，对 Max 的断言最自然的理解是：存在一个中等的立方体至少有四个中等的十二面球体与之毗邻。

4. 打开文件 Anderson's Second World（安德森第二世界）。假设 Max 用上面的句子对这个世界提出了主张。在这里，对他的主张进行较弱的解读将是更合理的，其中 Max 断言：至少有四个中等十二面体每个都与某个中等立方体相邻。

5. 由于你还没有学习如何把“至少四个”翻译成一阶语句，相反，请考虑语句：Every medium dodecahedron is adjacent to a medium cube.

按照这个顺序在语句文件中写出较强和较弱的翻译。验证较强的解读只在 Anderson's First World 中为真，而较弱的解读在两者中都是真的。

【参考答案】

仅给出在 Anderson's First World 的结果（图 14.28）。

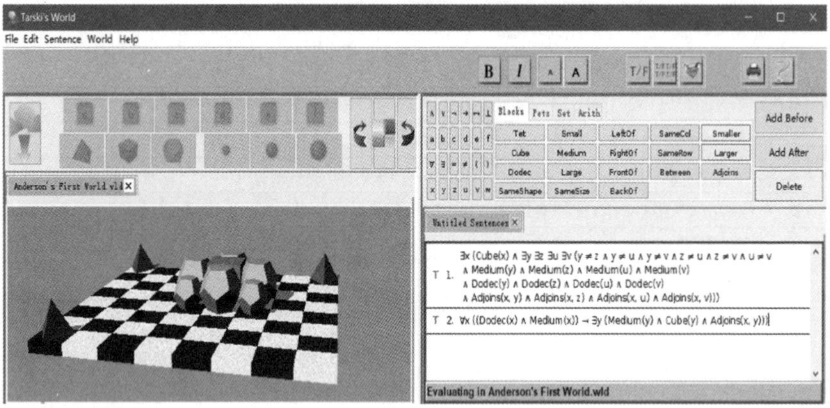

Tarski's World
File Edit Sentence World Help
Anderson's First World.wld
Blocks Pets Set Arith
Tet
Small
LeftOf
SameCol
Smaller
Cube
Medium
RightOf
SameRow
Larger
Dodec
Large
FrontOf
Between
Adjoins
SameShape
SameSize
BackOf
Add Before
Add After
Delete
Untitled Sentences
T 1. ∃x (Cube(x) ∧ ∃y ∃z ∃u ∃v (y ≠ z ∧ y ≠ u ∧ y ≠ v ∧ z ≠ u ∧ z ≠ v ∧ u ≠ v
∧ Medium(y) ∧ Medium(z) ∧ Medium(u) ∧ Medium(v)
∧ Dodec(y) ∧ Dodec(z) ∧ Dodec(u) ∧ Dodec(v)
∧ Adjoins(x, y) ∧ Adjoins(x, z) ∧ Adjoins(x, u) ∧ Adjoins(x, v)))
T 2. ∀x ((Dodec(x) ∧ Medium(x)) → ∃y (Medium(y) ∧ Cube(y) ∧ Adjoins(x, y)))
Evaluating in Anderson's First World.wld

图 14.28

【练习】

练习 20（翻译扩展）在 Tarski's World 中：

①打开文件 Reichenbach's World 1 并且检查下面这段话中的所有语句在 Reichenbach's World 1 中是否都为真。

There are(at least)two cubes. There is something between them. It is a medium dodecahedron. It is in front of a large dodecahedron. These two are left of a small dodecahedron. There are two tetrahedra.

将这段话翻译成简单的一阶语句。检查它在这个世界中是否为真并且它在 Reichenbach's World 2 中是否为假。

②打开文件 Reichenbach's World 2。检查下面这段话语中的所有语句在 Reichenbach's World 2 中是否都为真。

There are two tetrahedra. There is something between them. It is a medium dodecahedron. It is in front of a large dodecahedron. There are two cubes. These two are left of a small dodecahedron.

将这段话翻译成一个简单的一阶语句。检查它在这个世界中是否为真并且在 Reichenbach's World 1 中是否为假。

注意：在这两段话中的英语语句事实上是完全一样的；不过这些语句被重新安排了。这表明一个语句在一阶语言（或其他语言）中的正确翻译取决于语境。

【参考答案】

仅给出在 Reichenbach's World 1 的情况（图 14.29）。

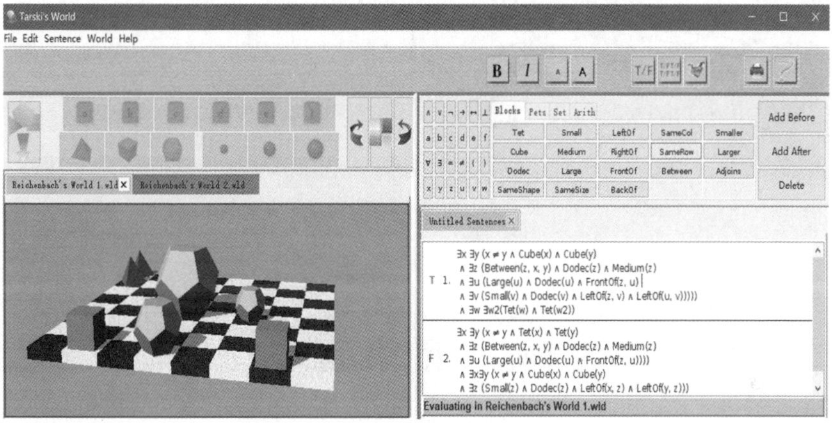
Tarski's World
File Edit Sentence World Help
Reichenbach's World 1.wld
Reichenbach's World 2.wld
Blocks Pets Set Arith
Tet Small LeftOf SameCol Smaller
Cube Medium RightOf SameRow Larger
Dodec Large FrontOf Between Adjoins
SameShape SameSize BackOf
Add Before
Add After
Delete
Untitled Sentences
T 1. ∃x ∃y (x ≠ y ∧ Cube(x) ∧ Cube(y)
∧ ∃z (Between(z, x, y) ∧ Dodec(z) ∧ Medium(z)
∧ ∃u (Large(u) ∧ Dodec(u) ∧ FrontOf(z, u)
∧ ∃v (Small(v) ∧ Dodec(v) ∧ LeftOf(z, v) ∧ LeftOf(u, v)))))
∧ ∃w ∃w2(Tet(w) ∧ Tet(w2))
F 2. ∃x ∃y (x ≠ y ∧ Tet(x) ∧ Tet(y)
∧ ∃z (Between(z, x, y) ∧ Dodec(z) ∧ Medium(z)
∧ ∃u (Large(u) ∧ Dodec(u) ∧ FrontOf(z, u))))
∧ ∃x∃y (x ≠ y ∧ Cube(x) ∧ Cube(y)
∧ ∃z (Small(z) ∧ Dodec(z) ∧ LeftOf(x, z) ∧ LeftOf(y, z)))
Evaluating in Reichenbach's World 1.wld

图 14.29

练习 21（意义不明确的）用 Tarski's World 建立一个新的语句文件，将下面的语句翻译成一阶语句后写在上面。这些语句中每一个都是有歧义的，因此你对每个语句应该有两种不同的翻译。将语句 1 的两种翻译写为语句 1 和语句 2，将语句 3 的两种翻译写为语句 3 和语句 4，以此类推。

1. Every cube is between a pair of dodecahedra.
3. Every cube to the right of a dodecahedron is smaller than it is.
5. Cube **a** is not larger than every dodecahedron.
7. No cube is to the left of some dodecahedron.
9. (At least) two cubes are between (at least) two dodecahedra.

现在打开文件 Carroll's World。在这个世界中，你翻译的语句中哪一个为真？你应该发现每个语句只有一个为真。否则，修改一个或者两个翻译。注意，如果在你翻译之前就有这个世界，就很难看出英语语句中的歧义。这个世界就是提供一种使解释显得自然的语境。

【参考答案】

见图 14.30。

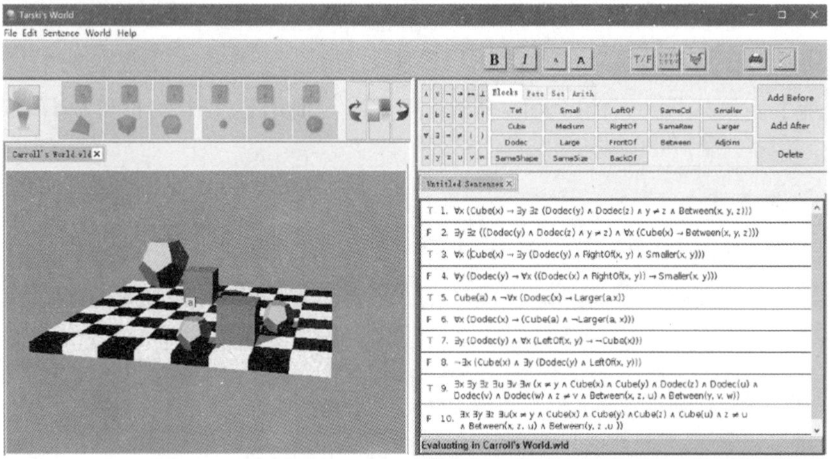

Tarski's World
File Edit Sentence World Help
Blocks Pets Set Arith
Tet Small LeftOf SameCol Smaller
Cube Medium RightOf SameRow Larger
Dodec Large FrontOf Between Adjoins
SameShape SameSize BackOf
Add Before
Add After
Delete
Carroll's World.wld
Untitled Sentences
T 1. ∀x (Cube(x) → ∃y ∃z (Dodec(y) ∧ Dodec(z) ∧ y ≠ z ∧ Between(x, y, z)))
F 2. ∃y ∃z ((Dodec(y) ∧ Dodec(z) ∧ y ≠ z) ∧ ∀x (Cube(x) → Between(x, y, z)))
T 3. ∀x (Cube(x) → ∃y (Dodec(y) ∧ RightOf(x, y) ∧ Smaller(x, y)))
F 4. ∀y (Dodec(y) → ∀x ((Dodec(x) ∧ RightOf(x, y)) → Smaller(x, y)))
T 5. Cube(a) ∧ ¬∀x (Dodec(x) → Larger(a,x))
F 6. ∀x (Dodec(x) → (Cube(a) ∧ ¬Larger(a, x)))
T 7. ∃y (Dodec(y) ∧ ∀x (LeftOf(x, y) → ¬Cube(x)))
F 8. ¬∃x (Cube(x) ∧ ∃y (Dodec(y) ∧ LeftOf(x, y)))
T 9. ∃x ∃y ∃z ∃u ∃v ∃w (x ≠ y ∧ Cube(x) ∧ Cube(y) ∧ Dodec(z) ∧ Dodec(u) ∧ Dodec(v) ∧ Dodec(w) ∧ z ≠ v ∧ Between(x, z, u) ∧ Between(y, v, w))
F 10. ∃x ∃y ∃z ∃u(x ≠ y ∧ Cube(x) ∧ Cube(y) ∧Cube(z) ∧ Cube(u) ∧ z ≠ u ∧ Between(x, z, u) ∧ Between(y, z ,u))
Evaluating in Carroll's World.wld

图 14.30

14.6　前束范式

练习 22（建立前束范式）在 Tarski's World 中，打开文件 Jon Russell's Sentences（乔恩·罗素语句）。你会在奇数的位置上发现十个语句。在每个语句上面的空白处写出它的前束范式。保存你的语句文件。打开几个世界，并确定你的前束范式与上面的语句有相同的真值。

【参考答案】

见图 14.31、图 14.32。

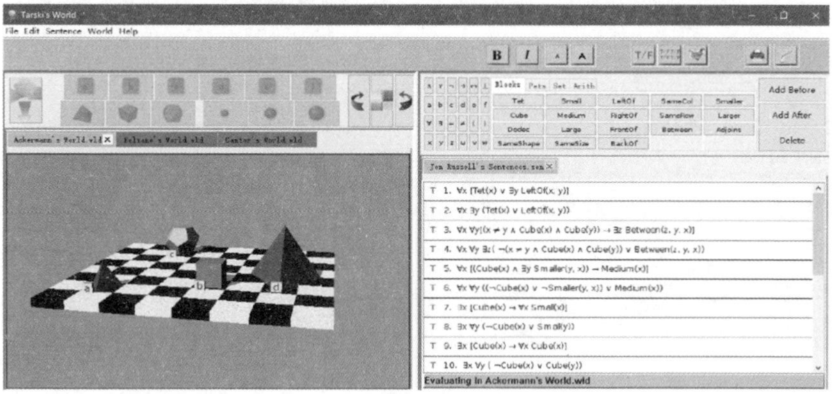

图 14.31

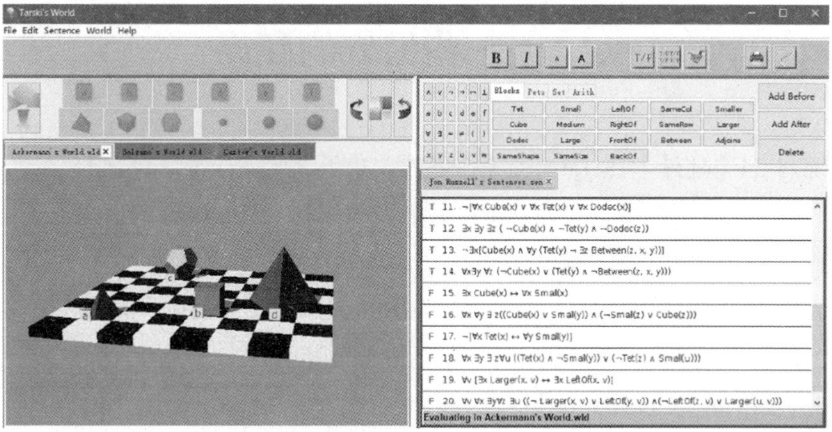

图 14.32

练习 23（一些无效的量词操作）注意有些量词规则是无效的，但表面上看是有效的。实际上，在两种情况下，一方是另一方的一个逻辑后承，但反之不成立。下面的两对语句可以说明这一点。建立一个世界，使下面的（1）和（3）为真，（2）和（4）为假。

（1）∀x(Cube(x)∨Tet(x))　　（2）∀xCube(x)∨∀xTet(x)

（3）∃xCube(x)∧∃xSmall(x)　（4）∃x(Cube(x)∧Small(x))

【参考答案】

见图 14.33。

第 14 章

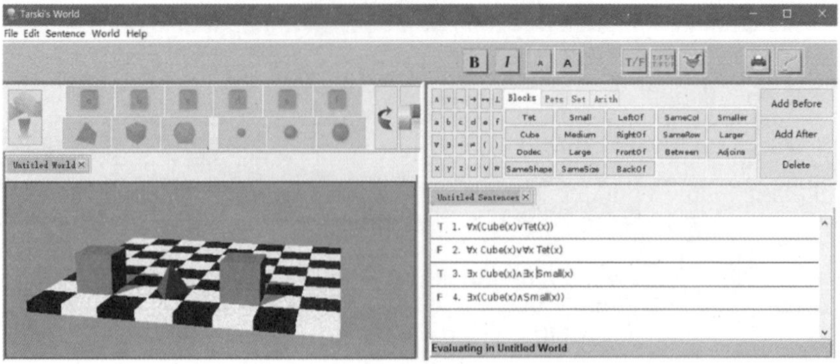

图 14.33

14.7　一些另外的翻译

练习 24（翻译）在 Tarski's World 中，打开文件 Peirce's World。在二维世界里，你可以看清隐藏的对象。建立一个新的语句文件，翻译下面的英语语句，并检验每一个语句的翻译是否取值真。

1. Everything is either a cube or a tetrahedron.

2. Every cube is to the left of every tetrahedron.

3. There are at least three tetrahedra.

4. Every small cube is in back of a particular large cube.

5. Every tetrahedron is small.

6. Every dodecahedron is smaller than some tetrahedron.[Note:This is vacuously true in this world.]

现在，我们改变这个世界使得这些语句没有一个为真。(我们可以通过以下改变做到：将前面的一个大的立方体改为十二面球体，将后面的一个大的立方体改为四面体，并删除最右列上的两个小的四面体。)如果你对 1-5 的翻译是正确的，那么你所有的翻译应该是取假值。否则，你的翻译错了。进一步改变这个世界，使得这些语句没有一个为真。

【参考答案】

仅给出语句为真的情况（图 14.34）。

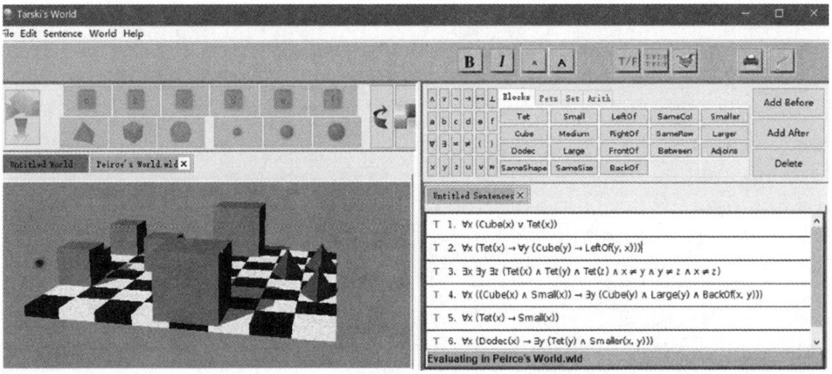
Tarski's World
File Edit Sentence World Help
Blocks Pets Set Arith
Tet Small LeftOf SameCol Smaller
Cube Medium RightOf SameRow Larger
Dodec Large FrontOf Between Adjoins
SameShape SameSize BackOf
Add Before
Add After
Delete
Peirce's World.wld
T 1. ∀x (Cube(x) ∨ Tet(x))
T 2. ∀x (Tet(x) → ∀y (Cube(y) → LeftOf(y, x)))
T 3. ∃x ∃y ∃z (Tet(x) ∧ Tet(y) ∧ Tet(z) ∧ x ≠ y ∧ y ≠ z ∧ x ≠ z)
T 4. ∀x ((Cube(x) ∧ Small(x)) → ∃y (Cube(y) ∧ Large(y) ∧ BackOf(x, y)))
T 5. ∀x (Tet(x) → Small(x))
T 6. ∀x (Dodec(x) → ∃y (Tet(y) ∧ Smaller(x, y)))
Evaluating in Peirce's World.wld

图 14.34

练习 25（实际中更多的翻译）在 Tarski's World 中，打开文件 Skolem's World（斯科勒姆世界）。

①翻译下面的语句。

1. Not every cube is smaller than every tetrahedra.

2. No cube is to the right of anything.

3. There is a dodecahedron unless there are at least two large objects.

4. No cube with nothing in back of it is smaller than another cube.

5. If any docecahedra are small, then they are between two cubes.

6. If a cube is medium or is in back of something medium, then it has nothing to its right except for tetrahedra.

7. The further back a thing is, the larger it is.

8. Everything is the same size as something else.

9. Every cube has a tetrahedron of the same size to its right.

10. Nothing is the same size as two(or more) other things.

11. Nothing is between objects of shapes other than its own.

②在 Skolem's World 中，上面的英语语句都是真的，验证你的翻译。

③改变 Skolem's World。在语句 5 中的两个立方体之间增加一个小的十二面球体。这个语句仍然为真。你的翻译呢？现在将两个立方体之间的十二面球体移动到两个锥体之间，此时，这个语句为假。现在将十二面球体改为中等的。该语句还为真，验证你的翻译。保存你的语句文件。

【参考答案】

仅给出①和②的答案（图 14.35）。

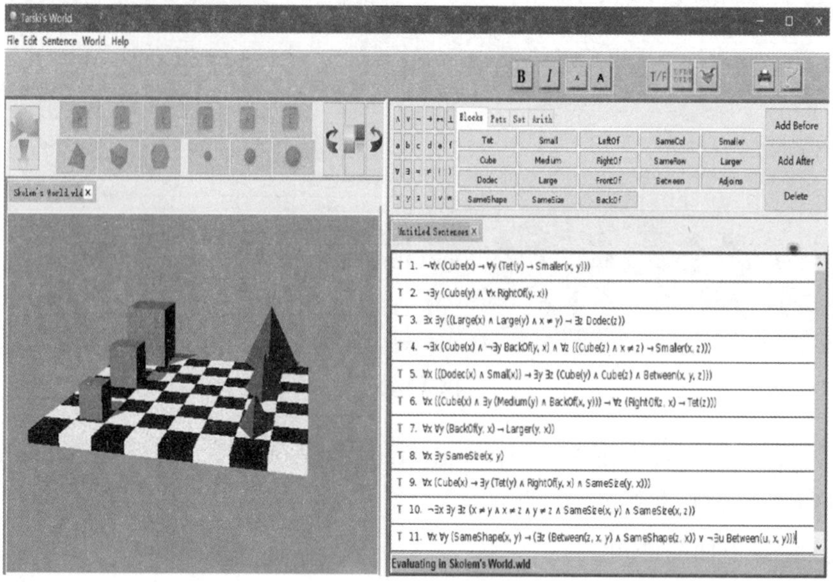
Tarski's World
File Edit Sentence World Help
Skolem's World.wld
Blocks Pets Set Arith
Tet
Small
LeftOf
SameCol
Smaller
Cube
Medium
RightOf
SameRow
Larger
Dodec
Large
FrontOf
Between
Adjoins
SameShape
SameSize
BackOf
Add Before
Add After
Delete
Untitled Sentences
T 1. ¬∀x (Cube(x) → ∀y (Tet(y) → Smaller(x, y)))
T 2. ¬∃y (Cube(y) ∧ ∀x RightOf(y, x))
T 3. ∃x ∃y ((Large(x) ∧ Large(y) ∧ x ≠ y) → ∃z Dodec(z))
T 4. ¬∃x (Cube(x) ∧ ¬∃y BackOf(y, x) ∧ ∀z ((Cube(z) ∧ x ≠ z) → Smaller(x, z)))
T 5. ∀x ((Dodec(x) ∧ Small(x)) → ∃y ∃z (Cube(y) ∧ Cube(z) ∧ Between(x, y, z)))
T 6. ∀x ((Cube(x) ∧ ∃y (Medium(y) ∧ BackOf(x, y))) → ∀z (RightOf(z, x) → Tet(z)))
T 7. ∀x ∀y (BackOf(y, x) → Larger(y, x))
T 8. ∀x ∃y SameSize(x, y)
T 9. ∀x (Cube(x) → ∃y (Tet(y) ∧ RightOf(y, x) ∧ SameSize(y, x)))
T 10. ¬∃x ∃y ∃z (x ≠ y ∧ x ≠ z ∧ y ≠ z ∧ SameSize(x, y) ∧ SameSize(x, z))
T 11. ∀x ∀y (SameShape(x, y) → (∃z (Between(z, x, y) ∧ SameShape(z, x)) ∨ ¬∃u Between(u, x, y)))
Evaluating in Skolem's World.wld

图 14.35

第 15 章

量词的证明方法

15.1　一般的条件证明方法

【练习】

在下面的练习中，每一个都是一个推理，但它们有些是有效的，有些是无效的。如果一个推理是有效的，请用 Fitch 进行验证。如果它是无效的，请用 Tarski's World 构造出一个反例。

练习 1

∀y(Cube(y)∨Dodec(y))
∀x(Cube(x)→Large(x))
∃x¬Large(x)
―――
∃x Dodec(x)

练习 2

$\forall y(Cube(y) \lor Dodec(y))$

$\forall x(Cube(x) \to Large(x))$

$\exists x \neg Large(x)$

$\exists x(Dodec(x) \land Small(x))$

练习 3

$\forall x(Cube(x) \lor Dodec(x))$

$\forall x(\neg Small(x) \to Tet(x))$

$\neg \exists x Small(x)$

练习 4

$\forall x(Cube(x) \lor Dodec(x))$

$\forall x(Cube(x) \to (Large(x) \land LeftOf(c,x)))$

$\forall x(\neg Small(x) \to Tet(x))$

$\exists z Dodec(z)$

练习 5

$\forall x(Cube(x) \lor (Tet(x) \land Small(x)))$

$\exists x(Large(x) \land BackOf(x,c))$

$\exists x(FrontOf(c,x) \land Cube(x))$

练习 6

$\forall x((Cube(x) \land Large(x)) \lor (Tet(x) \land Small(x)))$

$\forall x(Tet(x) \to BackOf(x,c))$

$\forall x(Small(x) \to BackOf(x,c))$

练习 7

$\forall x(Cube(x) \lor (Tet(x) \land Small(x)))$

$\exists x(Large(x) \land BackOf(x,c))$

$\forall x(Small(x) \to \neg BackOf(x,c))$

【参考答案】

练习 1 中的推理是逻辑有效的，验证略。

练习 2 中的推理是 TW 无效的，验证略，反例如图 15.1。

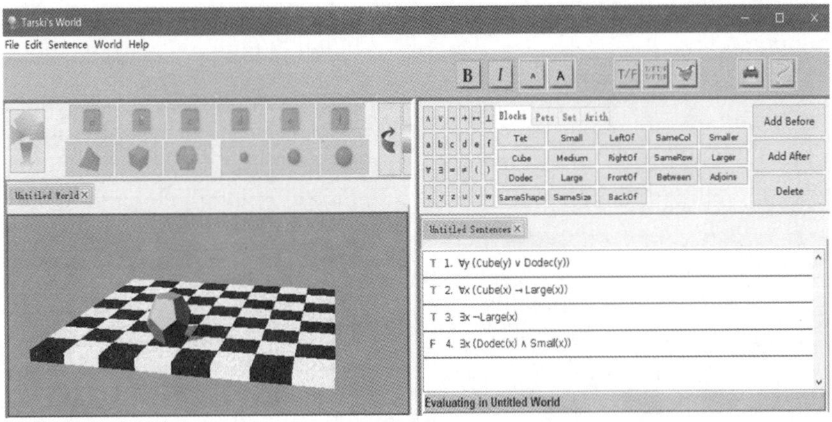

图 15.1

练习 3 中的推理是 TW 无效的，验证略，反例如图 15.2。

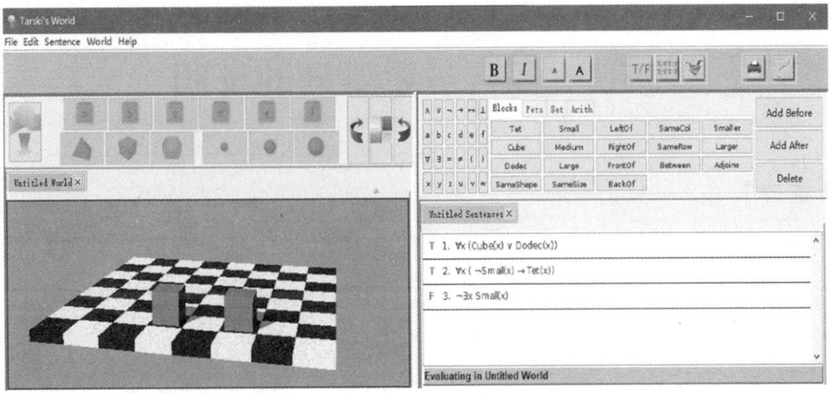

图 15.2

练习 4 中的推理是 TW 有效的，验证略。

练习 5 中的推理是 TW 有效的，验证略。

练习 6 中的推理是 TW 有效的，验证略。

练习 7 中的推理是 TW 无效的，验证略，反例如图 15.3。

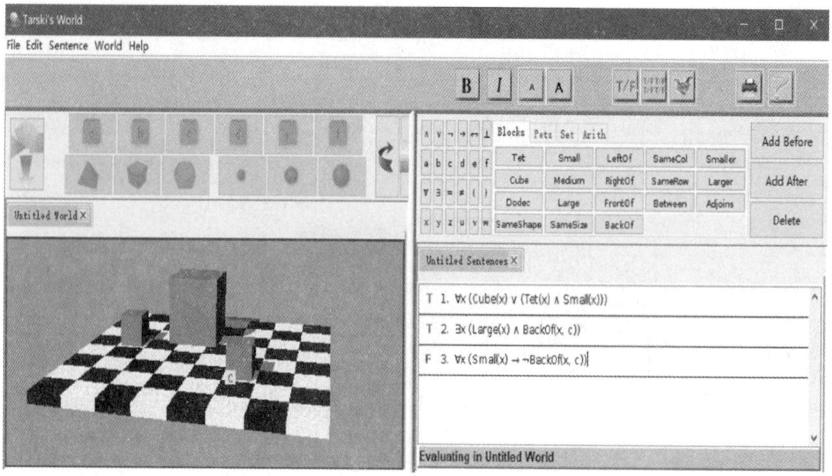

图 15.3

15.2 多含多重量词的证明

【练习】

下面三个练习都是从简单的前提集推出结论。在每一种情况下判断推理是否有效。如果有效，请用 Fitch 进行验证。如果它不是有效的，请用 Tarski's World 构造一个反例。

练习 8

| ∀x∀y(LeftOf(x,y)→Larger(x,y))
| ∀x(Cube(x)→Small(x))
| ∀x(Tet(x)→Large(x))
| ∀x∀y((Small(x)∧Small(y))→¬Larger(x,y))
|—
| ¬∃x∃y(Cube(x)∧Cube(y)∧RightOf(x,y))

练习 9

| ∀x∀y(LeftOf(x,y)→Larger(x,y))
| ∀x(Cube(x)→Small(x))
| ∀x(Tet(x)→Large(x))
| ∀x∀y((Small(x)∧Small(y))→¬Larger(x,y))
|—
| ∀z(Medium(z)→Tet(z))

练习 10

$\forall x\forall y(LeftOf(x,y)\rightarrow Larger(x,y))$

$\forall x(Cube(x)\rightarrow Small(x))$

$\forall x(Tet(x)\rightarrow Large(x))$

$\forall x\forall y((Small(x)\wedge Small(y))\rightarrow\neg Larger(x,y))$

$\forall z\forall w(Tet(z)\wedge Cube(w)\rightarrow LeftOf(z,w))$

【参考答案】

练习 8 中的推理是 TW 有效的，验证略。

练习 9 中的推理是 TW 无效的，验证略，反例如图 15.4。

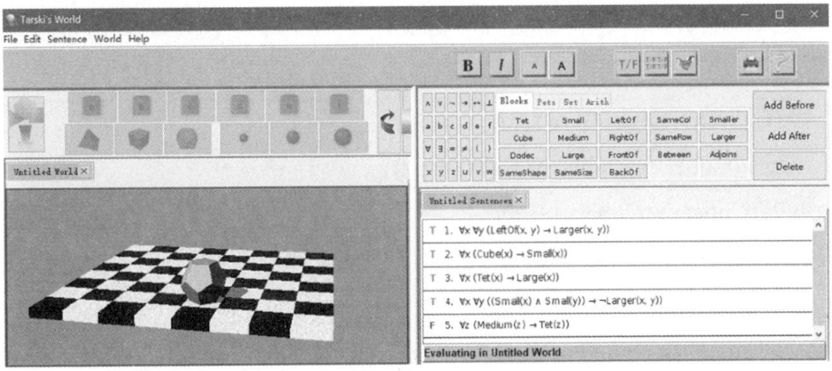
Tarski's World
File Edit Sentence World Help
Add Before
Add After
Delete
Untitled World
Untitled Sentences
T 1. ∀x ∀y (LeftOf(x, y) → Larger(x, y))
T 2. ∀x (Cube(x) → Small(x))
T 3. ∀x (Tet(x) → Large(x))
T 4. ∀x ∀y ((Small(x) ∧ Small(y)) → ¬Larger(x, y))
F 5. ∀z (Medium(z) → Tet(z))
Evaluating in Untitled World

图 15.4

练习 10 中的推理是 TW 无效的，验证略，反例如图 15.5。

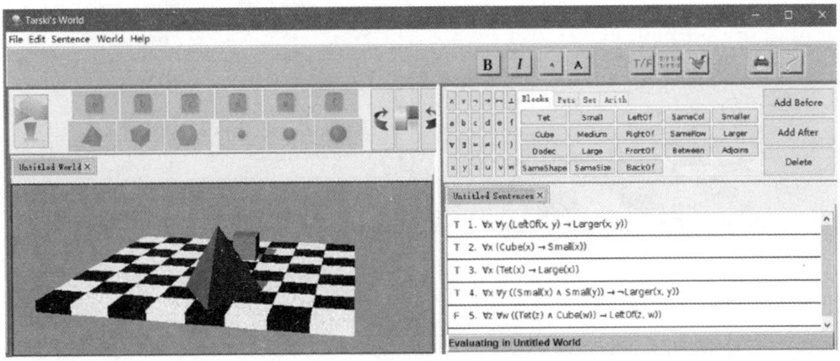
Tarski's World
File Edit Sentence World Help
Add Before
Add After
Delete
Untitled World
Untitled Sentences
T 1. ∀x ∀y (LeftOf(x, y) → Larger(x, y))
T 2. ∀x (Cube(x) → Small(x))
T 3. ∀x (Tet(x) → Large(x))
T 4. ∀x ∀y ((Small(x) ∧ Small(y)) → ¬Larger(x, y))
F 5. ∀z ∀w ((Tet(z) ∧ Cube(w)) → LeftOf(z, w))
Evaluating in Untitled World

图 15.5

在下面三个练习中，所包含的结论都是从前提集推出的。在每一个推理中，判断推理是否有效，如果有效，请用 Fitch 进行验证。如果无效，请用 Tarski's World 构造一个反例。

练习 11

$\forall x(Cube(x)\to\exists yLeftOf(x,y))$

$\neg\exists x\exists z(Cube(x)\wedge Cube(z)\wedge LeftOf(x,z))$

$\exists x\exists y(Cube(x)\wedge Cube(y)\wedge x\neq y)$

$\exists x\exists y\exists z(BackOf(y,z)\wedge LeftOf(x,z))$

练习 12

$\forall x(Cube(x)\to\exists yLeftOf(x,y))$

$\neg\exists x\exists z(Cube(x)\wedge Cube(z)\wedge LeftOf(x,z))$

$\exists x\exists y(Cube(x)\wedge Cube(y)\wedge x\neq y)$

$\exists x\neg Cube(x)$

练习 13

$\forall x(Cube(x)\to\exists yLeftOf(x,y))$

$\neg\exists x\exists z(Cube(x)\wedge Cube(z)\wedge LeftOf(x,z))$

$\exists x\exists y(Cube(x)\wedge Cube(y)\wedge x\neq y)$

$\exists x\exists y(x\neq y\wedge\neg Cube(x)\wedge\neg Cube(y))$

【参考答案】

练习 11 中的推理无效，验证略，反例如图 15.6。

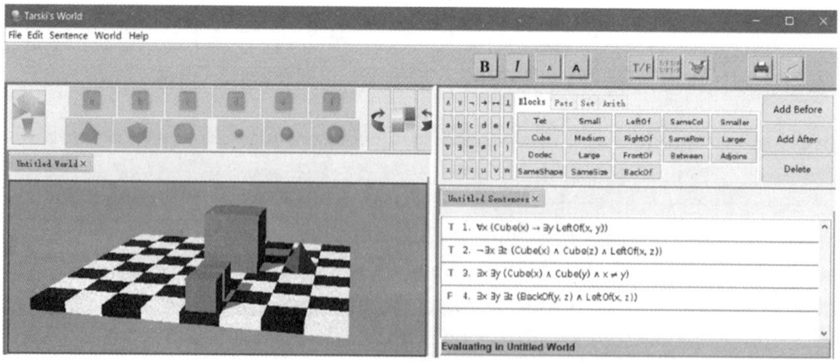

图 15.6

练习 12 中的推理是逻辑有效的，验证略。

练习 13 推理是 TW 无效的，验证略，反例如图 15.7。

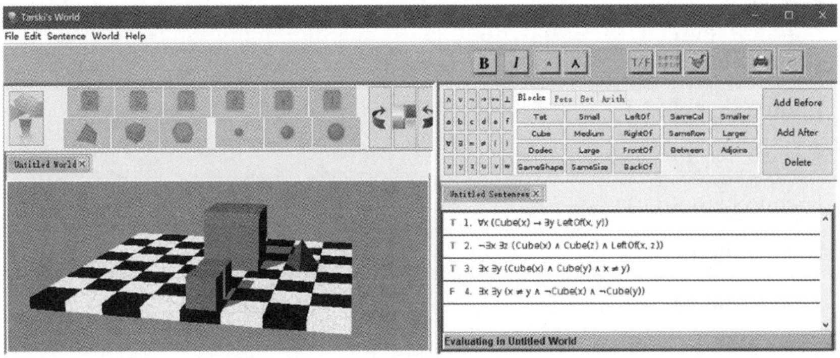

图 15.7

练习 14 下面的公式是逻辑真的吗？如果是的，请用 Fitch 进行验证；如果不是，请构造一个世界证明它是假的。

$$\exists x(Cube(x) \to \forall y Cube(y))$$

【参考答案】

它是逻辑真的，验证略。

15.3　公理化的形状

【练习】

如果下面的推理有效，请用 Fitch 进行验证；如果推理无效，请用 Tarski's World 构造一个反例。

练习 15

| $\exists x(\neg Cube(x) \land \neg Dodec(x))$
| $\exists x \forall y SameShape(x,y)$
|—
| $\forall x Tet(x)$

练习 16

| $\forall x(Cube(x) \to SameShape(x,c))$
|—
| $Cube(c)$

练习 17

| $\forall x Cube(x) \lor \forall x Tet(x) \lor \forall x Dodec(x)$
|—
| $\forall x \forall y SameShape(x,y)$

第 15 章

练习 18

SameShape(b,c)

SameShape(c,b)

练习 19

SameShape(b,c)

SameShape(c,d)

SameShape(b,d)

【参考答案】

练习 15 中的推理是 TW 有效的，验证略。

练习 16 中的推理是 TW 无效的，验证略，反例如图 15.8。

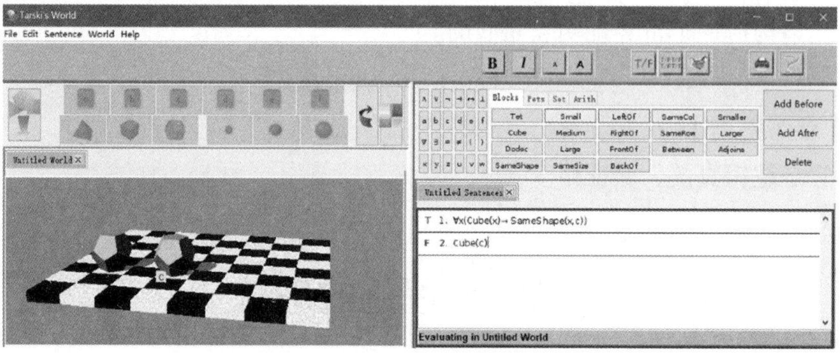

图 15.8

练习 17 至练习 19 中的推理仅是 TW 有效的，验证略。

第 16 章

形式证明与量词

16.1 全称量词规则

全称量词引入（∀ Intro）：

```
 │ │c
 │ ├─
 │ │ ⋮
 │ │P(c)
▷│∀xP(x)
```

全称量词消去（∀Elim）：

```
 │∀xP(x)
 │  ⋮
▷│P(c)
```

全称量词引入规则和广义量词引入规则中的 c 满足“这里 c 不出现在引入它的子证明的外面”。

广义量词引入（∀ Intro）:

| c P(c)
| ⋮
| Q(c)
∀x(P(x)→Q(x))

【操作四十一】

1. 在 Fitch 中，打开文件 Universal 1（全称 1）。下面告诉你在 Fitch 中如何构造这个证明。

2. 在已知前提后建立一个新的子证明。在进行输入之前，请注意在光标的左边有一个蓝色的向下的三角形标志▼。用你的鼠标单击它，将会出现一个下拉菜单，你可以选择在子证明中出现的方块常量。在菜单中选择 d。（如果你选择错了，请再次在下拉菜单中选择那个项，就会消去原来错误的方块常量。）

3. 在你选择将 d 作为方块常量后，输入 P(d)作为你子证明的假设。然后在子证明中再增加一步。

4. 你现在已经能够完成这个证明了，当你完成之后，保存这个文件（图 16.1）。

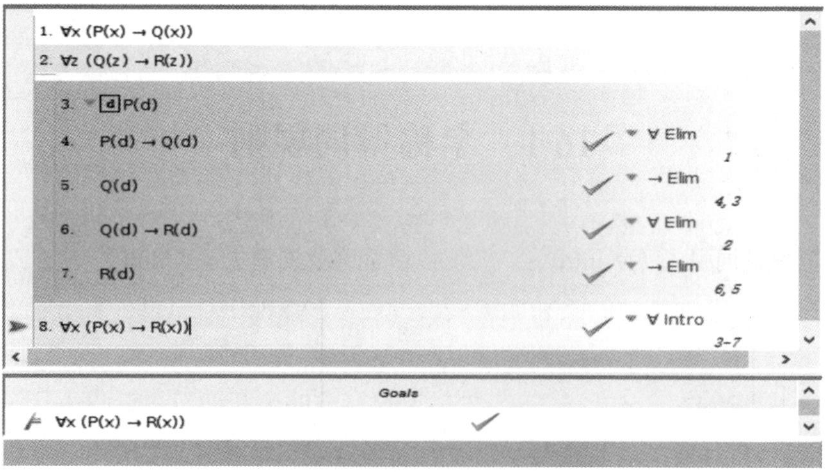

图 16.1

【操作四十二】

1. 在 Fitch 中，打开文件 Universal 2（全称 2）。看看你所需要证明的目标语句，然后集中在接下来的每一步上并且自动填写每一步。在开始下一步之前，确保你已经理解了上一步为什么会这样填写，更重要的是理解我们在下一步要怎样做，在每一个空的一步上，在你检测它之前，预测 Fitch 在缺省的地方将会提供什么语句。

2. 当你完成之后，保存你的文件（图 16.2）。

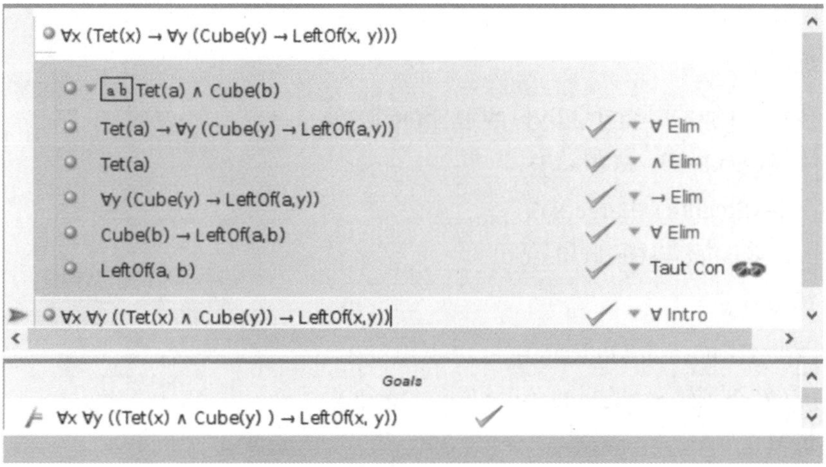

∀x (Tet(x) → ∀y (Cube(y) → LeftOf(x, y)))
a b Tet(a) ∧ Cube(b)
Tet(a) → ∀y (Cube(y) → LeftOf(a,y))
∀ Elim
Tet(a)
∧ Elim
∀y (Cube(y) → LeftOf(a,y))
→ Elim
Cube(b) → LeftOf(a,b)
∀ Elim
LeftOf(a, b)
Taut Con
∀x ∀y ((Tet(x) ∧ Cube(y)) → LeftOf(x,y))
∀ Intro
Goals
∀x ∀y ((Tet(x) ∧ Cube(y)) → LeftOf(x, y))

图 16.2

【练习】

判断下面的推理是否有效。如果有效，用 Fitch 给出它的一个形式证明。如果无效，用 Tarski's World 给出它的一个反例。在下面的证明中，你可以将 Taut Con 规则用于验证只有命题联结词的步骤中。

练习 1

$\forall x(Cube(x)\leftrightarrow Small(x))$

$\forall xCube(x)$

$\forall xSmall(x)$

练习 2

$\forall xCube(x)$

$\forall xSmall(x)$

$\forall x(Cube(x)\wedge Small(x))$

练习 3

$\neg\forall xCube(x)$

$\neg\forall x(Cube(x)\wedge Small(x))$

练习 4

∀x∀y((Cube(x)∧Dodec(y))→Larger(y,x))
∀x∀y(Larger(x,y)↔LeftOf(x,y))
∀x∀y((Cube(x)∧Dodec(y))→ LeftOf(y,x))

练习 5

∀x((Cube(x)∧Large(x))∨(Tet(x)∧Small(x)))
∀x(Tet(x)→BackOf(x,c))
∀x¬(Small(x)∧Large(x))
∀x(Small(x)→BackOf(x,c))

练习 6

∀x∀y(Cube(x)∧Dodec(y))→FrontOf(x,y)
∀x(Cube(x)→∀y(Dodec(y)→FrontOf(x,y)))

练习 7

∀x(Cube(x)→∀y(Dodec(y)→FrontOf(x,y)))
∀x∀y((Cube(x)∧Dodec(y))→FrontOf(x,y))

练习 8

∀x∀y((Cube(x)∧Dodec(y))→Larger(x,y))
∀x∀y((Dodec(x)∧Tet(y))→Larger(x,y))
∀x∀y((Cube(x)∧Tet(y))→Larger(x,y))

【参考答案】

练习 1 中的推理有效，证明过程如图 16.3。

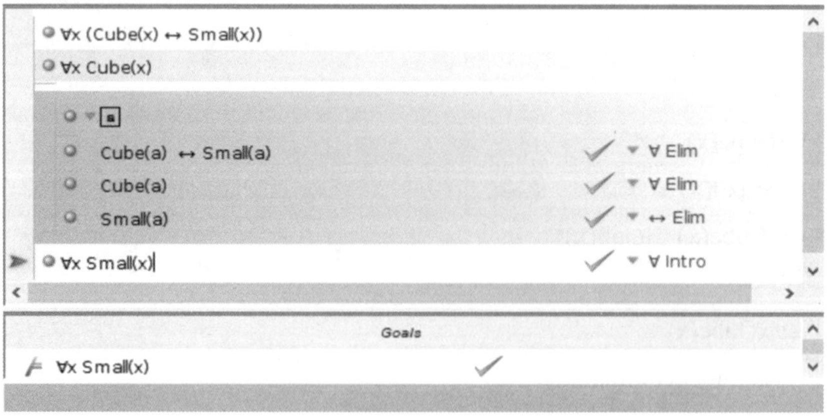

图 16.3

练习 2 中的推理有效，证明过程如图 16.4。

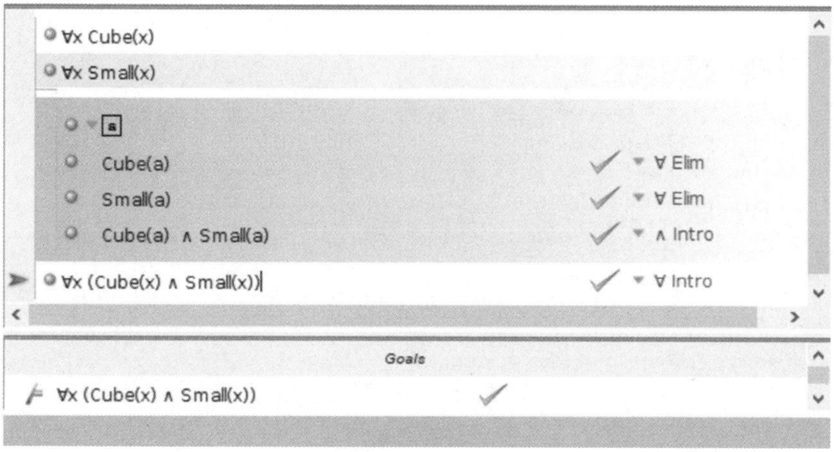

图 16.4

练习 3 中的推理有效，证明过程如图 16.5。

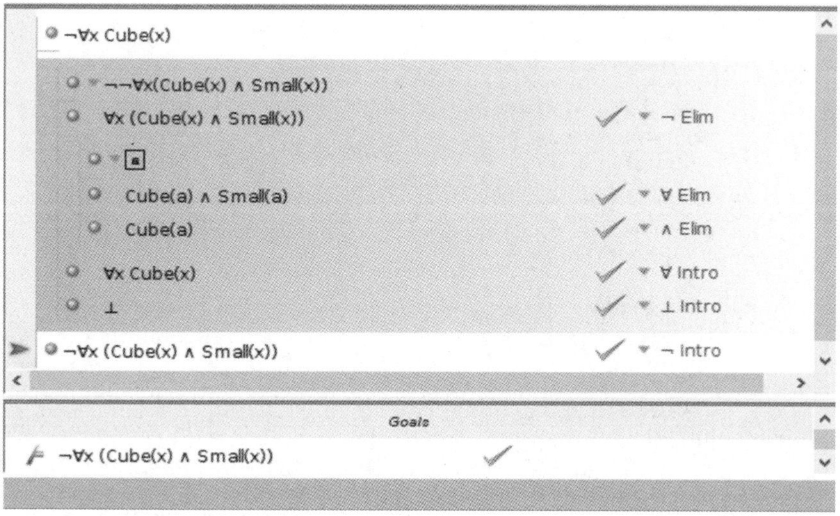

图 16.5

练习 4 中的推理有效，证明过程如图 16.6。

第 16 章

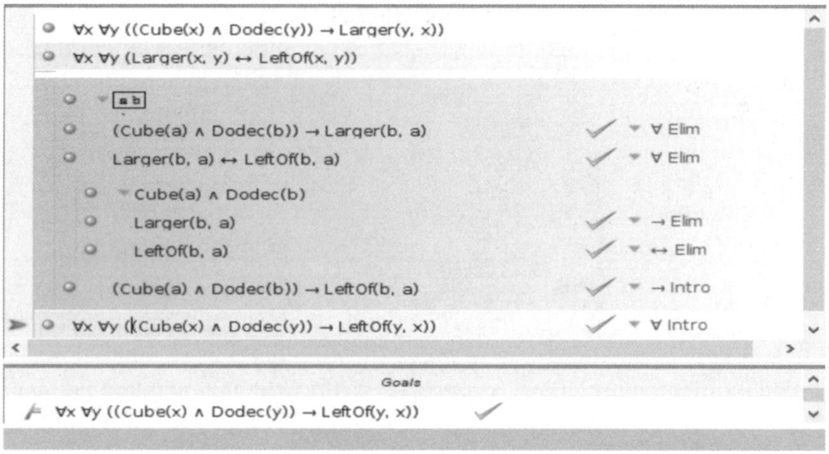
∀x ∀y ((Cube(x) ∧ Dodec(y)) → Larger(y, x))
∀x ∀y (Larger(x, y) ↔ LeftOf(x, y))
a b
(Cube(a) ∧ Dodec(b)) → Larger(b, a) ∀ Elim
Larger(b, a) ↔ LeftOf(b, a) ∀ Elim
Cube(a) ∧ Dodec(b)
Larger(b, a) → Elim
LeftOf(b, a) ↔ Elim
(Cube(a) ∧ Dodec(b)) → LeftOf(b, a) → Intro
∀x ∀y ((Cube(x) ∧ Dodec(y)) → LeftOf(y, x)) ∀ Intro
Goals
∀x ∀y ((Cube(x) ∧ Dodec(y)) → LeftOf(y, x))

图 16.6

练习 5 中的推理有效，证明过程如图 16.7。

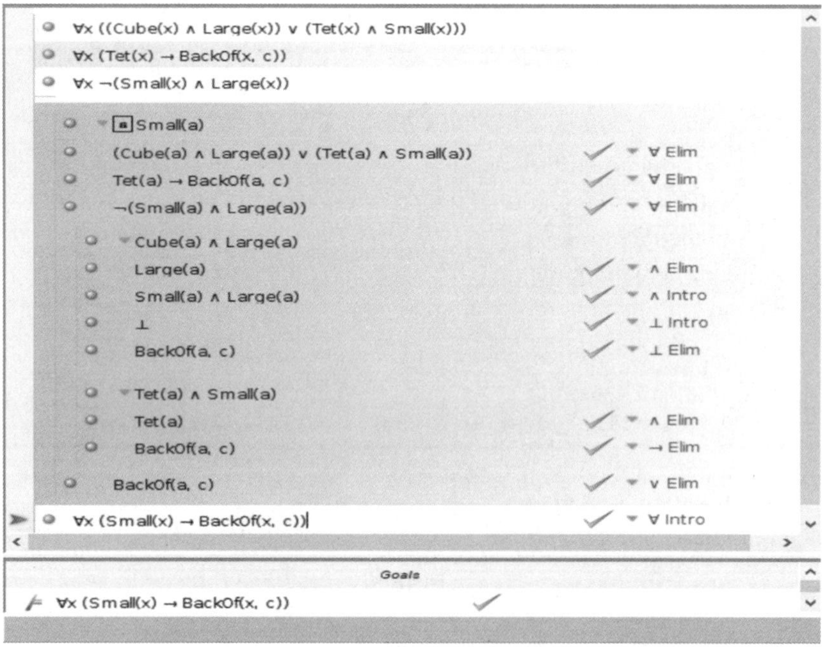
∀x ((Cube(x) ∧ Large(x)) ∨ (Tet(x) ∧ Small(x)))
∀x (Tet(x) → BackOf(x, c))
∀x ¬(Small(x) ∧ Large(x))
a Small(a)
(Cube(a) ∧ Large(a)) ∨ (Tet(a) ∧ Small(a)) ∀ Elim
Tet(a) → BackOf(a, c) ∀ Elim
¬(Small(a) ∧ Large(a)) ∀ Elim
Cube(a) ∧ Large(a)
Large(a) ∧ Elim
Small(a) ∧ Large(a) ∧ Intro
⊥ ⊥ Intro
BackOf(a, c) ⊥ Elim
Tet(a) ∧ Small(a)
Tet(a) ∧ Elim
BackOf(a, c) → Elim
BackOf(a, c) ∨ Elim
∀x (Small(x) → BackOf(x, c)) ∀ Intro
Goals
∀x (Small(x) → BackOf(x, c))

图 16.7

练习 6 中的推理有效，证明过程如图 16.8。

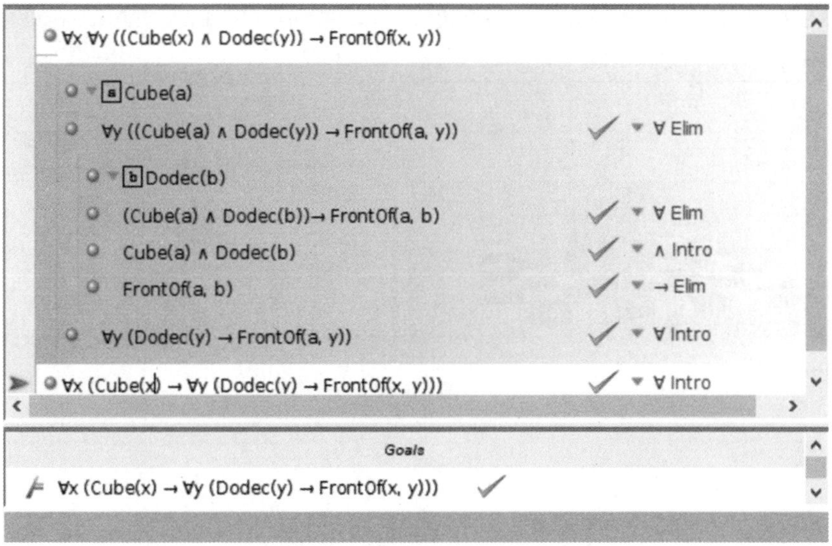
∀x ∀y ((Cube(x) ∧ Dodec(y)) → FrontOf(x, y))
a Cube(a)
∀y ((Cube(a) ∧ Dodec(y)) → FrontOf(a, y))
∀ Elim
b Dodec(b)
(Cube(a) ∧ Dodec(b))→ FrontOf(a, b)
∀ Elim
Cube(a) ∧ Dodec(b)
∧ Intro
FrontOf(a, b)
→ Elim
∀y (Dodec(y) → FrontOf(a, y))
∀ Intro
∀x (Cube(x) → ∀y (Dodec(y) → FrontOf(x, y)))
∀ Intro
Goals
∀x (Cube(x) → ∀y (Dodec(y) → FrontOf(x, y)))

图 16.8

练习 7 推理有效，证明过程如图 16.9。

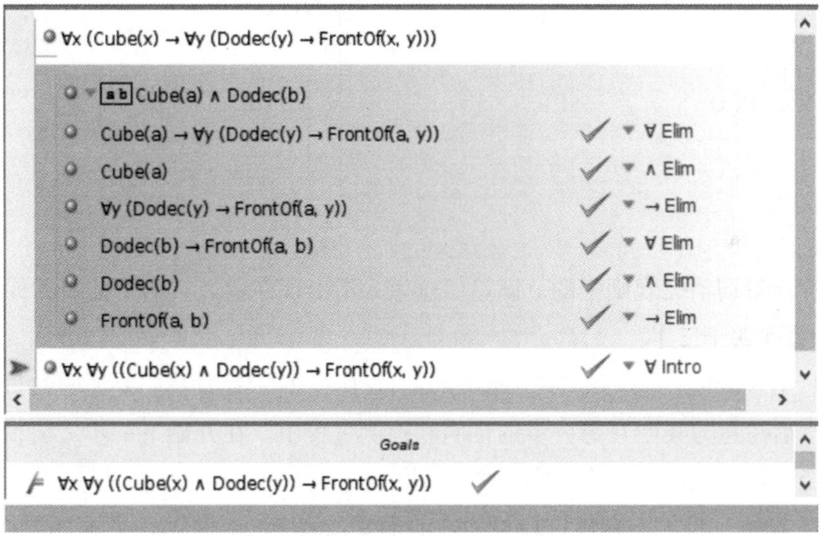
∀x (Cube(x) → ∀y (Dodec(y) → FrontOf(x, y)))
a b Cube(a) ∧ Dodec(b)
Cube(a) → ∀y (Dodec(y) → FrontOf(a, y))
∀ Elim
Cube(a)
∧ Elim
∀y (Dodec(y) → FrontOf(a, y))
→ Elim
Dodec(b) → FrontOf(a, b)
∀ Elim
Dodec(b)
∧ Elim
FrontOf(a, b)
→ Elim
∀x ∀y ((Cube(x) ∧ Dodec(y)) → FrontOf(x, y))
∀ Intro
Goals
∀x ∀y ((Cube(x) ∧ Dodec(y)) → FrontOf(x, y))

图 16.9

练习 8 中的推理无效，验证略，反例如图 16.10。

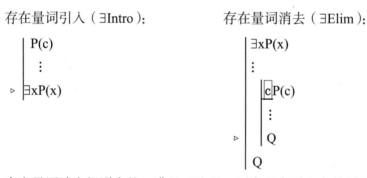

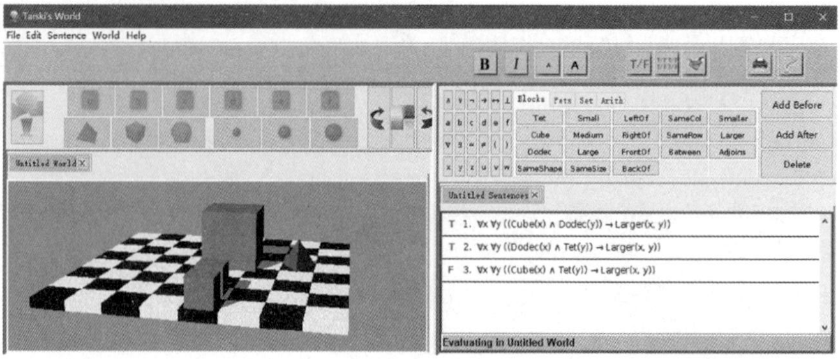

图 16.10

16.2 存在量词规则

存在量词引入（∃Intro）：

```
  │ P(c)
  │  ⋮
▷ │ ∃xP(x)
```

存在量词消去（∃Elim）：

```
  │ ∃xP(x)
  │ ⋮
  │  │ [c] P(c)
  │  ├──
  │  │  ⋮
▷ │  │ Q
  │ Q
```

存在量词消去规则中的 c 满足“这里 c 不出现在引入它的子证明的外面”。

【操作四十三】

1. 在 Fitch 中，打开文件 Existential 1（存在 1）。看看我们要证明的目标语句，然后注意力集中在每一步的证明和检测过程中。在开始下一步之前，确保你已经理解了我们为什么要那么做。

2. 在每一步上，在你进行检测之前都要预测 Fitch 将会提供哪个语句，注意在第八步中包含“:a>y”，猜猜 Fitch 将会通过它给出哪个语句？

3. 在完成之后，保存你的文件（图 16.11）。

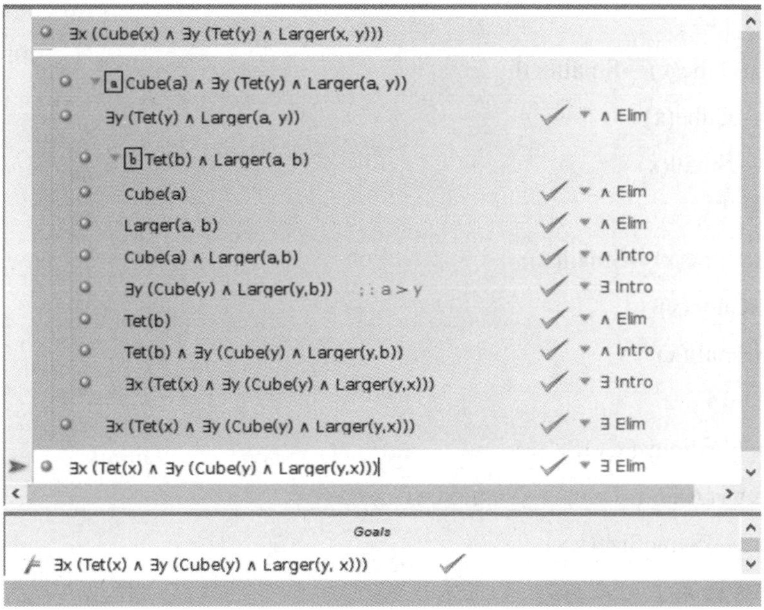
∃x (Cube(x) ∧ ∃y (Tet(y) ∧ Larger(x, y)))
a Cube(a) ∧ ∃y (Tet(y) ∧ Larger(a, y))
∃y (Tet(y) ∧ Larger(a, y))
∧ Elim
b Tet(b) ∧ Larger(a, b)
Cube(a)
∧ Elim
Larger(a, b)
∧ Elim
Cube(a) ∧ Larger(a,b)
∧ Intro
∃y (Cube(y) ∧ Larger(y,b))
: : a > y
∃ Intro
Tet(b)
∧ Elim
Tet(b) ∧ ∃y (Cube(y) ∧ Larger(y,b))
∧ Intro
∃x (Tet(x) ∧ ∃y (Cube(y) ∧ Larger(y,x)))
∃ Intro
∃x (Tet(x) ∧ ∃y (Cube(y) ∧ Larger(y,x)))
∃ Elim
∃x (Tet(x) ∧ ∃y (Cube(y) ∧ Larger(y,x)))
∃ Elim
Goals
∃x (Tet(x) ∧ ∃y (Cube(y) ∧ Larger(y, x)))

图 16.11

【练习】

对于下面的推理，判断它们是否有效。如果有效，用 Fitch 为它构造一个形式证明；如果无效，用 Tarski's World 构造一个反例。在下面的证明中，你可以使用 Taut Con 规则来验证涉及命题联结词的步骤。

练习 9

∀x(Cube(x)∨Tet(x))
∃x¬Cube(x)
―――
∃x¬Tet(x)

练习 10

∀x(Cube(x)∨Tet(x))
∃x¬Cube(x)
―――
∃xTet(x)

练习 11

∀x(Cube(x)∨Dodec(y))
∀x(Cube(x)→Large(x))
∃x¬Large(x)
―――
∃xDodec(x)

第 16 章

练习 12

$\forall x(\mathrm{Cube}(x)\leftrightarrow \mathrm{Small}(x))$

$\exists x\neg \mathrm{Cube}(x)$

$\exists x\neg \mathrm{Small}(x)$

练习 13

$\exists x(\mathrm{Cube}(x)\rightarrow \mathrm{Small}(x))$

$\forall x\mathrm{Cube}(x)$

$\exists x\mathrm{Small}(x)$

练习 14

$\exists x\exists y\mathrm{Adjoins}(x,y)$

$\forall x\forall y(\mathrm{Adjoins}(x,y)\rightarrow \neg \mathrm{SameSize}(x,y))$

$\exists x\exists y\neg \mathrm{SameSize}(y,x)$

【参考答案】

练习 9 中的推理无效，验证略，反例如图 16.12。

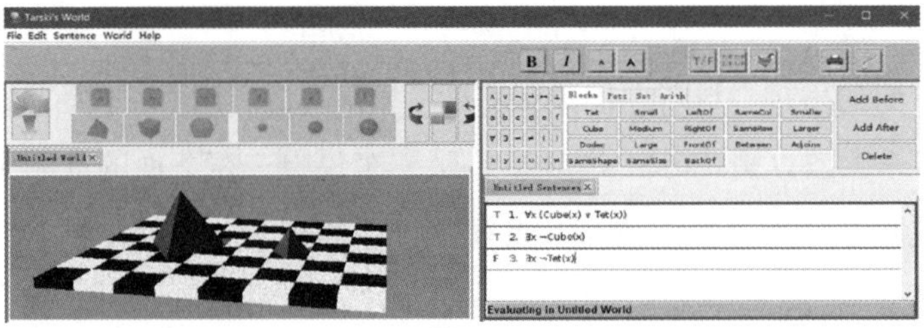

图 16.12

练习 10 中的推理有效，证明过程如图 16.13。

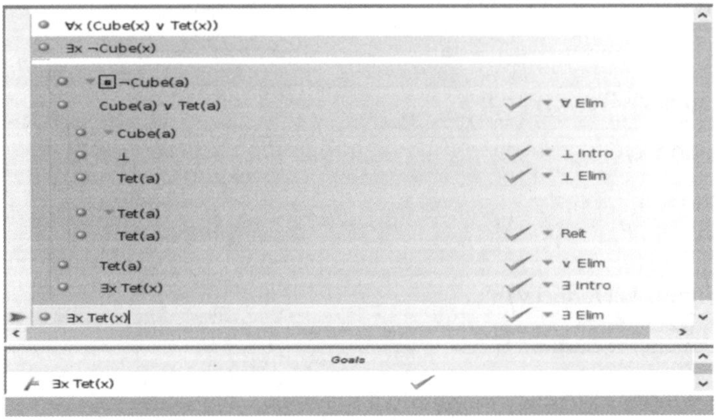

图 16.13

练习 11 中的推理有效，证明过程如图 16.14。

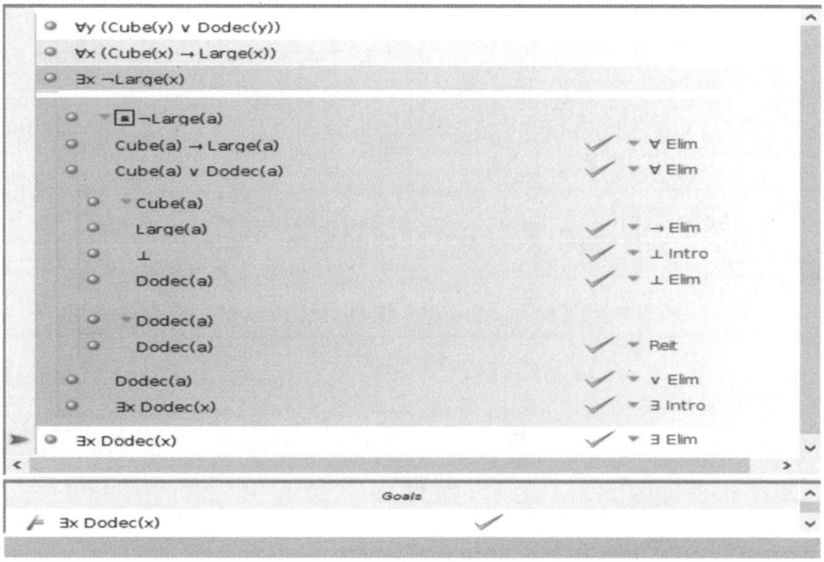

图 16.14

练习 12 中的推理有效，证明过程如图 16.15。

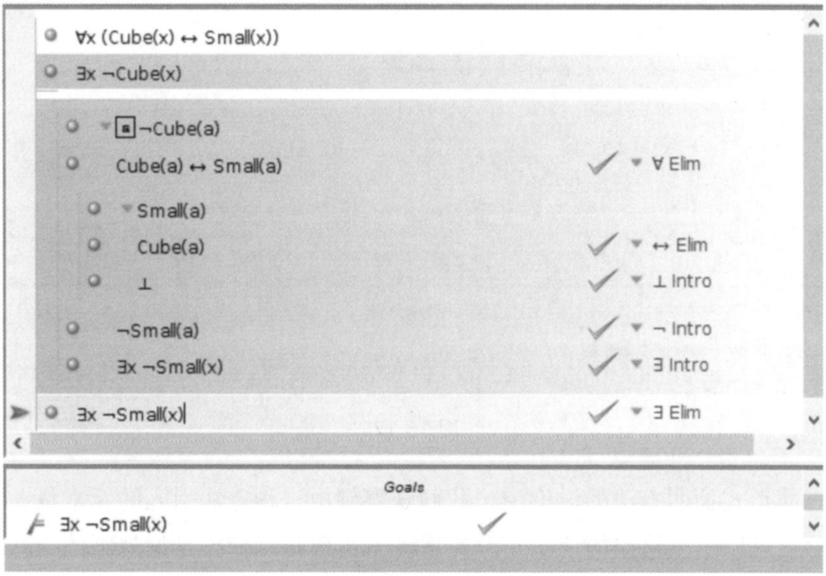

图 16.15

练习 13 中的推理有效，证明过程如图 16.16。

第 16 章

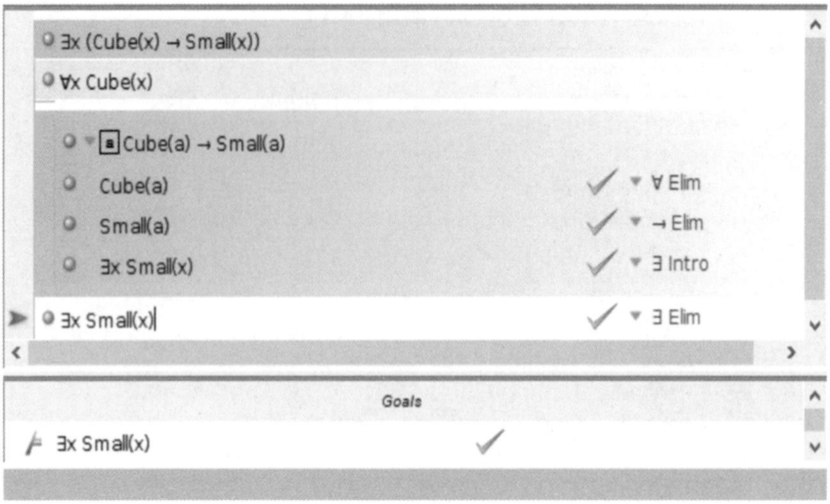

图 16.16

练习 14 中的推理有效，证明过程如图 16.17。

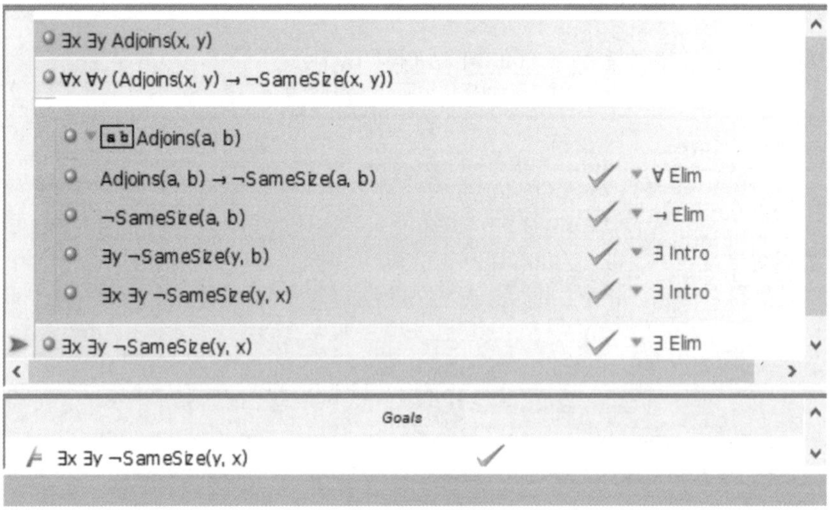

图 16.17

在非形式证明方法的讨论中，我们观察到由这种方法引入的新常量，如果不小心，可以给出错误的证明。形式系统 $\mathcal{F}$ 可以自动保护量词规则的一些错误的应用。下面的两个练习表明形式证明的规则是怎样保护错误的非形式证明的形式化过程中的那些无效步骤的。

练习 15 下面是一个形式证明：

1.∀x∃ySameCol(x,y)

　2. a

　3.∃ySameCol(a,y)　　　∀Elim：1

　　4. d SameCol(a,b)

　　5.SameCol(a,b)　　　Reit：4

　6.SameCol(a,b)　　　∃Elim：3,4-5

7.∀xSameCol(x,b)　　　∀Intro：2-6

8.∃y∀xSameCol(x,y)　　　∃Intro：7

1.将这个证明写入 Fitch 的一个文件里并检验它。你会发现第六步是不正确的，它违反了存在消去规则的限制，因为这一规则要求常量 b 只能出现在引入它的子证明里。注意这个证明的其他部分都是正确的（图 16.18）。

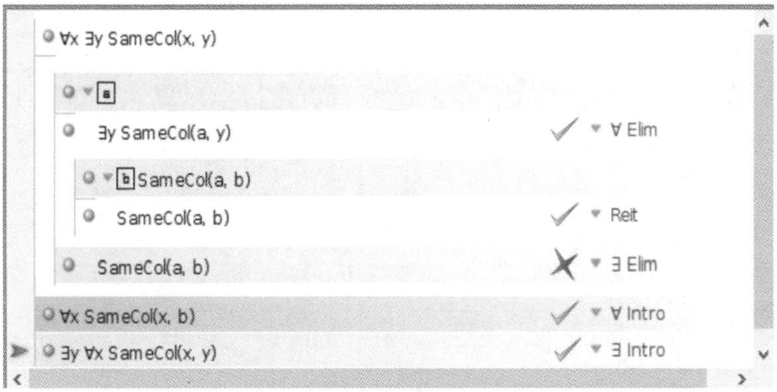

图 16.18

2.为这一论证构造一个反例（图 16.19）。

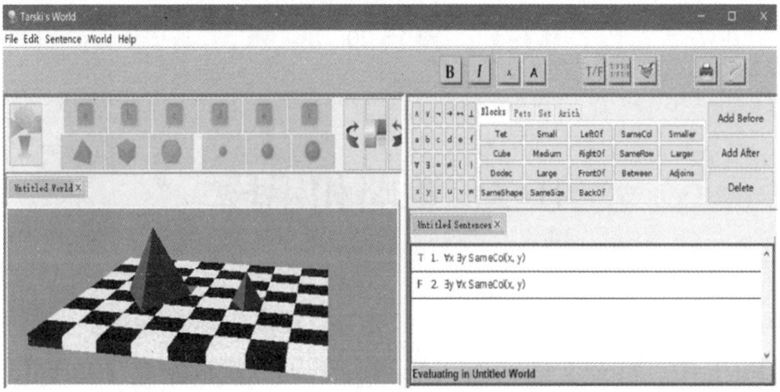

图 16.19

练习 16 让我们用一个从∃y∀xR(x,y)推出∀x∃yR(x,y)的证明去比较练习 15 中有缺陷的证明。用 Fitch 构造下面的证明。

1.∃y∀xSameCol(x,y)

  2. [b] ∀xSameCol(x,b)

    3. [a]

    4.SameCol(a,b) ∀Elim：2

    5.∃ySameCol(a,y) ∃Intro：4

  6.∀x∃ySameCol(x,y) ∀Intro：3-5

7.∀x∃ySameCol(x,y) ∃Elim：1,2-6

注意：在这个证明中，与练习 15 中的证明不同，两个常量符号 b 和 a 在引入它们的子证明中有着适合的顺序，因此量词规则被正确地应用。提交你的证明。

【参考答案】

见图 16.20。

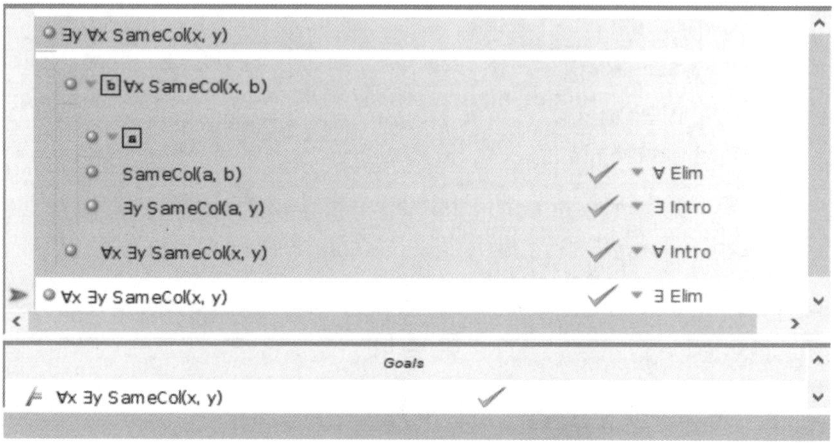

图 16.20

16.3 策略和手段

【操作四十四】

1. 在 Fitch 中，打开文件 Quantifier Strategy1（量词策略 1），它包含如下证明框架。

| ①¬∀xP(x)
|—
| ⋮
| ②∃x¬P(x)

2. 我们非形式证明中的第一步决定采用反证法。因此填补证明步骤如下。

| ①¬∀xP(x)
|—
| | ②¬∃x¬P(x)
| |—
| | ⋮
| | ④⊥　　　　⊥Intro：？？
| ⑤∃x¬P(x)　　　　¬Intro：②-④

3. 我们下一步要使用∀ Intro 来证明∀xP(x)，从而与前提¬∀xP(x)矛盾，证明步骤如下。

| ①¬∀x P(x)
|—
| | ②¬∃x¬P(x)
| |—
| | | ③c
| | |—
| | | ⋮
| | | ⑤P(c)　　　　?
| | ⑥∀xP(x)　　　　∀Intro：③-⑤
| | ⑦⊥　　　　⊥Intro：⑥，①
| ⑧∃x¬P(x)　　　　¬Intro：②-⑦

4. 回忆一下我们是如何证明 P(c)的。我们说，如果 P(c)不成立，也就是说¬P(c)成立，因此我们就能得到结论∃x¬P(x)。但这将与我们在第二步中的假设矛盾。完成剩下的证明。

| ①¬∀xP(x)
|—
| | ②¬∃x¬P(x)
| |—
| | | ③c
| | |—
| | | | ④¬P(c)
| | | |—
| | | | ⑤∃x¬P(x)　　　　∃Intro：④
| | | | ⑥⊥　　　　⊥Intro：⑤，②
| | | ⑦¬¬P(c)　　　　¬Intro：④-⑥
| | | ⑧P(x)　　　　¬Elim: ⑦
| | ⑨∀xP(x)　　　　∀Intro：③-⑧
| | ⑩⊥　　　　⊥Intro：⑨，①
| ∃x¬P(x)　　　　¬Intro：②-⑩

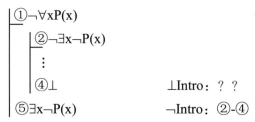

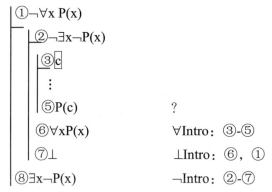

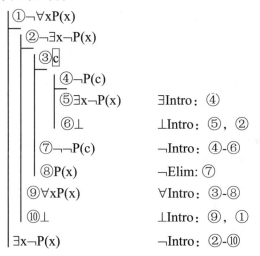

5. 这样就完成了从前提¬∀xP(x)到结论∃x¬P(x)的形式证明。验证你的证明并保存它（图 16.21）。

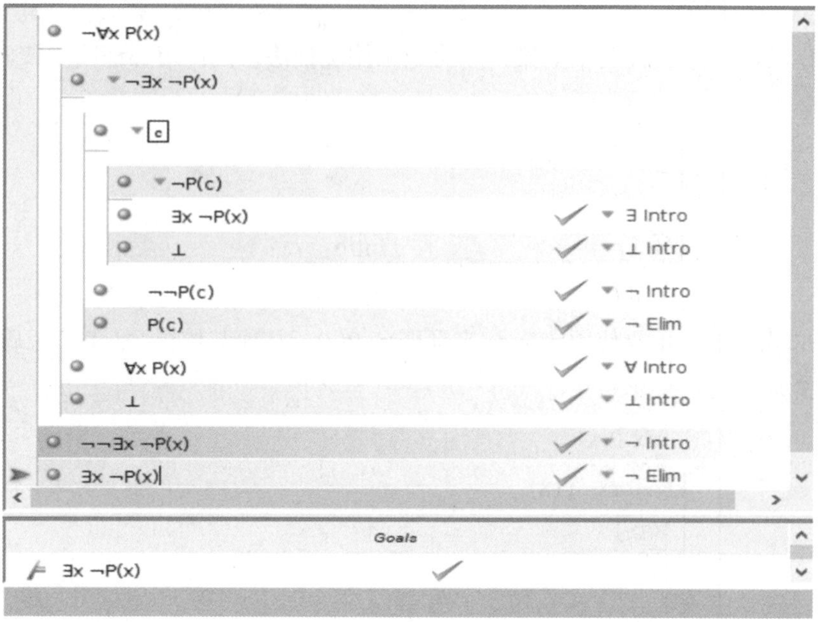

图 16.21

【练习】

在下面的推理中，如果它有效，用 Fitch 为它构造一个形式证明；如果无效，用 Tarski's World 构造一个反例。在用 Fitch 进行形式证明的过程中，不允许使用 Taut Con 规则。

练习 17

∀x((Brillig(x)∨Tove(x))→(Mimsy(x)∧Gyre(x)))
∀y((Slithy(y)∨Mimsy(y))→Tove(y))
∃xSlithy(x)
∃x(Slithy(x)∧Mimsy(x))

练习 18

∀x(Brillig(x)→(Mimsy(x)∧Slithy(x)))
∀y((Slithy(y)∨Mimsy(y))→Tove(y))
∀x(Tove(x)→(Outgrade(x,b)∧Brillig(x)))
∀z(Brillig(z)↔Mimsy(z))

练习 19

∀x((Brillig(x)∧Tove(x))→Slithy(x))

∀y((Tove(y)∨Mimsy(y))→Slithy(y))

∃xBrillig(x)∧∃xTove(x)

∃zSlithy(z)

【参考答案】

练习 17 中的推理有效，验证略，证明如图 16.22。

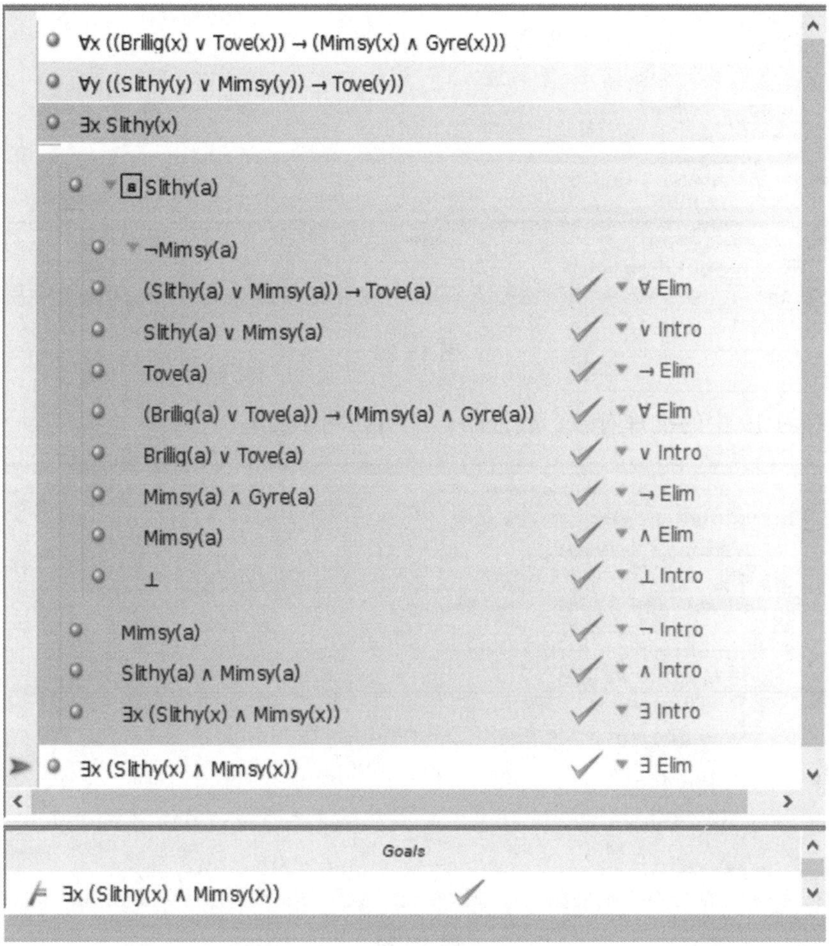

图 16.22

练习 18 中的推理有效，验证略，证明如图 16.23。

第16章

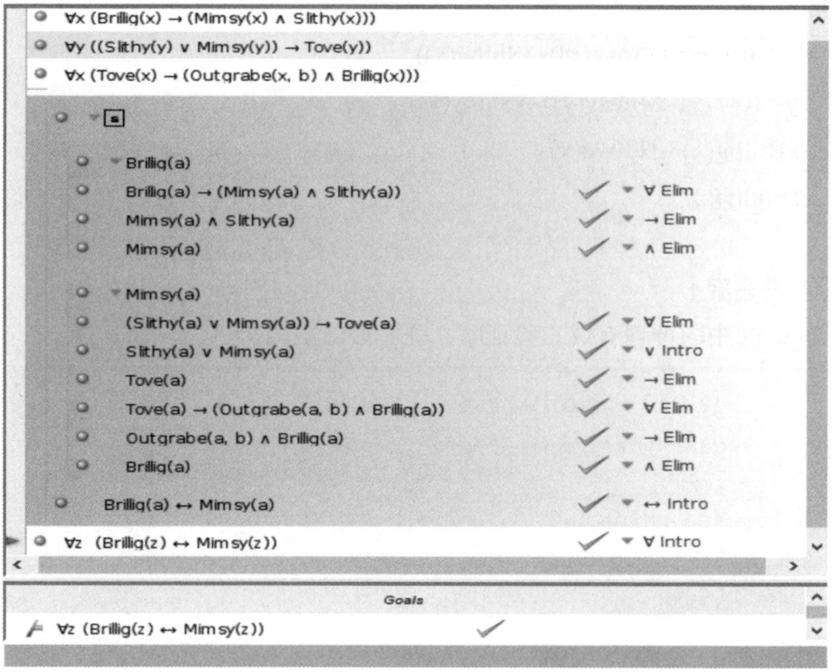

图 16.23

练习 19 中的推理有效，验证略，证明如图 16.24。

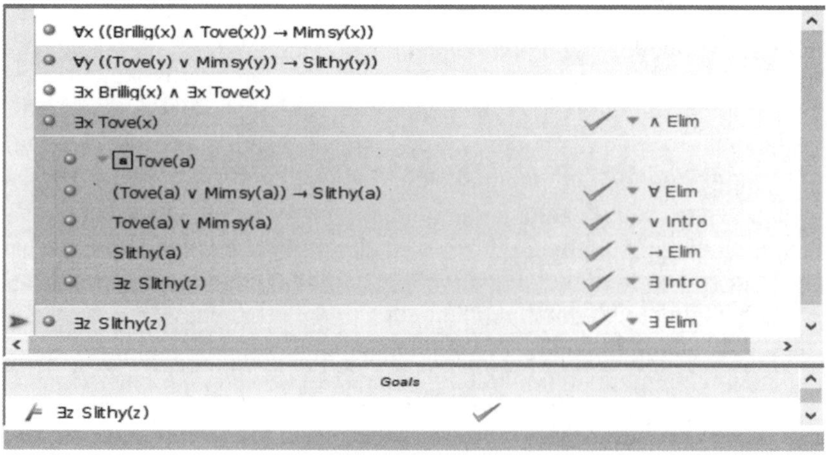

图 16.24

在下面的推理中有些是有效的，有些是无效的。对于每一个推理，或者用 Fitch 给出它的一个形式证明，或者用 Tarski's World 构造一个反例。在证明过程中，如果需要，可以自由地使用 Taut Con 规则。

练习 20

| ∀y(Cube(y)∨Dodec(y))
| ∀x(Cube(x)→Large(x))
| ∃x¬Large(x)
|—
| ∃xDodec(x)

练习 21

| ∃x(Cube(x)∧Small(x))
|—
| ∃xCube(x)∧∃xSmall(x)

练习 22

| ∃xCube(x)∧∃xSmall(x)
|—
| ∃x(Cube(x)∧Small(x))

练习 23

| ∀x(Cube(x)→Small(x))
| ∀x(Adjoins(x,b)→Small(x))
|—
| ∀x((Cube(x)∨Small(x))→Adjoins(x,b))

练习 24

| ∀x(Cube(x)→Small(x))
| ∀x(¬Adjoins(x,b)→¬Small(x))
|—
| ∀x((Cube(x)∨Small(x))→Adjoins(x,b))

【参考答案】

练习 20 中的推理有效，验证略，证明如图 16.25。

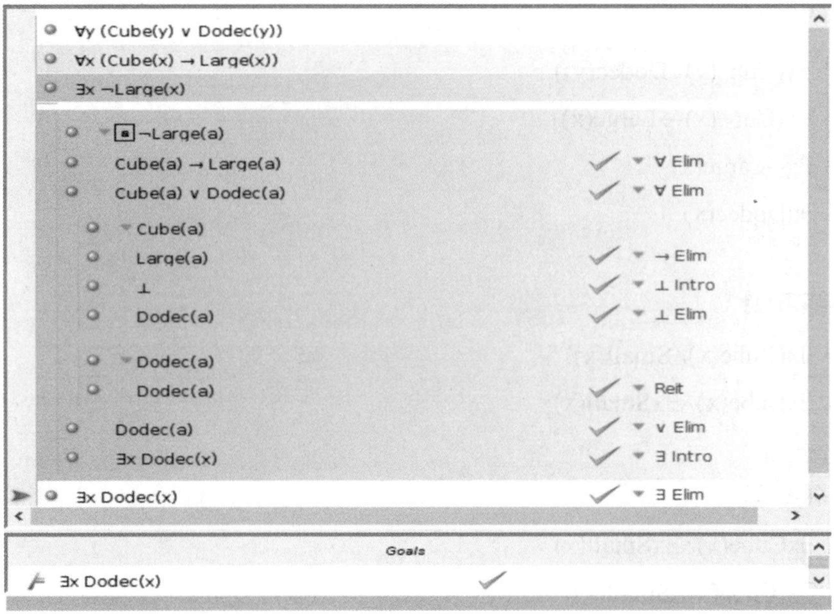

图 16.25

练习 21 中的推理有效，验证略，证明如图 16.26。

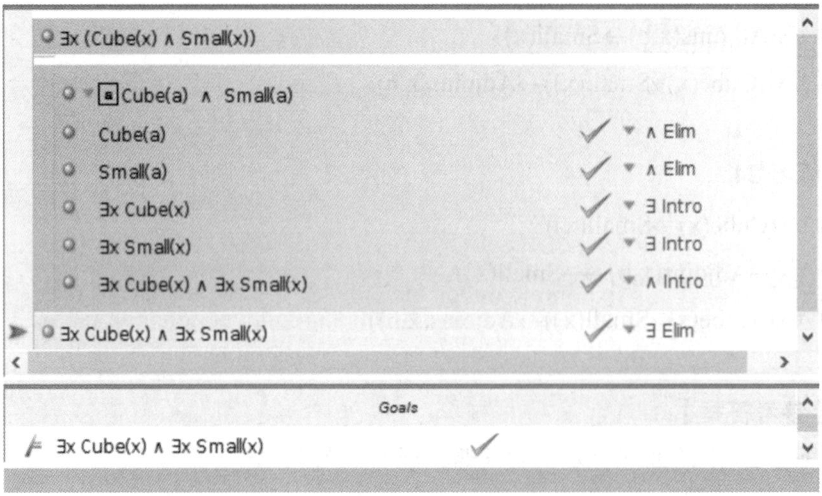

图 16.26

练习 22 中的推理无效，验证略，反例如图 16.27。

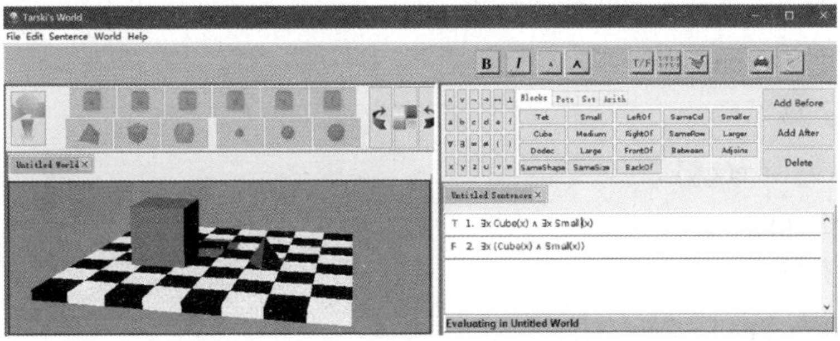

图 16.27

练习 23 中的推理无效，验证略，反例如图 16.28。

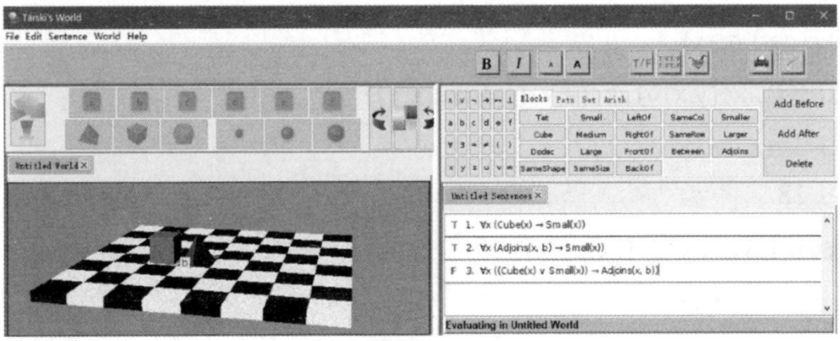

图 16.28

练习 24 中的推理有效，验证略，证明如图 16.29。

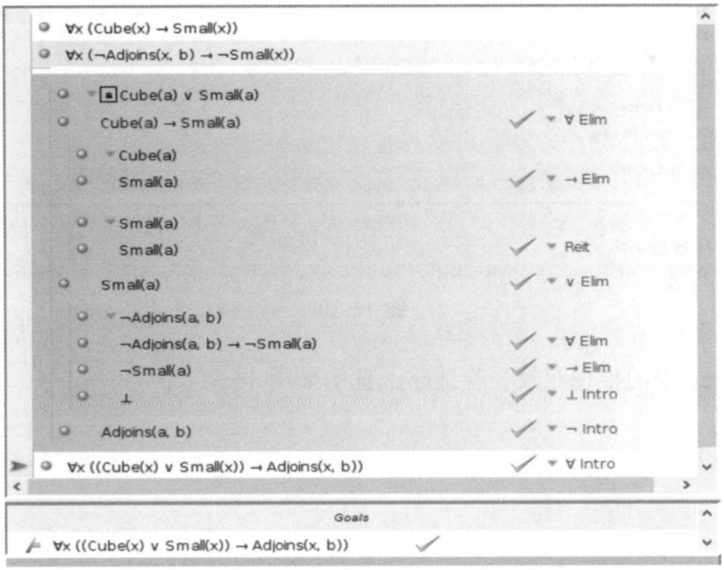

图 16.29

第 16 章

用 Fitch 为下面的推理构造形式证明。为了方便，可以用 Taut Con 规则，但不能用 FO Con 规则。

练习 25

| ∀x∀yLike(x,y)
|—
| ∀x∃yLike(x,y)

练习 26

| ∀x(Small(x)→Cube(x))
| ∃x¬Cube(x)→∃xSmall(x)
|—
| ∃xCube(x)

练习 27

| Like(carl,max)
| ∀x(∃y(Like(y,x)∨Like(x,y))→Like(x,x))
|—
| ∃xLike(x,carl)

练习 28

| ∀x∀y(Like(x,y)→Like(y,x))
| ∃x∀yLike(x,y)
|—
| ∀x∃yLike(x,y)

【参考答案】

练习 25 中的推理有效，验证略，证明如图 16.30。

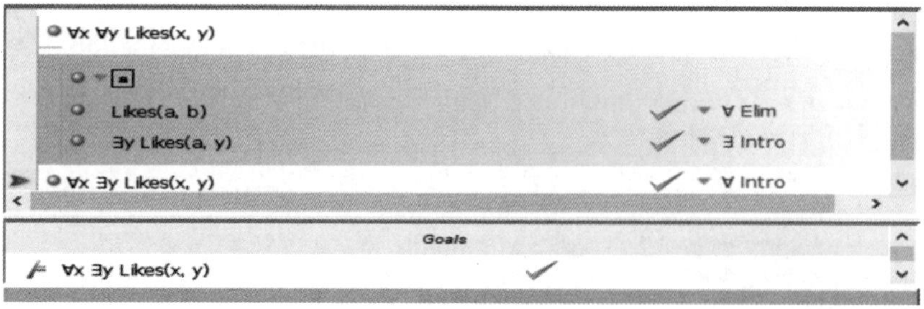

图 16.30

练习 26 中的推理有效，验证略，证明如图 16.31。

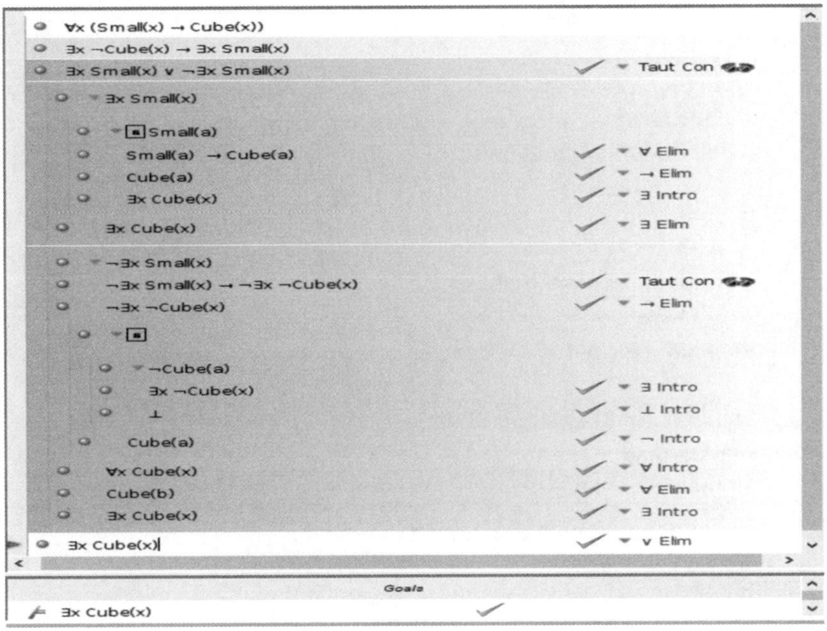

图 16.31

练习 27 中的推理有效，验证略，证明如图 16.32。

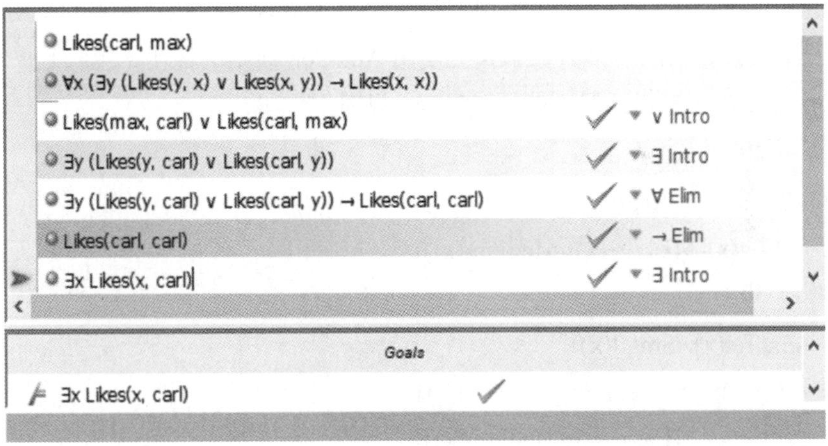

图 16.32

练习 28 中的推理有效，验证略，证明如图 16.33。

第 16 章

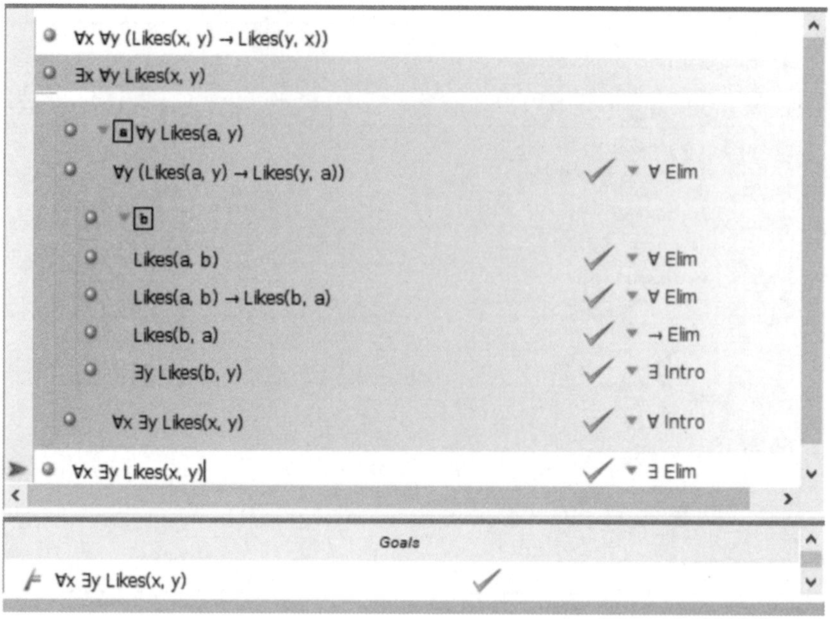

图 16.33

下面的有效推理成对出现，每个对的第一个论证使用了模块语言中的谓词，第二个论证是在第一个推理的基础上增加了一个或多个前提，但它们都是一阶有效的推理。对于第二个推理来说，请给出一个不含 Ana Con 规则的证明，对于第一个来说，给出一个只在单式上使用 Ana Con 规则的证明（包含⊥）。你可以使用 Taut Con 规则，但不能用 FO Con 规则。

练习 29

¬∃x(Tet(x)∧Small(x))

∀x(Tet(x)→(Large(x)∨Medium(x)))

练习 30

¬∃x(Tet(x)∧Small(x))

∀y(Small(y)∨Medium(y)∨Large(y))

∀x(Tet(x)→(Large(x)∨Medium(x)))

练习 31

∀x(Dodec(x)→SameCol(x,a))

SameCol(a,c)

∀x(Dodce(x)→SameCol(x,c))

练习 32

$\forall x(\text{Dodec}(x)\to\text{SmallCol}(x,a))$

$\text{SmallCol}(a,c)$

$\forall x\forall y\forall z((\text{SameCol}(x,y)\wedge\text{Samecol}(y,z))\to\text{SameCol}(x,z))$

$\forall x(\text{Dodce}(x)\to\text{SmallCol}(x,c))$

练习 33

$\forall x(\text{Dodec}(x)\to\text{LeftOf}(x,a))$

$\forall x(\text{Tet}(x)\to\text{RightOf}(x,a))$

$\forall x(\text{SameCol}(x,a)\to\text{Cube}(x))$

练习 34

$\forall x(\text{Dodec}(x)\to\text{LeftOf}(x,a))$

$\forall x(\text{Tet}(x)\to\text{RightOf}(x,a))$

$\forall x\forall y(\text{LeftOf}(x,a)\to\neg\text{SameCol}(x,y))$

$\forall x\forall y(\text{RightOf}(x,y)\to\neg\text{SameCol}(x,y))$

$\forall x(\text{Cube}(x)\vee\text{Dodec}(x)\vee\text{Tet}(x))$

$\forall x(\text{SmallCol}(x,a)\to\text{Cube}(x))$

练习 35

$\forall x(\text{Cube}(x)\to\forall y(\text{Dodec}(y)\to\text{Larger}(x,y)))$

$\forall x(\text{Dodec}(x)\to\forall y(\text{Tet}(y)\to\text{Larger}(x,y)))$

$\exists x\text{Dodec}(x)$

$\forall x(\text{Cube}(x)\to\forall y(\text{Tet}(y)\to\text{Larger}(x,y)))$

练习 36

$\forall x(\text{Cube}(x)\to\forall y(\text{Dodec}(y)\to\text{Larger}(x,y)))$

$\forall x(\text{Dodec}(x)\to\forall y(\text{Tet}(y)\to\text{Larger}(x,y)))$

$\exists x\text{Dodec}(x)$

$\forall x\forall y\forall z((\text{Larger}(x,y)\wedge\text{Larger}(y,z))\to\text{Larger}(x,z))$

$\forall x(\text{Cube}(x)\to\forall y(\text{Tet}(y)\to\text{Larger}(x,y)))$

【参考答案】

练习 29 中推理的证明如图 16.34。

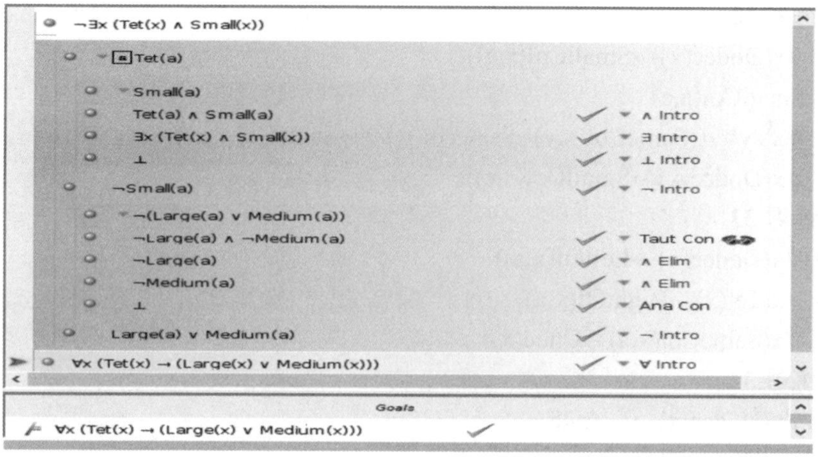

图 16.34

练习 30 中推理的证明如图 16.35。

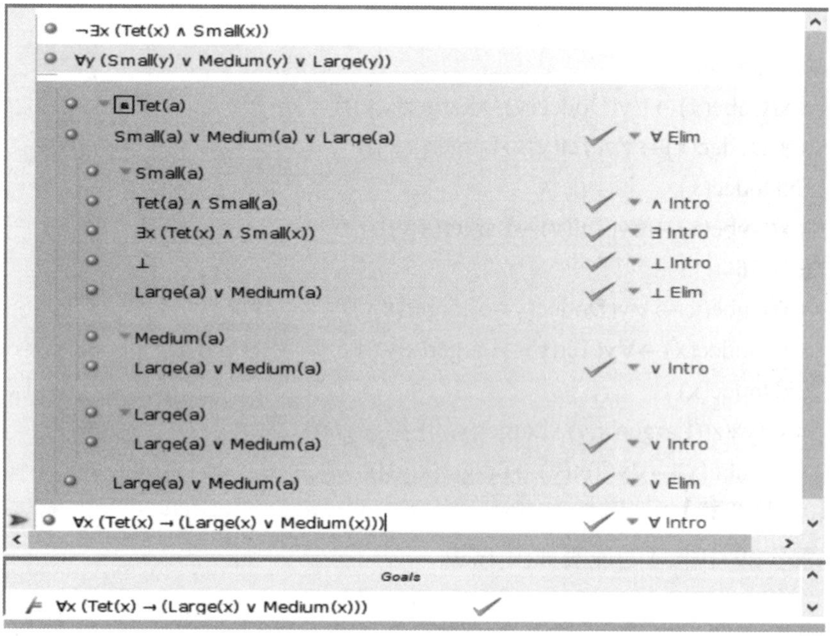

图 16.35

练习 31 中推理的证明如图 16.36。

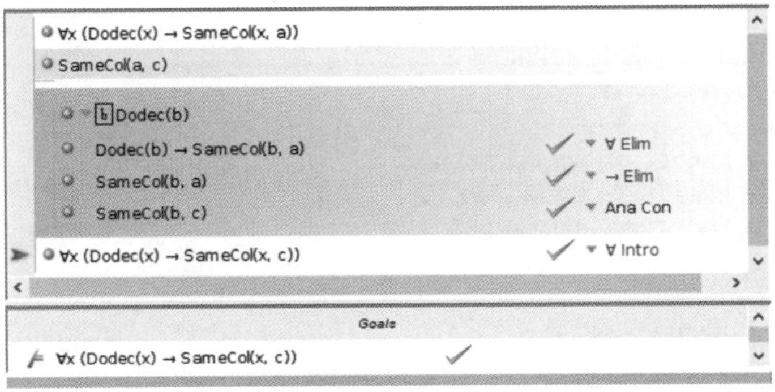

图 16.36

练习 32 中推理的证明如图 16.37。

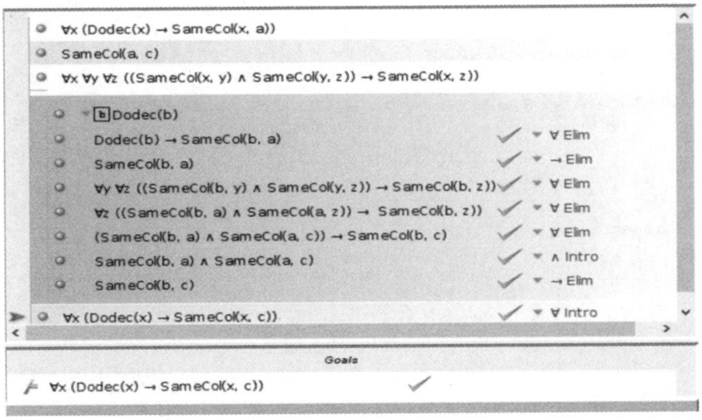

图 16.37

练习 33 中推理的证明如图 16.38。

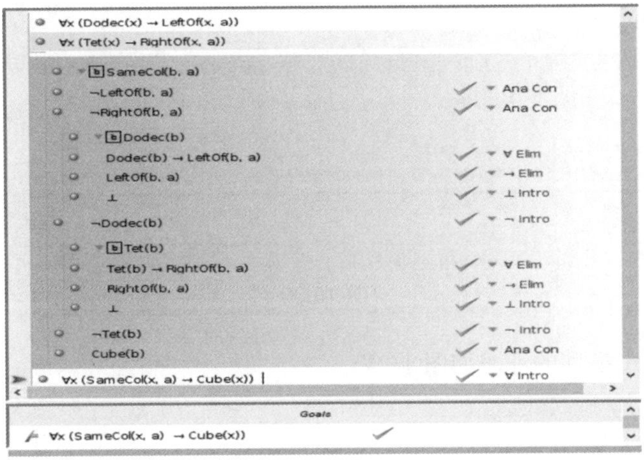

图 16.38

第 16 章

练习 34 中推理的证明如图 16.39。

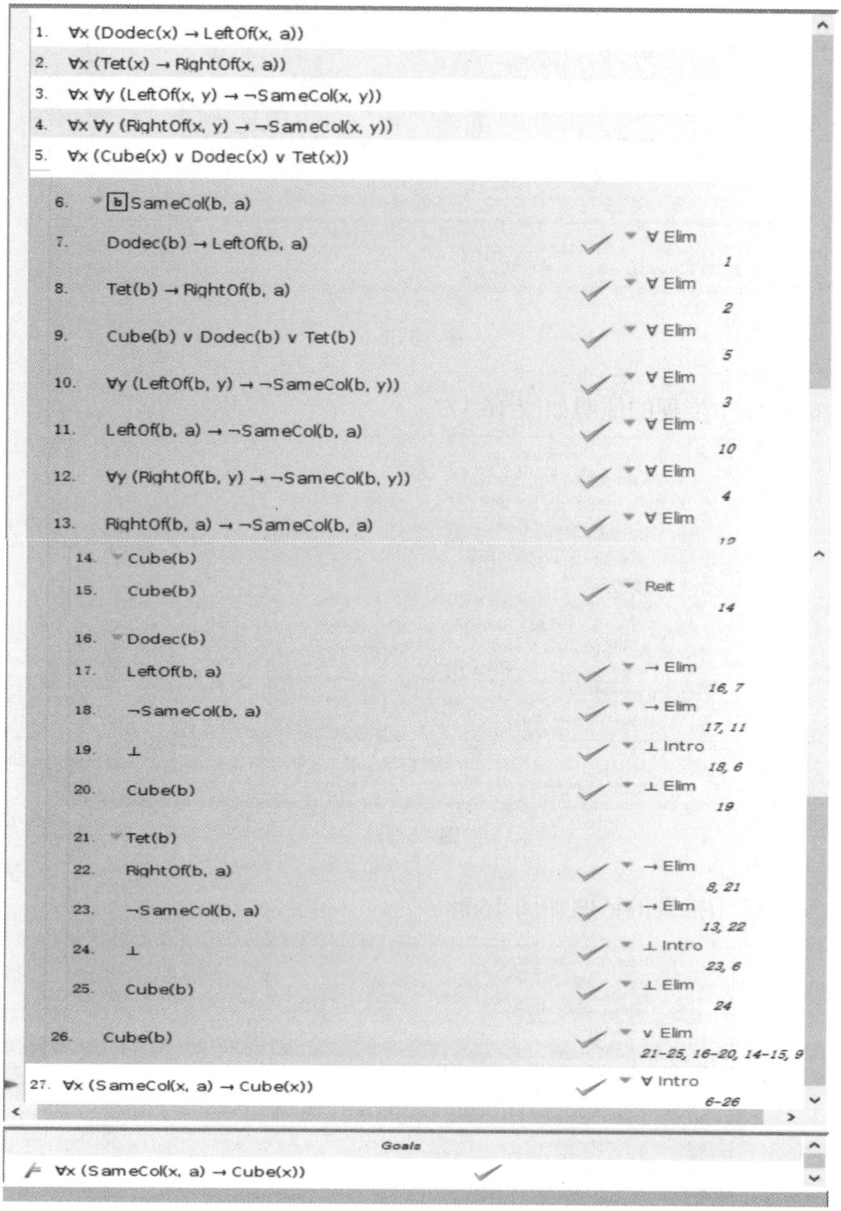
1. ∀x (Dodec(x) → LeftOf(x, a))
2. ∀x (Tet(x) → RightOf(x, a))
3. ∀x ∀y (LeftOf(x, y) → ¬SameCol(x, y))
4. ∀x ∀y (RightOf(x, y) → ¬SameCol(x, y))
5. ∀x (Cube(x) ∨ Dodec(x) ∨ Tet(x))
6. b SameCol(b, a)
7. Dodec(b) → LeftOf(b, a) ∀ Elim 1
8. Tet(b) → RightOf(b, a) ∀ Elim 2
9. Cube(b) ∨ Dodec(b) ∨ Tet(b) ∀ Elim 5
10. ∀y (LeftOf(b, y) → ¬SameCol(b, y)) ∀ Elim 3
11. LeftOf(b, a) → ¬SameCol(b, a) ∀ Elim 10
12. ∀y (RightOf(b, y) → ¬SameCol(b, y)) ∀ Elim 4
13. RightOf(b, a) → ¬SameCol(b, a) ∀ Elim
14. Cube(b)
15. Cube(b) Reit 14
16. Dodec(b)
17. LeftOf(b, a) → Elim 16, 7
18. ¬SameCol(b, a) → Elim 17, 11
19. ⊥ ⊥ Intro 18, 6
20. Cube(b) ⊥ Elim 19
21. Tet(b)
22. RightOf(b, a) → Elim 8, 21
23. ¬SameCol(b, a) → Elim 13, 22
24. ⊥ ⊥ Intro 23, 6
25. Cube(b) ⊥ Elim 24
26. Cube(b) ∨ Elim 21-25, 16-20, 14-15, 9
27. ∀x (SameCol(x, a) → Cube(x)) ∀ Intro 6-26
Goals
∀x (SameCol(x, a) → Cube(x))

图 16.39

练习 35 中推理的证明如图 16.40。

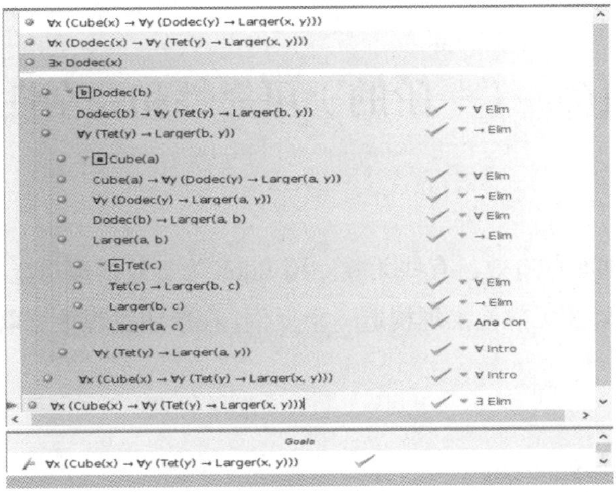
∀x (Cube(x) → ∀y (Dodec(y) → Larger(x, y)))
∀x (Dodec(x) → ∀y (Tet(y) → Larger(x, y)))
∃x Dodec(x)
b Dodec(b)
Dodec(b) → ∀y (Tet(y) → Larger(b, y))
∀ Elim
∀y (Tet(y) → Larger(b, y))
→ Elim
a Cube(a)
Cube(a) → ∀y (Dodec(y) → Larger(a, y))
∀ Elim
∀y (Dodec(y) → Larger(a, y))
→ Elim
Dodec(b) → Larger(a, b)
∀ Elim
Larger(a, b)
→ Elim
c Tet(c)
Tet(c) → Larger(b, c)
∀ Elim
Larger(b, c)
→ Elim
Larger(a, c)
Ana Con
∀y (Tet(y) → Larger(a, y))
∀ Intro
∀x (Cube(x) → ∀y (Tet(y) → Larger(x, y)))
∀ Intro
∀x (Cube(x) → ∀y (Tet(y) → Larger(x, y)))
∃ Elim
Goals
∀x (Cube(x) → ∀y (Tet(y) → Larger(x, y)))

图 16.40

练习 36 中推理的证明如图 16.41。

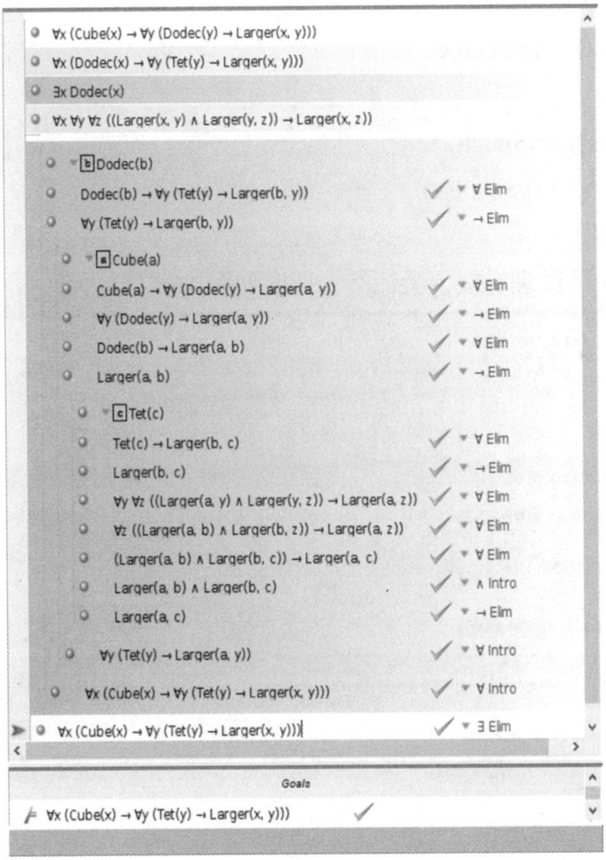
∀x (Cube(x) → ∀y (Dodec(y) → Larger(x, y)))
∀x (Dodec(x) → ∀y (Tet(y) → Larger(x, y)))
∃x Dodec(x)
∀x ∀y ∀z ((Larger(x, y) ∧ Larger(y, z)) → Larger(x, z))
b Dodec(b)
Dodec(b) → ∀y (Tet(y) → Larger(b, y))
∀ Elim
∀y (Tet(y) → Larger(b, y))
→ Elim
a Cube(a)
Cube(a) → ∀y (Dodec(y) → Larger(a, y))
∀ Elim
∀y (Dodec(y) → Larger(a, y))
→ Elim
Dodec(b) → Larger(a, b)
∀ Elim
Larger(a, b)
→ Elim
c Tet(c)
Tet(c) → Larger(b, c)
∀ Elim
Larger(b, c)
→ Elim
∀y ∀z ((Larger(a, y) ∧ Larger(y, z)) → Larger(a, z))
∀ Elim
∀z ((Larger(a, b) ∧ Larger(b, z)) → Larger(a, z))
∀ Elim
(Larger(a, b) ∧ Larger(b, c)) → Larger(a, c)
∀ Elim
Larger(a, b) ∧ Larger(b, c)
∧ Intro
Larger(a, c)
→ Elim
∀y (Tet(y) → Larger(a, y))
∀ Intro
∀x (Cube(x) → ∀y (Tet(y) → Larger(x, y)))
∀ Intro
∀x (Cube(x) → ∀y (Tet(y) → Larger(x, y)))
∃ Elim
Goals
∀x (Cube(x) → ∀y (Tet(y) → Larger(x, y)))

图 16.41

第 16 章

16.4 （一阶的）可靠性和完全性

【练习】

下面的推理有些有效，有些无效。用 Fitch 为有效推理构造一个形式证明，用 Tarski's World 为无效论推理构造一个反例。在证明过程中可以随意使用 Taut Con 规则。

练习 37

| ∃xCube(x)∧Small(d)
|—
| ∃x(Cube(x)∧Small(d))

练习 38

| ∀x(Cube(x)∨Small(x))
|—
| ∀xCube(x)∨∀xSmall(x)

练习 39

| ∀xCube(x)∨∀xSmall(x)
|—
| ∀x(Cube(x)∨∀xSmall(x))

【参考答案】

练习 37 中的推理有效，验证略，证明如图 16.42。

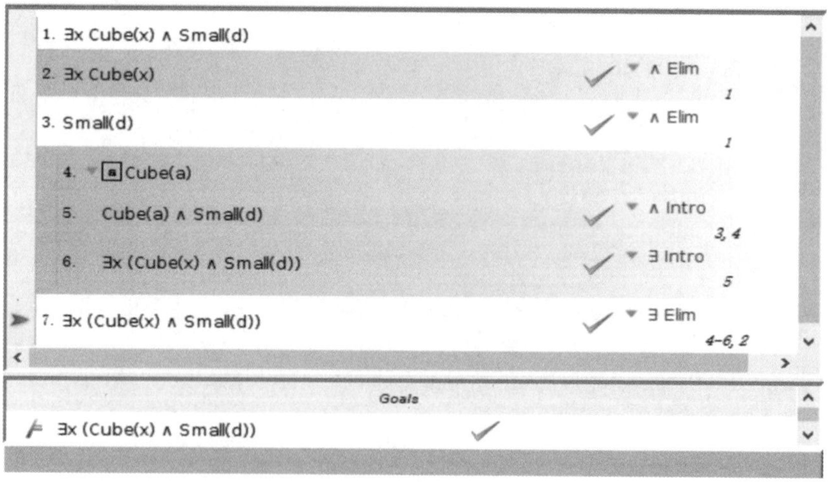

图 16.42

练习 38 中的推理无效，验证略，反例如图 16.43。

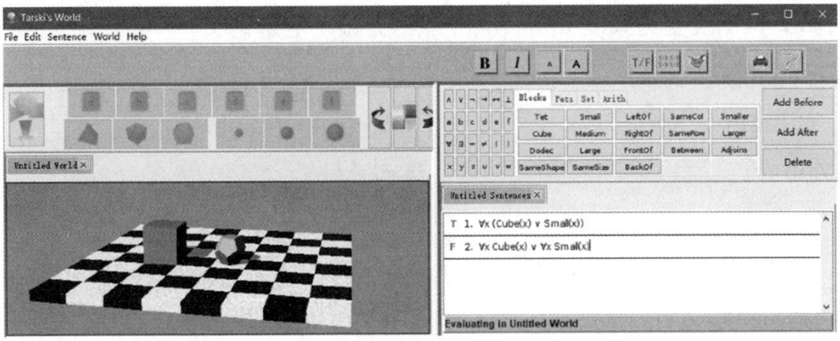

图 16.43

练习 39 中的推理有效，验证略，证明如图 16.44。

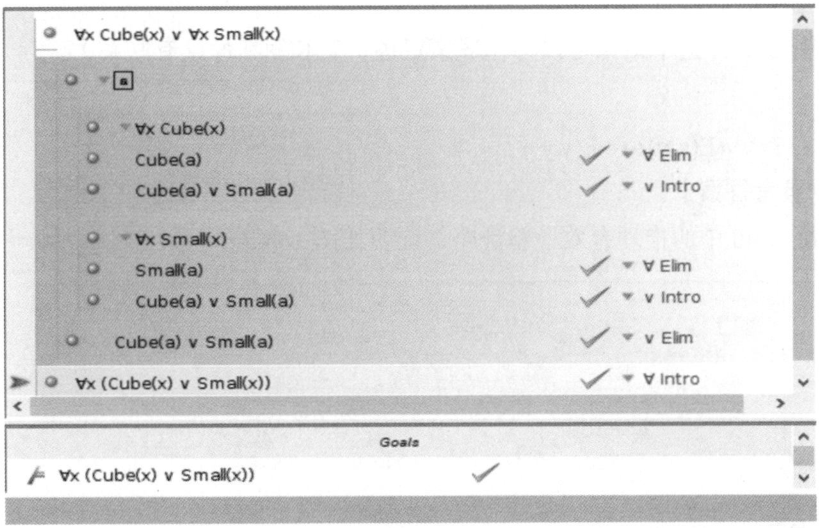

图 16.44

下面的推理有些有效，有些无效。用 Fitch 为有效的推理构造一个形式证明，用 Tarski's World 为无效的推理构造一个反例。在这些证明中可以自由地使用 Taut Con 规则。

练习 40

| ¬∀xCube(x)
|—
| ∃x¬Cube(x)

练习 41

| ¬∃xCube(x)
|—
| ∀x¬Cube(x)

练习 42

| ∀x¬Cube(x)
|—
| ¬∃xCube(x)

练习 43（改变约束变元）

| ∀xCube(x)
|—
| ∀yCube(y)

练习 44（改变约束变元）

$\exists x Tet(x)$

$\vdash$

$\exists y Tet(y)$

练习 45（空量词）

$\vdash$

$Cube(b) \leftrightarrow \forall x Cube(b)$

练习 46

$\exists x P(x)$

$\forall x \forall y ((P(x) \wedge P(y)) \rightarrow x=y)$

$\vdash$

$\exists x (P(x) \wedge \forall y (P(y) \rightarrow y=x))$

练习 47

$\exists x (P(x) \wedge \forall y (P(y) \rightarrow y=x))$

$\vdash$

$\forall x \forall y ((P(x) \wedge P(y)) \rightarrow x=y)$

练习 48

$\vdash$

$\exists x (P(x) \rightarrow \forall y P(y))$

练习 49（这个结果可以称作罗素定理，它和罗素悖论有联系）

$\vdash$

$\neg \exists x \forall y (E(x,y) \leftrightarrow \neg E(y,y))$

【参考答案】

练习 40 中的推理有效，验证略，证明如图 16.45。

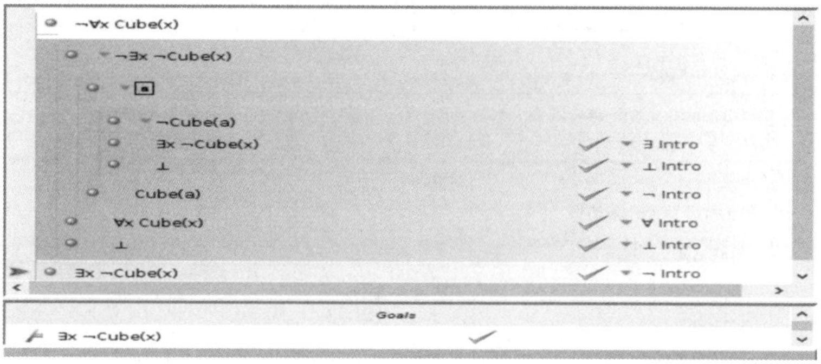

图 16.45

练习 41 中的推理有效，验证略，证明如图 16.46。

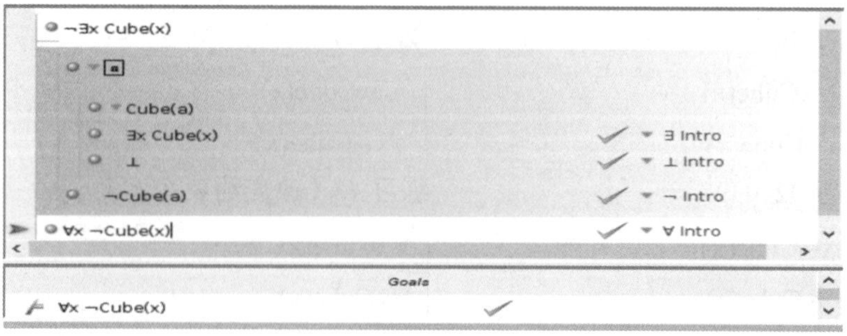

图 16.46

练习 42 中的推理有效，验证略，证明如图 16.47。

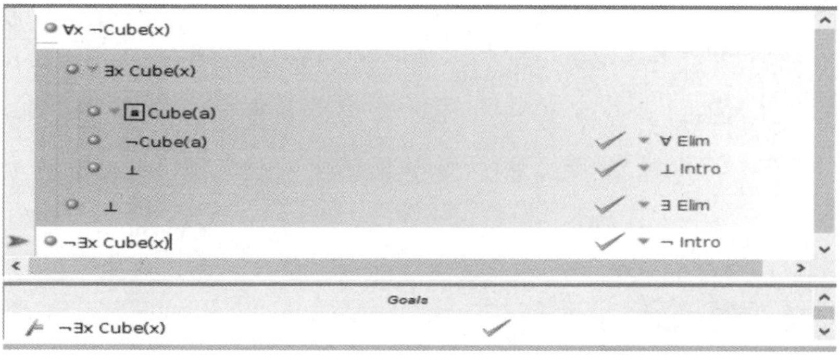

图 16.47

练习 43 中的推理有效，证明过程如图 16.48。

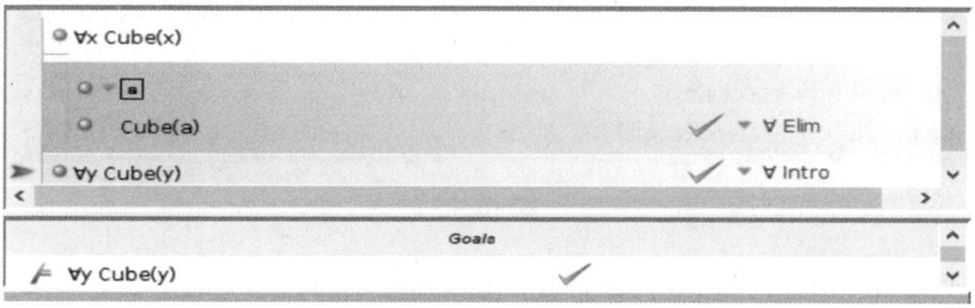

图 16.48

练习 44 中的推理有效，验证略，证明如图 16.49。

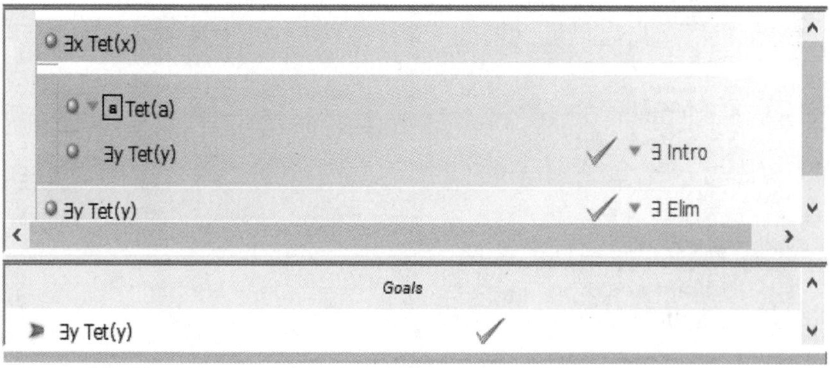

图 16.49

练习 45 中的推理有效，验证略，证明如图 16.50。

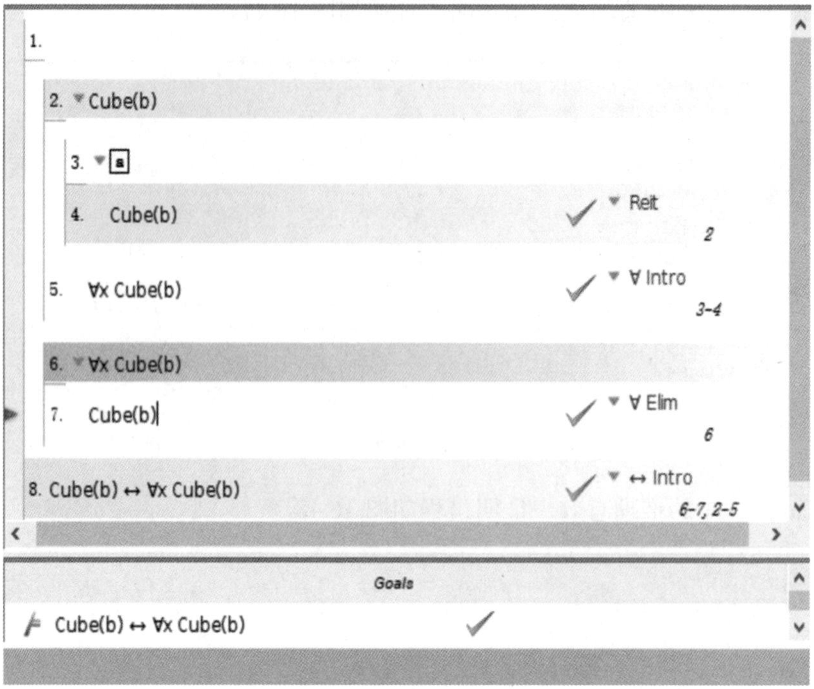
1.
2. Cube(b)
3. a
4. Cube(b)
Reit 2
5. ∀x Cube(b)
∀ Intro 3-4
6. ∀x Cube(b)
7. Cube(b)
∀ Elim 6
8. Cube(b) ↔ ∀x Cube(b)
↔ Intro 6-7, 2-5
Goals
Cube(b) ↔ ∀x Cube(b)

图 16.50

练习 46 中的推理有效，验证略，证明如图 16.51。

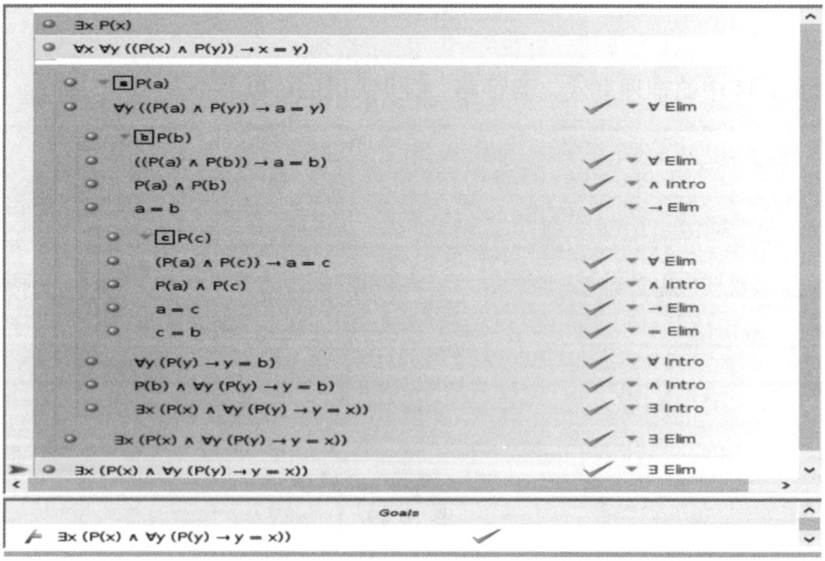
∃x P(x)
∀x ∀y ((P(x) ∧ P(y)) → x = y)
a P(a)
∀y ((P(a) ∧ P(y)) → a = y)
∀ Elim
b P(b)
((P(a) ∧ P(b)) → a = b)
∀ Elim
P(a) ∧ P(b)
∧ Intro
a = b
→ Elim
c P(c)
(P(a) ∧ P(c)) → a = c
∀ Elim
P(a) ∧ P(c)
∧ Intro
a = c
→ Elim
c = b
= Elim
∀y (P(y) → y = b)
∀ Intro
P(b) ∧ ∀y (P(y) → y = b)
∧ Intro
∃x (P(x) ∧ ∀y (P(y) → y = x))
∃ Intro
∃x (P(x) ∧ ∀y (P(y) → y = x))
∃ Elim
∃x (P(x) ∧ ∀y (P(y) → y = x))
∃ Elim
Goals
∃x (P(x) ∧ ∀y (P(y) → y = x))

图 16.51

练习 47 中的推理有效，验证略，证明如图 16.52。

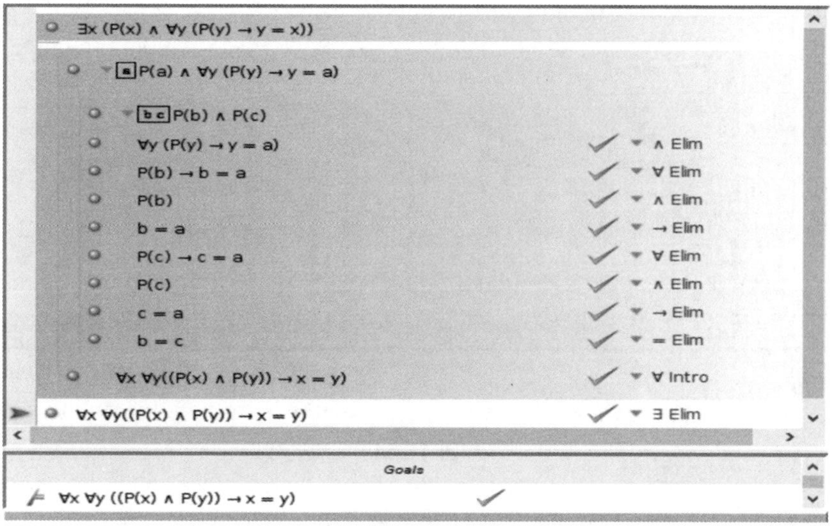
∃x (P(x) ∧ ∀y (P(y) → y = x))
a P(a) ∧ ∀y (P(y) → y = a)
b c P(b) ∧ P(c)
∀y (P(y) → y = a)　∧ Elim
P(b) → b = a　∀ Elim
P(b)　∧ Elim
b = a　→ Elim
P(c) → c = a　∀ Elim
P(c)　∧ Elim
c = a　→ Elim
b = c　= Elim
∀x ∀y((P(x) ∧ P(y)) → x = y)　∀ Intro
∀x ∀y((P(x) ∧ P(y)) → x = y)　∃ Elim
Goals
∀x ∀y ((P(x) ∧ P(y)) → x = y)

图 16.52

练习 48 中的推理有效，验证略，证明如图 16.53。

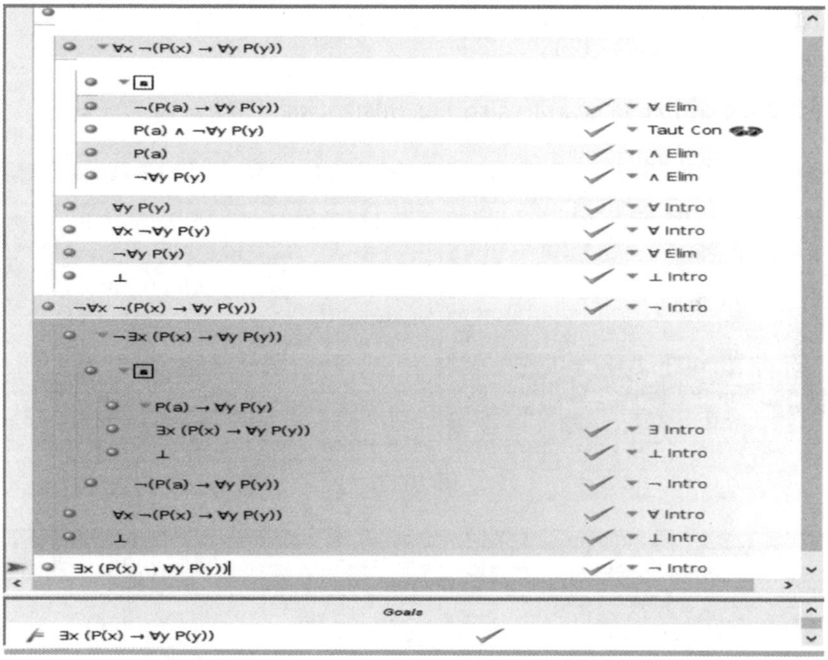
∀x ¬(P(x) → ∀y P(y))
a
¬(P(a) → ∀y P(y))　∀ Elim
P(a) ∧ ¬∀y P(y)　Taut Con
P(a)　∧ Elim
¬∀y P(y)　∧ Elim
∀y P(y)　∀ Intro
∀x ¬∀y P(y)　∀ Intro
¬∀y P(y)　∀ Elim
⊥　⊥ Intro
¬∀x ¬(P(x) → ∀y P(y))　¬ Intro
¬∃x (P(x) → ∀y P(y))
a
P(a) → ∀y P(y)
∃x (P(x) → ∀y P(y))　∃ Intro
⊥　⊥ Intro
¬(P(a) → ∀y P(y))　¬ Intro
∀x ¬(P(x) → ∀y P(y))　∀ Intro
⊥　⊥ Intro
∃x (P(x) → ∀y P(y))　¬ Intro
Goals
∃x (P(x) → ∀y P(y))

图 16.53

练习 49 中的推理有效，验证略，证明如图 16.54。

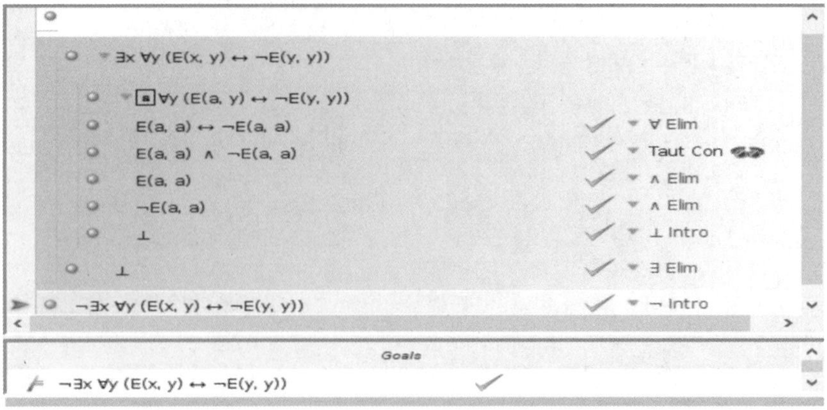

图 16.54

练习 50 在 Tarski's World 中，打开文件 Padoa's Sentences（帕多亚语句）。这一文件中的任意三条语句都可以构成一个可满足集，因此存在其中三个句子的四个可满足集。为了展示它们，构造四个世界并分别命名为 World 16.50.123、World 16.50.124、World 16.50.134 和 World 16.50.234。

【参考答案】

World 16.50.123 和 World 16.50.234 如图 16.55 至图 16.58。

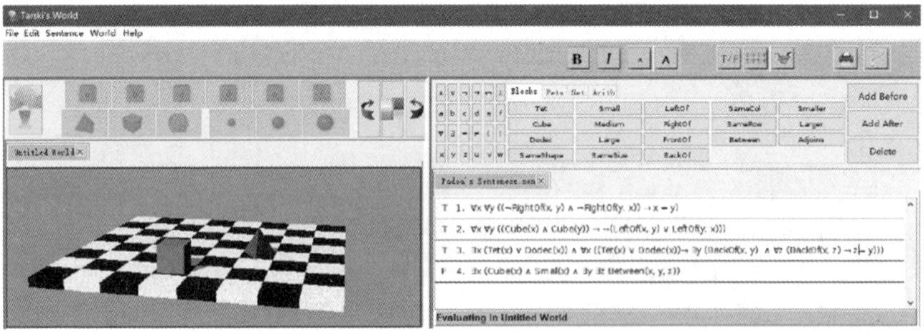

图 16.55

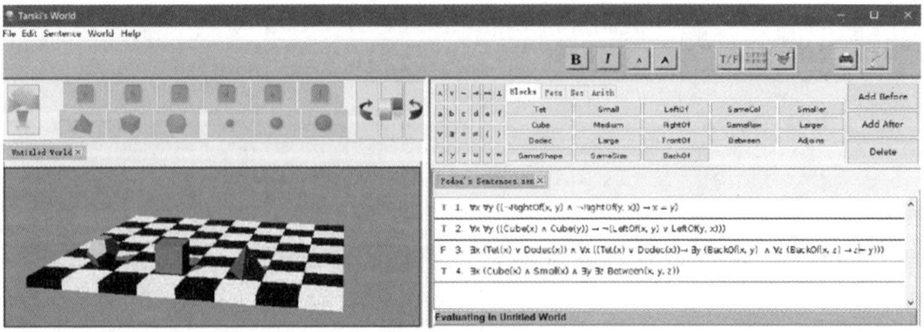

图 16.56

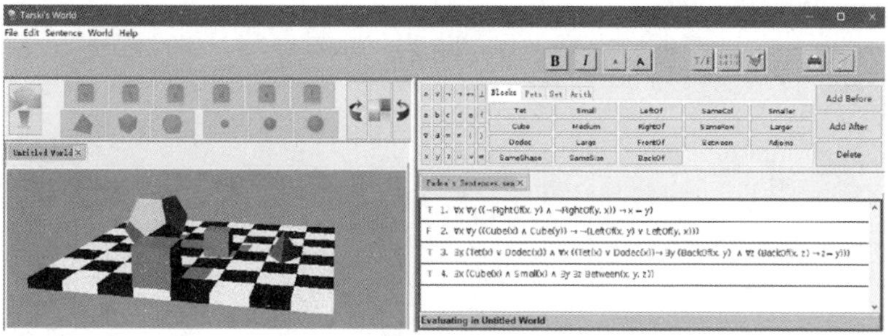

图 16.57

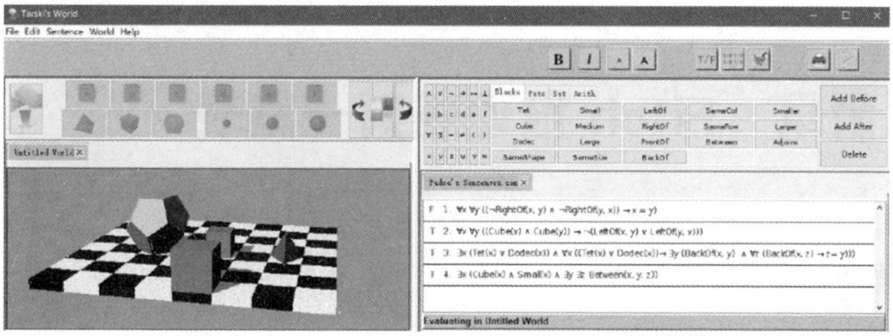

图 16.58

练习 51 ∃x∃y¬LeftOf(x,y)是否∃x¬LeftOf(x,x)的一个一阶后承？如果是，给出一个形式证明。如果不是，给 LeftOf 一个新的解释并构造一个前提为真，结论为假例子。

【参考答案】

是，验证略，证明如图 16.59。

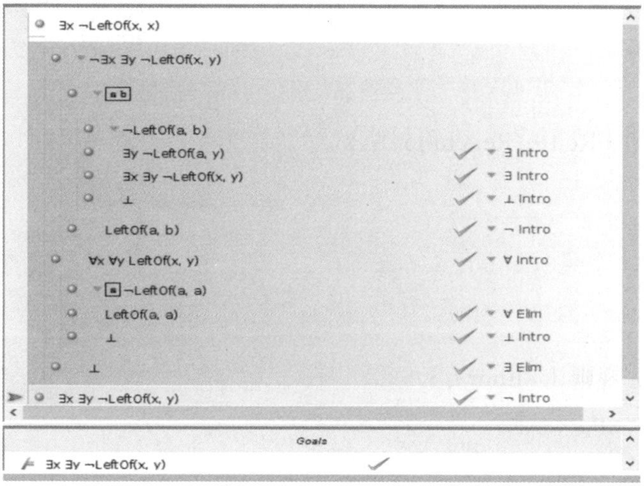

图 16.59

附录　Fitch 推理规则一览表

等词和逻辑联结词规则：

等词引入规则（=Intro）：

▷ | n=n

等词消去规则（=Elim）：

| P(n)
| ⋮
| n=m
| ⋮
▷ | P(m)

重复规则（Reit）(Reiteration)：

| P
| ⋮
▷ | P

合取消去规则（∧Elim）：

| $P_1 \wedge \cdots \wedge P_i \wedge \cdots \wedge P_n$
| ⋮
▷ | P_i

合取引入规则（∧Intro）：

$$
\begin{array}{l|l}
 & P_1 \\
 & \vdots \\
 & P_n \\
 & \vdots \\
\triangleright & P_1 \wedge \cdots \wedge P_n
\end{array}
$$

析取消去规则（∨Elim）：

$$
\begin{array}{l|l}
 & P_1 \vee \cdots \vee P_n \\
 & \vdots \\
 & \quad \begin{array}{|l} P_1 \\ \hline \vdots \\ S \end{array} \\
 & \vdots \\
 & \quad \begin{array}{|l} P_n \\ \hline \vdots \\ S \end{array} \\
 & \vdots \\
\triangleright & S
\end{array}
$$

析取引入规则（∨Intro）：

$$
\begin{array}{l|l}
 & P_i \\
 & \vdots \\
\triangleright & P_1 \vee \cdots \vee P_i \vee \cdots \vee P_n
\end{array}
$$

否定消去规则（¬Elim）：

$$
\begin{array}{l|l}
 & \neg\neg P \\
 & \vdots \\
\triangleright & P
\end{array}
$$

否定引入规则（¬Intro）:

```
  │ │P
  │ ├─
  │ │⋮
  │ │⊥
▷ │¬P
```

矛盾引入规则（⊥Intro）:

```
  │ P
  │ ⋮
  │ ¬P
  │ ⋮
▷ │ ⊥
```

矛盾消去规则（⊥Elim）:

```
  │ ⊥
  │ ⋮
▷ │ P
```

蕴涵消去规则（→Elim）:

```
  │ P→Q
  │ ⋮
  │ P
  │ ⋮
▷ │ Q
```

蕴涵引入规则（→Intro）:

```
  │ │P
  │ ├─
  │ │⋮
  │ │Q
▷ │P→Q
```

等值消去规则（↔Elim）:

| P↔Q（或 Q ↔ P）
| ⋮
| P
| ⋮
▷ | Q

等值引入规则（↔Intro）:

| | P
| |---
| | ⋮
| | Q
| | Q
| |---
| | ⋮
| | P
▷ | P ↔ Q

量词规则:

全称量词消去规则（∀Elim）

| ∀xS(x)
| ⋮
▷ | S(c)

全称量词引入规则（∀Intro）

| | c
| |---
| | ⋮
| | P(c)
▷ | ∀xP(x)

这里 c 不出现在引入
它的子证明的外面

广义量词引入规则（∀ Intro）:

```
 │ │c│P(c)
 │ ├──
 │ │ ⋮
 │ │Q(c)
▷│∀x(P(x)→Q(x))
```

存在量词消去规则（∃Elim）

```
 │∃xS(x)
 │   ⋮
 │ │c│S(c)
 │ ├──
 │ │ ⋮
 │ │Q
▷│ Q
```

这里 c 不出现在引入
它的子证明的外面

存在量词引入规则（∃Intro）

```
 │S(c)
 │ ⋮
▷│∃xP(x)
```

参考文献

Barker-Plummer D, Barwise J, Etchemendy J. Language Proof and Logic [With Software]. California: CSLI Publications, 2011.

李娜,《机器证明的逻辑推定》，北京：科学出版社，2023 年。

李娜,《简明实验逻辑学》，天津：南开大学出版社，2023 年。

李娜,《实验逻辑学》(第二版)，天津：南开大学出版社，2021 年。

南开大学“十四五”规划精品教材丛书

哲学系列

世界科技文化史教程（修订版）	李建珊 主编；贾向桐、张立静 副主编
实验逻辑学（第三版）	李娜 编著
模态逻辑（第二版）	李娜 编著

经济学系列

货币与金融经济学基础理论 12 讲	李俊青、李宝伟、张云 等编著
数理马克思主义政治经济学	乔晓楠 编著
旅游经济学（第五版）	徐虹 主编

法学系列

知识产权法案例教程（第二版）	张玲 主编；向波 副主编
新编房地产法学（第三版）	陈耀东 主编
法理学案例教材（第二版）	王彬 主编；李晟 副主编
环境法学（第二版）	史学瀛 主编； 申进忠、刘芳、刘安翠 副主编
环境法案例教材（第二版）	史学瀛 主编； 刘芳、申进忠、刘安翠、潘晓滨 副主编

文学系列

西方文明经典选读	李莉、李春江 编著

管理学系列

旅游饭店财务管理（第六版）	徐虹、刘宇青 主编